计算机基础与实训教材系列

多媒体技术及应用

(第二版)(微课版)

韩雪　于冬梅　编著

清華大学出版社
北京

内 容 简 介

本书由浅入深、循序渐进地介绍了多媒体技术及应用的理论知识和使用技巧。全书共分9章，分别介绍了多媒体技术概述、文本数据技术及应用、音频数据技术及应用、图像数据技术及应用、视频数据技术及应用、二维动画数据技术及应用、三维动画数据技术及应用、制作多媒体演示文稿、制作教学短视频等内容。

本书内容丰富、结构清晰、语言简练、图文并茂，具有很强的实用性和可操作性，适合作为高等院校相关专业的教材，也可作为广大初、中级计算机用户的自学参考书。

本书对应的电子课件、实例源文件和习题答案可以到 http://www.tupwk.com.cn/edu 网站下载，也可以通过扫描前言中的二维码下载。读者扫描前言中的教学视频二维码可以观看学习视频。

图书在版编目(CIP)数据

多媒体技术及应用：微课版 / 韩雪，于冬梅编著. —2版 —北京：清华大学出版社，2022.4
计算机基础与实训教材系列
ISBN 978-7-302-60342-9

I. ①多… II. ①韩… ②于… III. ①多媒体技术—教材 IV. ①TP37

中国版本图书馆 CIP 数据核字(2022)第 043547 号

责任编辑： 胡辰浩
封面设计： 高娟妮
版式设计： 妙思品位
责任校对： 成凤进
责任印制： 丛怀宇
出版发行： 清华大学出版社

网　址： http://www.tup.com.cn，http://www.wqbook.com
地　址： 北京清华大学学研大厦A座　　**邮　编：** 100084
社 总 机： 010-83470000　　**邮　购：** 010-62786544
投稿与读者服务： 010-62776969，c-service@tup.tsinghua.edu.cn
质 量 反 馈： 010-62772015，zhiliang@tup.tsinghua.edu.cn

印 装 者： 北京国马印刷厂
经　销： 全国新华书店
开　本： 190mm×260mm　　**印　张：** 18.75　　**插　页：** 2　　**字　数：** 506千字
版　次： 2011年5月第1版　　2022年5月第2版　　**印　次：** 2022年5月第1次印刷
定　价： 79.00元

产品编号：093086-01

前言

本书是“计算机基础与实训教材系列”丛书中的一种。本书从教学实际需求出发，合理安排知识结构，由浅入深、循序渐进地讲解多媒体技术及应用的基本知识和使用技巧。全书共分9章，主要内容如下。

第1章介绍多媒体技术的基础知识，包括多媒体技术的基本概念、多媒体相关的技术、多媒体设计创作基础等内容。

第2~5章介绍多媒体技术中的文本数据、音频数据、图像数据和视频数据的获取方法，以及相关软件的操作方法和技巧。

第6、7章介绍多媒体技术中的二维动画和三维动画的制作方法和技巧。

第8章介绍多媒体演示文稿的制作方法和技巧。

第9章介绍教学短视频的制作方法和技巧。

本书图文并茂、条理清晰、通俗易懂、内容丰富，在讲解每个知识点时都配有相应的实例，方便读者上机实践。同时，为了方便老师教学，我们免费提供本书对应的电子课件、实例源文件和习题答案下载。本书还提供书中实例操作的二维码教学视频，读者使用手机微信和QQ中的“扫一扫”功能，扫描下方的二维码，即可观看本书对应的同步教学视频。

本书配套素材和教学课件的下载地址

http://www.tupwk.com.cn/edu

本书同步教学视频和配套资源的二维码

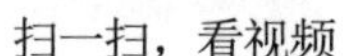

扫一扫，看视频

扫码推送配套资源到邮箱

在本书的编写工作中，黑河学院的韩雪编写了第1、3、5、8、9章，河北科技大学的于冬梅编写了第2、4、6、7章。由于作者水平有限，本书难免有不足之处，欢迎广大读者批评指正。我们的邮箱是992116@qq.com，电话是010-62796045。

编　者

2022年3月

推荐课时安排

章　　名	重点掌握内容	教学课时
第 1 章　多媒体技术概述	多媒体技术的基本概念、多媒体计算机系统的组成、多媒体系统的关键技术、多媒体设计创作基础	3 学时
第 2 章　文本数据技术及应用	文本素材的获取和编辑、处理 PDF 文件、使用超文本	4 学时
第 3 章　音频数据技术及应用	常用音频文件格式及格式转换、音频素材的获取和编辑、音频处理软件 Adobe Audition	4 学时
第 4 章　图像数据技术及应用	常用的图像文件格式、认识 Photoshop 图像软件、使用 Photoshop 处理图像	5 学时
第 5 章　视频数据技术及应用	数字视频的格式与转换、视频编辑软件 Premiere Pro、视频处理软件 After Effects	5 学时
第 6 章　二维动画数据技术及应用	动画素材的获取与编辑、使用 Animate 制作基本动画、脚本语言 Action Script	5 学时
第 7 章　三维动画数据技术及应用	3ds Max 三维建模、渲染三维对象、制作三维动画	7 学时
第 8 章　制作多媒体演示文稿	制作演示文稿、添加动画效果、放映幻灯片课件	6 学时
第 9 章　制作教学短视频	微课、MOOC 教学视频的特点、编辑教学视频、包装和发布教学视频	4 学时

注：1. 教学课时安排仅供参考，授课教师可根据情况进行调整。

2. 建议每章安排与教学课时相同时间的上机练习。

目录

第1章 多媒体技术概述……1

1.1 多媒体技术的基本概念……2

1.1.1 媒体与多媒体……2

1.1.2 多媒体元素……2

1.1.3 多媒体技术及其特点……4

1.1.4 流媒体、自媒体、融媒体及富媒体……6

1.2 多媒体计算机系统的组成……8

1.2.1 多媒体计算机系统的层级结构……8

1.2.2 多媒体硬件系统的组成……9

1.2.3 多媒体软件系统的组成……10

1.3 多媒体数据压缩编码技术……11

1.3.1 数据压缩技术的原理……11

1.3.2 数据压缩方法……13

1.4 多媒体系统的关键技术……15

1.4.1 多媒体数据存储技术……15

1.4.2 多媒体输入/输出技术……15

1.4.3 多媒体系统软件技术……15

1.4.4 多媒体网络通信技术……17

1.4.5 虚拟现实技术……17

1.4.6 人机交互技术……18

1.5 多媒体设计创作基础……18

1.5.1 多媒体素材的获取工具……19

1.5.2 多媒体项目的制作流程……20

1.5.3 常用的多媒体设计软件……21

1.6 多媒体技术的应用和发展……23

1.6.1 多媒体技术的应用领域……23

1.6.2 多媒体技术的发展趋势……25

1.7 习题……26

第2章 文本数据技术及应用……27

2.1 文字和字体……28

2.1.1 文字的意义……28

2.1.2 安装字体文件……28

2.2 文本素材的获取和编辑……29

2.2.1 文本素材的获取……29

2.2.2 文本素材的编辑……31

2.2.3 制作图形文本……35

2.2.4 文本设计要点……37

2.3 OCR 识别技术……38

2.4 处理 PDF 文件……41

2.5 使用超文本……42

2.5.1 HTML 标记……43

2.5.2 创建超链接……44

2.6 实例演练……46

2.6.1 将 PDF 文件转换成 Word 文档……46

2.6.2 制作“招聘启事”文档……47

2.7 习题……50

第3章 音频数据技术及应用……51

3.1 数字音频基础知识……52

3.1.1 声音的常见类型……52

3.1.2 数字音频音质与数据量……54

3.1.3 音频压缩编码的国际标准……54

3.2 常用音频文件格式及格式转换……56

3.2.1 音频文件格式……56

3.2.2 音频文件格式转换……57

3.3 音频素材的获取和编辑……58

3.3.1 音频素材的获取……58

3.3.2 音频素材的编辑……60

3.4 音频处理软件 Adobe Audition……61

3.4.1 录制音频……61

3.4.2 编辑音频……63

3.4.3 制作音频效果……65

3.5 实例演练……67

3.6 习题……68

第4章 图像数据技术及应用…………………69

4.1 图像数据基础知识……………………70
4.1.1 图像类型……………………………70
4.1.2 常用的图像文件格式………………71
4.1.3 图像数字化…………………………72
4.2 图像色彩构成…………………………73
4.2.1 色彩三要素…………………………73
4.2.2 色彩模式……………………………74
4.2.3 色彩的视觉意象……………………75
4.2.4 色彩搭配常识………………………78
4.3 认识 Photoshop 图像软件………………79
4.3.1 图像获取方式………………………79
4.3.2 创建选区……………………………80
4.3.3 选区的操作…………………………88
4.4 使用 Photoshop 处理图像………………91
4.4.1 绘制图像……………………………91
4.4.2 修复图像……………………………99
4.4.3 裁剪图像……………………………100
4.4.4 修饰图像……………………………101
4.4.5 合成图像……………………………104
4.4.6 为图像配文字………………………105
4.4.7 使用路径工具………………………109
4.4.8 添加图像特效………………………112
4.5 实例演练………………………………113
4.6 习题……………………………………116

第5章 视频数据技术及应用…………………117

5.1 视频基础知识…………………………118
5.1.1 数字视频的概念……………………118
5.1.2 数字视频的编码标准………………119
5.1.3 数字视频的格式与转换……………120
5.2 视频素材的获取与编辑………………123
5.2.1 视频素材的获取……………………123
5.2.2 视频素材的编辑……………………124
5.3 视频编辑软件 Premiere Pro……………127
5.3.1 导入及编辑素材……………………127
5.3.2 添加字幕……………………………133
5.3.3 添加视频效果………………………135
5.4 视频编辑软件 After Effects……………139
5.4.1 项目、合成和图层…………………139
5.4.2 使用蒙版……………………………142
5.4.3 应用特效……………………………144
5.5 实例演练………………………………146
5.6 习题……………………………………148

第6章 二维动画数据技术及应用……………149

6.1 动画概述………………………………150
6.1.1 动画的概念和类型…………………150
6.1.2 二维动画制作软件简介……………150
6.2 动画素材的获取与编辑………………157
6.2.1 动画素材的获取……………………157
6.2.2 动画素材的编辑……………………162
6.3 使用 Animate 制作基本动画……………168
6.3.1 逐帧动画……………………………168
6.3.2 补间动画……………………………170
6.3.3 遮罩层动画…………………………174
6.3.4 引导层动画…………………………177
6.3.5 骨骼动画……………………………179
6.3.6 多场景动画…………………………182
6.4 脚本语言 ActionScript…………………185
6.4.1 脚本介绍……………………………185
6.4.2 制作交互式动画……………………189
6.5 实例演练………………………………191
6.6 习题……………………………………194

第7章 三维动画数据技术及应用……………195

7.1 三维动画概述…………………………196
7.1.1 三维动画的概念和特点……………196
7.1.2 三维动画制作软件简介……………197
7.2 3ds Max 三维建模………………………198

7.2.1 几何体建模……………………199

7.2.2 修改器建模……………………201

7.2.3 复合对象建模…………………207

7.2.4 多边形建模……………………210

7.3 渲染三维对象……………………214

7.3.1 材质与贴图……………………214

7.3.2 灯光和摄影机…………………219

7.4 制作三维动画……………………223

7.4.1 创建和设置动画………………224

7.4.2 使用曲线编辑器………………227

7.5 实例演练…………………………228

7.6 习题………………………………230

第 8 章 制作多媒体演示文稿……………231

8.1 多媒体演示课件基础知识………232

8.1.1 多媒体课件的概念……………232

8.1.2 多媒体课件的分类……………232

8.1.3 多媒体课件的开发过程………233

8.2 制作演示文稿……………………234

8.2.1 创建演示文稿…………………234

8.2.2 添加文字………………………236

8.2.3 添加修饰元素…………………238

8.2.4 设置主题和背景………………242

8.3 添加动画效果……………………244

8.3.1 添加幻灯片切换动画…………244

8.3.2 添加对象动画效果……………245

8.3.3 设置高级选项…………………249

8.4 添加超链接………………………251

8.5 放映幻灯片课件…………………252

8.5.1 设置放映类型…………………252

8.5.2 设置放映方式…………………252

8.5.3 放映过程………………………255

8.5.4 导出演示文稿…………………257

8.6 实例演练…………………………260

8.7 习题………………………………270

第 9 章 制作教学短视频…………………271

9.1 教学短视频简介…………………272

9.1.1 微课、MOOC 教学视频的特点……272

9.1.2 微课、MOOC 教学视频的技术指标……273

9.1.3 微课、MOOC 教学视频的开发过程……274

9.2 拍摄素材…………………………275

9.2.1 拍摄设备和场景布光…………275

9.2.2 拍摄过程及要点………………276

9.3 编辑教学视频……………………277

9.3.1 计算机录屏……………………277

9.3.2 音频处理………………………278

9.3.3 视频编辑………………………279

9.4 包装和发布教学视频……………283

9.4.1 制作片头和片尾………………283

9.4.2 合成和发布教学视频…………285

9.5 实例演练…………………………286

9.6 习题………………………………290

第1章 多媒体技术概述

多媒体技术是当今信息技术领域发展最快、最活跃的技术之一，它为人们展现了一个多姿多彩的视听世界。目前，多媒体技术广泛地应用于教育教学、工业控制、信息管理、办公自动化系统及游戏、娱乐等领域，逐步深入人们生活的各个方面。本章将主要介绍多媒体和多媒体技术的基础知识、多媒体计算机系统等内容。

本章重点

- 多媒体和多媒体技术
- 多媒体系统的关键技术
- 多媒体计算机系统的组成
- 多媒体技术的应用和发展

1.1 多媒体技术的基本概念

多媒体技术不仅使人类对信息加速和改善了理解，提高了兴趣和注意力，而且大大提高了获得信息的效率。多媒体技术是一门集成文本、数值、声音、图形、图像、动画和视频等媒体信息的综合技术，涉及计算机、通信、电视和心理学等多个学科。多媒体技术是一种快速发展的综合性电子信息技术，它给传统的计算机系统、音频和视频设备带来了方向性的变革，对大众传媒产生了深远的影响。

1.1.1 媒体与多媒体

媒体(Media)可以理解为人与人或人与外部世界之间进行信息沟通、交流的方式与方法，是信息传递的载体。根据国际电信联盟关于媒体的定义，媒体包括以下五大类：感觉媒体、表示媒体、显示媒体、存储媒体和传输媒体，其核心是表示媒体，即信息的存在形式和表现形式，如日常生活中的报纸、电视、广播、广告、杂志等。借助于这些载体，信息得以交流传播。如果对这些媒体的本质进行详细分析，就可以找到媒体传递信息的基本元素，主要包括声音、图形和图像、视频、动画和文字等，它们都是媒体的组成部分。

在计算机领域中，媒体曾被广泛译作“介质”，指的是信息的存储实体和传播实体，现在一般译为“媒体”，表示信息的载体。媒体在计算机科学中主要包含两种含义。一种含义是指信息的物理载体，如磁盘、光盘、磁带、卡片等；另一种含义是指信息的存在和表现形式，如文字、声音、图像、视频等。多媒体技术中所称的媒体是指后者，即多媒体技术不仅能处理文字数据之类的信息媒体，而且还能处理声音、图形、图像等多种形式的信息载体。

所谓多媒体(Multimedia)，通常是指多种媒体(文字、声音、图形、图像、视频和动画等)的综合集成与交互。这种综合绝不是简单的综合，而是发生在多个层面上的综合。例如，人们可通过听觉器官和视觉器官分别感受视频中的声音和图像，这是一种感觉媒体层面的综合；计算机可同时处理使用标准信息交换码表示的中文字符和使用 ASCII 码表示的英文字符，这是一种表示媒体的综合；一段音乐需要经过输入、编码、存储、传输和输出等多个过程，这是一种在表示媒体、显示媒体、存储媒体和传输媒体等各个层面的综合。

1.1.2 多媒体元素

多媒体元素是指多媒体应用中可以显示给用户的媒体组成元素。多媒体元素涉及大量不同类型、不同性质的媒体元素，这些媒体元素数据量大，同一种元素数据格式繁多，数据类型之间的差别也很大。

1. 文本

文本(Text)包括汉字、英文字母、数字、英文标点符号和中文标点符号等，通常由文字编辑软件(如 Microsoft Word、记事本、写字板或 WPS 文字处理软件等)生成。需要注意的是，中文标点符号和英文标点符号是不同的两类文本。这是因为，中文和英文使用的编码形式不同，中文使用汉字标准信息交换码，每个汉字占用 2B 的存储空间，而英文使用美国标准信息交换代码(American Standard Code for Information Interchange，ASCII)，每个英文字符占用 1B 的存储空间。

2. 数值

数值(Number)包括整数和实数。整数由正负号和数字组成，如 12、4、0、−9，在计算机中，整数通常是用补码形式表示的。实数由正负号、数字和小数点组成，如 3.14、14.58、100.0，对于实数，计算机中可使用定点或浮点形式表示。

计算机中对于数值的处理有数值运算和非数值运算。数值运算是对数值进行常规的数学运算，可应用于求解方程的根、矩阵的秩、数值积分和数值微分等数学问题，是计算机最为传统的功能。非数值运算涉及的对象是文本、图形、图像、声音、视频和动画等。随着计算机的普及，非数值处理技术将计算机的应用拓宽到模式识别、情报检索、人工智能和计算机辅助教学等领域。

3. 声音

声音(Sound)是由物体振动产生的声波。发出振动的物体叫作声源。声音是通过介质(空气、固体或液体)传播并能被人或动物听觉器官所感知的波动现象。声音具有一定的频率范围。人耳可以听到的声音的频率范围为 20Hz～20kHz。高于这个范围的声音称为超声波，低于这一范围的声音称为次声波。声音的波形图如图 1-1 所示。

图 1-1　声音的波形图

4. 图形和图像

图形(Graph)和图像(Image)都是多媒体系统中的可视元素。图形和图像的示例如图 1-2 所示。图形是矢量图，是人们根据客观事物制作生成的，不是客观存在的。图形的元素包括点、直线、弧线、圆和矩形等。通常，图形在屏幕上显示要使用专用软件(如AutoCAD 等)将描述图形的指令转换成屏幕上的形状和颜色。由于图形在本质上是由数学的坐标和公式来描述的，因此一般只适用于描述轮廓不是很复杂、色彩不是很丰富的对象，如几何图形、工程图纸和 3D 造型等。图形在进行缩放时不会失真，可以适应不同的分辨率。

图像是由扫描仪、摄像机等输入设备捕捉实际的画面产生的数字图像，是由像素构成的位图。就像细胞是组成人体的基本单位一样，像素是组成一幅图像的基本单位。对图像的描述与分辨率和色彩的颜色位数有关，分辨率与颜色位数越高，占用存储空间越大，图像越清晰，但图像在缩放过程中会损失细节或产生锯齿。基于以上特点，图像适用于显示含有大量细节，如明暗变化、场景复杂、轮廓色彩丰富的对象，并且可通过图像处理软件(如 Paint、Brush、Photoshop 等)对图像进行处理以得到更清晰的图像或产生特殊效果。

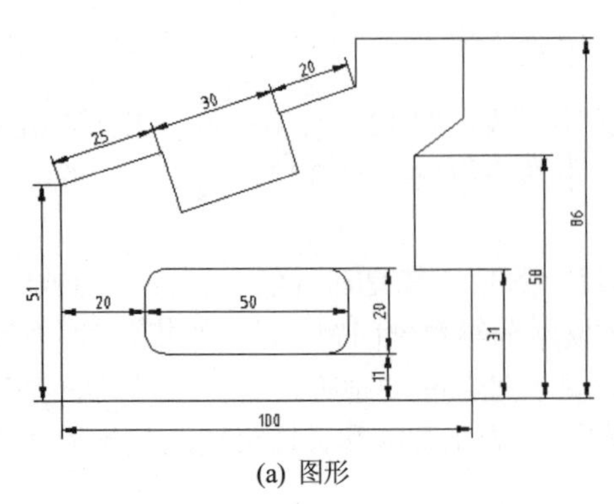

(a) 图形

(b) 图像

图 1-2　图形和图像

5. 视频

视频(Video)指的是将一系列静态影像以电信号方式加以捕捉、记录、处理、存储、传送与重现的各种技术，是多幅静止图像与连续的音频信息在时间轴上同步运动的混合媒体。当连续的图像变化超过 24 帧/秒时，根据视觉暂留原理，人眼无法辨别单幅的静态画面，多帧图像随时间的变化而产生运动感，继而产生平滑连续的视觉效果，因此视频也被称为运动图像。图 1-3 所示为使用视频软件播放的电影。

6. 动画

动画(Animation)也是一种视频，指的是采用动画制作软件(如 Adobe Animate、3ds Max 等)生成的一系列可供实际播放的连续动态画面。动画是一门幻想艺术，更容易直观表现和抒发人们的感情，扩展人类的想象力和创造力。目前，动画已成功应用到多个领域，如娱乐行业的动漫游戏、建筑行业的建筑结构展示、军事行业的飞行模拟训练和机械行业的加工过程模拟。图 1-4 所示为 2D 矢量动画。

图 1-3　视频

图 1-4　动画

1.1.3　多媒体技术及其特点

早期的计算机由于受计算机技术、通信技术的限制，只能接收和处理字符信息。字符信息被人们长期使用，其特点是处理速度快、存储空间小，但形式呆板，仅能利用视觉获取，依靠人的思维进行理解，难以描述对象的形态、运动等特征，不利于完全真实地表达信息的内涵。图像、声音、动画和视频等单一媒体比字符表达信息的能力更强，但均只能从一个侧面反映信息的某方面特征。

多媒体技术是一门综合技术，它是集文字、声音、视频、图像、动画等多种媒体于一体的信息处理技术，可以接收外部图像、声音、影像等多种媒体信息，经过计算机处理后以图片、文字、声音、动画等多种形式输出，实现输入、输出方式的多元化，突破了计算机只能处理文字、数值的局限，使人们的工作、生活更加丰富多彩。

多媒体技术所处理的文字、数值、声音、图像、图形等媒体信息是一个有机的整体，而不是一个个“独立”的信息简单堆积，多种媒体在时间和空间上都存在紧密的联系，具有同步性和协调性特点。

多媒体技术主要有如下特点。

1. 多样性

多媒体技术的多样性体现在信息采集或生成、传输、存储、处理和显现的过程中，要涉及多种感觉媒体、表示媒体、传输媒体、存储媒体或显示媒体，或者多个信源或信宿的交互作用。这种多样性不是指简单的数量或功能上的增加，而是质的变化。例如，多媒体计算机不但具备文字编辑、图像处理、动画制作及通过网络收发电子邮件等功能，又有处理、存储、随机地读取包括声音在内的视频的功能，能够将多种技术、多种操作集合在一起。

2. 集成性

多媒体技术是集成文字、声音、图形、图像、动画、视频等多种媒体的一种综合应用技术。多媒体系统是一个利用计算机技术来整合各种媒体信息的系统。

媒体依其属性的不同可分成文字、音频和视频。文字又可分成字符与数字，音频可分为语言和音乐，视频又可分为静止图像、动画和视频，多媒体系统将它们集成在一起，经过技术处理，使它们能综合发挥作用。

3. 交互性

所谓交互性是指人的行为与计算机的行为相互交流沟通的过程，这也是多媒体与传统媒体最大的不同。电视教学系统虽然也具有“声、图、文”并茂的多种信息媒体，但电视节目的内容是事先安排好的，人们只能被动地接受播放的节目，而不能随意选择感兴趣的内容，这个过程是单方向的，而不是双向交互性的。如果利用多媒体技术制作教学系统，学生可根据自己的需要选择不同的章节、难易各异的内容进行学习。对于重点内容，如果一次没看明白，还可重复播放。学生可参与练习、测验、实际操作等。如果学生出现错误，多媒体教学系统能及时评判、提示和纠正。

4. 协同性

每一种媒体都有其自身规律，各种媒体之间必须有机地配合才能协调一致。协同性是指协调两个或者两个以上的单媒体，协同一致地完成某一目标的过程或能力。多种媒体在时间、空间和内容等方面的协调是多媒体的关键技术之一。

5. 实时性

所谓实时性是指在多媒体系统中多种媒体之间无论在时间上还是在空间上都存在着紧密的联系，具有同步性和一致性的性质。例如，声音及活动图像体现了强实时的多媒体系统提供同步和实时处理的能力，这样在人的感官系统允许的情况下进行多媒体交互，就好像面对面一样，图像和声音都是连续的。

多媒体之所以能够迅速发展和广泛应用，是由于计算机技术、网络技术和数字处理技术的突破性进展，因此通常广义上的“多媒体”并不仅仅指多媒体本身，而是指处理和应用多媒体的包括硬件和软件的一整套技术，即多媒体技术。

1.1.4 流媒体、自媒体、融媒体及富媒体

1. 流媒体

利用流媒体传输方式，人们可以在线欣赏连续不断的、高品质的音频和视频节目，实现网上动画、影音等多媒体的实时播放。流媒体技术的产生和发展必然会给人们的日常生活和工作带来深远的影响。

流媒体是一种可以让音频、视频等多媒体元素在网上实时播放而无须下载的技术。流媒体技术的发展依赖于网络的传输条件、媒体文件的传输控制、媒体文件的编码压缩效率及客户端的解码等几个重要因素。其中任何一个因素都会影响流媒体技术的发展和应用。

1) 流媒体的优点

流媒体传输方式具有以下优点。

- 可以实时观看，而不必等到将全部多媒体信息下载完毕。
- 可以充分利用网络的带宽。流媒体观看采用边下载边观看的方式，因而可以将下载任务分配到观看过程中的不同阶段来完成，不会因为都集中在一起下载造成网络的堵塞拥挤。
- 不占用磁盘空间。在网上观看多媒体信息的方式有两种：下载方式和流媒体传输方式。采用流媒体传输方式观看多媒体信息时，不用将信息保存在本地磁盘上。
- 节省缓存。采用流媒体传输多媒体信息时，不需要将所有内容下载到缓存中，因而节省了用户端的缓存。

2) 流媒体的系统构成

一个完整的流媒体系统包括流服务应用软件、集中分布式视频系统、视频业务管理媒体发布系统、视频采集制作系统、媒体内容检索系统、数字版权管理、媒体存储系统、客户端系统等重要组成部分。

- 流服务应用软件：这是流媒体系统中最重要的组成部分，要求能够在最广的范围、多种连接速度基础上提供性能最好的多媒体效果，具有强有力的系统管理和可伸缩性能力，以及开放的、标准的、跨平台的架构。流服务应用软件系统必须具有极高的压缩比和较好的传输能力，能够适合网络发布。服务器端软件应该具有强大的网络管理功能，支持广泛的媒体格式，支持最大量的互联网用户群与流媒体商业模式。
- 集中分布式视频系统：面对越来越巨大的流媒体应用需求，流媒体系统必须拥有良好的可伸缩性。随着业务的增加和用户的增多，系统可以灵活地增加现场直播流的数量，并

通过增加带宽集群和接近最终用户端的边缘流媒体服务器的数量，增加并发用户的数量，以满足用户对系统的扩展要求。

- 视频业务管理媒体发布系统：该系统包括广播和点播的管理，节目管理，创建、发布及计费认证服务，提供定时按需录制、直播、传送节目的解决方案，管理用户访问及多服务器系统负载均衡调度服务等。
- 视频采集制作系统：该系统利用媒体采集设备进行“流”的制作与生成。它包括一系列工具，从独立的视频、声音、图片、文字组合到制作丰富的“流媒体”，这些工具产生的“流”文件可以存储为固定的格式，供发布服务器使用。视频采集制作系统可以实时向发布服务器提供各种“视频流”，提供实时的多媒体信息发布服务。
- 媒体内容检索系统：该系统能对媒体源进行标记，捕捉音频和视频文件并建立索引，建立高分辨率媒体的低分辨率代理文件，从而可以用于检索、视频节目的审查、基于媒体片段的自动发布，形成一套强大的数字媒体管理发布应用系统。
- 数字版权管理：这是在互联网上以一种安全方式进行媒体内容加密的端到端的解决方案，它允许内容提供商在其发布的媒体或节目中对指定的时间段、观看次数及其内容进行加密和保护。
- 媒体存储系统：由于要存储大容量的影视资料，因此该系统必须配备大容量的磁盘阵列，具有高性能的数据读写能力，能够访问共享数据，高速传输外界请求的数据，并具有高度的可扩展性、兼容性，能够支持标准接口。这种系统配置能满足上千小时的视频数据的存储，实现大量片源的海量存储。
- 客户端系统：该系统支持实时音频、视频的直播和点播，可以嵌入流行的浏览器中，可以播放多种流行的媒体格式，支持流媒体中的多种媒体形式，如文本、图片、Web 页面、音频和视频等。在带宽充裕时，流式媒体播放器可以自动侦测视频服务器的连接状态，选用更适合的视频，以获得更好的效果。目前应用最多的播放器有 Media Player 和 QuickTime 等工具软件。

2. 自媒体

自媒体有别于由专业媒体机构主导的信息传播，它是由普通大众主导的信息传播活动，由传统的“点到面”传播转化为“点到点”的对等传播概念。比如微信的公众号、各种直播平台的 UP 主、抖音和快手等短视频创作者等都属于自媒体。

3. 融媒体

融媒体通常指媒介信息传播采用文字、声音、影像、动画、网页等多种媒体表现手段(多媒体)，利用广播、电视、音像、电影、图书、报纸、杂志、网站等不同媒介形态(业务融合)，通过融合的广电网络、电信网络及互联网进行传播，最终实现用户以电视、计算机、手机等多种终端均可完成信息的融合接收(三屏合一)，实现任何人、任何时间、任何地点、以任何终端获得任何想要的信息。融媒体充分利用媒介载体，将广播、电视、报纸等既有共同点又存在互补性的不同载体，在人力、内容、宣传等方面进行全面整合，实现“资源通融、内容兼容、宣传互融、利益共融”的媒体形式，是人类掌握的信息流手段的最大化的集成者。融媒体通过提供多种方式和多种层次的各种传播形态来满足受众的细分需求，使得受众获得更及时、更多角度、更多听觉和视觉满足的媒体体验。

4. 富媒体

富媒体通信是全球移动通信系统协会在 2008 年提出的一种通信方式，融合了语音、消息、位置服务等通信服务，用以丰富通话、短信、联系人等手机系统原生应用的客户体验。

5G 时代将是视频内容大时代，是万物互联时代。随着 5G 时代的到来，普通文字版的短信已经不能满足用户的通信需求，富媒体信息通信呼之欲出。富媒体信息简称为富信，有人也称它为 5G 消息，其支持快速传递图片、音视频等多媒体信息到手机。相比传统信息，富媒体信息具有图文并茂、支持互动、赋能场景等优势。它可以基于运营商、手机厂商、社交网络及操作系统等多渠道传输，是企业与客户的新型沟通方式。富信所包含的信息可概括如下：富信=短信签名+文本内容+详细内容链接+图片内容+视频内容+交互。

5G 催生内容富媒体化需求。5G 网络是富媒体通信生产力，而富媒体通信则是代表新的生产关系。5G 带来的大带宽、低延迟及大容量特性让文本短信升级为集手机通讯录、图片、声音、视频、即时通信、公众号为一体的富媒体信息，而富媒体信息也将成为新的流量入口。

1.2 多媒体计算机系统的组成

目前，市面上主流的计算机大都是多媒体计算机。所谓多媒体计算机，是指配备了声卡、视频卡的计算机。更确切地说，多媒体计算机系统是一种将数字声音、数字图像、数字视频、计算机图形和通用计算机集成在一起的人机交互系统。多媒体系统常常指的就是多媒体计算机系统。

1.2.1 多媒体计算机系统的层级结构

多媒体计算机系统是指能把视、听和计算机交互式控制结合起来，对音频信号、视频信号的获取、生成、存储、处理、回收和传输等综合数字化后所组成的一个完整的计算机系统，其基本构成如图 1-5 所示。

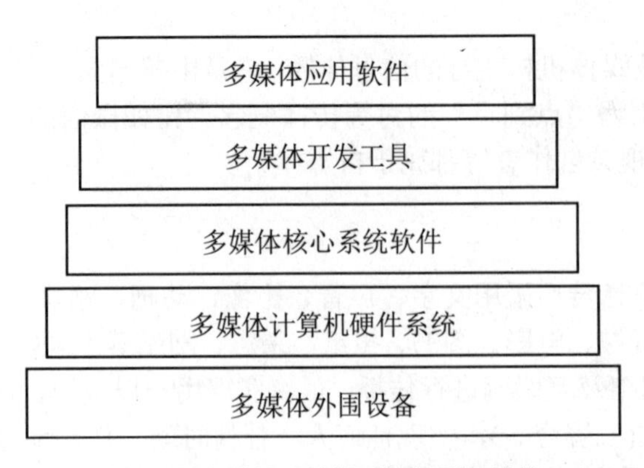

图 1-5 多媒体计算机系统的层级结构

在多媒体计算机系统中，第一层为多媒体外围设备，包括各种媒体、视听输入/输出设备及网络。

第二层为多媒体计算机硬件系统，主要配置与各种外围设备配套的控制接口卡，其中包括多媒体实时压缩和解压缩专用的电路卡等。

第三层为多媒体核心系统软件，包括多媒体驱动程序、操作系统等。该层软件除了驱动和控制硬件设备外，还要提供输入/输出控制界面程序，即I/O接口程序；而操作系统则提供对多媒体计算机的硬件和软件的控制与管理。

第四层是多媒体开发工具，支持应用开发人员创作多媒体应用软件。设计者利用该层提供的接口和工具采集、制作媒体数据。常用的开发系统有：图像设计与编辑系统，二维、三维动画制作系统，声音采集与编辑系统，视频采集与编辑系统，多媒体公用程序与数字剪辑艺术系统等。

第五层为多媒体应用软件，如影音播放软件、电子图书阅读平台、网络多媒体应用平台等。

在以上5层中，第一、二层构成多媒体硬件系统，其余3层则构成多媒体软件系统。

1.2.2 多媒体硬件系统的组成

从整体上来划分，一个完整的多媒体硬件系统主要由主机、音频设备、视频设备、基本输入/输出设备、大容量存储设备和高级多媒体设备6部分组成，如图1-6所示。

- 主机：主机部分是整个多媒体系统的核心。它需要具备以下几个特点，即有一个或多个处理速度较快的中央处理器(CPU)，拥有较大的内存空间和高分辨率的显示系统，以及较为齐全的外设接口。
- 音频设备：音频设备主要完成音频信号的A/D和D/A转换，以及数字音频的压缩、解压缩和播放等功能。音频设备主要包括音频卡、外接音箱、话筒、耳麦、MIDI 设备等。音频卡俗称声卡，在多媒体计算机中，音频卡是基本的必备硬件之一。现在几乎所有的计算机都配置内置的扬声器和专用的声音处理芯片，无须任何外部硬件和软件即可输入音频。
- 视频设备：视频设备负责多媒体计算机图像和视频信息的数字化获取和回放，主要包括视频压缩卡、电视卡、加速显示卡等。视频压缩卡主要完成视频信号的A/D和D/A转换及数字视频的压缩和解压缩功能，其信号源可以是摄像头、录/放像机、影碟机等。电视卡主要完成普通电视信号的接收、解调、A/D 转换以及与主机之间的通信，从而可使用户在计算机上观看电视节目，同时还可以以MPEG压缩格式录制电视节目。加速显示卡主要完成视频的流畅输出，是Intel公司为解决PCI总线带宽不足的问题而提出的图形加速端口。
- 基本输入/输出设备：在开发和发布多媒体产品时，要使用到各式各样的输入/输出设备，其中视频/音频输入设备包括摄像机、录像机、影碟机、扫描仪、话筒、录音机、激光唱盘和MIDI合成器等；视频/音频输出设备包括显示器、电视机、投影电视、扬声器、立体声耳机等；人机交互设备包括键盘、鼠标、触摸屏、光笔等；数据存储设备包括CD-ROM、磁盘、可擦写光盘等。
- 大容量存储设备：制作多媒体项目过程中，需要将彩色图像、文本、声音、视频剪辑等所有元素结合在一起，因此需要有一定数量的存储空间。如果这些元素大量存在，那么需要大量的存储空间。开发者可以使用刻录机将多媒体项目刻录在光盘上。

- 高级多媒体设备：随着科技的进步，近年来出现了一些新的输入/输出设备，比如用于传输手势信息的数据手套、数字头盔和立体眼镜等。

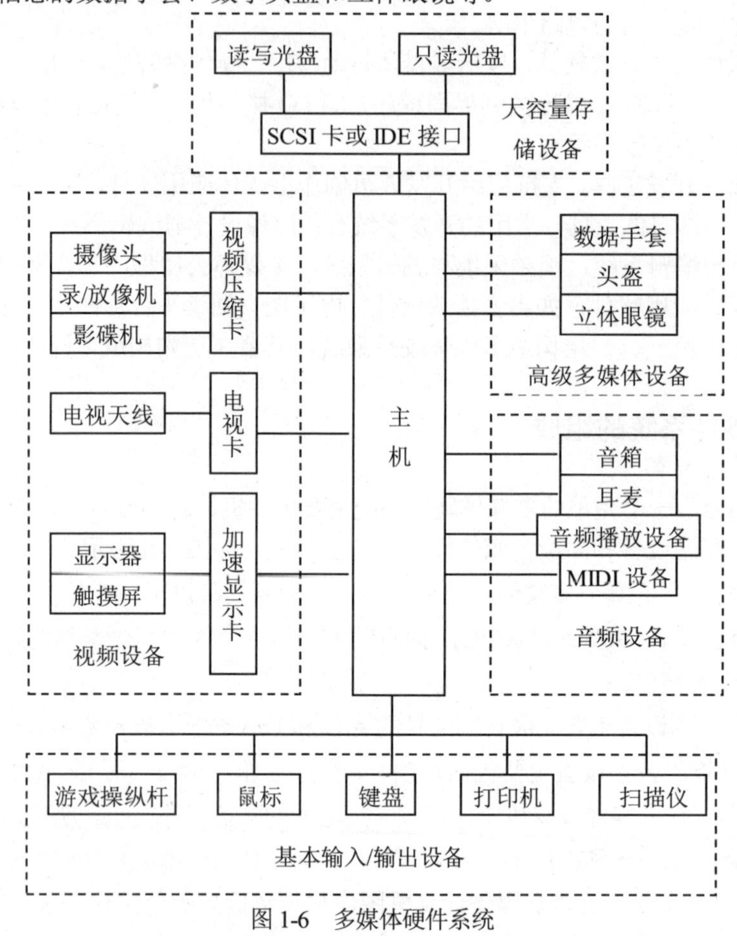

图 1-6 多媒体硬件系统

1.2.3 多媒体软件系统的组成

如果说硬件系统是多媒体计算机系统的基础，那么软件系统就是多媒体计算机系统的灵魂。

多媒体计算机的软件部分按功能划分，可以分为系统软件和应用软件。多媒体系统软件主要包括多媒体操作系统、多媒体素材制作软件及多媒体函数库、多媒体创作工具与开发环境、多媒体外部设备驱动软件和驱动器接口程序等。多媒体应用软件是在多媒体创作平台上设计开发的面向应用领域的软件系统。

多媒体软件系统按层次划分，可以分为 5 个层次，如图 1-7 所示。这种层次划分并没有绝对的标准，它是在发展过程中逐渐形成的。

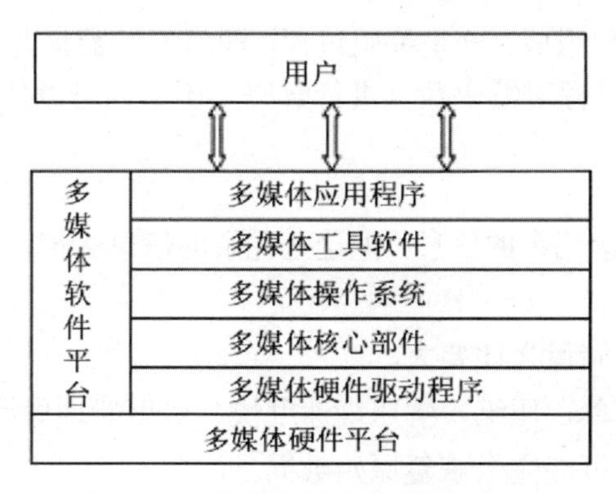

图 1-7　多媒体软件系统的层次结构

- 多媒体硬件驱动程序：位于多媒体软件系统的最底层，主要是直接和多媒体硬件打交道的驱动程序。它们在系统初始化引导程序作用下完成设备的初始化、各种设备的打开与关闭、基于硬件的压缩和解压、图像的快速交换等功能，通常随硬件启动并常驻内存。
- 多媒体核心部件：指多媒体计算机的核心软件，即视频/音频信息处理核心部件，其任务是支持随机移动或扫描窗口下的运动及静止图像的处理和显示，为相关的音频和视频数据流的同步问题提供所需的实时任务调度等。
- 多媒体操作系统：为多媒体信息处理提供与设备有关的媒体控制接口。例如，Windows 操作系统提供的媒体控制接口，具有实时任务调度、多媒体数据转换和同步控制机制等功能。
- 多媒体工具软件：多媒体制作软件，包括基本素材制作软件，如声音录制、图像扫描、全动态视频采集、动画生成等软件，以及多媒体项目制作专业软件，如 PowerPoint、Photoshop 等。
- 多媒体应用程序：包括一些系统提供的应用程序，如 Windows 系统中的录音机、媒体播放器和为用户开发的多媒体应用程序等，用于多媒体项目的播放。多媒体应用程序是多媒体项目和用户连接的纽带。

1.3　多媒体数据压缩编码技术

信息时代的重要特征是信息的数字化，数字化了的信息带来了“信息爆炸”。计算机面临的是数值、文字、声音、图形、图像、动画、视频等多种媒体承载的由模拟量转换成数字量信息的吞吐、存储和传输的问题。巨大数字化信息的数据量对计算机存储资源和网络带宽有很高的要求，解决的办法就是要对视频、音频的数据进行大量压缩。

1.3.1　数据压缩技术的原理

多媒体数据压缩技术的目的是将原先比较庞大的多媒体信息数据以较少的数据量表示，而不影响人们对原信息的识别。多媒体数据压缩技术是多媒体技术中的核心技术，揭示了多媒体数据处理的本质，是在计算机上实现多媒体信息处理、存储和应用的前提。

数据压缩一般由两个过程组成：一是编码过程，即将原始数据经过编码进行压缩，以便存储与传输；二是解码过程，此过程对编码数据进行解码，还原为可以使用的数据。

1. 数据压缩技术的指标

在多媒体信息中包含大量冗余的信息，把这些冗余的信息去掉，即可实现压缩。数据压缩技术有 3 个重要指标。

- 压缩前后所需信息存储量之比要大。
- 实现压缩的算法要简单，压缩、解压缩速度快，尽可能地做到实时压缩和解压缩。
- 恢复效果要好，要尽可能完全恢复原始数据。

2. 数据冗余

在信息理论中，将信息存在的各种性质的多余度称为冗余。数字化后的数据量与信息量的关系为

$$I=D-du$$

式中，I 为信息量，D 为数据量，du 为冗余量。由此可知，传送的数据量中有一定的数据冗余信息，即信息量不等于数据量，且小于数据量。这使得数据压缩能够实现。

数据冗余主要有以下几种类型。

- 空间冗余：在静态图像中有一块块表面颜色均匀的区域，在这个区域中所有点的光强和色彩及色饱和度都相同，具有很大的空间冗余。同一景物表面上各采样点的颜色之间往往存在着空间连贯性，但是基于离散像素采样来表示物体颜色的方式通常没有利用景物表面颜色的这种连贯性，从而产生冗余。
- 时间冗余：电视图像、动画等序列图片，其中物体有位移时，后一帧的数据与前一帧的数据有许多相同的地方，如背景等位置不变，只有部分相邻帧画面发生改变，这显然是一种冗余，这种冗余称为时间冗余。同理，在言语交流过程中，由于人在说话时发音的音频是一个连续的渐变过程，而不是一个完全在时间上独立的过程，因而也存在时间冗余。
- 结构冗余：在有些图像的纹理区，图像的像素值存在着明显的分布模式，如方格状的地板图案等，这种冗余称为结构冗余。在存在结构冗余的信息中，如果已知分布模式，就可以通过某一过程生成图像。
- 知识冗余：对于图像中重复出现的部分，可以构造出基本模型，如人脸的图像有固定的结构，嘴的上方有鼻子，鼻子的上方有眼睛，鼻子位于正面图像的中线上等。这类规律性的结构可由先验知识和背景知识得到，这就是知识冗余。根据已有的知识，对某些图像中所包含的物体构造出描述模型，并创建对应的各种特征的图像库，这样进行图像的存储只需要保存一些特征参数，从而可大大减少数据量。知识冗余是模型编码主要利用的特征。
- 视觉冗余：事实表明，人的视觉系统对图像的敏感性是非均匀性和非线性的。在记录原始的图像数据时，对人眼看不见或不能分辨的部分进行记录显然是不必要的。因此，大可利用人的视觉系统的非均匀性和非线性，以降低视觉冗余。
- 图像区域的相同性冗余：图像区域的相同性冗余是指在图像中的两个或多个区域所对应

的所有像素值相同或相近，从而产生的数据重复性存储。在以上情况中，当记录了一个区域中各像素的颜色值，则与其相同或相近的其他区域就不需要记录其中各像素的值了。

- 听觉冗余：人的听觉具有掩蔽效应，这是强弱不同的声音同时存在或在不同时间先后发生时出现的现象。人耳对不同频段声音的敏感程度不同，并不能察觉所有频率的变化，对某些频率变化不特别关注，通常对低频段较之高频段更敏感。人耳对语音信号的相位变化不敏感。因此，在记录或存储声音数据时，可利用人的听觉的掩蔽效应，降低听觉冗余。
- 信息熵冗余(编码冗余)：由信息理论的有关原理可知，表示图像信息数据的一像素，只要按其信息熵的大小分配相应的位数即可。然而对于实际图像数据的每一像素，很难得到它的信息熵，在数字化一幅图像时，对像素使用相同的符号，这样必然存在冗余。比如，使用相同码长表示不同出现概率的符号，则会造成位数的浪费。如果采用可变长编码技术，对出现概率大的符号用短码字表示，对出现概率小的符号用长码字表示，则可去除符号冗余，从而节约码字。

随着对人的视觉系统和图像模型的进一步研究，人们可能会发现图像中存在着更多的冗余性，使图像数据压缩编码的可行性越来越大，从而推动图像压缩技术的进一步发展。

1.3.2　数据压缩方法

数据压缩就是减少信号数据的冗余性。数据压缩常被称为数据信源编码，或简称为数据编码。与此对应，数据压缩的逆过程称为数据解压缩，也称为数据信源解码，或简称为数据解码。多媒体数据压缩的方法根据不同的依据可产生不同的分类。

1. 根据压缩后信息是否有损失分类

常用的压缩编码方法可根据压缩后信息是否有损失分为两大类：一类是无损压缩法(冗余压缩法)；另一类是有损压缩法(熵压缩法)，或称为有失真压缩法。

- 无损压缩法：也称为可逆压缩、无失真编码、熵编码等，工作原理为去除或减少冗余值，但这些被去除或减少的冗余值可以在解压缩时重新插入数据中以恢复原始数据。它大多用于对文本和数据的压缩，压缩比范围为 2 : 1～5 : 1，压缩率比较低。典型算法有哈夫曼编码、香农-费诺编码、算术编码、游程编码和 Lenpel-Ziv 编码等。
- 有损压缩法：也称为不可逆压缩和熵压缩等。这种方法压缩时减少的数据信息是不能恢复的。在语音、图像和动态视频的压缩中经常采用这类方法。用这种方法对自然景物的彩色图像进行压缩，压缩比可达到几十倍甚至上百倍。

有损压缩法压缩了熵，会减少信息量，因为熵定义为平均信息量，而损失的信息是不能再恢复的，因此这种压缩是不可逆的。

由于无损压缩法不会产生失真，在多媒体技术中一般用于文本、数据压缩，它能保证百分之百地恢复数据。但这种方法的压缩率比较低。

2. 根据编码方法分类

编码方法的选择将会影响多媒体信息传递的有效性，合适的编码方法能够提高数据的压缩比，数据在解压缩时速度也可以更快。常用的编码方法主要有变长编码、预测编码、变换编码和统计编码等。下面介绍几种常见的编码方法。

- 预测编码：这种编码器记录与传输的不是样本的真实值，而是真实值与预测值之差。对于语音，预测编码通过预测去除语音信号时间上的相关性；对于图像来讲，帧内的预测去除空间冗余，帧间预测去除时间冗余。预测值由预测编码图像信号的过去信息决定。由于时间、空间的相关性，真实值与预测值的差值变化范围远远小于真实值的变化范围，因而可以采用较少的位数来表示。另外，若利用人的视觉特性对差值进行非均匀量化，则可获得更高的压缩比。
- 变换编码：在变换编码中，由于对整幅图像进行变换的计算量太大，因此一般把原始图像分成许多个矩形区域，对子图像独立进行变换。变换编码的主要思想是利用图像块内像素值之间的相关性，把图像变换到一组新的基块上，使得能量集中到少数几个变换系数上，通过存储这些系数而达到压缩的目的。采用离散余弦变换(DCT)消除相关性的效果非常好，而且算法快速，被大家普遍接受。
- 统计编码：最常用的统计编码是哈夫曼编码，出现频率大的符号用较少的位数表示，而出现频率小的符号则用较多位数表示，编码效率主要取决于需要编码的符号出现的概率分布，越集中则压缩比越高。哈夫曼编码可以实现熵保持编码，所以是一种无损压缩技术，在语音和图像编码中常常和其他方法结合使用。

压缩方法还有很多种不同的分类，其余方法不再详述。

3. 声音的压缩与编码

只有当声音的信源产生的信号具有冗余时，才能对其进行压缩。统计分析结果表明，在语音信号中主要包括时域冗余和频域冗余。另外考虑到人的听觉机理特征，也能对语音信号进行压缩。这是对声音进行压缩与编码的原理。

在多媒体计算机系统中，声音信号被编码成二进制数字序列，经过传输和存储，最后由解码器将二进制编码恢复成原始的声音信号。声音的压缩与编码必须考虑以下几个主要因素。

- 输入声音信号的特点。
- 传输速率及存储容量的限制。
- 对输出重构声音的质量要求。
- 系统的可实现性及其代价。

声音信号的编码方式主要有波形编码、分析合成编码和混合编码 3 种。

4. 图像的压缩与编码

图像的压缩有无损压缩和有损压缩两种，目前世界上主要的图像压缩标准有两个：JPEG 标准和 MPEG 标准。

JPEG 标准是彩色、灰度、静止图像压缩编码的国际标准；MPEG 标准是 ISO/IEC 委员会的第 11172 号标准，该标准包括 MPEG 视频、MPEG 音频和 MPEG 系统三部分。

MPEG 和 JPEG 相同的地方是均采用了 DCT 帧内图像数据压缩编码。

MPEG 和 JPEG 的主要区别在于：JPEG 是静止图像压缩编码的国际标准；MPEG 是针对运动图像的数据压缩技术。为了提高压缩比，帧内图像数据和帧间图像数据压缩技术必须同时使用。MPEG 采用了帧间数据压缩、运动补偿和双向预测，这是和 JPEG 主要不同的地方。

1.4　多媒体系统的关键技术

除了多媒体数据压缩技术外，多媒体系统的关键技术还有数据存储技术、输入/输出技术、系统软件技术、网络通信技术、虚拟现实技术、人机交互技术等。

1.4.1　多媒体数据存储技术

多媒体的音频、视频、图像等信息虽经过压缩处理，但仍需相当大的存储空间。此外，多媒体数据量大且无法预估，因而不能用定长的字段或记录块等存储单元组织存储，这大大增加了存储结构的复杂度。只有在大容量存储技术问世后，才真正解决了多媒体信息存储的空间问题。

光盘存储器 CD-ROM 以存储量大、密度高、介质可交换、数据保存寿命长、价格低廉和应用多样化等特点成为多媒体计算机的存储设备。利用数据压缩技术，在一张 CD-ROM 光盘上能够存储长达 80 多分钟的全运动视频图像，或者十几小时的语言信息，或者数千幅静止图像。在 CD-ROM 基础上，又开发出了可录式光盘 CD-R、高画质和高音质的光盘 DVD、蓝光光碟等光盘载体。

1.4.2　多媒体输入/输出技术

多媒体输入/输出技术包括多媒体变换技术、多媒体识别技术、多媒体理解技术和多媒体综合技术。

- 多媒体变换技术：多媒体变换技术是指改变媒体的表现形式的技术。例如，当前广泛使用的视频卡、音频卡(声卡)都属于多媒体变换设备。
- 多媒体识别技术：多媒体识别技术是指对信息进行一对一映像过程的技术。例如，语音识别技术和触摸屏技术等都属于多媒体识别技术。
- 多媒体理解技术：多媒体理解技术是指对信息进行更进一步的分析处理和理解信息内容的技术。例如，自然语言理解、图像理解、模式识别等技术都是多媒体理解技术。
- 多媒体综合技术：多媒体综合技术是指把低维信息表示映像成高维模式空间过程的技术。例如，语音合成器就可以把语音的内部表示综合为声音输出。

1.4.3　多媒体系统软件技术

多媒体系统软件技术主要包括 6 个方面，即多媒体操作系统、多媒体素材采集与制作技术、多媒体编辑与创作工具、多媒体数据库技术、超文本/超媒体技术和多媒体应用开发技术。

1. 多媒体操作系统

多媒体操作系统是多媒体软件技术的核心。它负责多媒体环境下多任务的调度，保证音频、视频同步控制及信息处理的实时性，提供多媒体信息的各种基本操作和管理，它具有对设备的相对独立性与可扩展性。Windows 系列操作系统都提供了对多媒体的支持。

2. 多媒体素材采集与制作技术

多媒体素材采集与制作技术主要用于采集并编辑多种媒体数据，如声音信号的录制、编辑和播放，图像扫描及预处理，全动态视频采集及编辑，动画的生成编辑，音频/视频信号的混合和同步等。

3. 多媒体编辑与创作工具

多媒体编辑与创作工具是多媒体专业人员在多媒体操作系统之上开发的一种工具，供特定应用领域的专业人员组织、编排多媒体数据，并把它们连接成完整的多媒体应用系统。高档的多媒体编辑与创作工具用于影视系统的动画制作及特技效果，中档的多媒体编辑与创作工具用于培训、教育和娱乐节目制作，低档的多媒体编辑与创作工具用于商业简介、家庭学习材料的编辑。

4. 多媒体数据库技术

多媒体信息是结构型的数据，故传统的关系数据库已不适用于多媒体的信息管理，我们需要从下面 4 个方面研究数据库技术。

- 多媒体数据模型。
- 媒体数据压缩和解压缩的模式。
- 多媒体数据管理及存储方法。
- 用户界面。

5. 超文本/超媒体技术

多媒体是文本、图像、声音、动画、视频等媒体在一次演示中的集成，当能够控制何时观看何种信息时，就成为交互式的多媒体。更进一步，当交互式多媒体的开发者为用户的导航和交互提供一套结构化的链接元素，它便成为所谓的超媒体。

当超媒体项目中包含大量的文本或符号内容时，这些内容可以被编成索引，然后其元素可以通过链接来提供快速的电子化检索相关信息的能力。当一些单词被编入关键字或者作为其他单词的索引时，超文本(Hypertext)便产生了。

超文本与传统的文本有很大的区别，它是一种电子文档，是一个非线性的网状结构，其中的文字包含可以链接到其他字段或内容的超文本链接，允许跳跃式的阅读。用户可以根据需要，利用超文本系统提供的联想查询机制，迅速找到自己感兴趣的内容或有关信息。

超媒体可被看作超文本的进一步深化，因为它们二者并没有本质的区别。超文本管理的是纯文本，而超媒体管理的是多媒体，不仅包括文本，还有声音、图像等，超媒体是超文本和多媒体的综合产物。随着多媒体技术的不断发展，它们二者之间的区别已很难划分，从目前的情形来看，单纯的超文本系统基本上已经不存在了，超媒体技术被广泛应用于教学、信息检索、字典和参考资料、商品演示等信息查询领域。

6. 多媒体应用开发技术

多媒体应用开发会使一些不同创作领域的人集中到一起，包括计算机开发人员、音乐创作人员、图像艺术家等，他们的工作方法和思考问题的方法有很大的不同。对于项目管理者来说，研究和推出一个多媒体应用开发方法是极为重要的。多媒体应用开发技术是多媒体技术、网络通信技术、分布式处理技术、人机交互技术和人工智能技术等多种技术的集成，其应用领域从生产、经营管理自动化到办公、信息传递自动化，从教育、学习到生活、娱乐，覆盖了当今人类社会生活的方方面面、各行各业。

1.4.4　多媒体网络通信技术

多媒体信息的特征之一是多维性，即包括多种不同类型的媒体。由于不同类型媒体信息在传输中有不同的技术要求，这给多媒体信息的传输提出了技术要求。如视频、音频数据的传输要求实时同步，延迟滞后时间短，但可以容忍小的数据错误；文本数据的传输内容必须准确无误，但传输时间可宽容等。多媒体网络通信技术就是充分考虑各种媒体的特点，解决数据传输中的所有问题。

多媒体网络通信技术是多媒体计算机技术和网络通信技术结合的产物。与普通数据通信不同，多媒体数据传输对网络环境提出了苛刻的要求，由于多媒体数据对网络的延迟特别敏感，因此多媒体网络必须采用相应的控制机制和技术，以满足多媒体数据对网络实时性和同步性的要求。

由于公共交换电话网(PSTN)信息传输速率较低，适合传输话音、静态图像和低质量的视频图像等；局域网(LAN)传输延迟大，只适用于文本、图形、图像等非连续媒体信息的数据传输；窄带网 N-ISDN 能实现综合业务的传输，基本速率接口和基群速率接口能满足压缩视频、音频信号的带宽要求，它是支持可视会议、可视电话和传输静止画面的一种有效技术；宽带网 B-ISDN 以异步转移模式(ATM)作为传输与交换方式，充分利用光纤提供巨大的信道容量进行各种综合业务的传输与交换，因其有电路交换延迟小、分组交换效率高及速率可变的特点，成为多媒体通信核心技术之一。

1.4.5　虚拟现实技术

虚拟现实(Virtual Reality，VR)是利用数字媒体系统生成一个具有逼真的视觉、听觉、触觉及嗅觉的模拟现实环境，受众可以用人的自然技能与这一虚拟的现实环境进行交互，与在真实现实中的体验相似。虚拟现实是多种技术的综合，包括实时三维计算机图形技术、广角立体显示技术，对观察者的头、眼和手的跟踪技术，以及触觉/力觉反馈技术、立体语音输入/输出技术等。

虚拟现实具有 3 个重要特征，分别是沉浸感(Immersion)、交互性(Interaction)和构想性(Imagination)，常被称为虚拟现实的 3I 特征。沉浸感是指用户感受到被虚拟世界所包围，好像完全置身于虚拟世界之中一样。交互性是指用户对模拟环境内物体的可操作程度和从环境得到反馈的自然程度。构想性指虚拟的环境是人想象出来的，同时这种想象体现出设计者相应的思想，因而可以用来实现一定的目标。

虚拟现实之所以能让用户从主观上有一种进入虚拟世界的感觉，而不是从外部去观察它，主要是采用了一些特殊的输入/输出设备，如数据头盔、数据手套等，如图 1-8 所示。

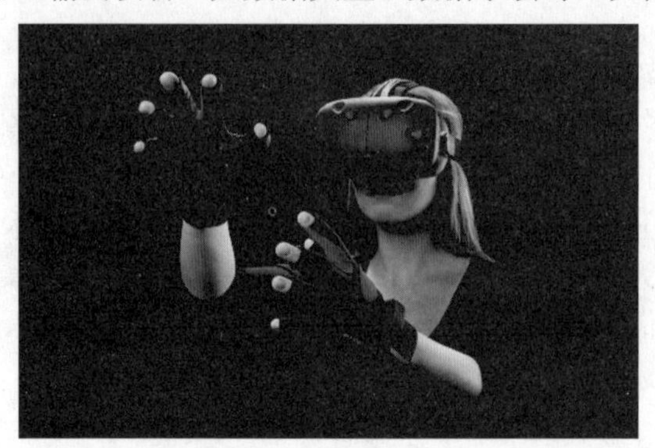

图 1-8　数据头盔和数据手套

1.4.6　人机交互技术

人机交互技术是计算机应用的核心技术，以用户为中心是人机交互设计的核心思想。而人机界面作为人与计算机通信的途径，其交互效果的好坏直接影响到用户所使用的计算机以及软、硬件功能的发挥。

人机交互是关于设计、评价和实现供人们使用的交互式计算机系统，且围绕这些方面的主要现象进行研究的科学。简单地讲，人机交互就是人类与计算机之间的交流互动，通过人机接口技术使人能够与计算机发生联系；而计算机则通过一种界面，使人能了解联系后的效果。

多媒体人机交互技术是指人们通过多种媒体与计算机进行通信的技术，包括文字、图形、图像、动画、声音、视频等多种媒体，信息表示的多样化与和谐、自然的交互方式是其研究的主要内容。多媒体人机交互既涉及信息表示的多样化，也考虑人们如何用多种输入/输出设备和计算机进行交互。

人机交互与人机界面是两个有着紧密联系而又不尽相同的概念。人机交互是指人与机器的交互，本质上是人与计算机的交互。具体来说，人机交互的用户与含有计算机的机器之间的双向通信，以一定的符号和被用作人机界面的显示器之间通过一些动作来实现，如键盘击键、移动鼠标、显示屏幕上的符号或图形等。人机交互的过程包括识别交互对象—理解交互对象—把握对象情态—信息适应与反馈等。而人机界面是指用户与含有计算机的机器系统之间的通信媒体或手段，是人机双向信息交互的支持软件和硬件。

良好的人机界面是实现人机交互操作的关键。开发人员设计人机界面时应按照多媒体作品的内容和特点，选择交互媒体的类型和交互方式，使用户操作使用比较方便，以提高效率。

1.5　多媒体设计创作基础

一个好的多媒体项目不仅能有声有色地把作品内容表述出来，而且能达到最佳的展示效果。这需要开发人员掌握多媒体素材的获取工具、多媒体项目的制作流程、常用的多媒体设计软件等基础知识。

1.5.1　多媒体素材的获取工具

多媒体包括图片、声音和视频等元素，所以需要了解多媒体素材的获取工具。例如，要获得图片可以使用数码相机或扫描仪，要获取视频信息可使用数码摄像机等。下面简单介绍数码相机和扫描仪的相关内容。

1. 数码相机

数码相机(Digital Camera，DC)是一种利用电子传感器把光学影像转换成电子数据的照相机，如图 1-9 所示。

与传统的胶片照相机不同，数码相机采用固定的或者是可以拆卸的半导体存储器来保存获取的图像，还可以直接将数字格式的图像输出到计算机、电视机或者打印机上。使用数码相机拍照有如下优点。

- 拍照之后可以立即看到图片，从而提供了对不满意的作品立刻进行重拍的可能性，减少了遗憾的发生。
- 只需为自己满意的并且想要冲洗的照片付费，其他不需要的照片可以删除，而不像胶片照相机那样浪费胶片。
- 色彩还原和色彩范围不再依赖胶卷的质量。
- 感光度也不再因胶卷而固定，光电转换芯片能提供多种感光度选择。

在制作多媒体作品时，如果想要使用数码相机中的图片，可通过图 1-10 所示的数据线将数码相机中的图片转移到计算机上。不同品牌的数码相机，其数据线的结构也不尽相同，但其与计算机相连的端口一般都是 USB 接口。若要将数码相机中的照片转移到计算机中，应先将数据线的一端连接到数码相机上，然后将另一端与计算机相连。与使用 U 盘一样，打开计算机中的可移动存储的设备，复制照片然后粘贴照片即可。

图 1-9　数码相机

图 1-10　数码相机的数据线

2. 扫描仪

扫描仪是一种输入设备，它的主要作用是将图片、照片、胶片及文稿资料等书面材料或实物的外观扫描后输入计算机中，并以图片文件格式保存起来。图 1-11 所示为平板式扫描仪、滚筒式扫描仪和手持式扫描仪。

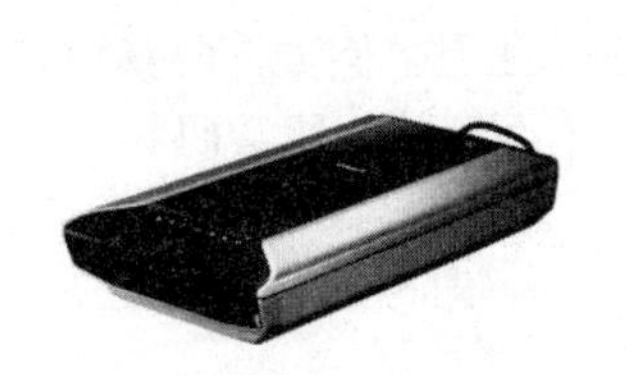

(a) 平板式扫描仪

(b) 滚筒式扫描仪

(c) 手持式扫描仪

图 1-11　常见的扫描仪

在多媒体作品的制作中使用扫描仪的用途和意义有以下几点。

- 可在多媒体文档中加入扫描后的美术作品和图片。
- 可将印刷的文本扫描输入文字处理软件中，免去重新录入的麻烦，节省时间。
- 可将印制板、面板标牌样品扫描录入计算机中，对其进行布线图的设计和复制，解决了抄板问题，提高抄板效率。
- 可实现印制板草图的自动录入、编辑，实现汉字面板和复杂图标的自动录入。

使用扫描仪前首先要将其正确连接至计算机，并安装驱动程序，一些常用的图形图像软件都支持使用扫描仪。

此外还可以使用摄像机、打印机、投影仪等工具来获取多媒体元素。

1.5.2　多媒体项目的制作流程

开发一个多媒体项目，需要较好的计算机硬件、软件以及良好的构思。对于大多数多媒体项目来说，它们的制作过程都是分阶段的，后一阶段必须在前一阶段完成后才能进行。图 1-12 形象地描述了制作一个多媒体项目的基本流程。

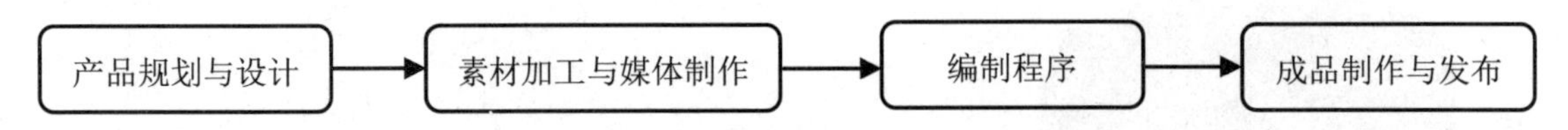

图 1-12　多媒体项目制作的基本流程

1. 产品规划与设计

一个多媒体项目的制作往往来自一个想法或需求，产品创意阶段其实就是制作多媒体项目的规划与设计阶段。在该阶段，应该列出主要的消息和对象，用以描述最初的想法或需求，同时必须明确每个消息和对象如何在将要制作的系统中实现。

虽然，现在多媒体项目的素材加工工具与产品开发工具越来越强大，用户可以很快进入产品的开发阶段，但是，从长远来看，产品的规划与设计阶段是很重要的一个阶段。在该阶段花费的时间越多，在中途需要返工和再次计划的次数就会越少，完成项目的时间可能就会越短；反之，没有精心准备和筹划就开始，往往会导致错误的频繁出现，而事倍功半。

2. 素材加工与媒体制作

进入素材加工与媒体制作阶段，标志着多媒体项目具体开发的开始。该阶段主要为后面的多媒体项目制作准备各种材料。

在对文字、颜色、声音、图形、图像、动画、视频进行设计时，应注意以下几个方面。

- 设计文字时注意文字内容要简洁、突出，逐步引入，采用合适的字体和字号，合理搭配文字和背景的颜色。
- 在颜色设计上，合理的颜色应用可以给多媒体作品增加感染力，但运用要适度，颜色搭配要合理，颜色配置要真实，动、静物体颜色要分开，前景、背景颜色要分开，每个画面的颜色不宜过多。
- 在声音设计上，声音主要包括人声、音乐和音响效果声。人声主要用于解说、范读、范唱等。对背景音乐和音响效果的设计，要注意音乐节奏与内容的风格相符。
- 在图形、图像、动画、视频的设计过程中，在不影响其功能的前提下，应尽量降低其文件的大小，进而减少多媒体项目的容量。

3. 编制程序

编制程序阶段是指对多媒体素材的集成以及多媒体作品用户界面、导航按钮的制作阶段。在该阶段，开发人员要做的事情有以下几项。

- 设置菜单结构，主要确定菜单功能分类、鼠标单击菜单模式等。
- 确定按钮操作方式。
- 建立数据库。
- 界面制作，其中包括窗体尺寸设置、按钮设置与互锁、媒体显示位置、状态提示等。
- 添加附加功能，如趣味习题、课间音乐欣赏、简单小工具、文件操作功能等。
- 打印输出重要信息。

4. 成品制作与发布

在对多媒体项目发布之前，需要反复进行测试和检查，以确保其中不包含错误，操作和视觉效果方面都达到指标，并且满足客户提出的需求。因发布不成熟产品而招致的恶名足以令一个原本十分优秀的、花费数千小时开发出来的多媒体作品毁于一旦。如果有必要，应该尽量延期发布作品，以保证其质量的尽可能完善。

1.5.3　常用的多媒体设计软件

多媒体设计软件主要由各种各样专门用于制作素材的软件构成。多媒体的素材编辑软件有很多，适用于不同元素的处理。按照处理对象的不同，可以分为文字编辑软件、音频采集与处理软件、图像处理软件、动画制作软件、视频处理软件等。

1. 文字编辑软件

文字编辑软件通常是计算机用户学习的第一个软件，同时也是设计和创建多媒体产品常用的软件。常用的文字编辑软件有 Word、WPS 等，它们都是功能强大的应用软件，集成了拼音检查、制表、词典以及信件、简历、定单等常用文档预建的模板。很多文字处理软件还同时允许嵌入文本、图像和视频等多媒体元素。图 1-13 所示为 Word 软件，该软件拥有编辑文字和图表等功能。

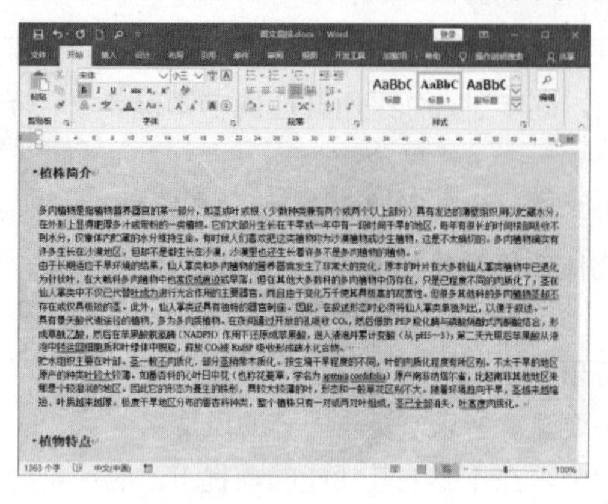
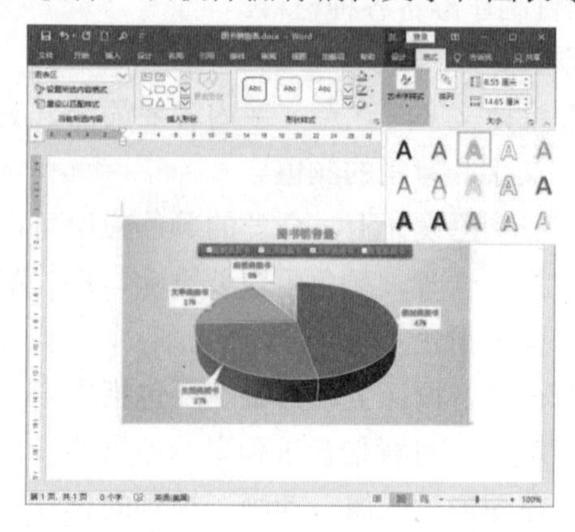

图 1-13　Word 软件

2. 音频采集与处理软件

音频采集与处理软件可以进行声音的数字化处理和制作 MIDI 声音，它允许用户在听音乐的同时也能够观察到音乐。通过乐谱或者波形的方式以微小的增量将声音图形化地表现出来，可以非常精确地对声音进行剪切、复制、粘贴和其他编辑处理，这些都是实时的音乐播放无法做到的。常用的音频处理软件有 Audition 等，如图 1-14 所示。

3. 图像处理软件

对于图形和图像的加工制作，可以选用功能强大的图像处理软件 Photoshop，如图 1-15 所示。例如选取一张有代表意义的照片，在 Photoshop 中通过虚化、调节亮度、对比度等处理，达到一种朦胧、暗淡的背景效果。Photoshop 软件还可用来制作特效文字、按钮等。为更符合商业应用，可选用 Photoshop 的外挂滤镜，以生成特殊的卷边效果，这种效果在商业制作中是很常见的。此外，还有以创建和处理矢量图见长的 CorelDRAW 软件。

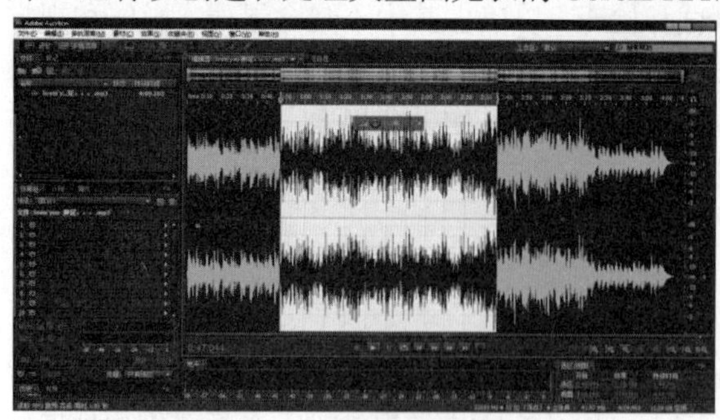

图 1-14　Audition 软件

图 1-15　Photoshop 软件

4. 动画制作软件

动画由一系列快速播放的位图或矢量图构成。在动画制作系统中，通过快速改变物体的位置，或通过改变画面来产生运动感的方法可以制作出动画。大多数的动画制作系统在制作动画时采用面向帧或者面向对象的途径，但是很少能够同时采用这两种方法。

常用的动画编辑软件有以制作二维动画为主的 Animator 和以制作三维动画为主的 3ds Max，它们拥有丰富的图形绘制和着色功能，并具备了动画的生成功能，分别如图 1-16 和图 1-17 所示。

图 1-16　Animator 软件

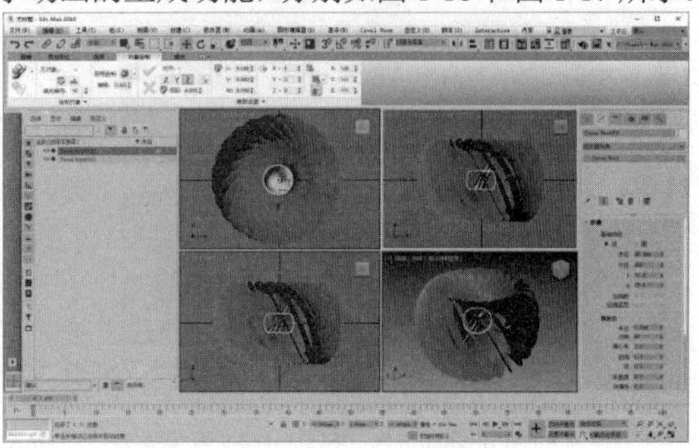

图 1-17　3ds Max 软件

5. 视频处理软件

常用的视频处理软件有 Adobe Premiere 和 After Effects，它们都是功能强大和性能优良的视频编辑软件，而且操作简单，界面友好，分别如图 1-18 和图 1-19 所示。

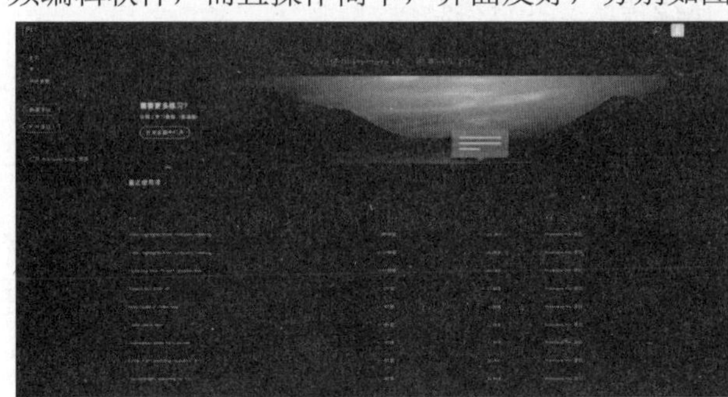

图 1-18　Adobe Premiere 软件

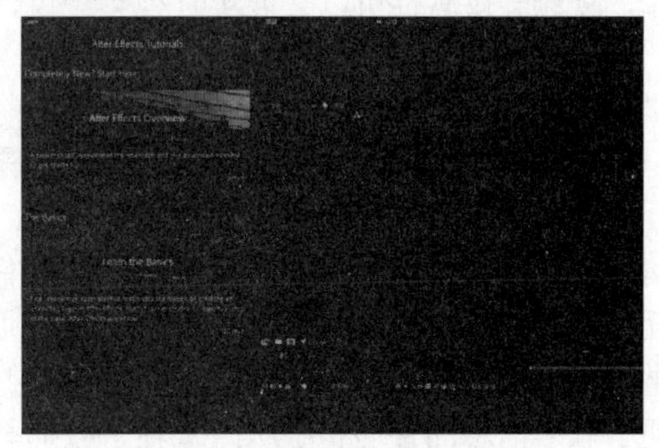

图 1-19　After Effects 软件

1.6　多媒体技术的应用和发展

多媒体技术的应用领域非常广泛，几乎遍布各行各业以及人们生活的各个角落。近年来，随着计算机与网络的发展，多媒体技术的网络化发展已经是趋势所向。

1.6.1　多媒体技术的应用领域

由于多媒体技术具有直观、信息量大、易于接受和传播迅速等显著特点，因此多媒体应用领域的拓展十分迅速，并随着网络的发展和延伸不断地成熟和进步。

1. 商业领域

在商业领域和公共服务中，多媒体扮演着一个重要的角色。互动多媒体正越来越多地承担着向客户、职员和大众发布信息的任务。它以一种新方式来进行教学、传达信息和售卖等活动，同时还能提高效率和使用乐趣。商业领域的多媒体应用包括培训、营销、广告、产品演示和网络通信等。图 1-20 所示为商家利用多媒体进行 3D 动画演示和家具产品演示。

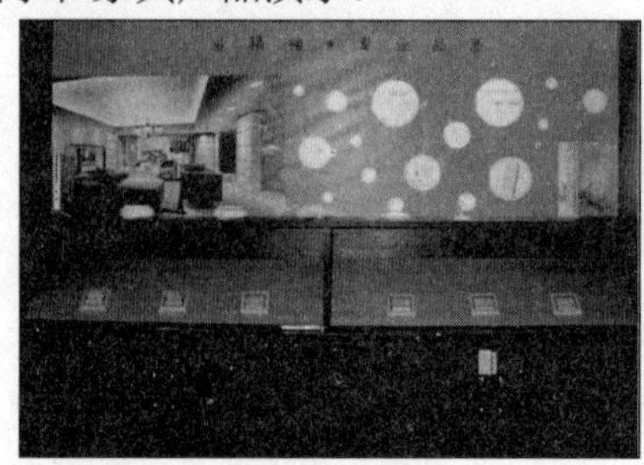

图 1-20　利用多媒体进行 3D 动画演示和家具产品演示

在各种培训项目中，多媒体技术正被广泛地应用。如航班乘务人员在模拟环境下训练如何应对国际恐怖行动，以保障安全。交互式的视频和图片还被用来培训联合国禁毒机构人员，以便在飞机和船舶上发现可能藏匿毒品的地方。各种制作程序和媒体生产工具日新月异，使用起来也越来越方便。

多媒体技术在办公室的应用也比较广泛，如图像采集设备可以用来建立员工身份和徽章数据库，视频会议软件可以开展实时视频会议，并在线传送文件资料。

2. 教育领域

在国内，多媒体技术主要应用在教育领域。多媒体教学的一个最大优势在于它具有强大的交互能力。学生可以根据自己的基础和兴趣，选择学习进度、学习内容及学习方法。

利用多媒体进行计算机辅助教学的软件通常称为多媒体 CAI 课件。这种软件具有良好的交互性，克服了传统教学方法下学生跟着老师的思维走，围绕教师设计好的教学内容转的弊端，使学生走出被动局面，并充分激发学生的学习兴趣和认知主体作用。多媒体教学还提高了教学效率，便于教学信息的管理和组织，减轻了教师教学的工作量。

如今的多媒体教学可以利用网络资源，采用多机交流的形式进行教学，教学已经不再仅限于一间教室或一个学校，将完全打破传统的班级教学模式。

此外，随着多媒体通信和视频图像传输数字化技术的发展，以及计算机技术与通信网络技术的结合，视频会议系统成为一个备受关注的应用领域。

3. 娱乐和游戏领域

多媒体技术的出现给影视作品和游戏产品的制作带来了革命性的变化，由简单的卡通片发展到声、文、图并茂的实体模拟，如模拟设备运行、化学反应、火山喷发、海洋洋流、天气预报、天体演化、生物进化等，画面、声音更加逼真，趣味性和娱乐性也更强。随着多媒体技术逐步趋于成熟，大量的计算机效果被应用到影视作品中，增加了艺术效果和商业价值。

4. 公共咨询领域

在旅馆、火车站、超市、图书馆等公共场所，多媒体已经作为独立的终端或查询系统为人们提供信息或帮助，还可以与手机等无线设备进行连接。多媒体技术不仅减少了传统的信息台和人工的开销，增加了附加值，而且它们可以不间断地工作，即使在深夜也能够为用户的求助提供帮助。

5. 虚拟现实领域

虚拟现实是多媒体技术的一种扩展，是技术进步和创新思想的融合。它是当前信息领域的热门研究课题，包括对图形图像、声音、文字的处理和压缩、传送等高新技术，目前是最大程度上扩展了的交互式多媒体。但虚拟现实技术对计算机的性能要求比较高。

1.6.2 多媒体技术的发展趋势

多媒体技术是信息技术领域发展最快、应用最广的技术之一，是新一代信息技术发展和竞争的热点所在。

1. 多媒体技术的网络化趋势

网络技术和计算机技术的创新和发展，使诸如服务器、路由器、转换器等网络设备的性能越来越高，包括用户端的 CPU、内存、图形卡等在内的硬件能力空前扩展，人们将受益于无限的计算和充裕的带宽；改变了网络用户以往被动式接受信息处理的状态，使其能够以更加积极主动的姿态去参与眼前的网络虚拟世界。

多媒体技术的发展将使多媒体计算机形成更完善的以计算机为支撑的协同工作环境，消除空间距离和时间距离的障碍，为人们提供更加完善的信息服务。

交互的、动态的多媒体技术能够在网络环境下，创建出更加生动逼真的二维和三维场景。人们还可以借助摄像机等设备，把办公室和娱乐工具集成在终端多媒体计算器上，可以在实时视频会议上与千里之外的同行共同进行市场讨论、产品设计和欣赏高质量的图像画面。新一代用户界面与人工智能等网络化、人性化、个性化的多媒体软件的应用，还可使不同国籍、不同文化程度的人们通过“人机对话”来消除他们之间的隔阂，从而自由地沟通与了解。

世界正迈进数字化、网络化、全球化的信息时代。信息技术将渗透于人类生活的方方面面，其中网络技术和多媒体技术是促进信息社会全面实现的关键技术。多媒体技术与网络技术相结合，尤其是与宽带网络通信等技术相结合，将是多媒体技术的重要发展趋势之一。

2. 多媒体终端的多样化趋势

随着多媒体计算机硬件体系结构和视频、音频接口软件的不断改进，尤其是采用了硬件体系结构设计和软件、算法相结合的方案，使多媒体计算机的性能指标得到进一步提高，但要满足多媒体网络化环境的要求，还需对软件做进一步的开发和研究，使多媒体终端设备具有更高的部件化和智能化特性，对多媒体终端增加如文字的识别和输入、自然语言理解和机器翻译、图形的识别和理解、机器人视觉和计算机视觉等智能化功能。

过去 CPU 芯片设计较多地考虑计算功能，主要用于数学运算及数值处理。随着多媒体技术和网络通信技术的发展，需要 CPU 芯片具有更高的综合处理声音、文字、图形图像信息及通信的功能。因此，可以将媒体信息实时处理和压缩编码算法内置到 CPU 芯片中。

从目前的发展趋势看，可以把芯片分为两类：一类是以多媒体和通信功能为主，融合 CPU 芯片原有的计算功能，它的设计目标是用于多媒体专用设备、家电及宽带通信设备，以取代这些设备中的 CPU 及大量 ASIC 和其他芯片；另一类是以通用 CPU 计算功能为主，融合多媒体和通信功能，它们的设计目标是与现有的计算机系列兼容，同时具有多媒体和通信功能，主要用于多媒体计算机中。

近年来随着多媒体技术的发展，电视(TV)与个人计算机(PC)技术的竞争与融合越来越引人注目。传统的电视主要用于娱乐，而 PC 重在获取信息。多媒体技术将适应 TV 与 PC 融合的发展趋势，延伸出“信息家电平台”的概念，使多媒体终端集家庭购物、家庭办公、家庭医疗、交互教学、交互游戏、视频邮件和视频点播等全方位应用于一身，代表了当今嵌入式多媒体终端的发展方向。

嵌入式多媒体系统可应用在人们生活与工作的各个方面，如在工业控制和商业管理领域中的智能工矿设备、ATM/POS 机、IC 卡等，在家庭领域的数字机顶盒、数字电视、网络电视、网络冰箱、网络空调等消费类电子产品。此外，嵌入式多媒体系统还在医疗类电子设备、多媒体手机、掌上电脑、车载导航、娱乐、军事等领域有着巨大的发展前景。

3. 多维度交互趋势

多媒体交互技术的发展使多媒体技术在模式识别、全息图像、自然语言理解(语音识别与合成)和新的传感技术(手写输入、数据手套、电子气味合成器)等基础上，利用人的各种感觉通道和动作通道(如语音、书写、表情、姿势、视线、动作和嗅觉等)，通过数据手套和跟踪手语信息提取特定人的面部特征，合成面部动作和表情，以并行和非精确的方式计算机系统进行交互，可以提高人机交互的自然性和高效性，实现以三维的逼真输出为标准的虚拟现实技术。

1.7 习题

1. 简述多媒体技术的特点。
2. 简述多媒体硬件系统和软件系统的组成。
3. 简述多媒体系统的关键技术。
4. 简述多媒体项目制作的一般流程。
5. 简述多媒体技术的应用领域。

第2章 文本数据技术及应用

文字是多媒体项目的基本组成元素，也是其常用的素材之一。对于一个多媒体设计者来说，选择准确和简明扼要的文字词汇并进行相应的编辑是非常重要的。本章将介绍文本素材的获取与编辑、文本的设计、OCR 识别技术、PDF 文件处理等内容。

本章重点

- 安装字体
- 使用 Word 编辑文本
- OCR 识别技术
- PDF 文件处理

二维码教学视频

【例 2-1】 安装字体
【例 2-2】 设置 Word 文本
【例 2-3】 使用 Photoshop 创建特效文字
【例 2-4】 应用文件标记
【例 2-5】 添加超链接
【例 2-6】 将 PDF 文件转换成 Word 文档
【例 2-7】 制作“招聘启事”文档

2.1 文字和字体

中国文字的创造，是由语言的声音和含义来构成形象的图形。因此，一个字的图形可表现一个“物象”或者表现一种“事象”，这些物象或事象代表语言中的某一个声音，因而形成形、音、义三者合一的文字。

2.1.1 文字的意义

文字的出现，标志着人类文明史的开始。这种利用文字来保存信息，与采用人脑记忆的方法相比，不会随着时光的流逝、人脑的健忘而消失，因而一直延续至今。

文字阅读能力是人们获取知识和信息所应具备的基础能力。随着互联网的蓬勃发展，文字显得更为重要。通过浏览网页，人们可以自由地阅读各种学术论文、杂志，甚至书籍。

无论采用口头形式还是书面形式，文字都可以向人们传递出精确而具体的意义。正因为如此，文字相对于多媒体的菜单、导航系统和内容来说至关重要。如果在设计多媒体项目时，多花一些时间来琢磨一下用词，对设计者本身和广大用户都将大有裨益。

文字素材可以在电子类书籍或网页中获取，然后在文字工具(如微软公司的 Word 文字处理软件)中进行处理和加工。如果想获得更多的特殊效果，可以使用 Photoshop 等图像处理软件进行单独处理。

2.1.2 安装字体文件

文本的创建与编辑，离不开各种各样的字体。事实上，在安装计算机操作系统时，就已经自行安装了一些字体，建立了系统的基本字库。但系统自带的字体样式比较少，只有楷体、宋体、黑体和隶书等几种格式，这对于多媒体文本素材的创建与编辑来说是远远不够的。为了满足创作的需要，开发人员需要寻找相应的字体文件，并安装到计算机中。

在 Windows 10 下，可以将单个或多个字体文件用粘贴法安装。所谓粘贴法，就是将字体文件直接粘贴到计算机操作系统默认的安装文件夹下。

【例 2-1】 使用粘贴法安装字体“方正综艺简体”。 视频

(1) 在安装之前，首先应准备好相应的字体文件。通常情况下，一种字体样式对应一个字体文件，这些字体文件可以从互联网上免费下载。复制已下载的字体文件(字体文件一般以 ttf 为扩展名)，如图 2-1 所示。

(2) 在 Windows 10 系统下，打开 C:\Windows\Fonts 文件夹，这个文件夹专门用来存放系统字体，如图 2-2 所示。

图 2-1 字体文件

图 2-2 Fonts 文件夹

(3) 将所复制的字体文件粘贴到 Fonts 文件夹，系统会自动安装，如图 2-3 所示。

(4) 利用某些文字处理软件可以检查字体是否安装，例如在 Word 中选择字体，如图 2-4 所示。

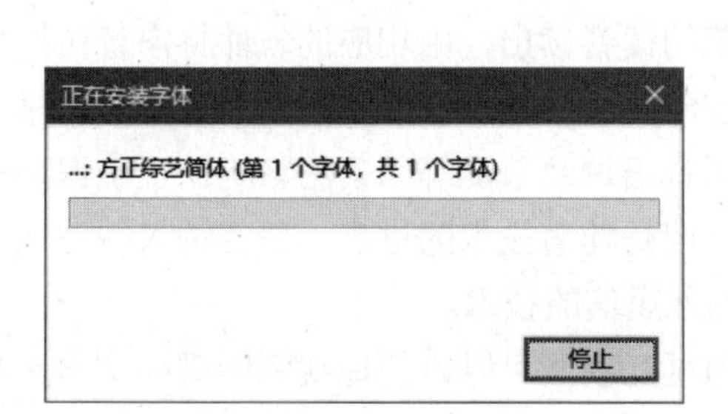

图 2-3 自动安装

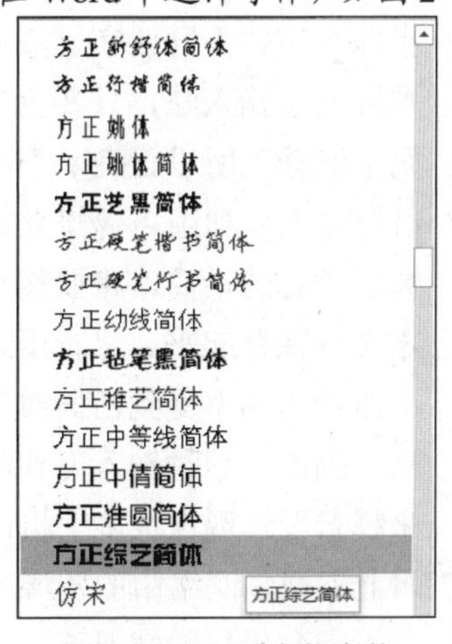

图 2-4 显示已安装字体

2.2 文本素材的获取和编辑

文本是传递教学信息最重要的媒体元素。文本一般可分为纯文本和图形文本。文本素材的获取和编辑是多媒体系统中需要掌握的基本技术。

2.2.1 文本素材的获取

文本素材是指以文字为媒介的素材，主要有字母、数字和符号等形式。教学过程中的教学内容，如概念、定义、原理的阐述和问题的表达等，都离不开文本。

1. 纯文本的获取

纯文本的获取可通过以下几种方法来实现。

- 键盘录入。这种方式就是利用文本编辑软件，用键盘将文字直接输入计算机。目前常用的文字处理软件有 Word、记事本等。键盘录入的输入出错率低，容易修改，不需要任何附加录入设备，但是费时费力。
- 扫描输入。当需要获取大量印刷品上已有的文字资料时，人们一般会利用扫描仪将印刷文稿转换为图像，再利用光学字符识别技术，对扫描得到的图像进行分析，对图像中的文字影像进行识别，转换为可编辑处理的文本文件并保存在计算机中，同时可对识别不正确的文本进行编辑修改。这种方法省时省力，与人工键盘录入相比更经济；缺点是不能建立新文本，因而必须有原文稿，最后还要靠人工进行核对编辑。
- 手写输入。手写识别输入系统是用笔在与计算机相连的一块书写板上写字，用压敏或电磁感应等方式将笔在运动中的坐标输入计算机，计算机中的识别软件根据采集到的笔迹之间的位置关系信息和时间关系信息来识别所写的字，并把结果显示在屏幕上。笔式手写识别系统必须在中文平台的支持下工作。正确识别率是手写输入系统的重要指标，字体不同或字迹潦草将影响系统的识别率。手写输入的优点是对录入者不要求掌握文字输入法，只要会写字即可。但因为要求录入者写字规范，还需要从很多的重码中选择，所以正确率不高，录入速度慢，因而只适合少量文本的输入。
- 语音输入。利用声音建立计算机文本是最自然、最方便的输入方式，只需要面对与计算机相连的话筒，将要输入的文字用规范的读音读出，由相应的软件将声音转换成文本文件保存起来。尽管语音输入具备不需学习汉字输入法、无须动手等特点，早先由于语音识别率受到话筒质量、录入者的语音语调及节奏等因素的影响，正确识别率不高，因而，这种输入方式的使用率较低。但是随着技术的进步，语音输入的方式已越来越普及，现在很多手机已经支持语音输入短信的技术。
- 网上下载。网络中的资源丰富且海量，通过互联网可以方便地找到所需的文本素材，在不侵犯版权的情况下，可以直接将搜索到的内容保存为文本文件或将所需文字直接复制到文字编辑软件中进行编辑处理。
- 光盘调取。市场上有大量的光盘资源，里面承载着各式各样的教学资源，如百科全书等，通过直接调用光盘中的资源，也可以获取需要的文本素材。

2. 图形文本的获取

在图形文本处理软件中输入文本，可以将文本做成图形格式。其优点是可以对文字进行特殊效果处理，如渐变字、透视字、变形字、立体字等。教学信息资源开发时运用图形文本，显示时可不受字库、文本样式等因素的制约。常用的图形文本处理软件有 Photoshop、CorelDRAW、画笔等。

2.2.2　文本素材的编辑

Word 2019 是微软公司开发的 Office 2019 办公组件之一，主要用于文本处理工作。它可以轻松、高效地组织和编辑文档中的文本。

1. 设置文本字体样式

在文章中适当地改变字体，可以使文章显得结构分明、重点突出。常用的汉字字体有宋体、黑体、楷体和仿宋体等。

对于一些常用的字符格式，可直接通过【格式】工具栏或者【字体】对话框中的相关按钮或下拉列表进行设置。几种常用的字符格式效果如图 2-5 所示。

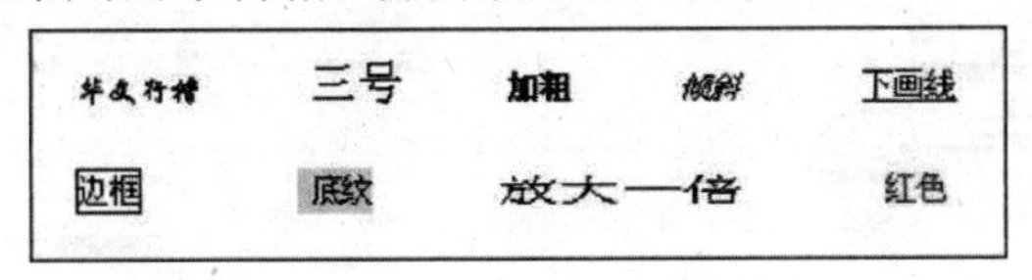

图 2-5　几种常用的字符格式效果

中文版 Word 默认设置中文字体为宋体，英文字体为 Times New Roman。在【字体】下拉列表框中选择不同的选项，可以改变文本的字体。

选中要设置格式的文本，在功能区中打开【开始】选项卡，使用【字体】组中提供的按钮即可设置文本格式，如图 2-6 所示。或者打开【开始】选项卡，单击【字体】对话框启动器，打开【字体】对话框，即可进行文本格式的相关设置。其中，【字体】选项卡可以设置字体、字形、字号、字体颜色和效果等，如图 2-7 所示。选择该对话框的【高级】选项卡，可以设置文本之间的距离和位置。

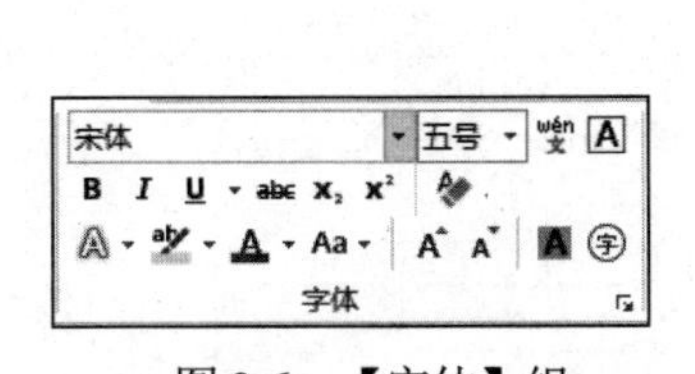

图 2-6　【字体】组

图 2-7　【字体】对话框

2. 设置段落格式

段落是构成整个文档的骨架，是由正文、图表和图形等加上一个段落标记构成的。为使文档的结构更清晰、层次更分明，Word 2019 提供了段落格式设置功能，包括段落对齐方式、段落缩进、段落间距等，使用【段落】对话框可以准确地设置段落格式，如图 2-8 所示。

- 段落对齐指文档边缘的对齐方式，包括两端对齐、左对齐、右对齐、居中对齐和分散对齐。
- 段落缩进指设置段落中的文本与页边距之间的距离，包括左缩进、右缩进、悬挂缩进、首行缩进。
- 段落间距的设置包括对文档行间距与段间距的设置。其中，行间距是指段落中行与行之间的距离；段间距是指前后相邻的段落之间的距离。

图 2-8 【段落】对话框

3. 添加项目符号和编号

使用项目符号和编号列表，可以对文档中并列的项目进行组织，或者将内容的顺序进行编号，以使这些项目的层次结构更加清晰、更有条理。Word 2019 提供了 9 种标准的项目符号和编号，并且允许用户自定义项目符号和编号。

打开【开始】选项卡，在【段落】组中单击【项目符号】下拉按钮，从弹出的下拉列表中选择项目符号的样式，如图 2-9 所示。单击【编号】下拉按钮，从弹出的下拉列表中选择编号的样式，如图 2-10 所示。

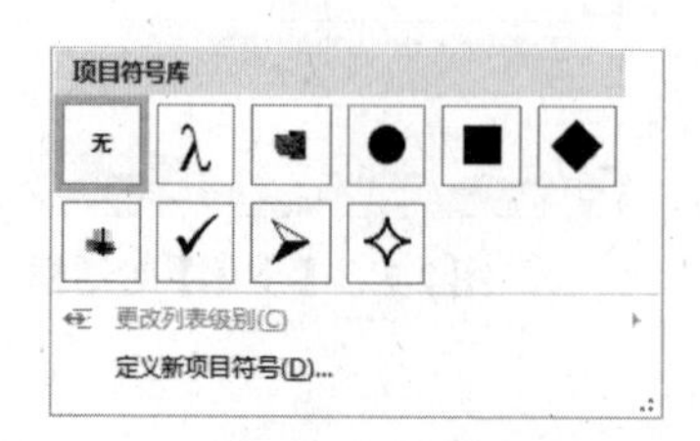

图 2-9 选择项目符号

图 2-10 选择编号

【例 2-2】 在 Word 2019 文档中设置文本和段落的格式，并添加项目符号和编号。 视频

(1) 启动 Word 2019，打开“问卷调查”文档，选中标题文本，在【开始】选项卡的【字体】组中单击【字体】下拉按钮，在弹出的下拉列表中选择【华文行楷】选项，如图 2-11 所示。

(2) 在【字体】组中单击【字号】下拉按钮，在弹出的下拉列表中选择【二号】选项，如图 2-12 所示。

图 2-11　设置标题字体

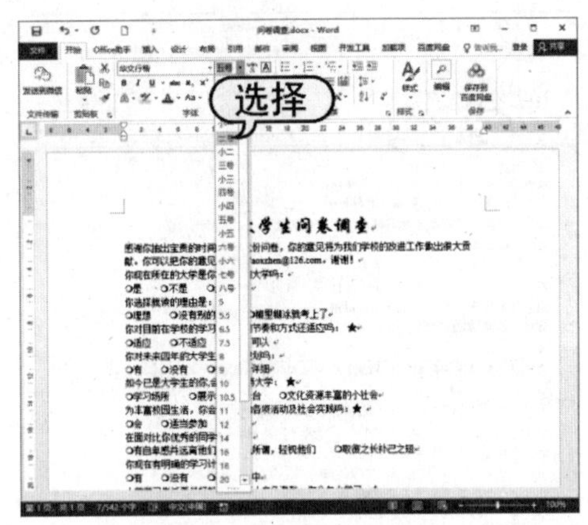

图 2-12　设置标题字号

(3) 在【字体】组中单击【字体颜色】按钮右侧的三角按钮，在弹出的调色板中选择【橙色，个性色 2，深色 25%】色块，如图 2-13 所示。

(4) 选中正文文本，在【开始】选项卡中单击【字体】对话框启动器，打开【字体】对话框，选择【字体】选项卡，单击【中文字体】下拉按钮，在弹出的下拉列表中选择【楷体】选项；在【字体颜色】下拉面板中选择【深蓝】色块，单击【确定】按钮，如图 2-14 所示。

图 2-13　设置标题字体颜色

图 2-14 【字体】对话框

(5) 按住 Ctrl 键，同时选中正文中的三段文本，在【开始】选项卡的【字体】组中单击【加粗】按钮，为文本设置加粗效果，如图 2-15 所示。

(6) 选中正文第一段文本，在【段落】组中单击对话框启动器，打开【段落】对话框的【缩进和间距】选项卡，在【缩进】选项区域的【特殊格式】下拉列表中选择【首行缩进】选项，在【磅值】微调框中输入“2 字符”，在【间距】选项区域中的【段前】和【段后】微调框中分别输入“18 磅”，在【行距】下拉列表中选择【固定值】选项，在【设置值】微调框中输入“18 磅”，单击【确定】按钮，如图 2-16 所示。

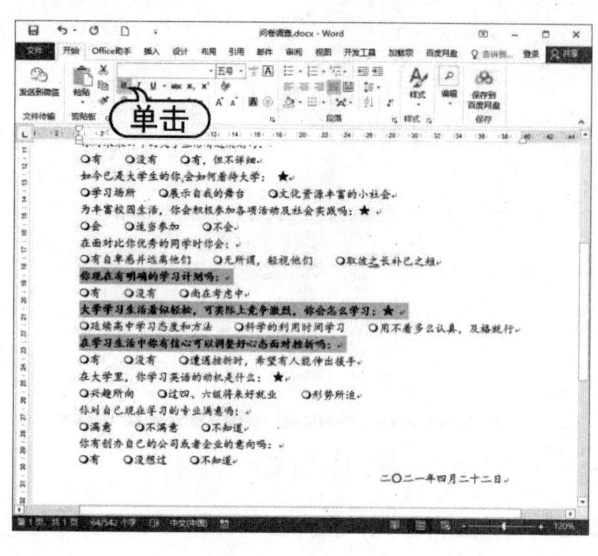

图 2-15　加粗文本

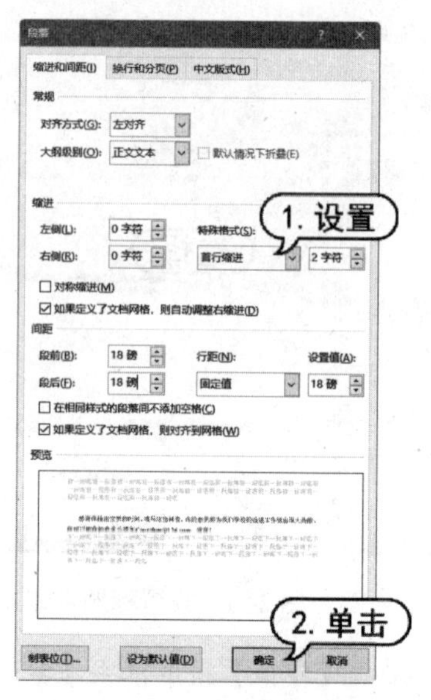

图 2-16　设置段落格式

(7) 此时第一段文本段落的显示效果如图 2-17 所示。

(8) 将其中两段选项文本的符号删去，并按回车键分段，效果如图 2-18 所示。

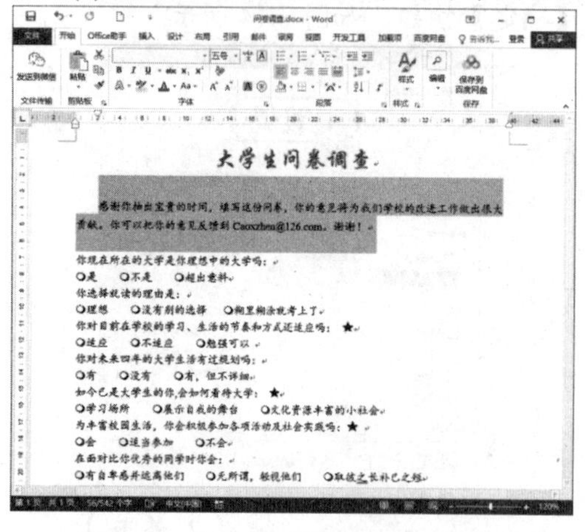

图 2-17　第一段文本段落的显示效果

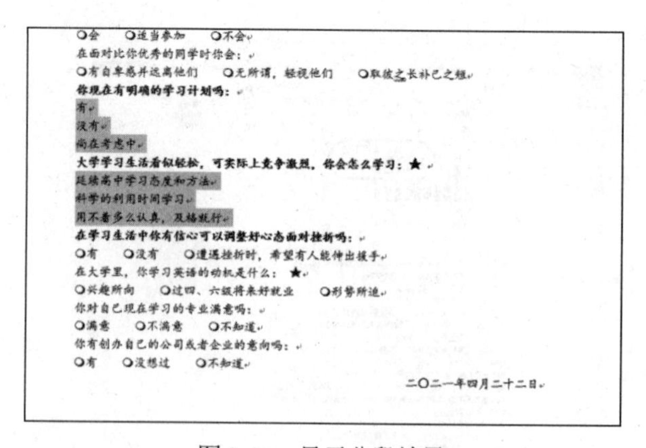

图 2-18　显示分段效果

(9) 选取文档中需要设置项目符号的段落，在【开始】选项卡的【段落】组中单击【项目符号】下拉按钮，在弹出的下拉列表中选择一种项目符号样式，此时选中的段落将自动添加项目符号，如图 2-19 所示。

(10) 选取文档中需要设置编号的段落，在【开始】选项卡的【段落】组中单击【编号】下拉按钮，从弹出的下拉列表中选择一种编号样式，此时选中的段落将自动添加编号，如图 2-20 所示。

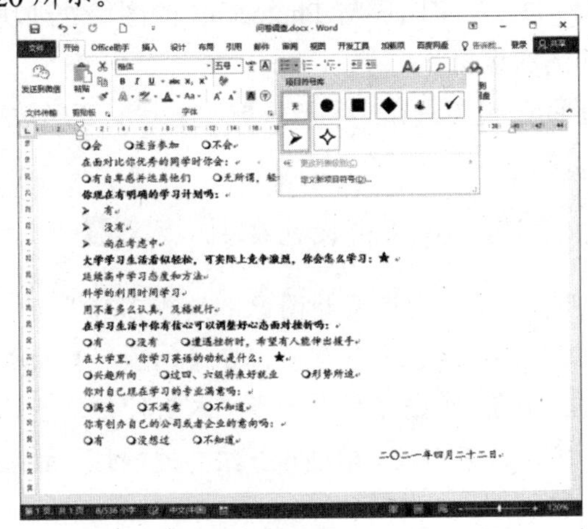

图 2-19　添加项目符号

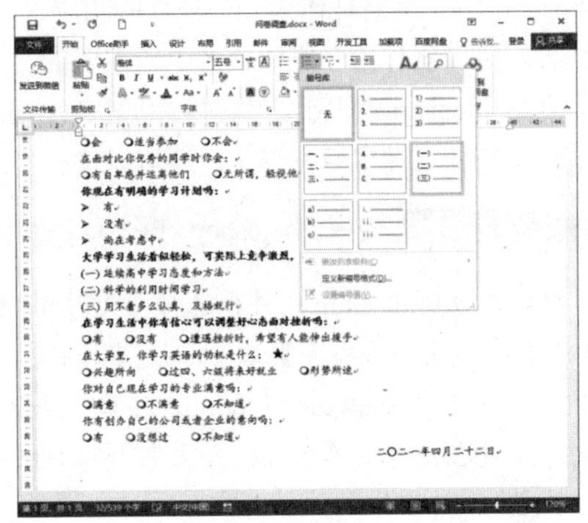

图 2-20　添加编号

2.2.3　制作图形文本

通过字体的格式化操作可将字符设置为多种字体，但这远远不能满足文字处理工作中对字形艺术性的设计需求。图形文本顾名思义就是图形组成文本的形状，在多媒体设计中频繁使用。用户可以使用 Word 中的艺术字功能创建艺术字图形，或者使用 Photoshop 设计各种特效的文字图形，以丰富多媒体中文字的表现力。

1. 在 Word 中插入艺术字

在 Word 中打开【插入】选项卡，在【文本】组中单击【插入艺术字】按钮，打开艺术字列表框，在其中选择艺术字的样式，即可在 Word 文档中插入艺术字，如图 2-21 所示。

在艺术字文本框中输入文本，可以在【开始】选项卡中设置字体和字号。选中艺术字，系统自动会打开【绘图工具】的【格式】选项卡，使用该选项卡中的相应功能工具，可以设置艺术字的样式、填充效果等属性，还可以对艺术字进行大小调整、旋转或添加阴影、三维效果等操作，如图 2-22 所示。

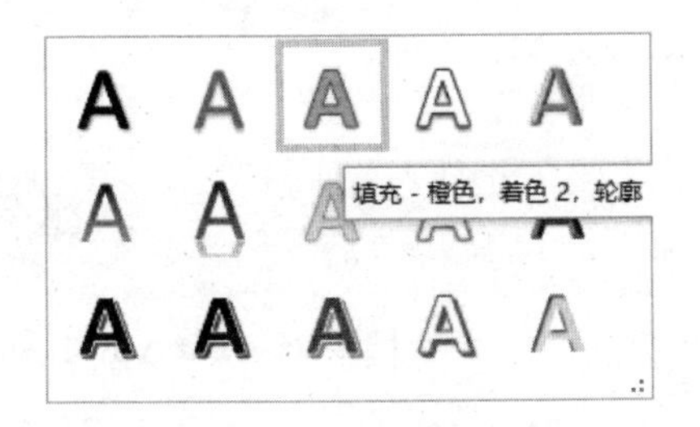

图 2-21　选择艺术字样式

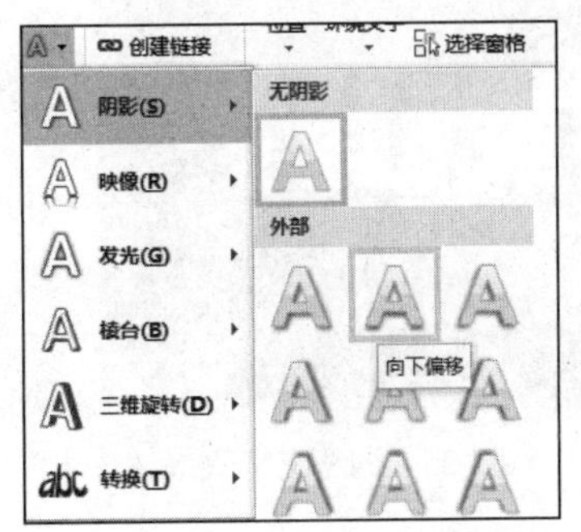

图 2-22　设置艺术字效果

2. 使用 Photoshop 创建特效文字

Photoshop 是一款功能强大的图像处理软件，此外它还可以创建丰富多彩的文字特效。在 Photoshop 中，文字是作为一个独立的图层进行编辑的。文字图层与 Photoshop 的图像处理功能相结合，可以创作出多媒体项目中所需要的文字和图像素材。

在 Photoshop 中，将文字转换为形状后，可以借助矢量工具让文字产生更加丰富的变形效果，用单色、渐变或图案填充形状，还可以进行描边设置。

【例 2-3】 使用 Photoshop 在图像文件中将文字转换为形状并设置效果。 视频

(1) 启动 Photoshop 软件，选择【文件】|【打开】命令，打开素材图像，如图 2-23 所示。

(2) 选择【横排文字】工具，按 Shift+X 组合键切换前景色和背景色，在【选项栏】面板中设置字体系列为 Showcard Gothic，字体大小为【125 点】，单击【居中对齐文本】按钮，然后使用文字工具在图像中单击并输入文字内容 FRUIP，输入结束后按 Ctrl+Enter 组合键确认，效果如图 2-24 所示。

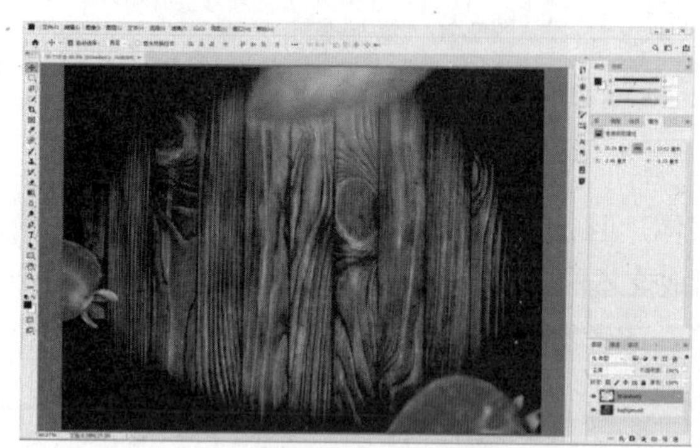

图 2-23 打开素材图像

图 2-24 输入并设置文字

(3) 在【图层】面板中，右击文字图层，在弹出的快捷菜单中选择【转换为形状】命令。选择【直接选择】工具，并结合 Ctrl+T 组合键应用【自由变换】命令调整文字效果，如图 2-25 所示。

(4) 在【样式】面板中，选择【载入样式】命令，打开【载入】对话框。在该对话框中选择【发光立体字】样式，然后单击【载入】按钮，如图 2-26 所示。

图 2-25 调整文字效果

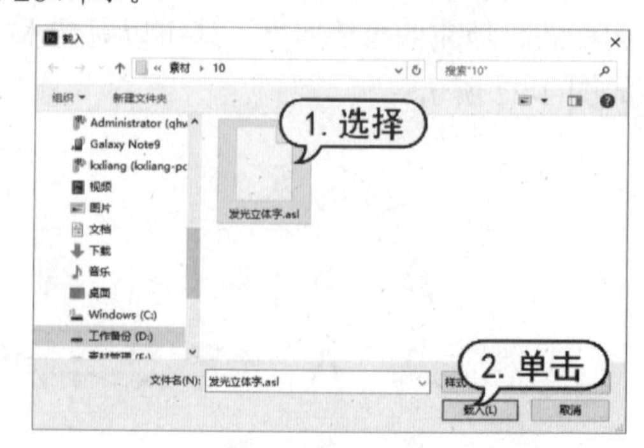

图 2-26 【载入】对话框

(5) 在【样式】面板中，选择载入的图层样式，如图 2-27 所示。

(6) 选择【图层】|【图层样式】|【缩放效果】命令，打开【缩放图层效果】对话框。在该对话框中，设置【缩放】数值为 66%，然后单击【确定】按钮，如图 2-28 所示。

图 2-27　选择样式

图 2-28　设置缩放效果

2.2.4　文本设计要点

文本的主要功能是在视觉传达中向大众传达作者的意图和各种信息，要达到这一目的必须考虑文字的整体效果，给人以清晰的视觉印象。文本设计是根据文本在页面中的不同用途，运用系统软件提供的基本字体字形，使用图像处理和其他艺术字加工手段，对文本进行艺术处理和编排，以达到协调页面效果，更有效地传播信息的目的。很多平面设计软件中都有制作艺术汉字的引导，并提供了数十乃至上百种的现成字体。但设计作品所面对的观众始终是人脑而不是计算机，因此，在一些需要涉及人的思维的方面，计算机是始终不可替代人脑来完成的，如创意、审美等。

信息传播是文字设计的一大功能，也是最基本的功能。文字设计重要的一点在于要服从表述主题的要求，要与其内容吻合一致，不能相互脱离，更不能相互冲突，破坏文字的效果。正确无误地传达信息，是文字设计的目的。抽象的笔画通过设计后所形成的文字形式，往往具有明确的倾向，文字的形式感应与传达内容是一致的。

1. 设计风格

- 秀丽柔美：字体优美清新，线条流畅，给人以华丽柔美之感。这种类型的字体适用于女性化妆品、饰品、日常生活用品、服务业等主题。
- 稳重挺拔：字体造型规整，富有力度，给人以简洁爽朗的现代感，有较强的视觉冲击力。这种类型的字体适合于机械、科技等主题。
- 活泼有趣：字体造型生动活泼，有鲜明的节奏韵律感，色彩丰富明快，给人以生机盎然的感受。这种类型的字体适用于儿童用品、运动休闲、时尚产品等主题。
- 苍劲古朴：字体朴素无华，饱含古时之风韵，能带给人们一种怀旧感。这种类型的字体适用于传统产品、民间艺术品等主题。

2. 设计原则

- 提高文字的可读性：文字的主要功能是在视觉传达中向大众传达作者的意图和各种信息，要达到这一目的必须考虑文字的整体诉求效果，给人以清晰的视觉印象。因此，设计中的文字应避免繁杂零乱，应使人易认、易懂；切忌为了设计而设计，忘记了文字设计的根本目的是更好、更有效地传达作者的意图，是表达设计的主题和构想意念。

- 文字的位置应符合整体要求：文字在画面中的安排要考虑到全局的因素，不能有视觉上的冲突，否则在画面上主次不分，很容易引起视觉顺序的混乱；同时，作品的整个含义和感觉很可能会被破坏，这是一个很微妙的问题，需要用户去体会。不要过度依赖计算机的安排，它有时会帮倒忙。细节地方也一定要注意，如 1 像素的差距有时候会改变整个作品的味道。
- 在视觉上应给人以美感：在视觉传达的过程中，文字作为画面的形象要素之一，具有传达感情的功能，所以它必须具有视觉上的美感，能够给人以美的感受。字形设计良好、组合巧妙的文字能让人感到愉快，给人留下美好的印象，从而获得良好的心理反应。反之，则使人看后心里不愉快，视觉上难以产生美感，甚至会让观众拒而不看，这样势必很难传达出作者想表现出的意图和构想，起到相反的结果。

3. 设计应用

文本设计的与众不同的个性，以及独具特色的视觉感受，使其在广告创意、书籍封面、标志设计、多媒体项目设计、空间环境等各个领域广泛应用。文本设计的表现力和感染力，能够把相关内容准确鲜明地传达给大众。好的文本设计还可以配合平面设计软件，如 Photoshop、CorelDRAW、Illustrator、AutoCAD、PageMaker、方正飞腾排版软件等。

2.3 OCR 识别技术

光学字符识别(Optical Character Recognition，OCR)是指电子设备(如扫描仪或数码相机)检查纸上打印的字符，通过检测暗、亮的模式确定其形状，然后用字符识别方法将形状翻译成计算机文字的过程。OCR 技术即针对印刷体字符，采用光学的方式将纸质文档中的文字转换成为黑白点阵的图像文件，并通过识别软件将图像中的文字转换成文本格式，以供文字处理软件进一步编辑加工的技术。衡量 OCR 系统性能好坏的主要指标有拒识率、误识率、识别速度、用户界面的友好性、产品的稳定性、易用性及可行性等。

目前比较流行的 OCR 软件主要有汉王文豪、尚书七号、慧视、ABBYY FineReader 12 等，这些软件各有自己适宜的识别对象。就普通简体中文和英文文件而言，这些软件都能轻松胜任。

ABBYY FineReader 12 是俄罗斯软件公司开发的一款 OCR 光学字符识别软件。通过使用 ABBYY FineReader 12，用户可以轻松地将纸质文本、PDF 文件和数码相机的图像进行识别扫描，转换成可编辑的格式。与其他同类软件相比，ABBYY FineReader 12 的优势在于其准确率高达 99.8%，并且识别转换速度非常快。

OCR 软件的使用步骤基本上是相同的，即打开图像文件，选择识别文字，选择版式，分析版面，开始识别，校对识别结果，输出识别结果。需要注意的是，识别对象中的语言种类都应选择，少选或多选都会影响识别率。

下面介绍一下 ABBYY FineReader 12 软件的使用方法，其任务窗口界面如图 2-29 所示。任务窗口界面中的各选项功能介绍如下。

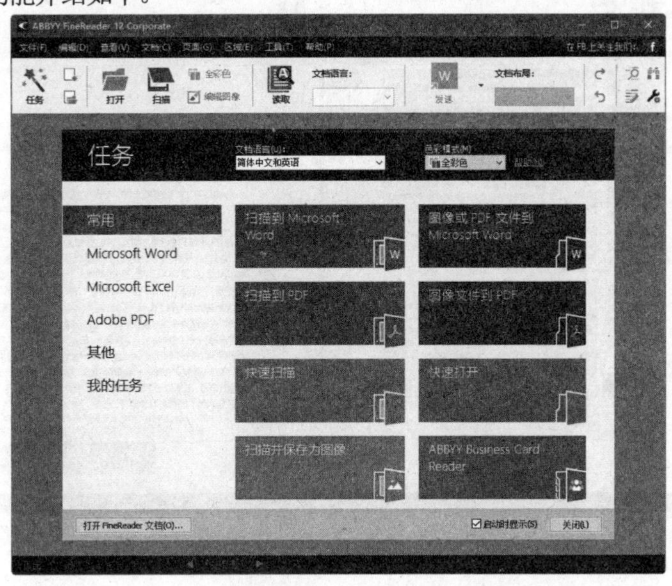

图 2-29　ABBYY FineReader 软件任务窗口界面

- 在【任务】窗口中，左边选项卡的介绍如下：【常用】列出了最常用的 ABBYY FineReader 任务；【Microsoft Word】列出了将自动化文档转换为 Microsoft Word 的任务；【Microsoft Excel】列出了将自动化文档转换为 Microsoft Excel 的任务；【Adobe PDF】列出了将自动化文档转换为 Microsoft PDF 的任务；【其他】列出了将文档自动化转换为其他格式的任务。
- 在【文档语言】下拉列表中选择文档的语言。
- 在【色彩模式】下拉列表中选择文档的色彩模式：全彩色保留了文档颜色，黑白将文档转换为黑色和白色，这可减少文档大小并加快处理速度。当文档转换为黑白之后，就不能恢复彩色。要获取彩色文档，用户可以扫描彩色的纸质文档或打开带有彩色图像的文件。
- 单击【任务】窗口中任务的相关按钮以启动该任务。启动任务时，将会使用【选项】对话框(选择【工具】|【选项】命令，以打开该对话框)中当前选择的选项。运行任务时，将会显示任务进度窗口，指示当前步骤和提示程序发出的警告。

执行任务后，将会发送图像至 FineReader 文档以进行识别，然后以用户选择的格式进行保存。用户可以调整程序检测区域、验证识别文本，并以任何其他受支持的格式保存结果。用户可以在 ABBYY FineReader 主窗口中设置并启动任何处理步骤。

1. 文档转换过程

文档转换过程如图 2-30 所示，具体操作如下。

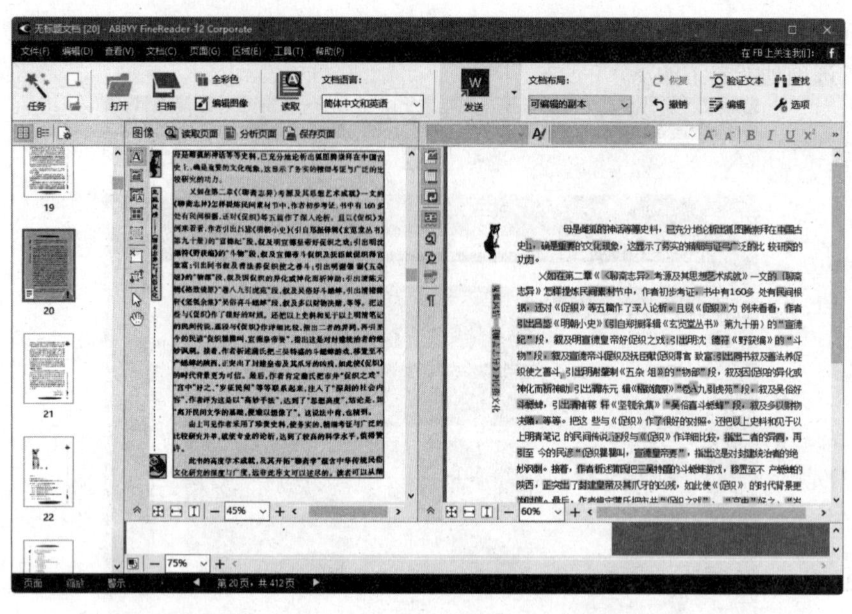

图 2-30　ABBYY FineReader 软件的文档转换过程

(1) 在主工具栏上的【文档语言】下拉列表中选择文档语言。

(2) 扫描页面或打开页面图像。默认情况下，ABBYY FineReader 会自动分析并识别扫描或打开的页面，可以在【选项】对话框(选择【工具】|【选项】，打开该对话框)中的【扫描/打开】选项卡上更改此默认行为。

(3) 在【图像】窗口中查看检测区域并执行必要的调整。

(4) 如果调整了任何检测区域，在主工具栏上单击【读取】按钮以再次识别。

(5) 在【文本】窗口中查看识别结果并执行必要的修正。

(6) 在主工具栏上单击【保存】按钮右边的箭头，并选择保存格式；或在【文件】菜单上选择【保存】命令。

2. 分析文档和调整检测区域

ABBYY FineReader 会在读取前分析页面图像，并检测图片上不同类型的区域，如“文本”“图片”“背景图片”“表格”和“条形码”。程序通过该分析来确定识别区域和顺序，此信息还可用于重建文档的原始格式。默认情况下，ABBYY FineReader 将会自动分析新添加的页面。但是，对于布局复杂的页面，如果程序未能正确识别，则需要调整检测区域，这通常比手绘所有区域更为实用。绘制和调整区域的工具可以在【图像】窗口中找到，同时也出现在“文本”“图片”“背景图片”“表格”区域的弹出工具栏中。单击相应区域以显示弹出工具栏，其中的工具可用于添加或移除区域、更改区域类型、移动区域边界或整个区域、添加或移除区域的矩形部分、将区域重新排序。调整区域之后，需再次识别该文档。

2.4　处理 PDF 文件

便携式文档格式(Portable Document Format，PDF)，是由 Adobe Systems 用于与应用程序、操作系统、硬件无关的方式进行文件交换所发展出的文件格式。PDF 文件以 PostScript 语言图像模型为基础，无论在哪种打印机上都可保证精确的颜色和准确的打印效果，即 PDF 会忠实地再现原稿的每一个字符、颜色及图像。

PDF 文件不管是在 Windows、UNIX，还是 Mac OS 操作系统中都是通用的。这一特点使它成为在 Internet 上进行电子文档发行和数字化信息传播的理想文档格式。越来越多的电子图书、产品说明、公司文告、网络资料、电子邮件都在使用 PDF 格式文件。

PDF 具有许多其他格式的电子文档无法相比的优点。PDF 文件可以将文字、字形、格式、颜色及独立于设备和分辨率的图形图像等封装在一个文件中。该格式文件还可以包含超文本链接、声音和动态影像等电子信息，支持特长文件，集成度和安全可靠性都较高，并给读者提供了个性化的阅读方式。

用户可以在主流操作系统上通过使用 Foxit PDF Creator、Foxit Phantom 及 Adobe Acrobat、Adobe Reader 等 PDF 阅读器创建或阅读 PDF 文件。iOS 和 Android 等智能手机系统则可以使用 PDF Markup Cloud、PDF Reader、PDF 大师等 PDF 阅读软件。下面主要介绍 Adobe Reader XI 软件的使用，其操作界面如图 2-31 所示。

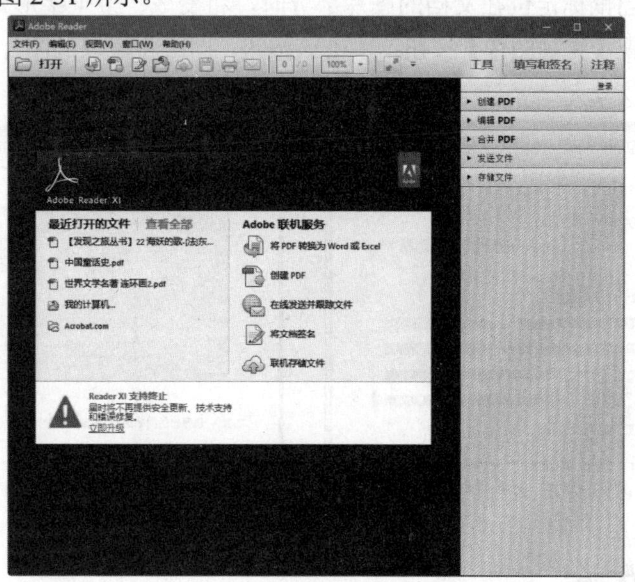

图 2-31　Adobe Reader XI 软件操作界面

1. 阅读 PDF 文档

使用 Adobe Reader 阅读 PDF 文档的操作步骤如下。

(1) 单击工具栏的【打开】按钮[打开]，在打开的对话框中选择要打开的 PDF 文档，并单击【打开】按钮，如图 2-32 所示。

(2) 利用工具栏上的【页面显示】按钮调整页面的显示比例，如图 2-33 所示。

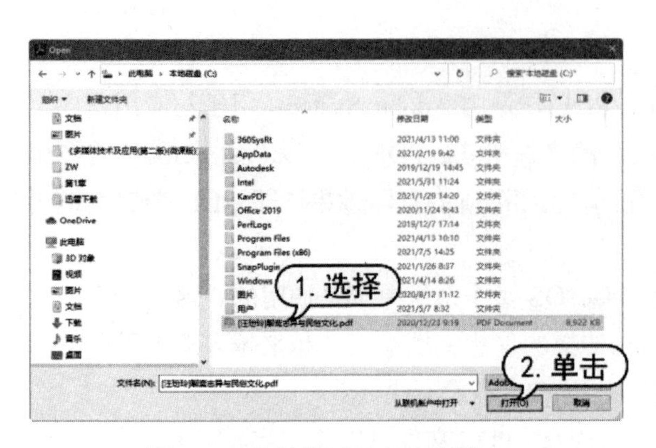

图 2-32　选择并打开 PDF 文档

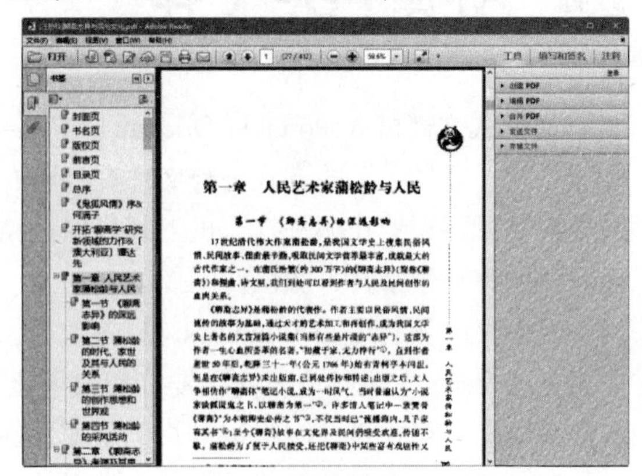

图 2-33　调整页面显示比例

2. 截取 PDF 文档中的文字、图片

- 截取文字：当鼠标定位在文档的文字部分时，将变成竖线光标，选中需要截取的文字；在被选中的文字高亮显示时，右击弹出快捷菜单，如图 2-34 所示，在菜单中选择【复制】命令即可。如果需要选择文档中的所有文字，可以选择【编辑】菜单中的【全部选择】命令，然后执行【复制】命令。
- 截取图片：当鼠标定位在文档的图片部分时，将变成一个十字形光标；选择需要截取的图片，出现【复制图像】按钮；单击该按钮，即可将截取的图片粘贴到其他文档中，如图 2-35 所示。

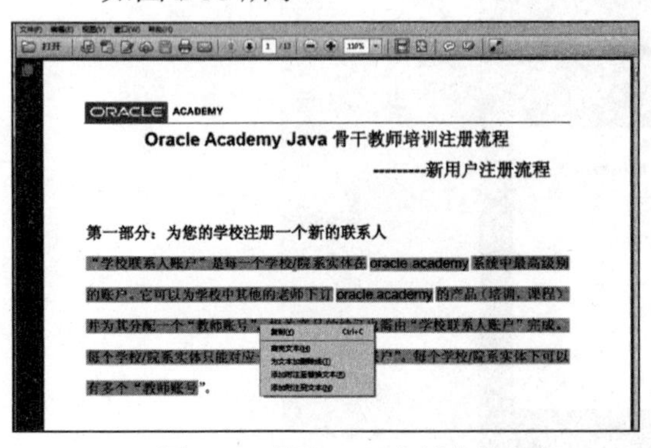

图 2-34　截取 PDF 文档中的文字

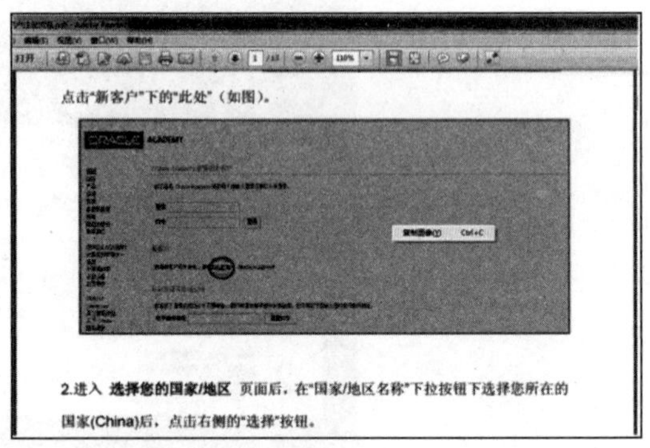

图 2-35　截取 PDF 文档中的图片

2.5　使用超文本

超文本是一种文本，它和书本上的文本是一样的。但与传统的文本文件相比，它们之间又有区别：传统文本是以线性方式组织的，而超文本是以非线性方式组织的。这里的“非线性”是指文本中遇到的一些相关内容通过链接组织在一起，用户可以很方便地浏览这些相关内容。这种文本的组织方式与人们的思维方式和工作方式比较接近。本节主要介绍 HTML 语言。

2.5.1　HTML 标记

超文本标记语言(Hypertext Markup Language，HTML)是在网络上对文本、图像等元素进行一定的格式化标记，使之在用户浏览器中显示出不同风格的标记性语言，因此它不是严格意义上的语言。一个 HTML 页面在浏览器中显示时事先并不进行编译，浏览器按照 HTML 标记解释并显示其表现的内容。

用户可以通过在浏览器中右击，选择快捷菜单中的【查看源文件】或者从菜单中选择【查看源文件】来查看一个 Web 页面的 HTML 文档。可以看到，一些包含在“<　>”中的英文字符或者字符串把页面上显示出来的各种文字、图像、视频等元素，给予特定的大小、颜色等属性风格的限定。下面介绍几种常用的 HTML 标记。

1. 文件标记

在 HTML 文档中包含 4 个基本的 HTML 标记，它们是<html></html>、<head></head>、<title></title>和<body></body>。以下为 HTML 文档的基本架构。

```
< html >
< head >
< title > 网页的标题信息</ title >
</ head >
< body >
网页的主体，正文部分。
</ body >
</ html >
```

< html >标记在 HTML 文档中最先出现，整份文档处于标记< html >与</ html >之间。它表明文档内容是由 HTML 实现的，使浏览器可正确处理此 HTML 文件。

< head >为网页开头标识，< title ></ title >指明网页的名称。< title ></ title >元素放在< head >元素之中，显示在浏览器窗口的标题栏中。

【例 2-4】 应用文件标记实现一个简单的 HTML 页面。 视频

(1) 选择【开始】|【Windows 附件】|【记事本】命令，打开【记事本】。

(2) 在记事本中编写代码如下：

```
<html>
<head>
<title>文件标记</title>
</head>
<body text="#000000" bgcolor="#FFFFFF" leftmargin=30 topmargin =30>
HTML 语言基础——文件标记
```

```
</body>
</html>
```

(3) 输入完成后，如图 2-36 所示，选择【文件】|【保存】命令，保存该文档。

(4) 关闭记事本后，将记事本的后缀名改为.html，然后双击该文件，即可在浏览器中查看效果，如图 2-37 所示。

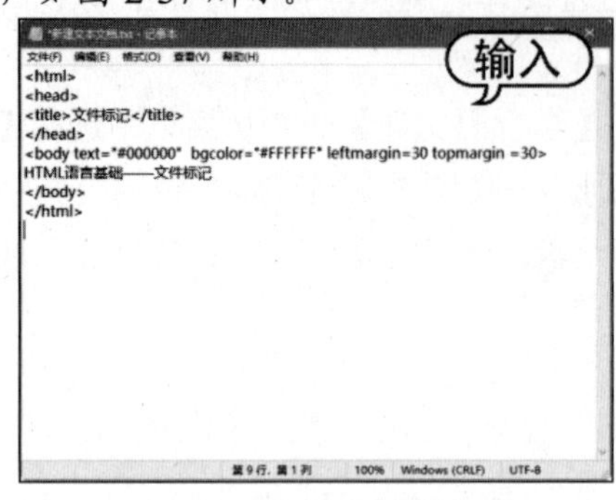

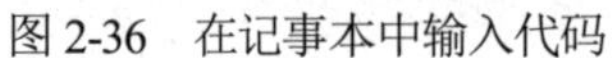
图 2-36　在记事本中输入代码

图 2-37　在浏览器中查看效果

2. 文本标记

文本标记在网页中用于设置文本的大小、颜色、字体等，包括<font>、<hn>、<b>、<sub>、<sup>等标记，下面以<font>标记为例来进行介绍。

<font>标记可设置文本对象的字体、大小和颜色属性，其属性介绍如表 2-1 所示。

表 2-1　<font>标记属性

属　性	含　义
face	设置文本的字体格式
size	设置文本字号大小，取值范围为 1~7，默认为 3
color	设置文本显示颜色

3. 排版标记

排版标记用于设置界面中文本、图像等信息的排列位置，从而实现对界面整体结构的设置。HTML 语言中排版标记主要包括分行标记、段落标记、水平线标记和居中标记等。

4. 表格标记

在网页中应用表格可以规划页面的布局，不仅能准确给对象定位，而且有利于网页的维护。表格包含在<table></table>标记之间。表中的内容由<th>、<tr>和<td>定义。

2.5.2　创建超链接

超文本链接(hypertext link)通常简称为超链接(hyperlink)，或者简称为链接(link)。链接是

HTML 语言的一个最强大、最有价值的功能。链接是指文档中的文字或者图像与另一个文档、文档的一部分或者一幅图像链接在一起。在 HTML 语言中，简单的链接标签是<A>，也称为锚(anchor)签。

使用 Word 2019 提供的插入超链接功能，可以方便地在文档中插入一个超链接。

【例 2-5】 创建“百度简介”文档，并在该文档中添加超链接。 视频

(1) 启动 Word 2019，创建“百度简介”文档，输入和设置文本后，将插入点定位在第 1 段的正文第 1 处“百度”文本后面，如图 2-38 所示。

(2) 打开【插入】选项卡，在【链接】组中单击【超链接】按钮，如图 2-39 所示。

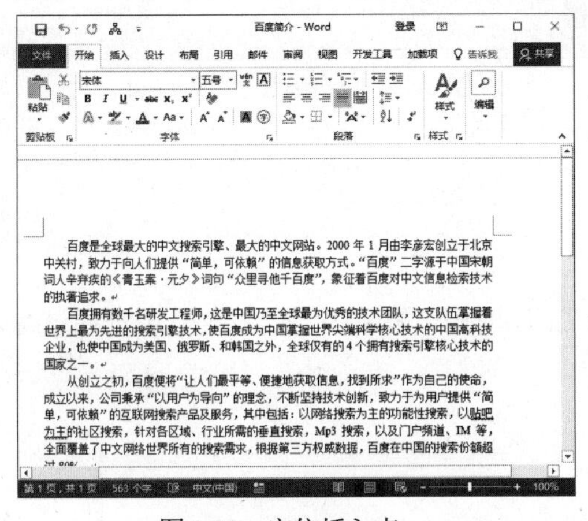

图 2-38　定位插入点

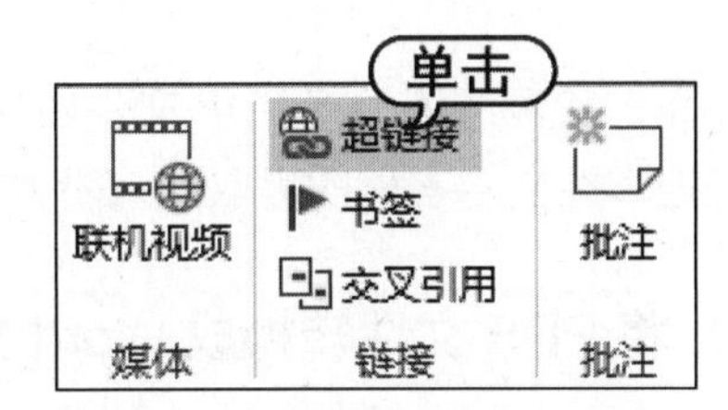

图 2-39　单击【超链接】按钮

(3) 打开【插入超链接】对话框，在【链接到：】选项列表中选择【现有文件或网页】，在【要显示的文字】文本框中输入 www.baidu.com，在【地址】下拉列表中输入 http://www.baidu.com，单击【屏幕提示】按钮，如图 2-40 所示。

(4) 打开【设置超链接屏幕提示】对话框，在【屏幕提示文字】文本框中输入“百度首页”，然后单击【确定】按钮，如图 2-41 所示。

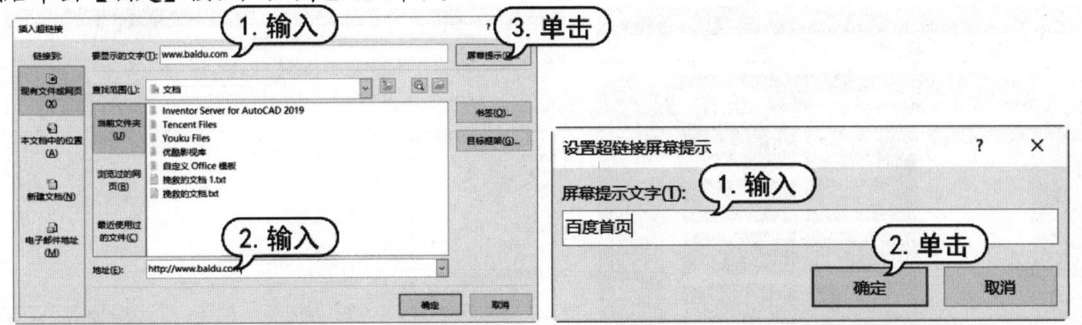

图 2-40　【插入超链接】对话框　　图 2-41　【设置超链接屏幕提示】对话框

(5) 返回【插入超链接】对话框，单击【确定】按钮，完成设置。此时，文档中将出现以蓝色下画线显示的超链接，将光标移到该超链接，将出现屏幕提示文本，如图 2-42 所示。

(6) 按住 Ctrl 键，鼠标指针变为手形，单击该超链接，将打开浏览器并转向百度首页，如图 2-43 所示。

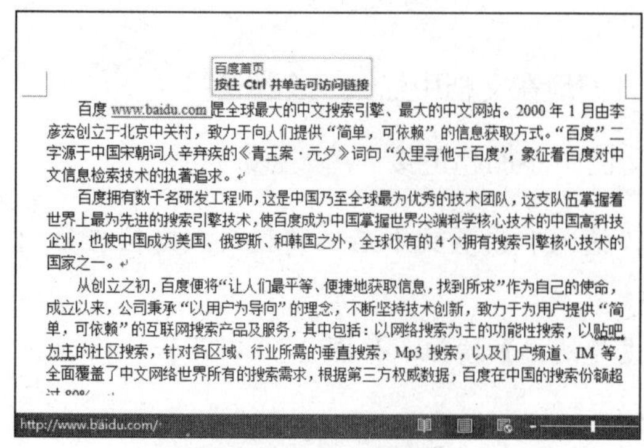

图 2-42　显示超链接

图 2-43　单击超链接打开网页

2.6　实例演练

本章的实例演练为将 PDF 文件转换成 Word 文档和制作“招聘启事”文档，用户通过练习可以更好地掌握文本素材的提取和编辑方法。

2.6.1　将 PDF 文件转换成 Word 文档

【例 2-6】 利用 ABBYY FineReader 12 软件，将 PDF 文件转换成 Word 文档。 视频

(1) 打开 ABBYY FineReader 12 软件，显示【任务】窗口，在具体任务项中单击【图像或 PDF 文件到 Microsoft Word】按钮，如图 2-44 所示。

(2) 在打开的【打开图像】对话框中选择需要转换的 PDF 文件“白话笔记”，单击【打开】按钮，如图 2-45 所示。

图 2-44　单击任务按钮

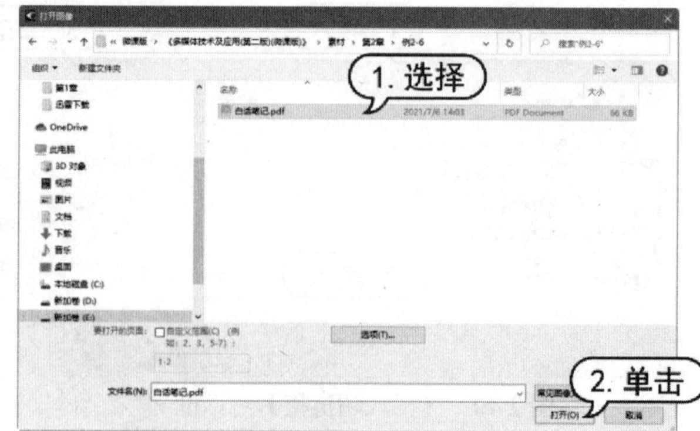

图 2-45　【打开图像】对话框

(3) 软件开始自动识别文字，识别完毕后，界面被分成了 3 个主要部分，分别是导入的 PDF 文件、转换后的 Word 文档、对应的编辑区域，如图 2-46 所示。

(4) 单击【发送】按钮旁的下拉按钮，选择【另存为 Microsoft Word 文档】命令，如图 2-47 所示。

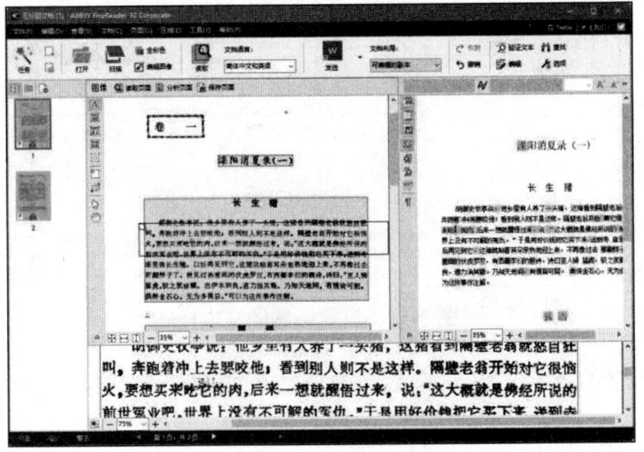

图 2-46　界面区域

图 2-47　选择命令

(5) 打开【将文档另存为】对话框，设置路径和文件名，单击【保存】按钮另存为 Word 文档，如图 2-48 所示。

(6) 打开 Word 文档，用户可以在 Word 中根据实际需要编辑文本，如图 2-49 所示。

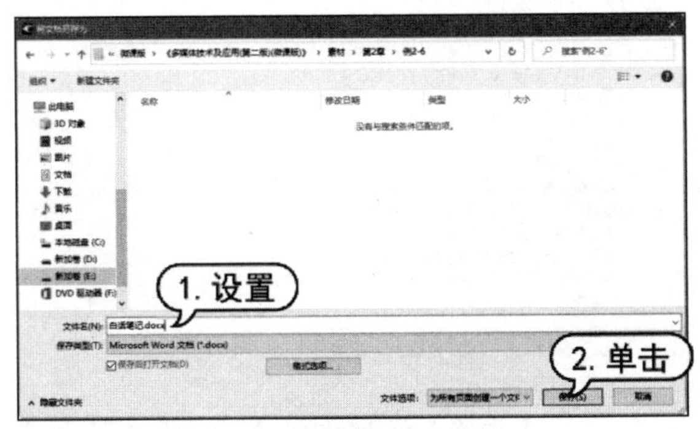

图 2-48　另存为 Word 文档

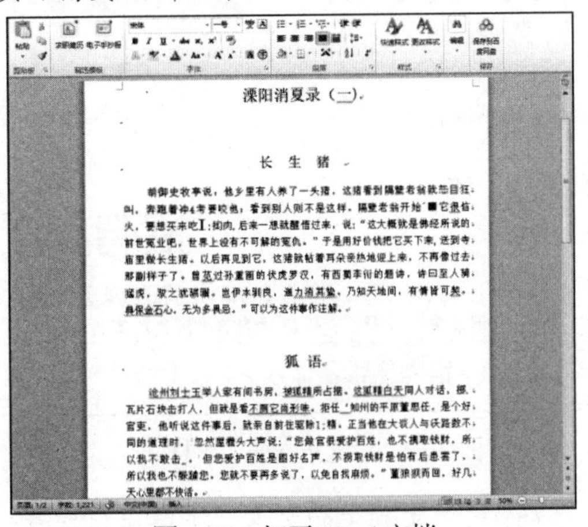

图 2-49　打开 Word 文档

2.6.2　制作“招聘启事”文档

【例 2-7】 使用 Word 制作“招聘启事”文档，在其中设置文本和段落格式。 视频

(1) 启动 Word 2019，新建一个“招聘启事”文档并输入文本，如图 2-50 所示。

(2) 选中文档第一行文本“招聘启事”，然后选择【开始】选项卡，在【字体】组中设置【字体】为【微软雅黑】，【字号】为【小一】，在【段落】组中单击【居中】按钮，设置文本居中，如图 2-51 所示。

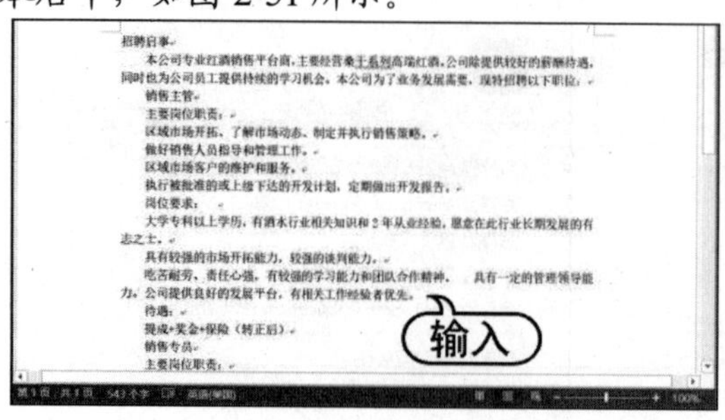

图 2-50 输入文本

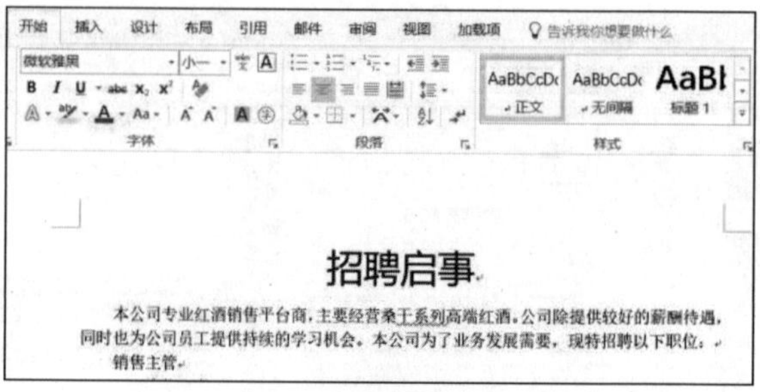

图 2-51 设置标题的文本格式

(3) 选中正文第 2 段内容，然后使用同样的方法，设置文本的字体、字号和对齐方式，如图 2-52 所示。

(4) 保持文本的选中状态，然后单击【剪贴板】组中的【格式刷】按钮，在需要套用格式的文本上单击并按住鼠标左键拖曳，即可套用文本格式，如图 2-53 所示。

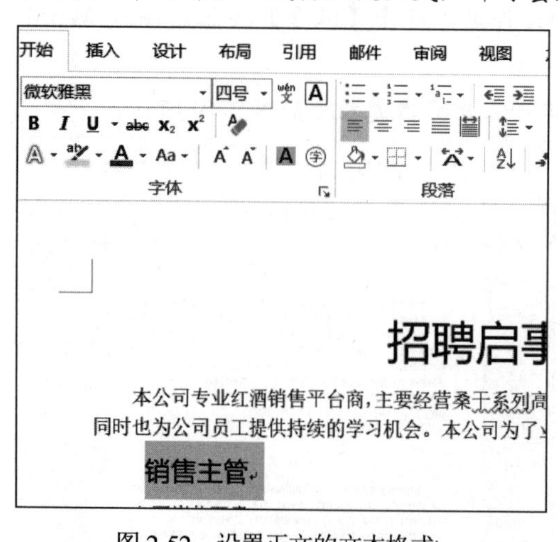

图 2-52 设置正文的文本格式

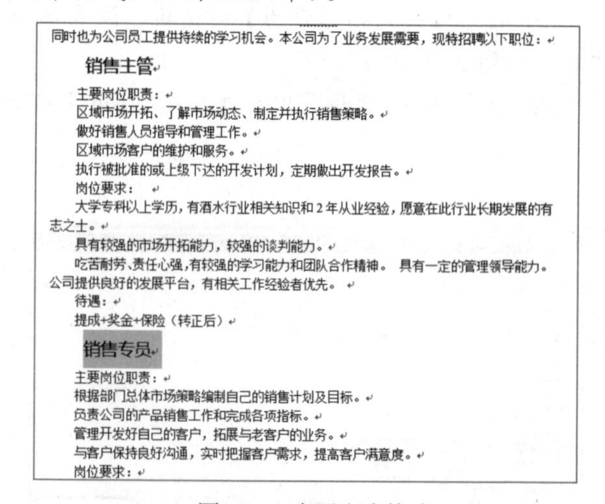

图 2-53 套用文本格式

(5) 选中文档中的文本“主要岗位职责：”，然后在【开始】选项卡的【字体】组中单击【加粗】按钮，在【段落】组中单击【段落】对话框启动器，打开【段落】对话框，在【段前】和【段后】文本框中输入“0.5 行”后，单击【确定】按钮，如图 2-54 所示。

(6) 使用同样的方法，为文档中其他段落的文本添加“加粗”效果，并设置段落间距，如图 2-55 所示。

图 2-54　设置段落格式

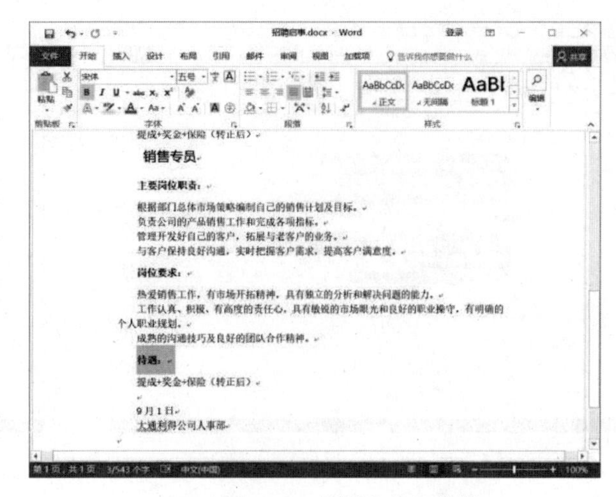

图 2-55　设置字体和段落

(7) 选中文档中的第 4~7 段文本，在【开始】选项卡的【段落】组中单击【编号】按钮，为段落添加编号，如图 2-56 所示。

(8) 选中文档中的第 9~11 段文本，在【开始】选项卡的【段落】组中单击【项目符号】下拉按钮，在弹出的下拉列表中选择一种项目符号样式，如图 2-57 所示。

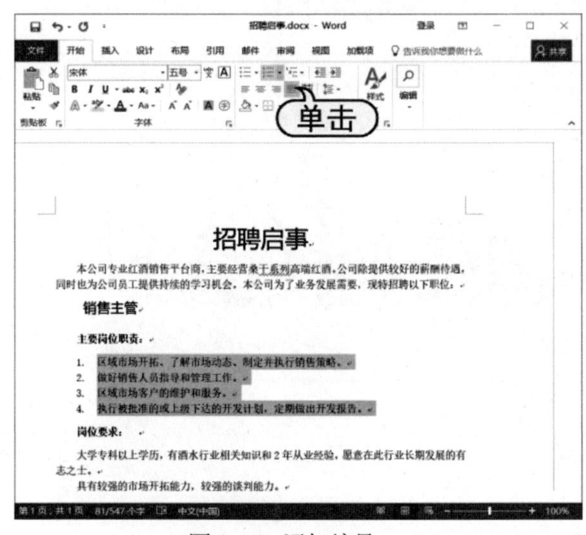

图 2-56　添加编号

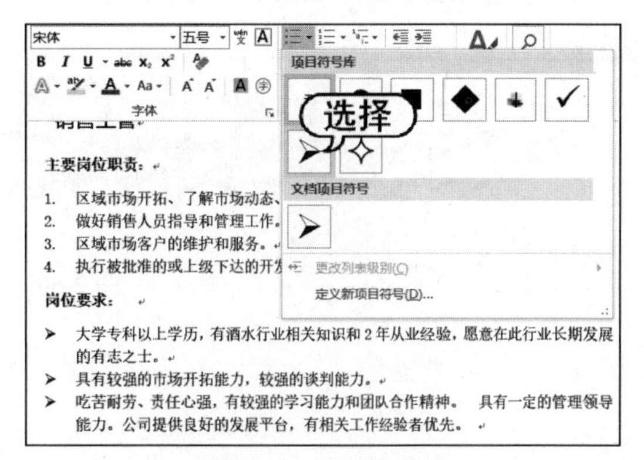

图 2-57　添加项目符号

(9) 使用同样的方法为文档中其他段落设置项目符号与编号，如图 2-58 所示。

(10) 选中文档中的最后 2 段文本，在【开始】选项卡的【段落】组中单击【右对齐】按钮，如图 2-59 所示，最后保存文档。

图 2-58　设置项目符号与编号

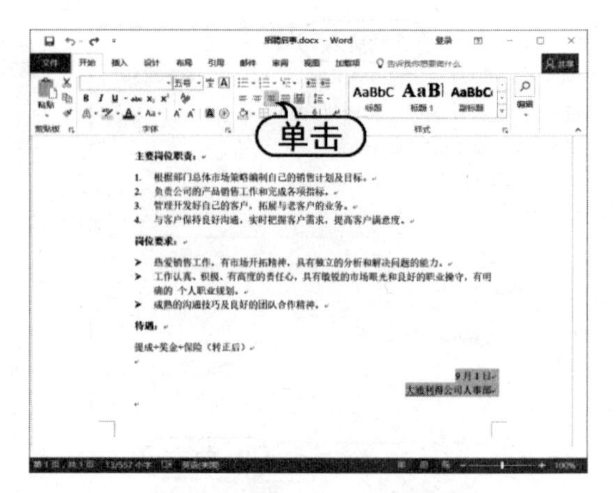

图 2-59　单击【右对齐】按钮

2.7　习题

1. 下载并安装一种字体，在 Word 中应用该字体，然后观察其效果。
2. 文本素材的获取方式有哪些？
3. 简述文本设计的要点。
4. 将 PDF 文件转换为 Word 文档。
5. 使用 Word 制作如图 2-60 所示的文字特效。

图 2-60　艺术字效果

第3章 音频数据技术及应用

音频是数字媒体技术的一个重要内容，音频的类型多种多样，充分利用声音的魅力是创作优秀多媒体作品的关键。在使用计算机处理这些音频时，要根据不同音频的频率范围采用不同的处理方式。本章将主要介绍数字音频的基础知识、音频素材获取与编辑的处理手段等内容。

本章重点

- 数字音频基础知识
- 常用的音频文件格式
- 音频素材的获取和编辑
- 使用 Adobe Audition

二维码教学视频

【例 3-1】 搜索并下载歌曲

【例 3-3】 制作多轨音频

【例 3-2】 对音频进行降噪处理

3.1 数字音频基础知识

声音是人类进行交流和认识自然的主要媒体形式，语言、音乐和自然之声构成了世界万物的丰富内涵。音频是多媒体技术的重要特征之一，是携带信息的重要媒体。

3.1.1 声音的常见类型

声音可以用声波来表示。声波有两个基本属性：频率和振幅。频率是指声波在单位时间内变化的次数，以赫兹(Hz)来表示，通常情况下，人们说话的声音频率范围在300Hz和3000Hz之间。振幅描述的是声音的强度，以分贝(dB)来表示，通常人们所说的声音大，其实是声音的强度大。

音调、音强、音色是声音的3大要素，音调与频率有关，音强与振幅有关，音色与混入基音的泛音有关，不同的人具有不同的音色，这也就是人们能够"闻其声而辨其人"的原因。计算机的音频信号(20~2000Hz)主要有3种：语音、音乐和效果声。

按照不同的标准，声音的分类也不尽相同。例如，按照记录声音的原理和介质不同，声音分为机械声音、电磁声音、数字声音等；按照内容、频谱、频域、时域标准又可分为自然音、纯音、复合音、超音等。多媒体所使用的声音是数字音频，因为计算机中对声音的处理采用的是数字化方式，任何模拟声音都必须先数字化后才可以在计算机中进行处理。按照这种标准，多媒体中的声音分为数字音频和MIDI音频。

1. 数字音频

在计算机中，模拟信号转换为数字信号的过程称为数字化，当声音波形被转换为数字时就得到了数字音频。可以通过话筒、电子合成器、录音、实时广播、CD等工具将声音数字化，数字化的过程其实是模拟信号的采样、量化、编码过程。

- 采样：采样是将模拟信号转换为数字信号的首要环节，计算机对信号的表示是通过一个一个的0、1代码来实现的，而模拟音频信号是连续的。通过在不同时间点选取波形值，并通过数字来记录该点的值以存储声音信号的过程就称为采样。如图3-1所示，图中的横轴表示时间轴，上图是原模拟图形，下图中的点表示对模拟图形在时间点的采样点。采样率越高，采样点也就越多，在播放数字音频时，声音也就越容易还原。多媒体中最常用的采样频率分别是44.1kHz、22.05kHz和11.025kHz，采样深度为8位或16位。
- 量化：采样后的模拟信号用数字表示并存储称为量化。对于每个采样点，计算机都将会分配一定的位数来存储采样点的值，也就是振幅大小，通常将这个二进制位数称为采样精度，也称为量化位数。采样精度越高，数字化后的波形的振幅越精确，音频效果也越好。
- 编码：在对采样点进行量化时，产生量化噪声是不可避免的，为了去除信号的冗余和降低量化噪声，同时也为了减少数据在计算机中所占用的存储量，通常以编码的方式将离散的量化值加以记录。数字音频的编码方式大致有以下几种：波形编码、参数编码和混合编码等。

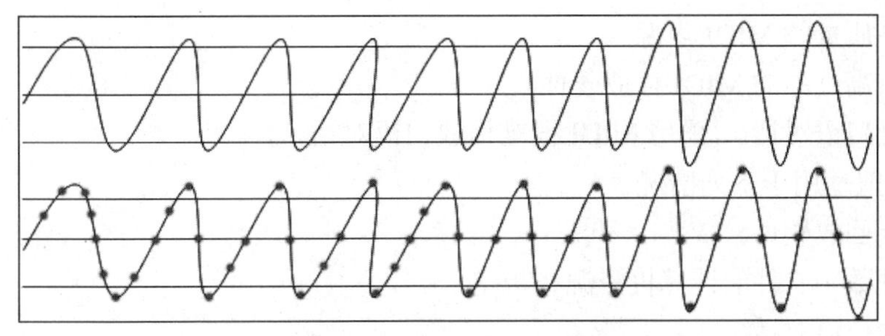

图 3-1　对模拟图形进行采样

2. MIDI 音频

通过 MIDI(Musical Instrument Digital Interface，音乐设备数字接口)，可以在多媒体项目中添加自己创作的音乐。但是，制作 MIDI 音乐与音频数字化的过程完全不同。如果把数字化音频类比作位图化的图像(二者都利用采样技术将原始的模拟媒体转换为数字化的备份)，那么 MIDI 就可以类比为结构化矢量化的图像(二者都利用给定的指令在运行时重建原始媒体)。

对于数字化的音频，只需要利用声卡即可播放音频文件，但制作 MIDI 音乐需要一个编曲器和一个声音合成器(一般放置在 PC 的声卡上)。此外，使用一个 MIDI 键盘可以简化 MIDI 乐谱的制作。

编曲器软件允许录制和编辑 MIDI 数据。这一软件并不是记录每一个音符，而是创建与每一个音符在 MIDI 键盘上播放时有关的数据。例如，播放的是哪一个音符，在键盘上播放这一音符时施加的力量有多大，这个音符保持多长时间，这个音符衰减需要多长时间。编曲器软件还可以对乐谱进行量化来调节节拍不一致的问题。由于播放的音乐质量取决于终端用户的 MIDI 设备，而不是录音本身，因而 MIDI 是与设备有关的。

完成音频材料的收集后，需要对其进行编辑以便适应多媒体项目的需要。在编辑过程中，用户还会不断地有新的创意产生，由于编辑 MIDI 数据非常方便，因此可以对音乐做细微的调整。由于 MIDI 与设备有关，同时与用户使用的播放硬件设备的质量有很大关系，因此，MIDI 在多媒体工作中的主要角色是发布媒介。从目前来看，MIDI 是为多媒体项目创建原始音乐素材的最佳途径，使用 MIDI 能够带来用户所希望得到的灵活性和创新控制。但是编辑完 MIDI 音乐并使之能够用于多媒体项目后，就应该将之转换成数字音频数据来准备发布。

相对于数字音频，MIDI 音频具有以下特点。

- MIDI 文件比数字音频文件尺寸要小，它的大小与播放质量完全无关。因此，它经常被嵌入网页中，这样下载和播放速度要比数字音频快得多。
- 在某些情况下，如果使用的 MIDI 声源质量很高，MIDI 将会比数字音频文件听起来效果更好。
- 可以在不改变音乐的节拍或者不对音质造成损坏的情况下改变 MIDI 文件的长度。MIDI 数据是完全可编辑的，例如可降低单个音符的音调。用户可以处理 MIDI 音乐很小的一个单元，而对于数字音频来说，这是不可能实现的。

MIDI 音频一般适用于下列情况。

- 由于无法获得足够的 RAM 存储器、硬盘存储空间、CPU 处理能力或带宽而不能使用数字音频。

- 拥有较高质量的 MIDI 声源。
- 用户具有高性能的 MIDI 播放硬件。
- 无须处理口语对话。(采用 MIDI 很难播放口语对话。)

数字音频一般适用于下列情况。

- 无法控制回放软件。
- 拥有处理数字文件的计算机资源和带宽。
- 需要处理口语对话。

3.1.2 数字音频音质与数据量

数字音频的数据量指在一定时间内声音数字化后对应的字节数。数据量由采样频率、量化位数、声道数和规定时间所决定。例如，数字激光唱盘(CD-DA)的标准采样频率为 44.1kHz，量化位数为16位，立体声。一分钟CD-DA音乐所需的数据量为44.1×1000×16×2×60/8/1024 =10336KB。激光唱盘 CD 的采样频率为 44.1kHz，量化位数为 16 位，双通道立体声，则 1 秒的音频数据量为 176.4KB，一个 650MB 的光盘仅能存储不足 60 分钟的音频数据。

数字音频的质量主要取决于采样频率和量化位数这两个重要参数，反映音频数字化质量的另一个因素是通道(或声道)个数。记录声音时，如果每次生成一个声波数据，称为单声道；每次生成两个声波数据，称为立体声(双声道)，立体声更能反映人的听觉感受。音频数字化的采样频率和量化位数越高，结果越接近原始声音。除此之外，数字音频的质量还受其他因素(如扬声器的质量等)的影响。为了在时间变化方向上取样点尽量密，取样频率要高，在幅度取值上尽量细，量化比特率要高，直接的结果就是存储容量及传输信道容量面临巨大的压力。

根据声音采样的频率范围，通常把声音的质量分成 5 个等级，由低到高分别是电话、调幅广播(AM)、调频广播(FM)、光盘(CD)和数字录音带(Digital Audio Tape，DAT)。在这 5 个等级中，使用的采样频率、样本精度、声道数和数据率如表 3-1 所示。

表 3-1 声音等级的相关数据信息

质　量	采样频率(kHz)	样本精度(b/s)	声道数	数据率(未压缩)(kb/s)	频率范围(Hz)
电话	8	8	单声道	8	200~3400
AM	11.025	8	单声道	11.0	20~15000
FM	22.050	16	立体声	88.2	50~7000
CD	44.1	16	立体声	176.4	20~20000
DAT	48	16	立体声	192.0	20~20000

3.1.3 音频压缩编码的国际标准

数字音频的出现，是为了满足复制、存储、传输的需求。音频信号的数据量对于传输或存储都来了巨大的压力。音频信号的压缩是在保证一定声音质量的条件下，尽可能以最小的数据率来表达和传送声音信息。信号压缩过程是对采样、量化后的原始数字音频信号流运用适当的数字信号处理技术进行信号数据处理，在音频信号中去除对人们感受信息影响可以忽略的成分，仅仅对有用的音频信号进行编排，从而降低了参与编码的数据量。表 3-2 为音频编码的分类及标准。

表 3-2　音频编码的分类及标准

类　别	算　法	名　称	标　准	数 据 率	应　用
波形编码	PCM	脉冲编码调制			公用电话网 ISDN
	μ-law，A-law	μ 律，A 律	G.711	64 kb/s	
	APCM	自适应脉冲编码调制			
	DPCM	差分脉冲编码调制			
	ADPCM	自适应 DPCM	G.721	32 kb/s	
	SB-ADPCM	自带-自适应 DPCM	G.722	64 kb/s	
参数编码	LPC	线性预测编码		2.4 kb/s	保密话音
混合编码	CELPC	码激励 LPC		4.6 kb/s	移动通信
	VSELP	向量和激励 LPC		8 kb/s	
	RPE-LTP	规则码激励长时预测		13.2 kb/s	语音信箱
	LD-CELP	低延时码激励 LPC	G.728	16 kb/s	ISDN
	ACELP	自适应 CELP	G.723.1	5.3 kb/s	PSTN
	CSA-CELP	共轭结构代数-CELP	G.729	8 kb/s	移动通信
感知编码	MPEG-音频	多子带，感知编码		128 kb/s	VCD/DVD
	DolbyAC-3	感知编码			DVD

波形编码是将时间域信号直接变换为数字代码，力图使重建语音波形保持原语音信号的波形形状。波形编码的基本原理是在时间轴上对模拟语音按一定的速率抽样，然后将幅度样本分层量化，并用代码表示。解码是其反过程，将收到的数字序列经过解码和滤波恢复成模拟信号。它具有适应能力强、语音质量好等优点，但所用的编码速率高，在对信号带宽要求不太严格的通信中得到应用，而对频率资源相对紧张的移动通信来说，这种编码方式显然不合适。脉冲编码调制(PCM)和增量调制(△M)，以及它们的各种改进型自适应增量调制(ADM)、自适应差分编码(ADPCM)等，都属于波形编码技术。它们分别在 64kb/s 和 16kb/s 的速率上能给出高的编码质量，当速率进一步下降时，其性能会下降较快。

参数编码的特点是压缩率较高，效率较高。它对信号特征参数进行提取和编码，在解码端力图重建原始语音信号。但算法复杂度大，合成语音的自然度不好，抗背景噪声能力较差。典型的参数编码器有共振峰声码器、同态编码及应用较广的线性预测声码器等。

变换编码和预测编码是两类不同的压缩编码方法，如果将这两种方法组合在一起，会构成新的一类所谓混合编码，通常使用 DCT 等变换进行空间冗余度的压缩，用帧间预测或运动补偿预测进行时间冗余度的压缩，以达到对活动图像的更高的压缩效率。所谓混合编码，即同时使用两种或两种以上的编码方法进行编码的过程。试想如果同时结合波形编码方法和参数编码方法，则可得到集合了两者优势的编码。

感知编码是利用人耳听觉的心理声学特性(频谱掩蔽特性和时间掩蔽特性)，以及人耳对信号幅度、频率、时间的有限分辨能力。凡是人耳感觉不到的成分不编码、不传送，即凡是对人耳辨别声音信号的强度、音调、方位没有贡献的部分(称为不相关部分或无关部分)都不编码和传送。对感觉到的部分进行编码时，允许有较大的量化失真，并使其处于听阈以下。简单地说，感知编码是以人类听觉系统的心理声学原理为基础，只记录那些能被人的听觉所感知的声音信号，从而达到减少数据量而又不降低音质的目的。

3.2 常用音频文件格式及格式转换

数字化音频是以文件的形式保存在计算机中的。常见的数字化音频的文件格式主要有 WAV、MIDI、MP3 等几种类型，音频文件也可以进行格式的互相转换。

3.2.1 音频文件格式

目前常见的数字化音频的文件格式主要有以下几种类型。

1. WAV 格式文件

WAV 格式的声音文件又称为无损的声音文件。WAV 文件是微软公司开发的一种声音文件格式，它符合 PIFFResource Interchange FileFormat 文件规范，用于保存 Windows 平台的音频信息资源，被 Windows 平台及其应用程序所支持。WAV 格式支持 MSADPCM、CCITTALAW 等多种压缩算法，支持多种音频位数、采样频率和声道。标准格式的 WAV 文件和 CD 格式一样，也是 44.1kHz 的采样频率，传输速率为 88kb/s，16 位量化位数。WAV 格式的声音文件质量和 CD 相差无几，也是目前 PC 上广为流行的声音文件格式，几乎所有的音频编辑软件都可识别 WAV 格式。

2. MIDI 格式文件

MIDI 格式的声音文件是作曲家的最爱。MIDI 文件格式由 MIDI 继承而来，它允许数字合成器和其他设备交换数据。MIDI 文件并不是一段录制好的声音，而是记录声音的信息，然后告诉声卡如何再现音乐的一组指令。这样一个 MIDI 文件每存 1 分钟的音乐只占用 5~10KB 的存储空间。目前，MIDI 文件主要用于原始乐器作品、流行歌曲的业余表演、游戏音轨及电子贺卡等。MIDI 文件重放的效果完全依赖声卡的档次。MIDI 格式的最大用处是在计算机作曲领域。MIDI 文件可以用作曲软件写出，也可以通过声卡的 MIDI 口把外接音序器演奏的乐曲输入计算机，制成 MIDI 文件。

3. MP3 格式文件

MP3 格式的声音文件是较为流行的音乐文件格式。它是采用 MPEG-3 标准对音频数据进行压缩的数字音频文件。MP3 格式压缩音乐的典型比例有 10∶1、17∶1，甚至可达 70∶1。可以用 64kbps 或更低的采样频率节省空间，也可以用 320kbps 的标准达到极高的音质。MP3 格式的声音文件的特点是压缩比高、文件数据量小、音质好，能够在个人计算机、MP3 半导体播放机和 MP3 激光播放机上进行播放。MP3 文件是目前互联网上比较流行的声音文件之一。

4. WMA 格式文件

WMA(Windows Media Audio)格式是微软公司强力推出的数字音乐文件格式，音质要强于 MP3 格式，更远胜于 RA 格式。它和日本 YAMAHA 公司开发的 VQF 格式一样，是以减少数据流量但保持音质的方法来达到高压缩率的目的，WMA 的压缩率一般都可以达到 18∶1 左右。另外，该种文件格式具有很强的版权保护功能，甚至能限定播放机、播放时间和播放次数等。同时 Windows Media 是一种网络流媒体技术，所以 WMA 格式文件能够在网络上实时播放。

5. RA 格式文件

RA 格式的声音文件又称为流动的旋律。RA(Real Audio)是 Real Networks 推出的一种音乐压缩格式，其压缩比可达到 96∶1，主要适用于在网络上在线音乐欣赏。这种文件格式最大的特点就是可以采用流媒体的方式实现网上实时播放，即边下载边播放。

6. CDA 格式文件

CDA(CD Audio)又称 CD 音乐，其扩展名是.CDA，可以说是目前音质最好的声音文件格式。标准 CD 格式也是 44.1kHz 的采样频率，传输速率为 88kb/s，16 位量化位数，因为 CD 音轨可以说是近似无损的，因此它的声音基本上是忠于原声的。

3.2.2 音频文件格式转换

各音频文件均可以用来处理声音信息，各具优缺点。如何在不破坏音质的基础上进行符合条件的音频文件的设置，需要对音频文件进行格式的转换。一般的声音处理软件兼容多种格式的声音文件，使得声音格式的转换非常简单。

目前，音频转换的软件种类很多，比如全能音频转换器支持目前所有流行的音频、视频文件格式，如 MP3、OGG、APE、WAV、AVI 等，可将文件格式转换成 MP3、WAV、AAC、AMR 音频文件。更为强大的是，该软件能从视频文件中提取出音频文件，并支持批量转换；也可以从整个媒体中截取出部分时间段，转换成一个音频文件；还可以自定义不同质量参数，满足用户的需求。

具体的操作步骤如下：

(1) 打开全能音频转换器，弹出如图 3-2 所示的界面。

(2) 单击【添加】按钮，把要转换的音频文件添加到软件中。

(3) 单击【选择路径】按钮，设置转换后音频存放的位置。

(4) 选择输出格式，设置声道、比特率和采样率等参数。

(5) 设置好所有参数后，单击【转换】按钮，等待转换完成。

(6) 若需要批量转换，则选择多个文件并添加，此时列表中会显示添加的文件名，通过窗口右侧的【上移】【下移】按钮可以调整音频转换的顺序。

(7) 转换后的音频文件可单击【打开路径】按钮进行查看。

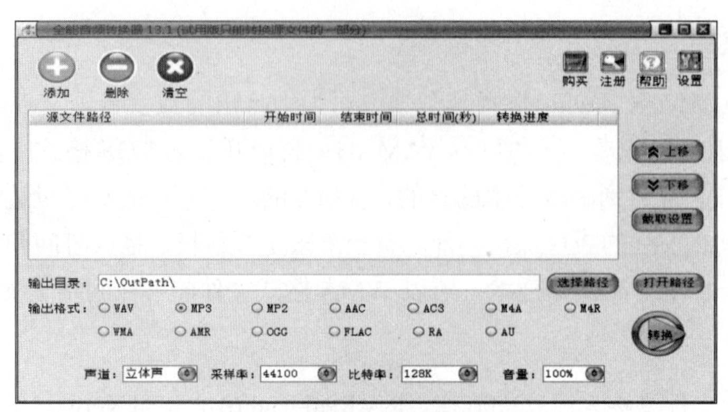

图 3-2　全能音频转换器界面

3.3　音频素材的获取和编辑

多媒体音频素材的获取有多种方式，既可以从已有声音文件中选取，也可以自己录制。使用专业的音频编辑软件可以编辑获取的音频素材。

3.3.1　音频素材的获取

获取音频素材可通过以下几种方法。

- 从购买的专业音效光盘或 MP3 光盘中获取背景音乐和效果音乐。
- 从网络上下载音频素材，例如使用百度搜索引擎搜索并下载歌曲。
- 通过网上专门的声音素材库搜索。
- 在音乐播放软件中利用关键词来进行搜索，例如在网易云音乐中搜索歌曲，找到需要的文件后下载即可。
- 截取 CD 或 VCD 中的音频素材。在 CD 或 VCD 节目中有大量的优秀音频素材可引用到教学课件中来，应用一些工具软件可以将这些素材截取下来。
- 利用 Windows 系统中的录音机采集音频素材。在多媒体中使用的声音文件是数字化的声音文件，需要用计算机的声卡将麦克风或录音机的磁带模拟声音电信号转换成数字声音文件。利用 Windows 系统中的录音机采集生成的声音文件及播放、编辑的声音文件格式均为 WAV 文件格式。
- 借助 Audition 等软件采集音频生成.wav、.mp3 等文件。

【例 3-1】 使用百度搜索并下载歌曲。 视频

(1) 打开 IE 浏览器，在地址栏中输入网址 www.baidu.com，然后按 Enter 键，打开百度首页，将鼠标指针移动到【更多产品】选项上，显示更多选项，在其中单击【音乐】链接，如图 3-3 所示。

(2) 打开【百度音乐】页面，在搜索文本框内输入歌曲名称“甜蜜蜜”，然后单击【百度一下】按钮，如图 3-4 所示。

图 3-3　单击【音乐】链接

图 3-4　输入歌曲名并单击【百度一下】按钮

(3) 在打开的页面中，将显示歌曲的相关信息列表，如图 3-5 所示。

(4) 单击歌曲链接，即可打开该歌曲内容，然后单击【播放】按钮，如图 3-6 所示。

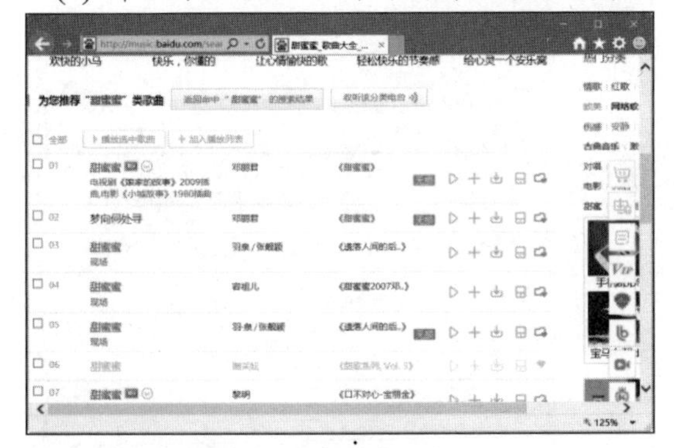

图 3-5　显示歌曲列表

图 3-6　单击【播放】按钮

(5) 此时打开【百度音乐盒】页面，开始播放歌曲，如图 3-7 所示。

(6) 选中歌曲前面的复选框，然后单击【下载】按钮，如图 3-8 所示。

图 3-7　播放歌曲

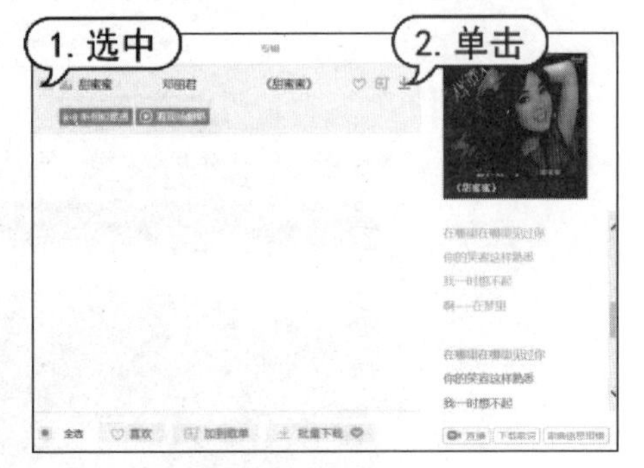

图 3-8　单击【下载】按钮

(7) 此时将打开界面提醒下载百度音乐客户端，提供付费下载服务。

3.3.2　音频素材的编辑

音频素材往往需要进行简单的编辑才能适合制作者的需求，专业的音频编辑软件多种多样，如GoldWave、Adobe Audition，或者使用Windows系统中自带的“录音机”功能也可以简单剪辑一些音频素材。下面主要介绍使用GoldWave软件对音频素材进行编辑的方法。

GoldWave是一个功能强大的数字音乐编辑器，是一个集声音编辑、播放、录制和转换的音频工具。它支持许多格式的音频文件，也可从CD、VCD和DVD或其他视频文件中提取声音，内含丰富的音频处理特效。

例如用GoldWave修改MP3格式文件的音质，首先启动GoldWave软件，打开需要修改音质的MP3文件。然后选择【效果】|【音量】|【自动增益】命令，如图3-9所示。打开【自动增益】对话框，用户可以单击【预设】下拉按钮，并在打开的下拉列表中选择方案。在【自动增益】对话框中调整声音后，单击OK按钮，如图3-10所示。

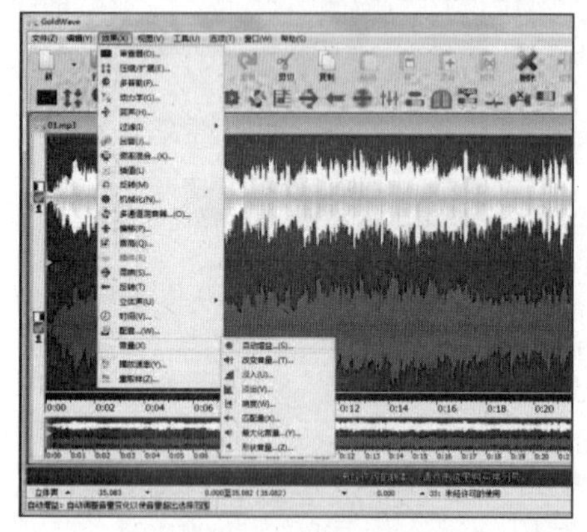

图3-9　选择命令

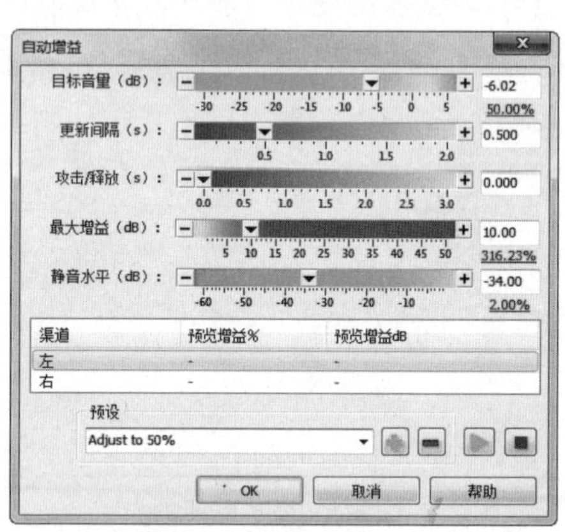

图3-10　【自动增益】对话框

在主界面中，用户可以查看声音波形的变化情况，如图3-11所示，然后另存修改后的MP3文件。

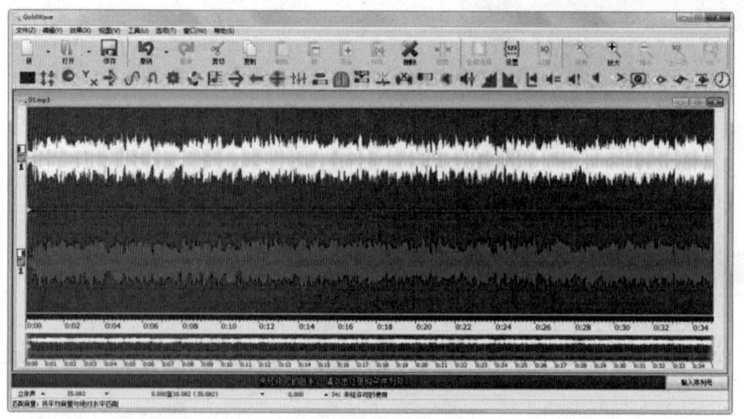

图3-11　声音波形变化

3.4　音频处理软件 Adobe Audition

Adobe Audition 是一个音频编辑工具，原名为 Cool Edit Pro，被 Adobe 公司收购后改名为 Adobe Audition。Adobe Audition 具有灵活的工作流程，使用非常简单，并配有绝佳的工具，可以制作出音质饱满的高品质音效。

借助 Adobe Audition 2020 软件，用户能够高效便捷地录制、混合、编辑和控制音频，创建音乐，制作广播点，整理电影的音频，或为视频游戏设计声音。Adobe Audition 2020 中灵活、强大的工具正是完成工作之所需。改进的多声带编辑、新的效果处理、增强的噪声减少和截除静音等功能为所有音频项目的控制提供了很大的便利。

3.4.1　录制音频

Adobe Audition 2020 是 Adobe Audition 的最新版本，它满足了个人录制工作室的需求，可借助一些相关软件，以前所未有的速度和控制能力录制、混合、编辑和控制音频。

Adobe Audition 2020 启动后的主界面如图 3-12 所示，主要由【属性】面板、【编辑器】面板、【电平】面板、【元数据】面板等集合而成。

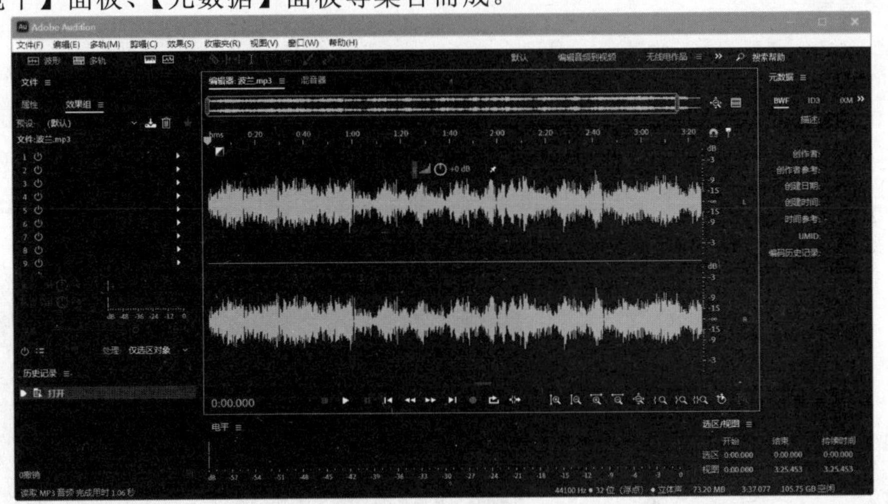

图 3-12　Adobe Audition 2020 主界面

Adobe Audition 可以将接在计算机上的话筒、线路输入、MIDI 等的声音录制成数字音频文件。

1. 接入录音设备

在开始正式录音之前，要准备好话筒、音频播放器、录音机等硬件，调节计算机及音频播放器、话筒等所播放声音的音量、平衡、高低音设置等。

2. 选择录音的通道

音频卡提供了多路声音输入通道，录音前必须正确选择。选择菜单栏中的【编辑】|【首选

项】|【音频硬件】命令，打开【首选项】对话框的【音频硬件】选项卡，单击【设置】按钮，如图 3-13 所示。打开【声音】对话框，选择【录制】选项卡，选择录音通道所用的硬件设备，如图 3-14 所示。

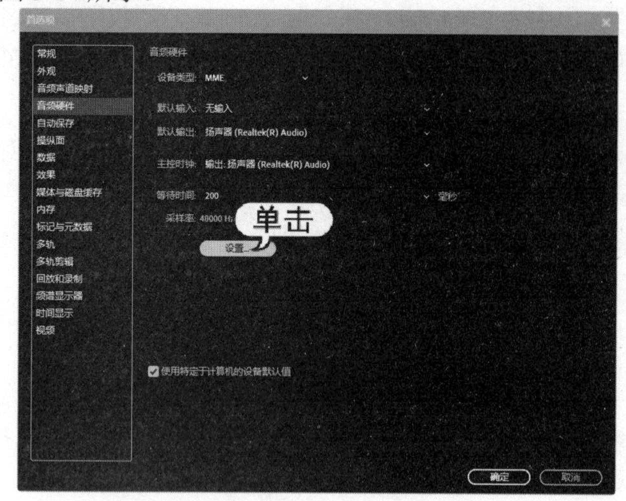

图 3-13　【音频硬件】选项卡

图 3-14　【录制】选项卡

3. 新建音频

选择菜单栏中的【文件】|【新建】|【新建音频】命令，打开【新建音频文件】对话框，可以设置采样率、声道、位深度等选项，输入文件名后单击【确定】按钮，如图 3-15 所示。新建一个音频文件，然后在【编辑器】面板下单击【录制】按钮■，开始录音，如图 3-16 所示。录音完成后，再次单击【录制】按钮，停止录音。所录声音的波形显示在工作区中。在录制的过程中保证波形在所显示的框中为宜，否则容易造成声音的失真。

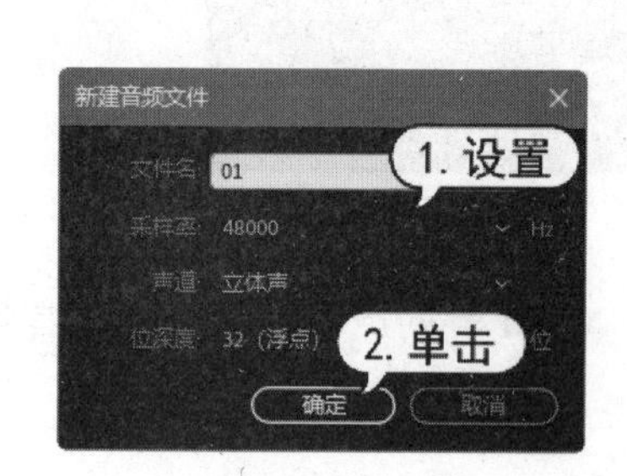

图 3-15　【新建音频文件】对话框

图 3-16　单击【录制】按钮

4. 保存录制的音频文件

选择菜单栏中的【文件】|【保存】或【另存为】命令，出现【另存为】对话框，选择保存文件的路径，输入文件名，选择文件的保存类型后，单击【确定】按钮进行保存。

3.4.2　编辑音频

使用 Adobe Audition 软件对音频进行后期处理，以使音频文件达到理想的效果。下面对 Adobe Audition 常用的功能进行介绍。

1. 反向

选择【效果】|【反向】命令，可以实现把声波调节成为从后往前反向播放的特殊效果。

2. 音量调节

选择【效果】|【振幅和压限】|【标准化(进程)】命令，打开【标准化】对话框，可以将音频的音量进行标准化设置，如图 3-17 所示。如果想要放大音量，可选择【效果】|【振幅和压限】|【增幅】命令，打开如图 3-18 所示的对话框，在该对话框中拖动相应的滑块可改变左右声道音量的大小。

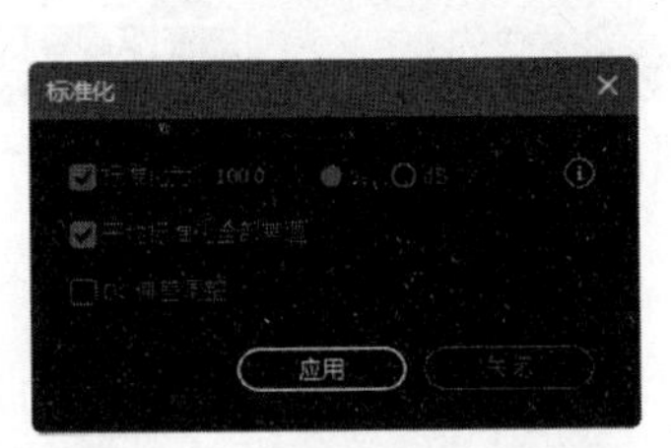

图 3-17　【标准化】对话框

图 3-18　调节音量大小

3. 降噪处理

在实际工作中，有时虽然在录制时保持了环境安静，但录制的声音还是存在很多杂音，必须对音频进行降噪处理。这时，用户可以参考下面的实例，利用 Adobe Audition 软件对音频进行降噪处理。

【例 3-2】 使用 Adobe Audition 对音频进行降噪处理。 视频

(1) 启动 Adobe Audition 2020，选择【文件】|【打开】命令，打开【打开文件】对话框，选择【波兰】音频文件，单击【打开】按钮，如图 3-19 所示。

(2) 选取波形后端无声部分作为噪声采样，如图 3-20 所示。

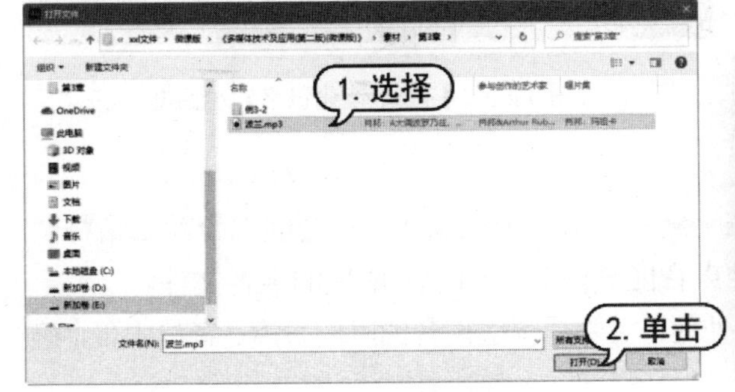

图 3-19　打开音频文件

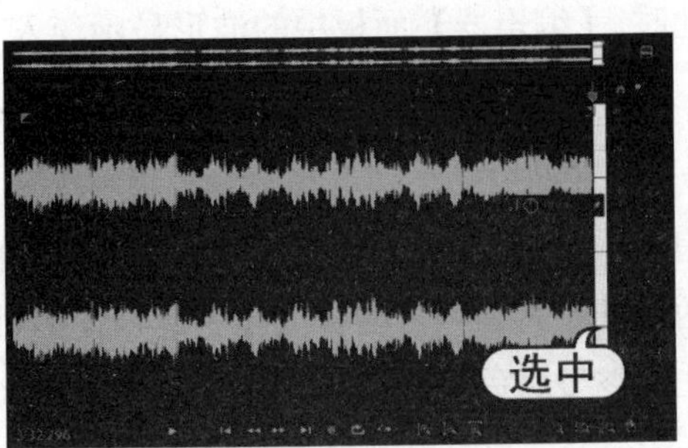

图 3-20　选取波形

(3) 选择【效果】|【降噪/恢复】|【降噪(处理)】命令，打开【效果-降噪】对话框，设置【降噪】为 60%，【降噪幅度】为 30dB，然后单击【应用】按钮，如图 3-21 所示。

(4) 右击选取的波形范围，选择【删除】命令，删除无声部分的声音。

(5) 选择【文件】|【另存为】命令，打开【另存为】对话框，设置保存路径和格式，将经过降噪处理后的文件保存为【降噪.wav】，如图 3-22 所示。

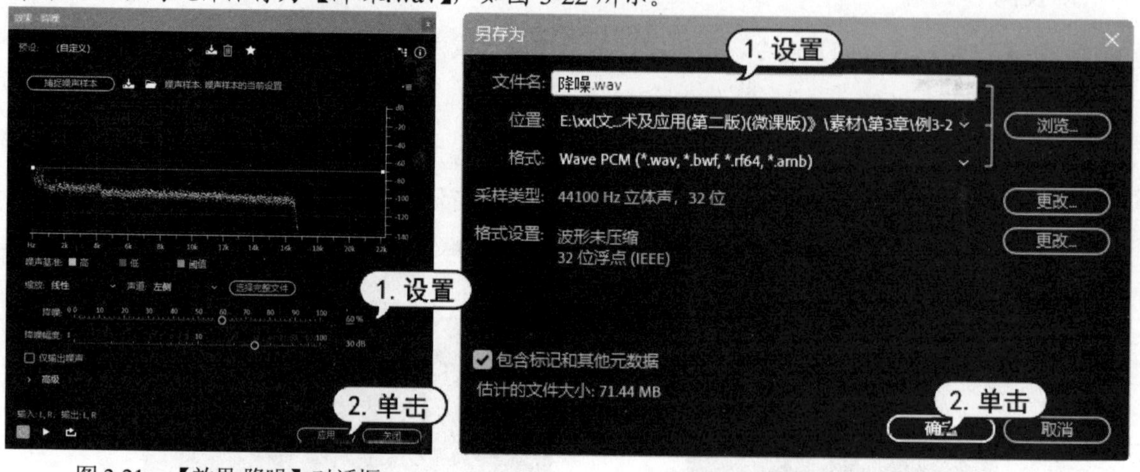

图 3-21 【效果-降噪】对话框

图 3-22 【另存为】对话框

4. 淡入与淡出

声音的淡入是指声音的渐强，声音的淡出是指声音的渐弱，通常用于一个声音的开始(渐强)和结尾(渐弱)处。对于通过连接生成的音频素材，在不同声音的连接处往往会出现突然开始或突然结束的现象，这将使声音的效果大打折扣。用户可以对声音连接处进行淡入淡出处理，使播放即将结束的音频音量由大到小，而使声音即将开始的音频音量由小到大，从而使衔接处更为圆润。

选择【效果】|【振幅和压限】|【淡化包络】命令，打开【效果-淡化包络】对话框，设置【预设】选项，这里选择【平滑淡入】选项，此时，【编辑器】面板中的波形显示淡入曲线，如图 3-23 所示。

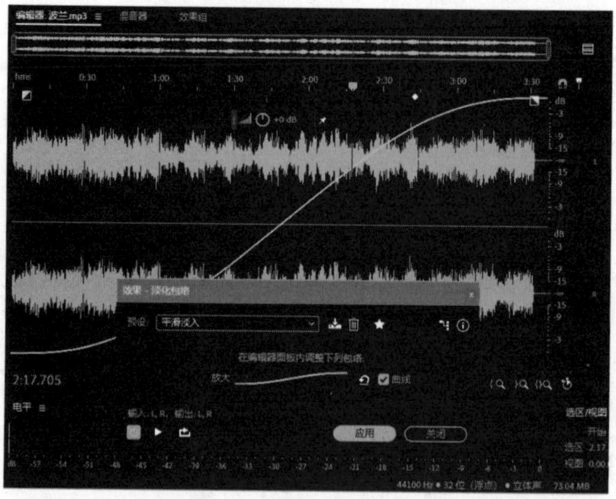

图 3-23 【效果-淡化包络】对话框

5. 声音的混合处理

很多情况下需要把两种或更多声音混合在一起，如语音中配乐等。声音的混合就是指将两个或两个以上的音频素材合成在一起，使多种声音能够同时听到，形成新的声音文件。

所有参与混合的音频素材都需要经过事先处理，主要是调整声音的时间长度、音量水平，确保采样频率要一致，声道模式要统一。

声音混合处理要在多轨视图下进行，如果要插入轨道音频，可以在任一轨道上右击，从弹出的快捷菜单中选择【插入】命令添加新的音频文件，如图 3-24 所示。有 3 种轨道可以选择，分别是音轨、视频轨和总音轨。其中，视频轨只能插入一个，并且它的位置始终在所有轨道的最上方。

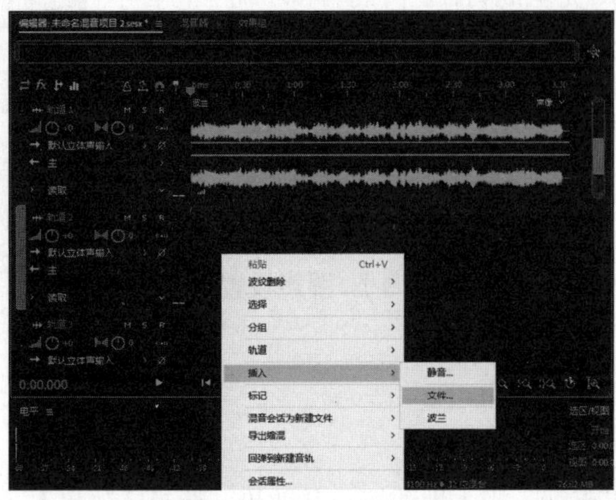

图 3-24　选择【插入】命令

在混合声音时，可以将打开的文件选中并拖动到任一音轨上，可以将波形声音从一个轨道拖至另一个轨道，按住 Ctrl 键可以任选几段波形。

若要将多轨文件导出为单轨文件，可以选择【文件】|【导出】|【多轨混音】命令实现。在多轨视图还可进行分解剪辑、时间伸展、交叉淡化等操作。

3.4.3　制作音频效果

一个好的音频效果会为多媒体作品增色不少。

1. 均衡

均衡器是一种可以分别调节各种频率成分的电信号放大量的电子设备，通过对各种不同频率的电信号的调节来补偿扬声器和声场的缺陷，补偿和修饰各种声源等。一般调音台上的均衡器仅对高频、中频、低频三段频率电信号分别进行调节。

选择【效果】菜单中的【滤波和均衡】下的【图形均衡器】或【参数均衡器】等选项，可打开相应均衡器对话框，从中可对不同频率范围的声音进行提升或衰减。如在【效果-参数均衡器】对话框中间的频率调节区，通过鼠标单击选择直线中的节点，然后按住鼠标上下拖动可调节频率大小，如图 3-25 所示。

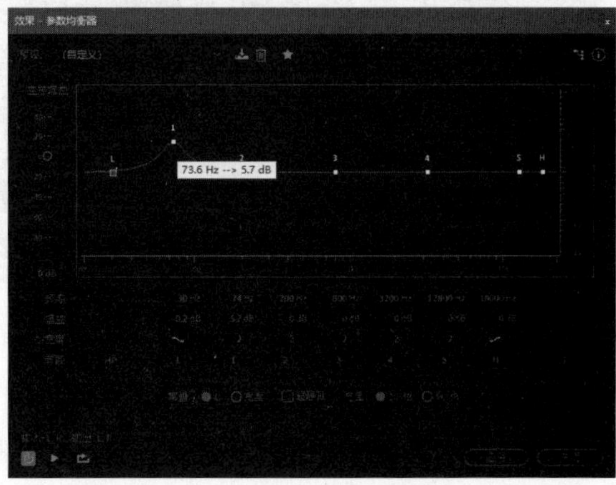

图 3-25　均衡设置

2. 混响

混响能模拟各种空间效果，如教室、操场、礼堂、大厅、山谷、体育馆、走廊、客厅等。选择【效果】菜单中【混响】下的选项，可以进行卷积混响、完全混响、室内混响和环绕声混响等设置。

在如图 3-26 所示的对话框中，【预设】下拉列表中提供一些常见空间效果的预设项目；【输出电平】区域中的【湿】是指经过处理以后的声音，【干】是指原始声音。一般的效果处理都是把这两种声音以一定的比例混合，得到最终的声音。在混响中，要想使声音听起来更远，可把干声设置值调小，湿声设置值调大。

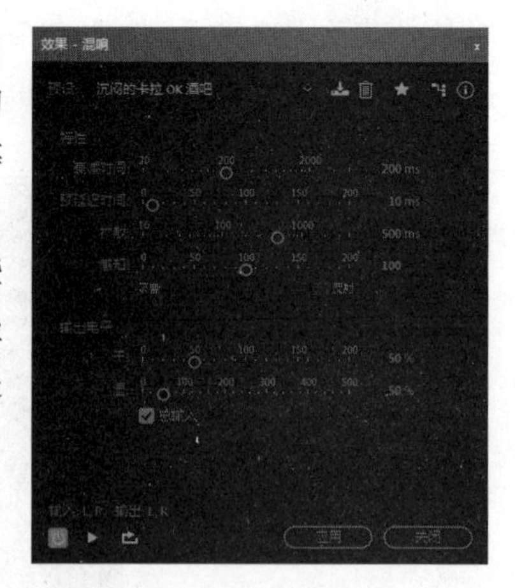

图 3-26　混响设置

3. 和声

和声效果能使声音更丰满，极大地改变声音效果。选择【效果】|【调制】|【和声】命令，打开【效果-和声】对话框。软件提供一些预设项，可以直接在【预设】下拉列表中选择需要的效果，然后预览效果，单击【应用】按钮，如图 3-27 所示。

4. 变调

变调的功能在于可以对歌手的高音进行处理，或者把歌手唱跑调的音改回来，也可以将男女声互换。选择要处理的一段声波，然后选择【效果】|【时间与变调】|【自动音调更正】命令，打开【效果-自动音调更正】对话框，如图 3-28 所示，可通过设置缩放、起奏、调、敏感度等参数达到变调变速的效果。

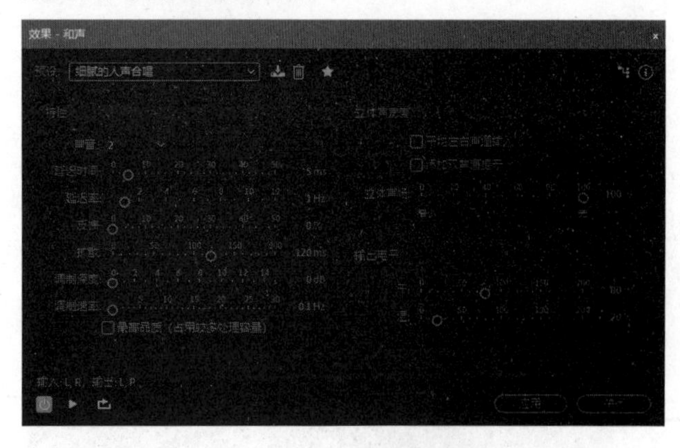

图 3-27　和声设置

图 3-28　变调设置

5. 添加音效插件

在 Adobe Audition 的单轨模式下使用音频插件，需要先选择【效果】|【音效增效工具管理器】命令，打开【音效增效工具管理器】对话框，扫描音频增效工具文件夹，如图 3-29 所示。

然后在【效果】|【VST】命令下得到添加的各种音效插件。添加第三方插件可以很好地美化声音，简单易用，增强声音的力度和表现力。

图 3-29　【音效增效工具管理器】对话框

3.5　实例演练

本章的实例演练为制作多轨音乐编辑文件，用户通过练习从而巩固本章所学知识。

【例 3-3】 使用 Adobe Audition 制作多轨音频。 视频

(1) 启动 Adobe Audition 2020，选择【文件】|【新建】|【多轨会话】命令，打开【新建多轨会话】对话框，设置会话名称和保存路径，然后单击【确定】按钮，新建一个会话文件，如图 3-30 所示。

(2) 在【编辑器】面板中，用户可看到多个音轨，如图 3-31 所示。

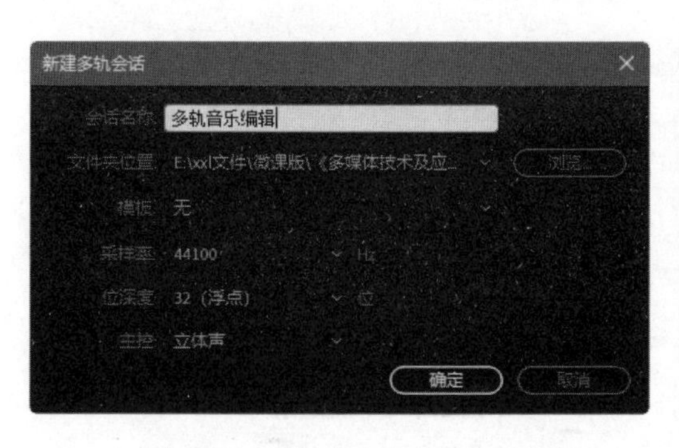

图 3-30　【新建多轨会话】对话框

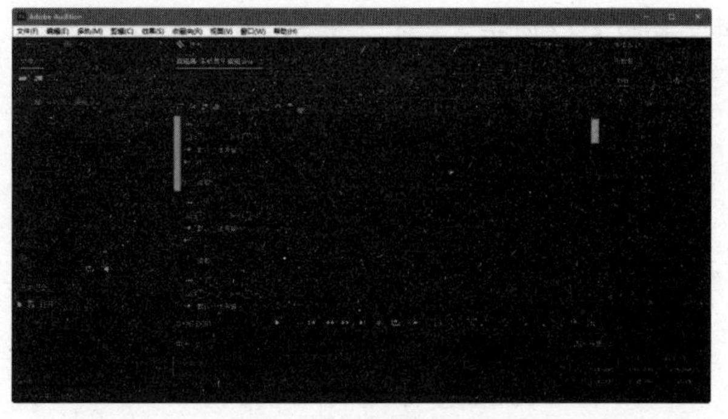

图 3-31　显示多轨

(3) 在第一条轨道上右击鼠标，然后选择【插入】|【文件】命令，打开【导入文件】对话框，选择歌曲文件并单击【打开】按钮，如图 3-32 所示。

(4) 在第二条轨道上使用同样的方法插入歌曲文件，然后使用左键拖曳波形，使轨道 1 波形的开头连在轨道 2 波形的尾部，如图 3-33 所示。

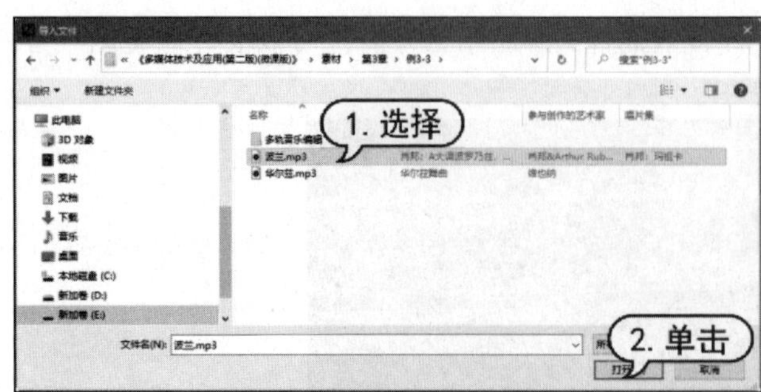

图 3-32 【导入文件】对话框

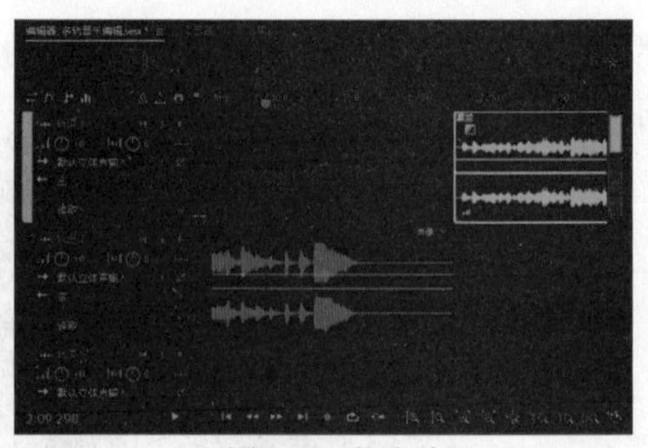

图 3-33 拖曳波形

(5) 接下来制作歌曲的淡入淡出效果，这样可使歌曲平稳过渡。首先拖动波形图，使歌曲衔接处部分重合并对齐节奏，然后拖曳轨道 1 波形的◢按钮，调整淡入曲线，如图 3-34 所示。

(6) 使用同样的方法拖曳轨道 2 波形的◢按钮，调整淡出曲线，如图 3-35 所示。

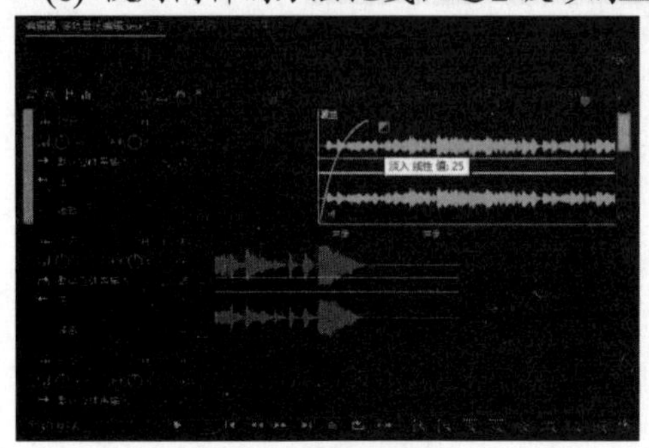

图 3-34 调整淡入曲线

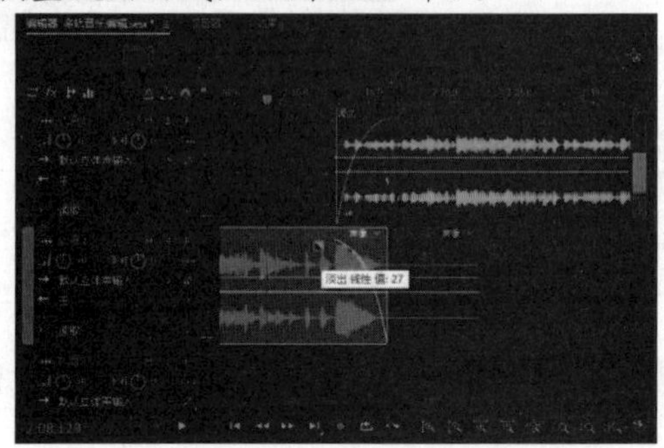

图 3-35 调整淡出曲线

(7) 选择【多轨】|【将会话混音为新文件】|【整个会话】命令，合成两个轨道的波形文件为一个音频文件，如图 3-36 所示。

(8) 选择【文件】|【保存】命令，设置文件名称和文件格式后单击【确定】按钮，保存音频文件，如图 3-37 所示。

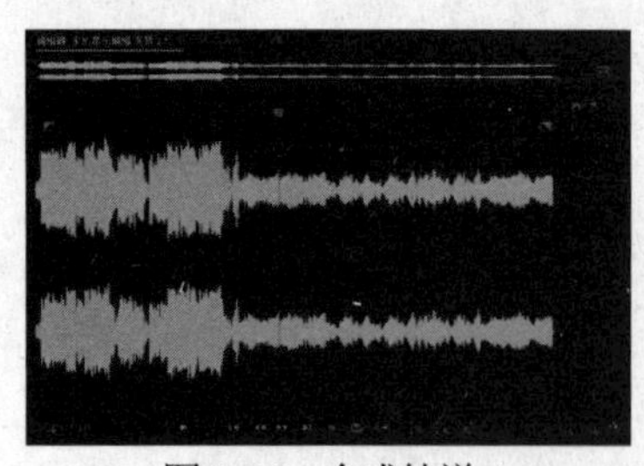

图 3-36 合成轨道

图 3-37 保存文件

3.6 习题

1. 常见的声音文件格式有哪些？
2. 如何获取音频素材？
3. 使用 Adobe Audition 制作一个配乐的诗歌朗诵。

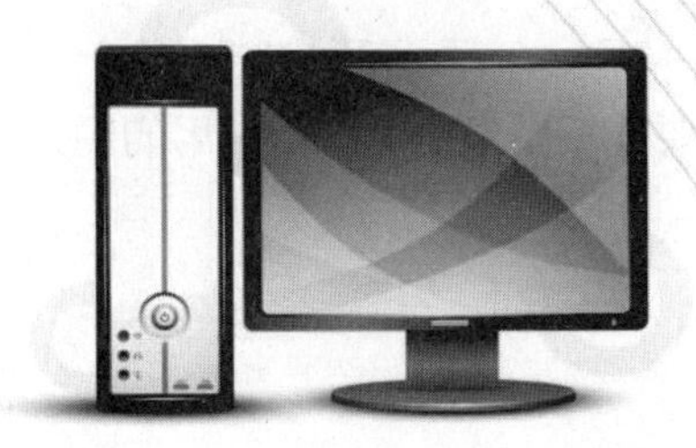

第 4 章

图像数据技术及应用

图形图像是传达信息的重要元素之一，它可以带来直接、丰富的视觉信息。在制作多媒体作品的过程中，图片素材也是必不可少的。本章将介绍图像的基本概念、图像素材的获取方法，以及图像的处理方法等内容。

本章重点

- 图像类型
- 创建选区
- 色彩模式
- 使用 Photoshop 处理图像

二维码教学视频

【例 4-1】 使用【魔棒】工具
【例 4-2】 使用【色彩范围】命令
【例 4-3】 使用【变换选区】命令
【例 4-4】 使用形状工具绘制图形
【例 4-5】 使用【画笔】工具
【例 4-6】 使用【污点修复画笔】工具
【例 4-7】 使用【裁剪】工具
【例 4-8】 使用【海绵】工具
【例 4-9】 使用【变形】命令拼合图像
【例 4-10】将文字转换为形状
【例 4-11】将路径转换为选区
【例 4-12】使用【液化】命令
【例 4-13】制作艺术描边效果

4.1 图像数据基础知识

在计算机中，图像是以数字方式记录、处理和保存的。本节主要介绍图像的类型、常用的图像文件格式和图像数字化等基础内容。

4.1.1 图像类型

图像类型大致可以分为以下两种：位图(点阵式图像)与矢量图(向量式图形)。这两种图像各有特色，也各有其优缺点。因此在图像处理过程中，往往需要将这两种类型的图像交叉运用，才能取长补短，使用户的作品更为完善。

1. 位图

位图，也称为点阵图或栅格图像，是由称作像素(图片元素)的单个点组成的。当放大位图时，可以看见构成整个图像的无数个方块。简单地说，就是最小单位是由像素构成的图，缩放后会失真。图 4-1 所示为将位图局部放大后显得模糊不清晰的状态。

图 4-1 放大位图局部

位图善于表现阴影和色彩的细微变化，因此广泛应用在照片或图像中。

位图图像与分辨率有关，即图像中包含固定数量的像素。当位图在屏幕上以较大的倍数显示，或以过低的分辨率打印时，图像会出现锯齿边缘，且会遗漏细节。分辨率为每单位长度上的像素数，通常用“每英寸所包含的像素数”(Pixels Per Inch，ppi)来表示。输出和打印设备的分辨率一般用 dpi(Dots Per Inch)表示，也就是每英寸所含的点，这是针对输出设备而言的。

常见的位图处理软件有 Adobe Photoshop、Design Painter 和 Corel Photo Paint 等。

2. 矢量图

矢量图，也称为向量图，在数学上定义为一系列由直线或者曲线连接的点。矢量图形文件体积一般较小。计算机在显示和存储矢量图的时候只是记录图形的边线位置和边线之间的颜色，而图形的复杂与否将直接影响矢量图文件的大小，与图形的尺寸无关。简单来说，矢量图是可以任意放大或缩小的，在放大和缩小后图形的清晰度都不会受到影响，它的缺点是不易制作色调丰富或色彩变化多的图像。图 4-2 所示为放大矢量图的局部。

图 4-2　放大矢量图的局部

制作矢量图形的软件有 Illustrator、CorelDRAW、AutoCAD、Animate 等。

4.1.2　常用的图像文件格式

在计算机绘图领域中，有相当多的图形图像处理软件，而不同的软件所保存的格式则是不尽相同的。不同的格式也有不同的优缺点，每一种格式都有它的独到之处。下面介绍几种主要的图像格式。

1. BMP 格式

BMP 格式是 Windows 操作系统的标准的位图格式。Windows 操作系统的许多图像文件，如壁纸、图案、屏幕保护程序等的原始图像都是以这种格式存储的。它不支持文件压缩，文件占用的空间较大。它支持 RGB、索引色、灰度和位图色彩模式，但不支持 Alpha 通道。该文件格式还可以支持 1~24 位的格式，对于使用 Windows 格式的 4 位和 8 位图像，还可以指定 RLE(Run Length Encoding)压缩，这种压缩方案不会损失数据。

2. TIFF 格式

TIFF 格式是一种适合于印刷和输出的格式。标记图像文件格式 TIFF 的出现是为了便于应用软件之间进行图像数据的打开。因此，TIFF 格式应用非常广泛，可以在许多图像软件之间打开。它支持 RGB、CMYK、Lab、索引色、位图模式和灰度模式等色彩模式，并且在 RGB、CMYK 和灰度 3 种色彩模式下还支持 Alpha 通道。Photoshop 支持 TIFF 格式保留图层、通道和路径等信息存储文件。

3. JPEG 格式

JPEG 格式是最常用的图像文件格式，扩展名为.jpg 或.jpeg。这种格式是有损压缩格式，在压缩过程会丢失部分数据，但在存储前可以选择图像的质量，以控制数据的损失程度。JPEG 支持 CMYK、RGB 和灰度的色彩模式，但不支持 Alpha 通道。

4. PSD 格式

PSD 格式是 Adobe Photoshop 生成的图像格式，也是 Photoshop 的默认格式。此格式可以包含图层、通道和色彩模式，并且可以保存具有调节层、文本层的图像。这种格式存储的文件一般比较大，在没有最终做完图像之前，最好使用这种格式存储。

5. GIF 格式

GIF 格式是一种压缩的 8 位图像文件，分为静态文件和动态文件。GIF 文件比较小，在网络传送文件时，要比其他格式的文件快得多，因此在 Web 页中得到了广泛的应用。

6. PNG 格式

PNG 格式是一种新兴的网络图像格式，也是目前可以保证图像不失真的格式之一。它不仅兼有 GIF 格式和 JPEG 格式所能使用的所有颜色模式，而且能够将图像文件压缩到极限以利于网络传输；还能保留所有与图像品质相关的数据信息。这是因为 PNG 格式是采用无损压缩方式来保存文件的。PNG 格式也支持透明图像的制作。PNG 格式的缺点在于不支持动画。

7. EPS 格式

EPS 格式是跨平台的标准格式，其扩展名在 Windows 平台上为*.eps，在 Macintosh 平台上为*.epsf，可以用于存储矢量图形和位图图像文件。EPS 格式采用 PostScript 语言进行描述，可以保存 Alpha 通道、分色、剪辑路径、挂网信息和色调曲线等数据信息，因此 EPS 格式也常被用于专业印刷领域。EPS 格式是文件内带有 PICT 预览的 PostScript 格式，基于像素的 EPS 文件要比以 TIFF 格式存储的相同图像文件所占磁盘空间大，基于矢量图形的 EPS 格式的图像文件要比基于位图图像的 EPS 格式的图像文件小。

4.1.3 图像数字化

在现实空间中，平面图像的灰度和颜色等信号都是基于二维空间的连续函数，计算机无法接收和处理这种空间分布、灰度、颜色取值均连续分布的图像。

图像的数字化，就是按照一定的空间间隔，自左到右、自上而下提取画面信息，并按照—定的精度对样本的亮度和颜色进行量化的过程。通过数字化，把视觉感官看到的图像转变成计算机所能接收的、由许多二进制数 0 和 1 组成的数字图像文件。

例如一个 10×8 像素分辨率的图像，即由 80 个小方格组成，将每一个小方格称为一像素(pixel)。画面分割的列数称为宽度像素数；画面分割的行数称为高度像素数。宽度像素数和高度像素数是数字化图像的基本属性。“宽度像素数×高度像素数”称为数字化图像的“分辨率”。

如果用一定位数的二进制信息将每一个小方格的颜色、亮度等信息记录下来，形成一个完整的文件保存在计算机中，这个文件就是一个数字化图像文件。

图像的数字化需要经过采样、量化和编码三个步骤。

- 采样：对图像函数$f(x,y)$的空间坐标进行离散化处理。分辨率=宽度像素数×高度像素数。

- 量化：对每一个离散的图像样本(即像素)的亮度或颜色样本进行数字化处理。每一像素被数字化为几位 0 或 1 的二进制信息，称为位深度。
- 编码：采用一定的格式来记录数字数据，并采用一定的算法来压缩数字数据，以减少存储空间和提高传输效率。不同的编码算法对应不同的图像文件拓展名。

4.2　图像色彩构成

色彩是通过眼、脑和人们的生活经验所产生的一种对光的视觉效应。合理地使用色彩，可使多媒体图像作品更加丰富多彩，赏心悦目。

4.2.1　色彩三要素

视觉所能感受到的一切色彩影像，都具备 3 个最基本的特性：明度、色相和饱和度。人眼看到的任一彩色光都是这 3 个特性的综合效果，这 3 个特性是色彩的三要素。

1. 明度

光线强时，感觉比较亮；光线弱时，感觉比较暗。色彩的明暗强度就是所谓的明度。明度高是指色彩较明亮，而明度低就是指色彩较灰暗。计算明度的标准是灰度测试卡。黑色为 0，白色为 10，在 0 和 10 之间等间隔地排列为 9 个阶段，如图 4-3 所示。色彩可以分为有彩色和无彩色，但后者仍然存在着明度。作为有彩色，每种色各自的亮度、暗度在灰度测试卡上都具有相应的位置值。彩度高的色对明度有很大的影响，不太容易辨别。在明亮的地方鉴别色的明度比较容易，在暗的地方就比较困难。

2. 色相

色彩是由于物体上的物理性的光反射到人眼视神经上所产生的感觉。色彩的不同是由光的波长的长短差别所决定的。色相是指这些不同波长的色的情况。波长最长的是红色，最短的是紫色。把红、橙、黄、绿、蓝、紫和处在它们各自之间的红橙、黄橙、黄绿、蓝绿、蓝紫、红紫这 6 种中间色——共计 12 种色作为色相环，如图 4-4 所示。在色相环上排列的色是纯度高的色，被称为纯色。这些色在环上的位置是根据视觉和感觉的相等间隔来进行安排的。用类似这样的方法还可以再分出差别细微的多种色来。在色相环上，与环中心对称，并在 180°的位置两端的色被称为互补色。

3. 饱和度

饱和度是指色彩的鲜艳程度，也称色彩的纯度。纯度越高，表现越鲜明；纯度较低，表现则较黯淡。饱和度表示色相中灰色分量所占的比例，它使用 0%(灰色)~100%(完全饱和)的百分比来度量。在标准色轮上，饱和度从中心到边缘递增。

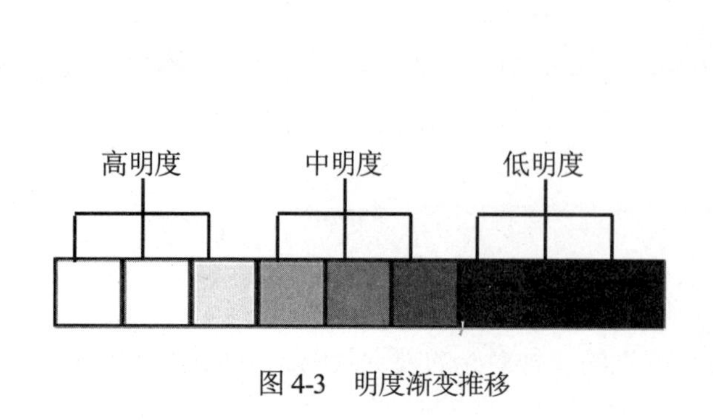

图 4-3　明度渐变推移

图 4-4　十二色相环

4.2.2　色彩模式

在计算机的图像世界里要用一些简单的数据来描述色彩是很困难的，因此人们定义出许多种不同的模式来定义色彩。图像的色彩模式就是指图像在显示及打印时定义颜色的不同方式。不同的色彩模式所定义的颜色范围不同，用法也不同。

1. RGB 模式

RGB 模式由红(Red)、绿(Green)和蓝(Blue)3 种原色组合而成，然后由这三种原色混合出各种色彩。RGB 图像通过 3 种颜色或通道，可以在屏幕上重新生成 1670 万种颜色。这三个通道转换为每像素 24 位(8 × 3)的颜色信息。在 16 位/通道的图像中，这些通道转换为每像素 48 位(16 × 3)的颜色信息，具有再现更多颜色的能力。

RGB 模式的优点是处理图像很方便，而且 RGB 模式图像比 CMYK 模式图像要小得多，可以节省内存与空间。在 RGB 模式下还可以使用 Photoshop 软件所有的命令和滤镜。

计算机显示器也使用 RGB 模式显示颜色。这意味着当在非 RGB 颜色模式(如 CMYK 模式)下工作时，Photoshop 将临时使用 RGB 模式进行屏幕显示。

2. CMYK 模式

CMYK 模式是一种印刷模式，与 RGB 模式产生色彩的方式不同。RGB 模式产生色彩的方式是加色，而 CMYK 模式产生色彩的方式是减色。

CMYK 模式由青色(Cyan)、洋红色(Magenta)、黄色(Yellow)和黑色(Black)4 种原色组合而成。在 Photoshop 的 CMYK 模式中，为每个像素的每种印刷油墨指定一个百分比值。为最亮(高光)颜色指定的印刷油墨颜色百分比较低，而为较暗(暗调)颜色指定的百分比较高。例如，亮红色包含 2%青色、93%洋红、90%黄色和 0%黑色。在 CMYK 图像中，当 4 种分量的值均为 0%时就会产生纯白色。

在准备用印刷色打印图像时，应使用 CMYK 模式。将 RGB 图像转换为 CMYK 即产生分色。如果原始图像是 RGB 模式，建议先编辑修改，然后转换为 CMYK。在 RGB 模式下，可以使用

"校样设置"命令模拟 CMYK 转换后的效果，而无须真正更改图像数据。CMYK 模式的文件大，需占用较多的内存和存储空间。

3. 灰度模式

灰度模式的图像是灰色图像，它可以表现出丰富的色调、生动的形态。该模式使用 256 级灰度。灰度图像中的每个像素都有一个 0(黑色)和 255(白色)之间的亮度值。灰度值也可以用黑色油墨覆盖的百分比来度量(0%等于白色，100%等于黑色)。利用 256 种色调可以使黑白图像表现得很完美。

灰度模式的图像可以直接转换成位图模式的图像和 RGB 模式的彩色图像。同样，黑白图像和彩色图像也可以直接转换为灰度图像。当 RGB 彩色图像转换为灰度图像时，将丢掉颜色信息；将 RGB 彩色图像转换为灰度图像，再由灰度图像转换为 RGB 图像时，显示出来的图像不再是彩色。

灰度图像也可转换为 CMYK 图像或 Lab 彩色图像。

4. 多通道模式

用户可以将任何一个由多个通道组成的图像转换为多通道模式，该模式的每个通道使用 256 级灰度。将颜色图像转换为多通道模式时，新的灰度信息基于每个通道中像素的颜色值。原图像中的通道在转换后的图像中成为专色通道。将 CMYK 图像转换为多通道模式，可以创建青色、洋红、黄色和黑色专色通道。将 RGB 图像转换为多通道模式，可以创建青色、洋红和黄色专色通道。如果用户删除了 RGB、CMYK 或 Lab 图像中的一条通道，图像会自动转换为多通道模式的图像。要输出多通道图像，可以用 Photoshop 的格式存储图像。

5. Lab 模式

Lab 模式是 Photoshop 内定的色彩模式，它主要用于在色彩模式转换时作为一个中间的过渡模式，而且它是在 Photoshop 后台进行的，通常情况下不使用此模式。

6. 索引模式

此模式记录的图像色彩最多只能容纳 256 色。图像中所使用到的每一种颜色都会产生一个调色板，选用此模式后，由于大幅减少了所需记录的颜色信息，因此可有效减少文件规模。在保存 GIF 格式文件时一定要使用索引模式。

4.2.3 色彩的视觉意象

当人们用眼睛看到色彩时，除了会感觉其物理方面的影响外，心理上也会立即产生感觉，这种感觉一般难以用语言形容，这被称为色彩的视觉意象。

1. 红色的色彩意象

红色的波长最长，穿透力强，感知度高。它易使人联想起太阳、火焰、热血、花卉等，给人以温暖、兴奋、活泼、热情、积极、希望、忠诚、健康、充实、饱满、幸福等感觉，但有时也被认为是幼稚、原始、暴力、危险、卑俗的象征。红色历来是我国传统的喜庆色彩。另外由于红色容易引起注意，也常作为警告、危险、禁止、防火等标示用色，图 4-5 所示为红色的禁止标志。

2. 橙色的色彩意象

橙色明视度高，在工业安全用色中，橙色是警戒色，如火车头、登山服装、背包、救生衣等多为橙色。图 4-6 所示为橙色登山服。因为橙色非常明亮刺眼，有时会使人有负面低俗的意象，这种状况容易发生在服饰的运用上，所以在运用橙色时，要注意选择搭配的色彩和表现方式，把橙色明亮活泼的特性发挥出来。

3. 黄色的色彩意象

黄色明视度高，在工业安全用色中，黄色是警告危险色，常用来警告危险或提醒注意，如交通信号灯上的黄灯、工程用的大型机器、学生用的雨衣、雨鞋等大多使用黄色。图 4-7 所示为黄色交通灯。

图 4-5　红色禁止标志

图 4-6　橙色登山服

图 4-7　黄色交通灯

4. 绿色的色彩意象

在大自然中，除了天空和江河、海洋外，绿色所占的面积最大，如草、叶等植物，几乎到处可见。它象征生命、青春、和平、安详、新鲜等。绿色最适应人眼的注视，有消除疲劳的调节功能。黄绿带给人们春天的气息，颇受儿童及年轻人的欢迎。蓝绿、深绿是海洋、森林的色彩，有着深远、稳重、沉着、睿智等含义。含灰的绿，如土绿、橄榄绿、咸菜绿、墨绿等色彩，给人以成熟、老练、深沉的感觉，是人们广泛选用及军、警规定的服色。图 4-8 所示为绿色的环保标志。

5. 蓝色的色彩意象

蓝色与红色和橙色相反，是典型的寒色，表示沉静、冷淡、理智、高深、透明等含义。随着人类对太空事业的不断开发，它又有了象征高科技的强烈现代感。图 4-9 所示为蓝色的手机。

6. 紫色的色彩意象

紫色具有神秘、高贵、优美、庄重、奢华的气质，有时也感孤寂、消极。尤其是较暗或含深灰的紫，易给人以不祥、腐朽、死亡的印象。但含浅灰的红紫或蓝紫色，却有着类似太空、宇宙色彩的幽雅、神秘之时代感，为现代生活广泛采用。图 4-10 所示为紫色的礼服。

图 4-8　绿色的环保标志

图 4-9　蓝色的手机

图 4-10　紫色的礼服

7. 褐色的色彩意象

在商业设计上，褐色常用来表现原始材料的质感，如木材、竹片、软木等；或用来传达某些饮品原料的色泽，如咖啡、茶、麦类等；或强调格调古典优雅的企业或商品形象。

8. 白色的色彩意象

白色给人的印象是洁净、光明、纯真、清白、朴素、卫生、恬静等。在它的衬托下，其他色彩会显得更鲜丽、更明朗。在商业设计中，白色具有高级、科技的意象，通常需和其他色彩搭配使用。纯白色会带给别人寒冷、严峻的感觉，所以在使用白色时，都会掺杂一些其他的色彩，如象牙白、米白、乳白、苹果白。在生活用品、服饰用色上，白色是永远流行的主要色，可以与任何颜色进行搭配。图 4-11 所示为美丽的白色婚纱。

9. 黑色的色彩意象

黑色为无色相无纯度之色，往往给人感觉沉静、神秘、严肃、庄重、含蓄。另外，黑色也易让人产生悲哀、恐怖、不祥、沉默、消亡、罪恶等消极印象。在商业设计中，黑色具有高贵、稳重、高科技的意象。许多科技产品的用色，如电视、摄影机、音响、计算机的色彩，大多采用黑色。图 4-12 所示为黑色的显示器。黑色也有庄严的意象，常用在一些特殊场合的空间设计。生活用品和服饰设计大多利用黑色来塑造高贵的形象，也是一种永远流行的主要颜色，适合与许多色彩进行搭配。

10. 灰色的色彩意象

灰色是中性色，其突出的性格为柔和、细致、平稳、朴素、大方。它不像黑色与白色那样会明显影响其他的色彩，因此作为背景色彩非常理想。图 4-13 所示为一个主色调为灰色的背景图片。任何色彩都可以和灰色相混合，略有色相感的含灰色能给人以高雅、细腻、含蓄、稳重、精致、文明而有素养的高档感觉。当然滥用灰色也易暴露其乏味、寂寞、忧郁、无激情、无兴趣的一面。

图 4-11　白色的婚纱

图 4-12　黑色的显示器

图 4-13　主色调为灰色的背景

4.2.4　色彩搭配常识

自然界中的色彩丰富多彩，不同的色彩搭配在一起会表现出不同的效果。一个多媒体作品如果色彩搭配得合理，会让人感觉赏心悦目、条理清晰；反之如果色彩搭配得不合理，会让人觉得杂乱无章、毫无重点。因此，色彩搭配在多媒体制作中起着举足轻重的作用。

1. 色彩的温度感

在色彩学中，把不同色相的色彩分为热色、冷色和温色。从红紫、红、橙、黄到黄绿色称为热色，以橙色最热。从青紫、青至青绿色称冷色，以青色为最冷。紫色是红与青色混合而成，绿色是黄与青混合而成，因此是温色。这和人类长期的感觉经验是一致的，如红色、黄色让人似看到太阳、火、炼钢炉等，感觉炎热；而青色、绿色让人似看到江河湖海、绿色的田野、森林，感觉凉爽。

2. 色彩搭配的配色原则

色彩搭配应注意以下配色原则。

- 色调配色：具有某种相同性质(冷暖调，明度，饱和度)的色彩搭配在一起。色相越全越好，最少 3 种色相，比如，同等明度的红、黄、蓝搭配在一起。大自然的彩虹就是很好的色调配色。
- 近似配色：选择相邻或相近的色相进行搭配。这种配色因为含有三原色中某一共同的颜色，所以很协调。因为色相接近，所以也比较稳定。如果是单一色相的浓淡搭配则称为同色系配色。比较常见的搭配有紫配绿、紫配橙、绿配橙。
- 渐进配色：按色相、明度和饱和度三要素之一的程度高低依次排列颜色。特点是即使色调沉稳，也很醒目，尤其是色相和明度的渐进配色。彩虹既是色调配色，也属于渐进配色。
- 对比配色：用色相、明度或饱和度的反差进行搭配，有鲜明的强弱。其中，明度的对比给人明快清晰的印象，可以说只要有明度上的对比，配色就不会太失败。比如，红配绿，黄配紫，蓝配橙。

- 单重点配色：让两种颜色形成面积的大反差。“万绿丛中一点红”就是一种单重点配色。其实，单重点配色也是一种对比配色，相当于一种颜色做底色，另一种颜色做点缀。
- 分隔式配色：如果两种颜色比较接近，看上去不分明，可以靠对比色加在这两种颜色之间，增加强度，整体效果就会很协调。最简单的加入色是无色系的颜色和米色等中性色。
- 夜配色：高明度或鲜亮的冷色与低明度的暖色配在一起，称为夜配色或影配色。它的特点是神秘、遥远，充满异国情调、民族风情。

4.3　认识 Photoshop 图像软件

Adobe Photoshop 是基于 Macintosh 和 Windows 平台运行的最为流行的图形图像编辑处理应用程序，被广泛用于广告设计、图像处理、图形制作、影像编辑和建筑效果图设计等行业，它凭借其简洁的工作界面及强大的功能深受广大用户的青睐。本节主要介绍图像获取方式，以及如何使用 Photoshop 创建选区，并对选区进行编辑。

4.3.1　图像获取方式

把自然的影像转换成数字化图像就是图像的获取过程，该过程的实质是进行模/数(A/D)转换，即通过相应的设备和软件，把自然影像模拟量转换成能够用计算机处理的数字量。图像通常用扫描仪、数码照相机直接获取，还可从互联网、光盘图片库等来源获取。

1. 通过数字图像库获取图像

目前存储在 CD-ROM、DVD-ROM 光盘上和 Internet 网络上的数字图像库越来越多，这些图像的内容较丰富，图像尺寸和图像深度可选的范围也较广。利用光盘上的数字图像的优点是图像的质量完全可以满足一般用户的要求，但缺点是图像的内容也许不具备用户的创意设计。用户可根据需要选择已有的数字图像，再做进一步的编辑和处理。

2. 使用绘图软件绘制图像

目前，Windows 环境下的大部分图像编辑软件都具有一定的绘图功能。这些软件大多具有较强的功能和很好的图形用户接口，还可以利用鼠标、画笔及数字化画板来绘制各种图形，并进行色彩、纹理、图案等的填充和加工处理。对于一些小型的图形、图标、按钮等，这些软件可以很方便地直接制作出来，但它们无法满足描述自然景物和人像的需求。有一些较专业的绘画软件可以满足上述需求，可通过数字化画板和画笔在屏幕上绘画。这种软件要求绘画者具有一定美术知识及创意基础，例如 CorelDRAW、Illustrator、Photoshop、AutoCAD 和 3ds Max 等。

3. 通过数码设备拍摄图像

目前可与计算机相连的数字化摄入设备包括数码照相机和数码摄像机。用这些数字设备可以直接拍摄任何自然景象，按数字格式存储。数码照相机和摄像机都带有标准接口与计算机相连，通过连接转换软件可以将拍摄的数字图像和影像数据转换成计算机中的图像文件和影像文件。

4. 使用图像扫描技术

图像扫描借助于扫描仪进行，其图像质量主要依靠正确的扫描方法、设定正确的扫描参数、选择合适的颜色深度，以及后期的技术处理。各种图像处理软件中，均可启动 TWAIN 扫描驱动程序。不同厂家的扫描驱动程序各具特色，扩充功能也有所不同。

扫描时，用户可选择不同的分辨率进行，分辨率的数值越大，图像的细节部分越清晰，但是图形的数据量会越大。

4.3.2 创建选区

在 Photoshop 2020 中，打开任意图像文件，即可显示如图 4-14 所示的【基本功能(默认)】工作区。该工作区由菜单栏、【选项栏】控制面板、工具面板、功能控制面板、文档窗口和状态栏等部分构成。

图 4-14 【基本功能(默认)】工作区

利用 Photoshop 创作作品或对图像进行处理，通常需要从图像中选择素材，可以是某个对象或某片区域，选取要处理的这部分就是选区。

选区显示时，表现为浮动虚线组成的封闭区域。当图像文件窗口中存在选区时，用户进行的编辑或操作都将只影响选区内的图像，而对选区外的图像无任何影响。

Photoshop 中的选区有两种类型：普通选区和羽化选区。普通选区的边缘较硬，当在图像上绘制或使用滤镜时，可以很容易地看到处理效果的起始点和终点，如图 4-15 所示。

相反，羽化选区的边缘会逐渐淡化，如图 4-16 所示。这使编辑效果能与图像无缝地混合到一起，而不会产生明显的边缘。

图 4-15　普通选区

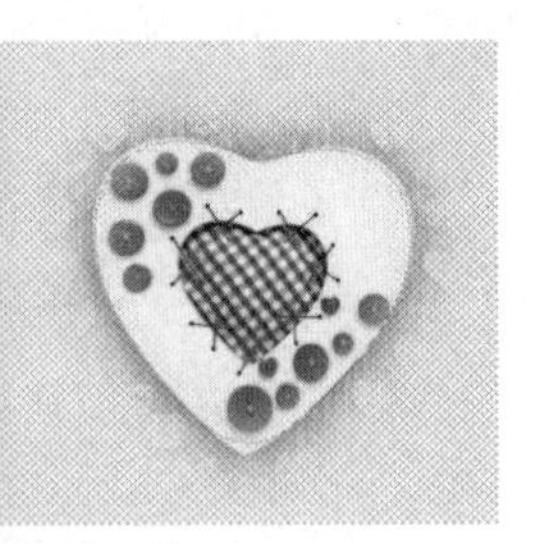

图 4-16　羽化选区

选区在 Photoshop 的图像文件编辑处理过程中有着非常重要的作用。Photoshop 提供了多种工具和命令创建选区，在处理图像时用户可以根据不同需要进行选择。打开图像文件后，先确定要设置的图像效果，然后选择较为合适的工具或命令创建选区。

1. 选框工具组

对于图像中的规则形状选区，如矩形、圆形等，使用 Photoshop 提供的选框工具创建选区是最直接、方便的选择。

长按工具面板中的【矩形选框】工具，在弹出的工具列表中包括创建基本选区的各种选框工具，如图 4-17 所示。其中，【矩形选框】工具与【椭圆选框】工具是最为常用的选框工具，用于选取较为规则的选区；【单行选框】工具与【单列选框】工具则用来创建直线选区。

对于【矩形选框】工具和【椭圆选框】工具而言，直接将鼠标移动到当前图像中，在合适的位置单击，然后拖动到合适的位置释放鼠标，即可创建一个矩形或椭圆选区，如图 4-18 所示。

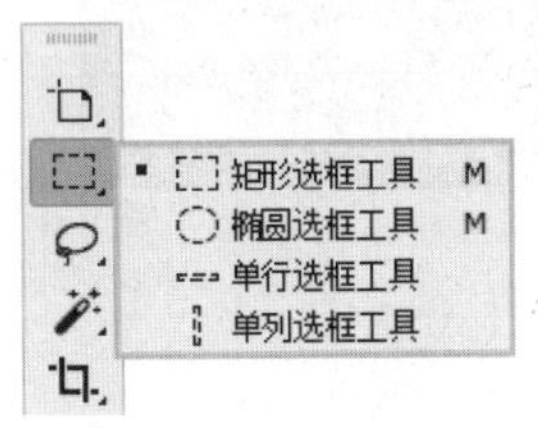

图 4-17　选框工具组

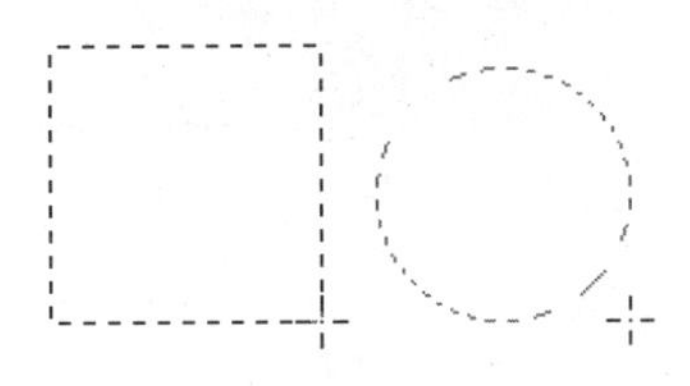

图 4-18　绘制选区

对于【单行选框】工具和【单列选框】工具，选择该工具后在画布中直接单击鼠标，即可创建宽度为 1 像素的行或列选区。

选中任意一个创建选区工具，在【选项栏】控制面板中将显示该工具的属性。选框工具组中，相关选框工具的【选项栏】控制面板内容是一样的，主要有【羽化】【消除锯齿】【样式】等选项。图 4-19 所示为【矩形选框】工具的【选项栏】控制面板，通过设置参数可以调整选区的边缘。

图 4-19　【矩形选框】工具的【选项栏】控制面板

2. 套索工具组

在实际的操作过程中会需要创建不规则选区，这时可以使用工具面板中的套索工具组。套索工作组包括【套索】工具、【多边形套索】工具和【磁性套索】工具。

- 【套索】工具：以拖动光标的手绘方式创建选区，实际上就是根据光标的移动轨迹创建选区。该工具特别适用于对选取精度要求不高的操作。
- 【多边形套索】工具：通过绘制多个直线段并连接，最终闭合线段区域后创建出选区。该工具适用于对精度有一定要求的操作。
- 【磁性套索】工具：通过画面中颜色的对比自动识别对象的边缘，绘制出由连接点形成的连接线段，最终闭合线段区域后创建出选区。该工具特别适用于创建与背景对比强烈且边缘复杂的对象选区。【磁性套索】工具的【选项栏】控制面板在另外两种套索工具【选项栏】控制面板的基础上进行了一些拓展，除了基本的选取方式和羽化外，还可以对宽度、对比度和频率进行设置。如图4-20所示，在【选项栏】控制面板中设置羽化等参数后，使用【磁性套索】工具沿图像文件中对象的边缘拖动鼠标创建选区。

图 4-20　创建选区

3. 【魔棒】工具

【魔棒】工具根据图像的饱和度、色度或亮度等信息来创建对象选取范围。用户可以通过调整容差值来控制选区的精确度。容差值可以在【选项栏】控制面板中进行设置，另外如图4-21所示的【选项栏】控制面板还提供了其他一些参数设置，方便用户灵活地创建自定义选区。

图 4-21　【魔棒】工具的【选项栏】控制面板

- 选区选项：包括【新选区】、【添加到选区】、【从选区减去】和【与选区交叉】4个选项按钮。
- 【取样大小】选项：用于设置取样点的像素范围大小。
- 【容差】数值框：用于设置颜色选择范围的容差值，容差值越大，所选择的颜色范围也越大。

- 【消除锯齿】复选框：选中该复选框后，可创建边缘较平滑的选区。
- 【连续】复选框：用于设置是否在选择颜色选取范围时，对整个图像中所有符合该单击颜色范围的颜色进行选择。
- 【对所有图层取样】复选框：选中该复选框后，可以对图像文件中所有图层中的图像进行取样操作。
- 【选择主体】按钮：单击该按钮，可以根据图像中最突出的对象自动创建选区。

【例 4-1】 使用【魔棒】工具创建选区。 视频

(1) 选择【文件】|【打开】命令，打开图像文件，如图 4-22 所示。

(2) 选择【魔棒】工具，在【选项栏】控制面板中单击【添加到选区】按钮，设置【容差】数值为 30。然后使用【魔棒】工具在图像画面背景中单击创建选区，如图 4-23 所示。

图 4-22　打开图像文件

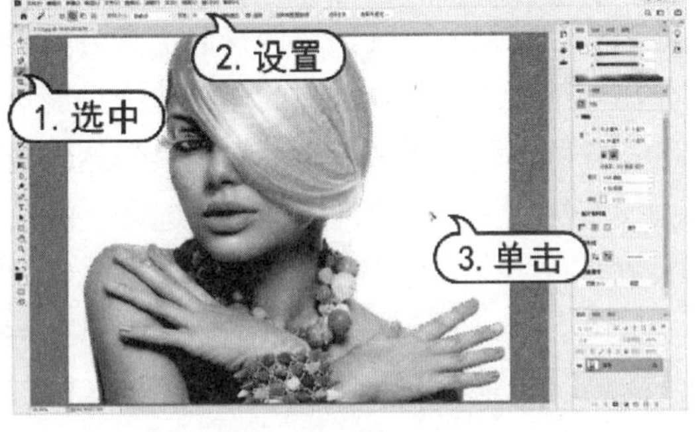

图 4-23　创建选区

(3) 选择【选择】|【反选】命令，再按 Ctrl+J 组合键复制选区内的图像，然后关闭【背景】图层视图，在透明背景上观察抠图效果，如图 4-24 所示。

图 4-24　查看抠图效果

提示

【魔棒】工具的【容差】选项决定了什么样的像素能够与选定的色调(即单击点)相似。当该值较低时，只选择与鼠标单击点像素非常相似的少数颜色。该值越高，对像素相似程度的要求就越低，可以选择的颜色范围就越广。

(4) 在【图层】面板中，选中【背景】图层。选择【文件】|【置入嵌入对象】命令，打开【置入嵌入的对象】对话框。在该对话框中，选中所需的图像文件，然后单击【置入】按钮。调整置入图像的大小，使其填充画布，然后按 Enter 键应用调整，如图 4-25 所示。

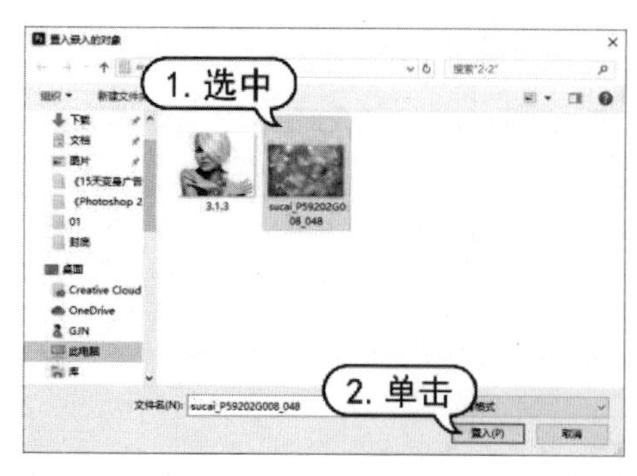

图 4-25　置入图像文件

4. 【快速选择】工具

【快速选择】工具结合了【魔棒】工具和【画笔】工具的特点，以画笔绘制的方式在图像中拖动创建选区。【快速选择】工具会自动调整所绘制的选区大小，并寻找到边缘使其与选区分离，结合 Photoshop 中的调整边缘功能可以获得更加准确的选区。图像主体与背景相差较大的图像可以使用【快速选择】工具快速创建选区。并且在扩大颜色范围进行连续选取时，其自由操作性相当高。要创建准确的选区，首先需要在如图 4-26 所示的【选项栏】控制面板中进行设置。

图 4-26　【快速选择】工具的【选项栏】控制面板

- 选区选项：包括【新选区】、【添加到选区】和【从选区减去】3 个选项按钮。创建选区后会自动切换到【添加到选区】的状态。
- 【画笔】选项：通过单击画笔缩览图或者其右侧的下拉按钮打开画笔选项面板。在画笔选项面板中可以设置直径、硬度、间距、角度、圆度或大小等参数。
- 【自动增强】复选框：选中该复选框，将减少选区边界的粗糙度和块效应。

5. 【色彩范围】命令

使用【色彩范围】命令可以根据图像的颜色变化关系来创建选区，适用于颜色对比度大的图像。使用【色彩范围】命令可以选定一个标准色彩，或使用【吸管】工具吸取一种颜色，然后在容差设定允许的范围内，图像中所有在这个范围的色彩区域都将成为选区。

其操作原理和【魔棒】工具基本相同。不同的是，【色彩范围】命令能更清晰地显示选区的内容，并且可以按照通道选择选区。选择【选择】|【色彩范围】命令，打开如图 4-27 所示的【色彩范围】对话框。以下对【色彩范围】对话框中的相关设置进行说明。

- 【选择】下拉列表：在该下拉列表中可以指定图像中的红、黄、绿等颜色范围，也可以根据图像颜色的亮度特性选择图像中的高亮部分、中间色调区域或较暗的颜色区域，如图 4-28 所示。选择该下拉列表中的【取样颜色】选项，可以直接在对话框的预览区域中单击选择所需颜色，也可以在图像文件窗口中单击进行选择操作。

图 4-27　【色彩范围】对话框

图 4-28　【选择】下拉列表

- 【颜色容差】数值框：在其文本框中输入数值或移动其对应的滑块，可以调整颜色容差的参数，如图 4-29 所示。
- 【选择范围】或【图像】单选按钮：选中【选择范围】单选按钮，可以在预览区域预览选择的颜色区域范围；选中【图像】单选框，可以预览整个图像以进行选择操作，如图 4-30 所示。

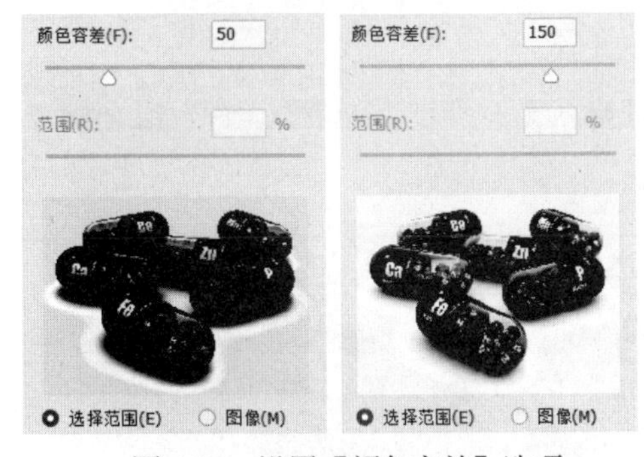

图 4-29　设置【颜色容差】选项

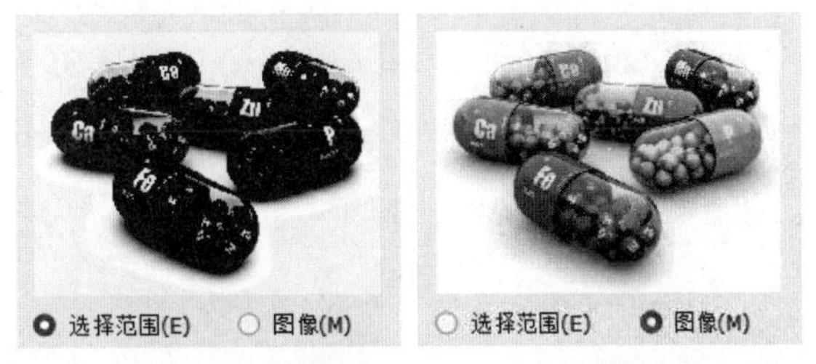

图 4-30　【选择范围】和【图像】单选按钮

- 【选区预览】选项：在该下拉列表中选择相关预览方式，可以预览操作时图像文件窗口的选区效果，如图 4-31 所示。

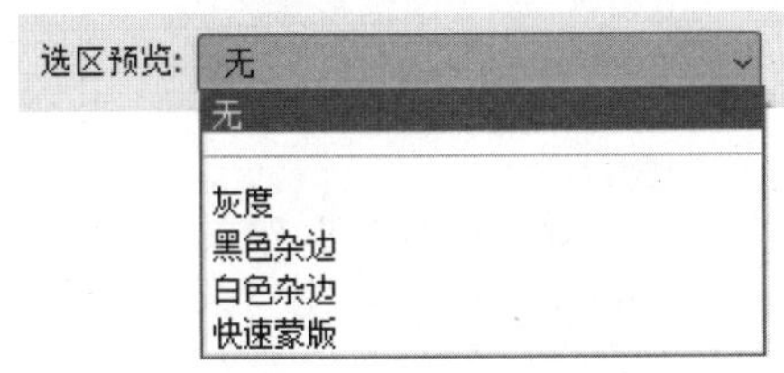

图 4-31　【选区预览】选项

> **提示**
>
> 【色彩范围】对话框中的【反相】复选框用于反转取样的色彩范围的选区。它提供了一种在单一背景上选择多个颜色对象的方法，即用【吸管】工具选择背景，然后选中该复选框以反转选区，得到所需对象的选区。

- 【吸管】工具/【添加到取样】工具/【从取样减去】工具：用于设置选区后，添加或删除需要的颜色范围。

【例 4-2】 使用【色彩范围】命令抠取图像。 视频

(1) 选择【文件】|【打开】命令，打开图像文件，如图 4-32 所示。

(2) 选择【选择】|【色彩范围】命令，打开【色彩范围】对话框。在该对话框中设置【颜色容差】为 30，然后使用【吸管】工具在图像文件中单击背景，最后单击【确定】按钮，如图 4-33 所示。

图 4-32 打开图像文件

图 4-33 选取色彩区域

(3) 选择【文件】|【打开】命令打开另一幅图像文件，并按 Ctrl+A 组合键全选图像，再按 Ctrl+C 组合键复制选区内的图像，如图 4-34 所示。

(4) 返回人物图像，选择【编辑】|【选择性粘贴】|【贴入】命令，然后按 Ctrl+T 组合键应用【自由变换】命令调整图像大小，如图 4-35 所示。

图 4-34 复制图像

图 4-35 贴入图像并调整大小

6. 快速蒙版

使用快速蒙版创建选区，类似于使用【快速选择】工具的操作，即通过画笔的绘制方式来灵活创建选区。创建选区后，单击工具面板中的【以快速蒙版模式编辑】按钮，可以看到选区外转换为红色半透明的蒙版效果。

双击【以快速蒙版模式编辑】按钮，可以打开如图 4-36 所示的【快速蒙版选项】对话框。在该对话框中的【色彩指示】选项组中，可以设置参数定义颜色表示被蒙版区域还是所选区域；【颜色】选项组用于定义蒙版的颜色和不透明度。

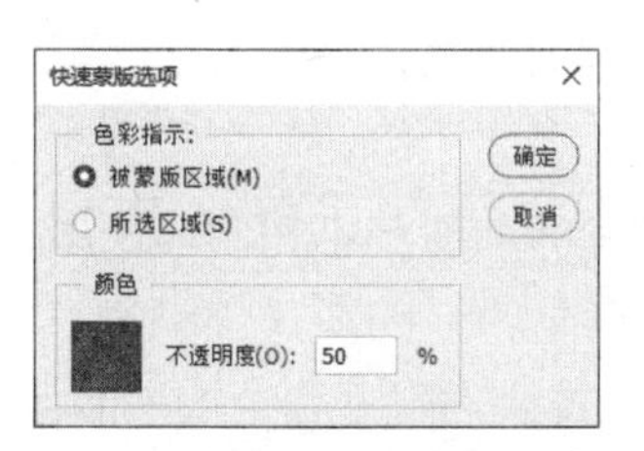

图 4-36　【快速蒙版选项】对话框

> **提示**
>
> 进入快速蒙版模式的快捷方式是直接按下 Q 键，完成蒙版的绘制后再次按下 Q 键可切换回标准模式。

7. 【选择并遮住】工作区

在 Photoshop 中，用户可以更快捷、更简单地创建准确的选区和蒙版。使用选框工具、【套索】工具、【魔棒】工具和【快速选择】工具都会在【选项栏】控制面板中出现【选择并遮住】按钮。选择【选择】|【选择并遮住】命令，或是在选择一种选区创建工具后，单击【选项栏】控制面板上的【选择并遮住】按钮，即可打开如图 4-37 所示的【选择并遮住】工作区。该工作区将用户熟悉的工具和新工具结合在一起，并可在【属性】面板中调整参数以创建更精准的选区。

- 【视图】选项：在该下拉列表中可以根据不同的需要选择最合适的预览方式。按 F 键可以在各个模式之间循环切换，按 X 键可以暂时停用所有模式，如图 4-38 所示。
- 【显示边缘】复选框：选中该复选框后，可以显示调整区域。
- 【显示原稿】复选框：选中该复选框后，可以显示原始蒙版。
- 【高品质预览】复选框：选中该复选框后，可以显示较高分辨率预览，同时更新速度变慢。

图 4-37　【选择并遮住】工作区

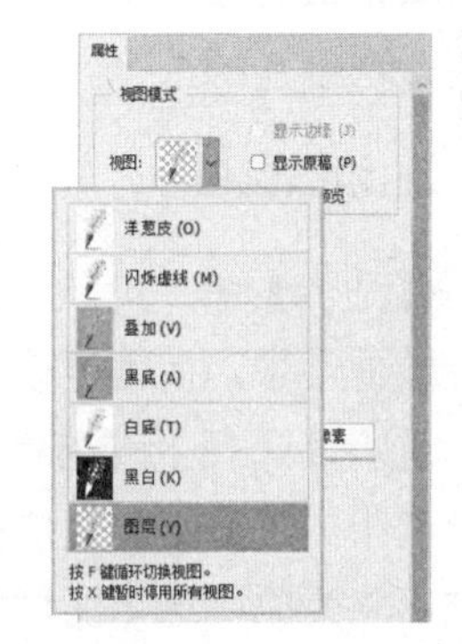

图 4-38　【视图】选项

- 【不透明度】选项：拖动滑块可以为视图模式设置不透明度。
- 【半径】选项：用来确定选区边界周围的区域大小。对图像中锐利的边缘可以使用较小的半径数值，对于较柔和的边缘可以使用较大的半径数值。
- 【智能半径】选项：允许选区边缘出现宽度可变的调整区域。
- 【平滑】选项：当创建的选区边缘非常生硬，甚至有明显的锯齿时，使用此参数设置可以进行柔化处理。
- 【羽化】选项：该选项与【羽化】命令的功能基本相同，用来柔化选区边缘。

- 【对比度】选项：设置此参数可以调整边缘的虚化程度，数值越大则边缘越锐利。通常可以创建比较精确的选区。
- 【移动边缘】选项：该选项与【收缩】【扩展】命令的功能基本相同，使用负值可以向内移动柔化边缘的边框，使用正值可以向外移动边框。
- 【净化颜色】复选框：选中该复选框后，将彩色杂边替换为附近完全选中的像素的颜色。颜色替换的强度与选区边缘的软化度是成比例的。
- 【输出到】选项：在该下拉列表中，可以选择调整后的选区是变为当前图层上的选区或蒙版，还是生成一个新图层或文档。

4.3.3 选区的操作

为了使创建的选区更加符合不同的使用需要，在图像中绘制或创建选区后还可以对选区进行多次修改或编辑。这些编辑操作包括全选选区、取消选区、重新选择选区、移动选区等。

1. 选区的选择和取消

选择【选择】|【全部】命令，或按下 Ctrl+A 组合键，可选择当前文件中的全部图像内容。

选择【选择】|【反选】命令，或按下 Shift+Ctrl+I 组合键，可反转已创建的选区，即选择图像中未选中的部分。如果需要选择的对象本身比较复杂，但背景简单，就可以先选择背景，再通过【反选】命令将对象选中。

创建选区后，选择【选择】|【取消选择】命令，或按下 Ctrl+D 组合键，可取消创建的选区。取消选区后，可以选择【选择】|【重新选择】命令，或按下 Shift+Ctrl+D 组合键，可恢复最后一次创建的选区。

2. 修改选区

【边界】命令可以选择现有选区边界的内部和外部的像素宽度。当要选择图像区域周围的边界或像素带，而不是该区域本身时，此命令十分有用。

选择【选择】|【修改】|【边界】命令，打开如图 4-39 所示的【边界选区】对话框。在该对话框中的【宽度】数值框中可以输入一个 1 和 200 之间的像素值，然后单击【确定】按钮。新选区将为原始选定区域创建框架，此框架位于原始选区边界的中间。如将边框宽度设置为 20 像素，则会创建一个新的柔和边缘选区，该选区将在原始选区边界的内外分别扩展 10 像素。

【平滑】命令用于平滑选区的边缘。选择【选择】|【修改】|【平滑】命令，打开如图 4-40 所示的【平滑选区】对话框。该对话框中的【取样半径】选项用来设置选区的平滑范围。

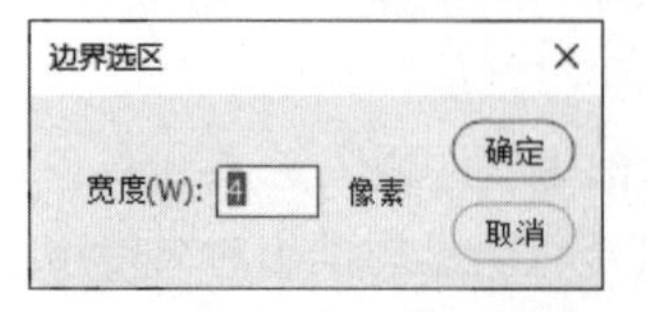

图 4-39 【边界选区】对话框

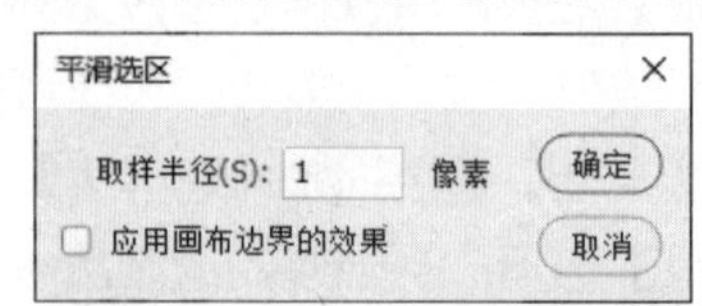

图 4-40 【平滑选区】对话框

【扩展】命令用于扩展选区。选择【选择】|【修改】|【扩展】命令，打开如图 4-41 所示的【扩展选区】对话框，设置【扩展量】数值可以扩展选区，其数值越大，选区向外扩展的范围就越广。

【收缩】命令与【扩展】命令相反，用于收缩选区。选择【选择】|【修改】|【收缩】命令，打开如图 4-42 所示的【收缩选区】对话框。通过设置【收缩量】可以缩小选区，其数值越大，选区向内收缩的范围就越大。

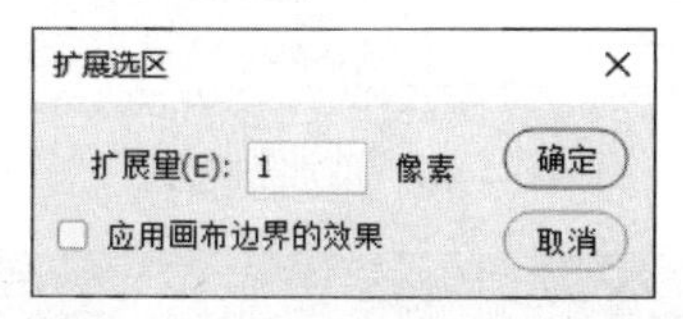

图 4-41 【扩展选区】对话框

图 4-42 【收缩选区】对话框

【羽化】命令可以通过扩展选区轮廓周围的像素区域，达到柔和边缘效果。选择【选择】|【修改】|【羽化】命令，打开如图 4-43 所示的【羽化选区】对话框。通过【羽化半径】数值可以控制羽化范围的大小。当对选区应用填充、裁剪等操作时，可以看出羽化效果。如果选区较小而羽化半径设置较大，则会弹出如图 4-44 所示的警告对话框。单击【确定】按钮，可确认当前设置的羽化半径，而选区可能变得非常模糊，以至于在画面中看不到，但此时选区仍然存在。如果不想出现该警告，应减少羽化半径或增大选区的范围。

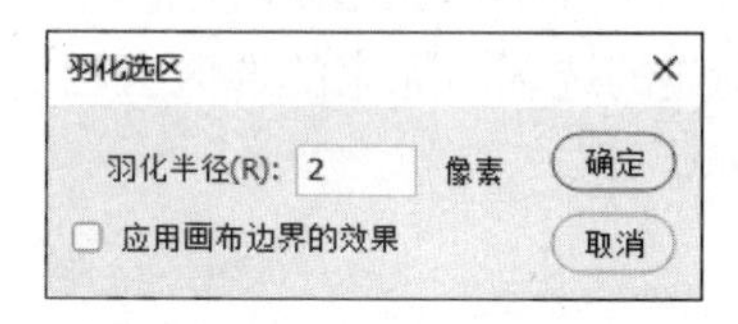

图 4-43 【羽化选区】对话框

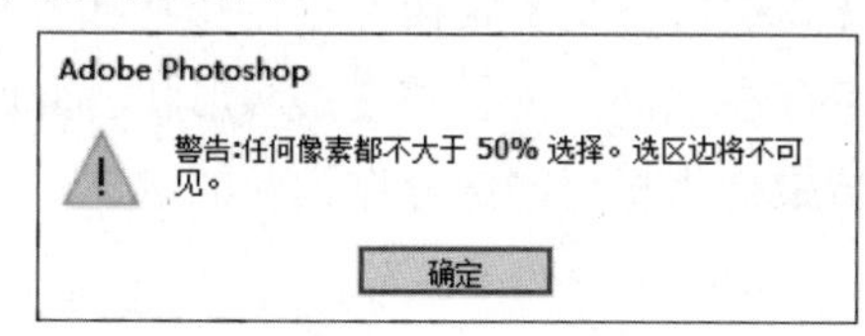

图 4-44 警告对话框

【选择】|【扩大选取】或【选取相似】命令常配合其他选区工具使用。【扩大选取】命令用于添加与当前选区颜色相似且位于选区附近的所有像素。可以通过在【魔棒】工具的【选项栏】控制面板中设置【容差】值扩大选取。容差值决定了扩大选取时颜色取样的范围。容差值越大，扩大选取时的颜色取样范围越大。

【选取相似】命令用于将所有不相邻区域内相似颜色的图像全部选取，从而弥补只能选取相邻的相似色彩像素的缺陷。

3. 选区的运算

选区的运算是指在画面中存在选区的情况下，使用选框工具、套索工具和魔棒工具创建新选区时，新选区与现有选区之间进行运算，从而生成新的选区。选择选框工具、套索工具或魔棒工具创建选区时，【选项栏】控制面板中就会出现选区运算的相关按钮，如图 4-45 所示。下面从左向右依次说明对应按钮的功能。

- 【新选区】按钮：单击该按钮后，可以创建新的选区；如果图像中已存在选区，那么新创建的选区将替代原来的选区。

- 【添加到选区】按钮：单击该按钮，使用选框工具在画布中创建选区时，如果当前画布中存在选区，光标将变成+形状。此时绘制新选区，新建的选区将与原来的选区合并成为新的选区，如图 4-46 所示。

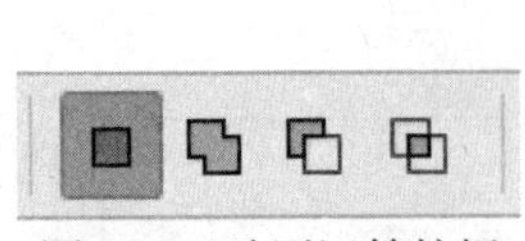

图 4-45　选区运算按钮

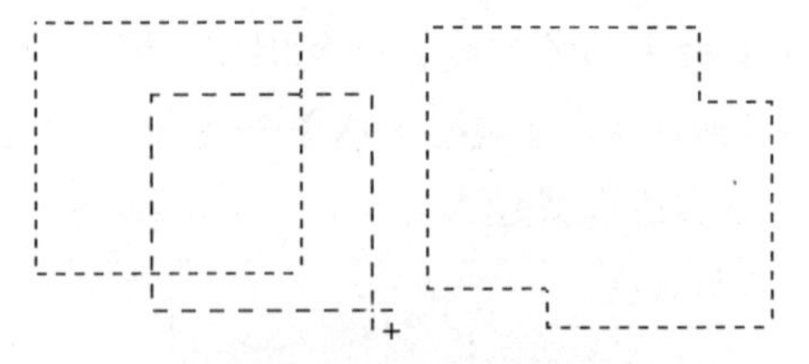

图 4-46　添加到选区

提示

使用快捷键进行选区运算，按住 Shift 键，光标旁出现【+】时，可以进行添加到选区操作；按住 Alt 键，光标旁出现【－】时，可以进行从选区减去操作；按住 Shift+Alt 键，光标旁出现【×】时，可以进行与选区交叉操作。

- 【从选区减去】按钮：单击该按钮，使用选框工具在图形中创建选区时，如果当前画布中存在选区，光标变为+形状。此时，如果新创建的选区与原来的选区有相交部分，将从原选区中减去相交的部分，余下的选择区域作为新的选区，如图 4-47 所示。
- 【与选区交叉】按钮：单击该按钮，使用选框工具在图形中创建选区时，如果当前画布中存在选区，光标将变成+形状。此时，如果新创建的选区与原来的选区有相交部分，结果会将相交的部分作为新的选区，如图 4-48 所示。

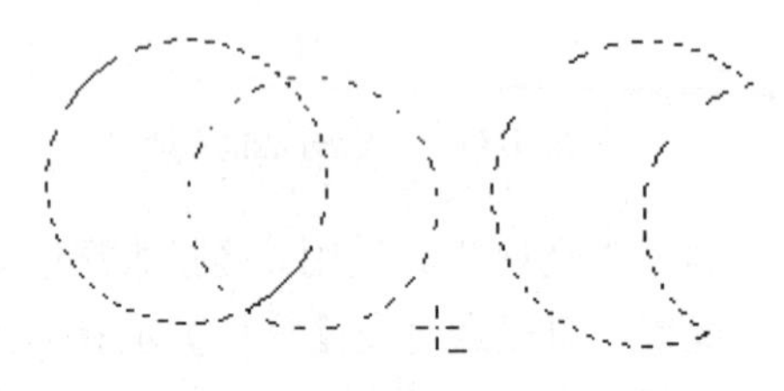

图 4-47　从选区减去

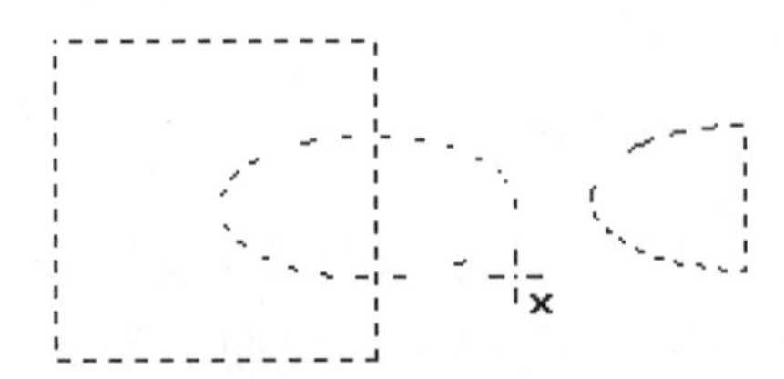

图 4-48　与选区交叉

4. 变换选区

创建选区后，选择【选择】|【变换选区】命令，或在选区内右击，在弹出的快捷菜单中选择【变换选区】命令，然后把光标移动到选区内，当光标变为▸形状时，即可拖动选区。使用【变换选区】命令除了可以移动选区外，还可以改变选区的形状，例如，对选区进行缩放、旋转和扭曲等。在变换选区时，直接通过拖动定界框的手柄可以调整选区，还可以配合 Shift、Alt 和 Ctrl 键的使用。

【例 4-3】 使用【变换选区】命令调整图像效果。 视频

(1) 在 Photoshop 中，选择【文件】|【打开】命令打开图像文件。选择【矩形选框工具】，在【选项栏】控制面板中设置【羽化】数值为 2 像素，然后在图像中拖动创建选区，如图 4-49 所示。

(2) 选择【选择】|【变换选区】命令，在【选项栏】控制面板中单击【在自由变换和变形模式之间切换】按钮。出现控制框后，调整选区形状，如图 4-50 所示。选区调整完成后，按 Enter 键应用选区变换。

图 4-49　创建选区　　　　图 4-50　调整选区

(3) 选择【文件】|【打开】命令打开另一幅图像，如图 4-51 所示。选择【选择】|【全部】命令全选图像，并选择【编辑】|【拷贝】命令。

(4) 返回步骤(1)打开的图像文件，选择【编辑】|【选择性粘贴】|【贴入】命令，将复制的图像贴入步骤(2)创建的选区中，并按 Ctrl+T 组合键应用【自由变换】命令调整贴入图像的大小，效果如图 4-52 所示。

图 4-51　打开图像

图 4-52　贴入图像

4.4　使用 Photoshop 处理图像

Photoshop作为图形图像处理软件工具，不仅具备基本的绘画功能和强大的选取能力，在图像处理方面更胜一筹。通过 Photoshop可以轻松地实现朦胧、渐变、闪光等多种特殊效果。

4.4.1　绘制图像

绘图是 Photoshop 的基本功能之一，而使用绘图工具是绘图的基础。只有合理地选择和使用绘图工具，才能绘制出完美的图像。

1. 颜色设置

在 Photoshop 中使用各种绘图工具时，不可避免地要用到颜色的设定。在 Photoshop 中，用户可以通过多种工具设置前景色和背景色，如【拾色器】对话框、【颜色】面板、【色板】面板和【吸管】工具等。用户可以根据需要选择适合的方法。

在 Photoshop 中，单击工具面板下方的【设置前景色】或【设置背景色】图标都可以打开如图 4-53 所示的【拾色器】对话框。在【拾色器】对话框中可以基于 HSB、RGB、Lab、CMYK 等颜色模型指定颜色。在【拾色器】对话框左侧的主颜色框中单击鼠标可选取颜色，该颜色会显示在右侧上方颜色方框内，同时右侧文本框的数值会随之改变。用户也可以在右侧的颜色文本框中输入数值，或拖动主颜色框右侧颜色滑动条的滑块来改变主颜色框中的主色调。

【颜色】面板根据文档的颜色模式默认显示对应的颜色通道。选择【窗口】|【颜色】命令，可以打开【颜色】面板。单击面板右上角的面板菜单按钮，在弹出的如图 4-54 所示的菜单中可以选择面板显示的内容。选择不同的色彩模式，面板中显示的内容也不同。

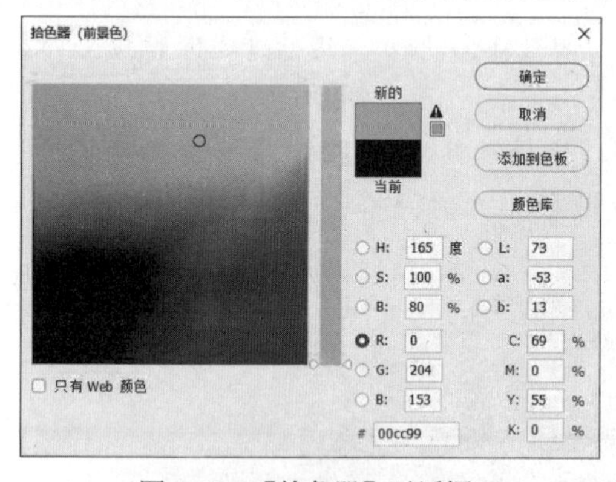

图 4-53 【拾色器】对话框

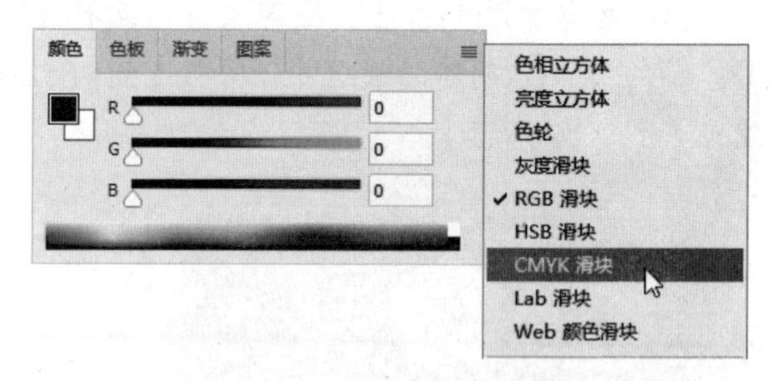

图 4-54 使用【颜色】面板

【色板】面板可以保存颜色设置，在【拾色器】对话框或【颜色】面板中设置好前景色后，可以将其保存到【色板】面板中，以后作为预设的颜色来使用。在默认状态下，【色板】面板中有 122 种预设的颜色。在【色板】面板中单击某个色板，即可将其设置为前景色或背景色，这在 Photoshop 中是最简单、最快速的颜色选取方法。选择【窗口】|【色板】命令，可以打开【色板】面板。将鼠标移到色板上，光标变为吸管形状时，单击即可改变背景色；按住 Ctrl 键单击即可设置前景色，如图 4-55 所示。

【吸管】工具和【色板】面板都属于不能设置颜色，只能使用现成颜色的工具。【吸管】工具可以从计算机屏幕的任何位置拾取颜色。打开图像文件，选择【吸管】工具，将光标放在图像上，单击鼠标可以显示一个取样环，此时可以拾取单击点的颜色并将其设置为前景色；按住鼠标左键移动，取样环中会出现两种颜色，当前拾取颜色在上面，前一次拾取的颜色在下方，如图 4-56 所示。按住 Alt 键单击，可以拾取单击点的颜色并将其设置为背景色。

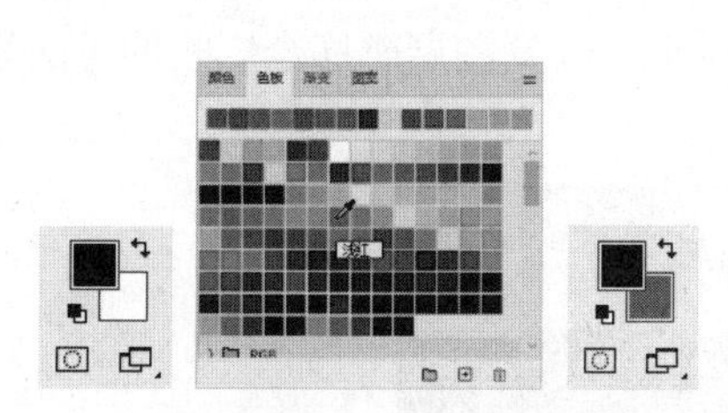

图 4-55　使用【色板】面板

图 4-56　使用【吸管】工具

2. 使用图层

图层是 Photoshop 中非常重要的一个概念，它是实现在 Photoshop 中绘制和处理图像的基础。

把图像文件中的不同部分分别放置在不同的独立图层上，这些图层就好像一些带有图像的透明纸，互相堆叠在一起。将每个图像放置在独立的图层上，用户就可以自由地更改文档的外观和布局，而且这些更改结果不会互相影响。在绘图、使用滤镜或调整图像时，这些操作只影响所处理的图层。如果对某一图层的编辑结果不满意，则可以放弃这些修改，重新进行调整，这时文档的其他部分不会受到影响。

对图层的操作都是在【图层】面板上完成的。在 Photoshop 中，任意打开一幅图像文件，选择【窗口】|【图层】命令，或按下 F7 键，可以打开如图 4-57 所示的【图层】面板。【图层】面板用于创建、编辑和管理图层，以及为图层添加样式等。【图层】面板中列出了所有的图层、图层组和图层效果。如果要对某一图层进行编辑，首先需要在【图层】面板中单击选中该图层，所选中的图层称为【当前图层】。

在【图层】面板中，单击底部的【创建新图层】按钮，即可在当前图层上直接新建一个空白图层。新建的图层会自动成为当前图层。用户也可以选择菜单栏中的【图层】|【新建】|【图层】命令，或从【图层】面板菜单中选择【新建图层】命令，打开如图 4-58 所示的【新建图层】对话框。在该对话框中进行设置后，单击【确定】按钮即可创建新图层。

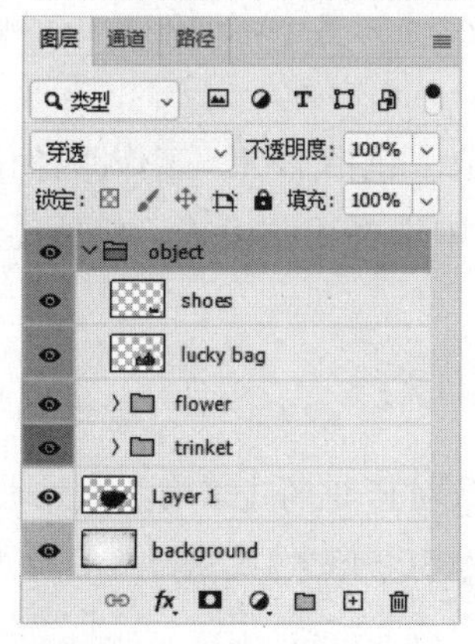

图 4-57　【图层】面板

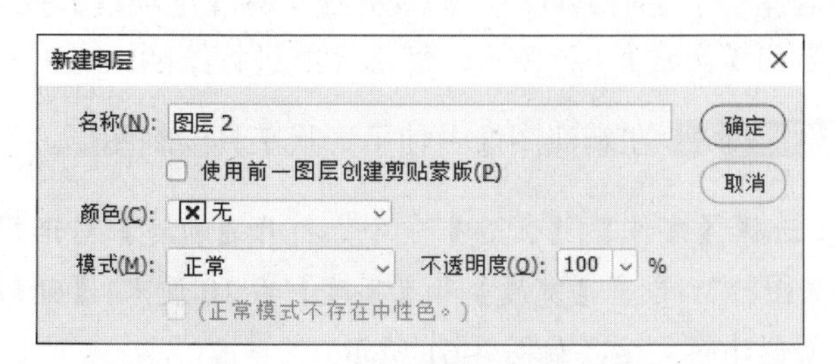

图 4-58　【新建图层】对话框

在默认状态下，图层是按照创建的先后顺序堆叠排列的，即新创建的图层总是在当前所选图层的上方。打开素材图像文件，将光标放在一个图层上方，单击并将其拖曳到另一个图层的下方，当出现突出显示的蓝色横线时，放开鼠标，即可将其调整到该图层的下方，如图 4-59 所示。由于图层的堆叠结构决定了上方的图层会遮盖下方的图层，因此，改变图层顺序会影响图像的显示效果。

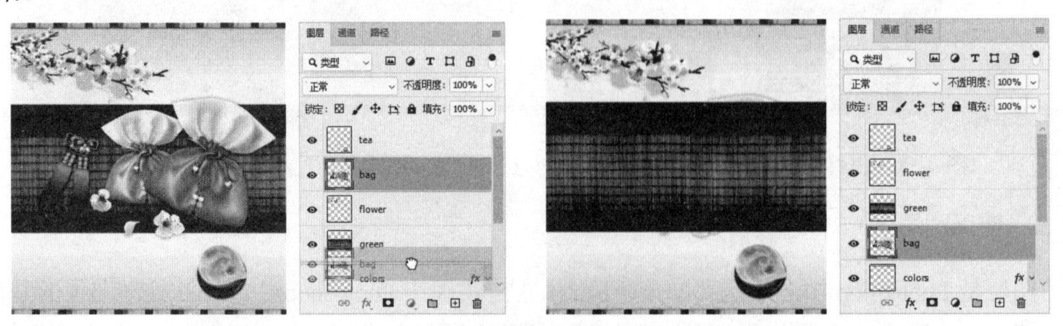

图 4-59　调整图层堆叠顺序

选中需要复制的图层后，按 Ctrl+J 组合键可以快速复制所选图层。还可以利用菜单栏中的【编辑】|【拷贝】和【粘贴】命令，在同一图像或不同图像间复制图层；也可以选择【移动】工具，拖动原图像的图层至目的图像文件中，从而进行不同图像间图层的复制，如图 4-60 所示。

图 4-60　使用【移动】工具复制图层

3. 使用矢量图形工具

矢量图形是由贝塞尔曲线构成的图形。由于贝塞尔曲线具有精确和易于修改的特点，被广泛应用于计算机绘图领域，用于定义和编辑图像的区域。

Photoshop 中的钢笔工具和形状工具可以创建不同类型的对象，包括形状、工作路径和填充像素。选择一个绘制工具后，需要先在工具【选项栏】控制面板中选择绘图模式，包括【形状】【路径】和【像素】3 种模式，然后才能进行绘图。

【例 4-4】 在新建图像中使用形状工具绘制图形。 视频

(1) 选择【文件】|【新建】命令，打开【新建】对话框。在该对话框的【名称】文本框中输入“箭头图标”，设置【宽度】和【高度】为 10 厘米，【分辨率】为 300 像素/英寸，然后单击【创建】按钮创建新文档，如图 4-61 所示。

(2) 选择【自定形状】工具，在【选项栏】控制面板中单击【选择工作模式】按钮，在弹出的下拉列表中选择【形状】选项；单击【填充】选项，在弹出的下拉面板中单击【拾色器】图标，在打开的【拾色器】对话框中设置填充颜色为 R:0 G:161 B:245，单击【确定】按钮如图 4-62 所示。

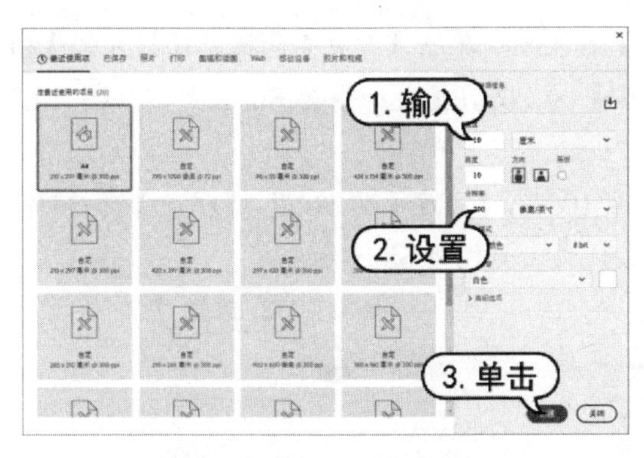

图 4-61　新建文档

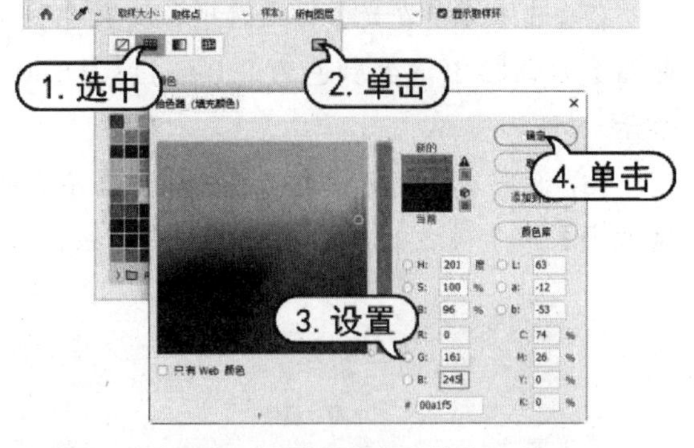

图 4-62　设置【自定形状】工具

(3) 单击【形状】选项，在弹出的下拉面板中选中【箭头 9】形状，然后使用【自定形状】工具在图像中拖动绘制箭头形状，如图 4-63 所示。

(4) 在【选项栏】控制面板中设置【描边宽度】为 1 像素，单击【描边】选项，在弹出的下拉面板中单击【渐变】按钮，设置渐变样式为 R:0 G:2 B:3 至 R:0 G:35 B:53 至 R:0 G:177 B:242 渐变，【角度】为 103 度，【缩放】为 150%，如图 4-64 所示。

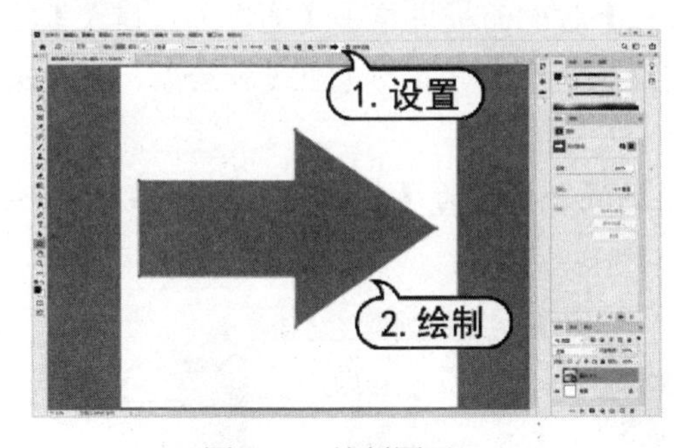

图 4-63　绘制图形

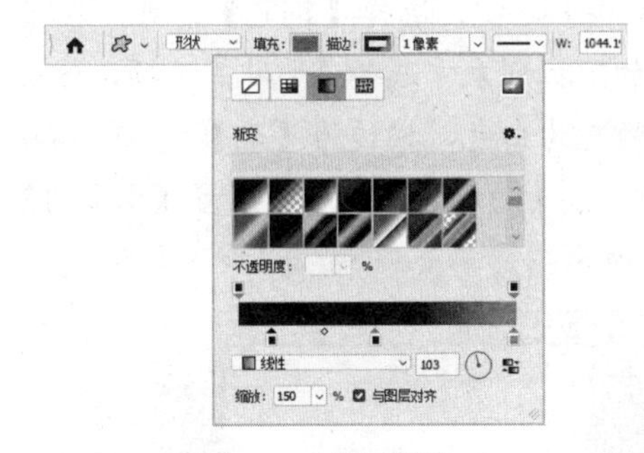

图 4-64　设置描边

(5) 在【图层】面板中，双击【箭头 9】图层，打开【图层样式】对话框。在该对话框中，选中【斜面和浮雕】样式选项，设置【样式】为【内斜面】，【深度】为 62%，【大小】为 21 像素，【软化】为 9 像素，【高光模式】为【颜色减淡】，【不透明度】为 100%，阴影模式的【不透明度】为 100%，如图 4-65 所示。

(6) 选中【渐变叠加】样式选项，设置【混合模式】为【正片叠底】，单击渐变预览条，在打开的【渐变编辑器】对话框中设置渐变颜色为 R:63 G:63 B:63 至 R:138 G:138 B:138 至 R:255 G:255 B:255，【角度】数值为 90 度，如图 4-66 所示。

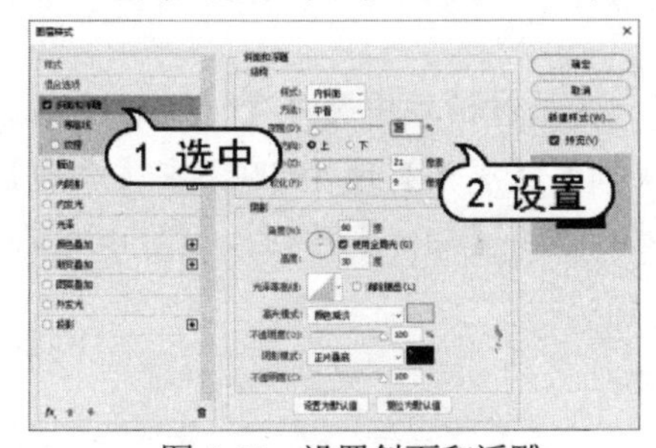

图 4-65　设置斜面和浮雕

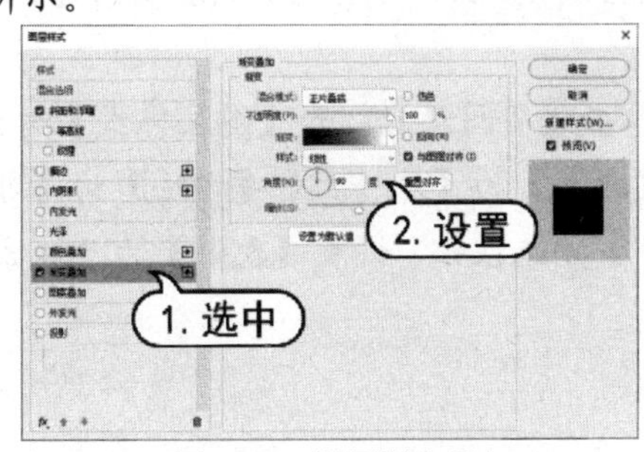

图 4-66　设置渐变叠加

计算机基础与实训教材系列

(7) 选中【内发光】样式选项，设置【不透明度】为43%，单击【颜色】色板，在打开的【拾色器】对话框中设置颜色为R:0 G:113 B:160，【阻塞】为20%，【大小】为80像素，如图4-67所示。

(8) 选中【投影】样式选项，设置【不透明度】为100%，【角度】为90度，【扩展】为34%，【大小】为7像素，然后单击【确定】按钮应用图层样式，如图4-68所示。

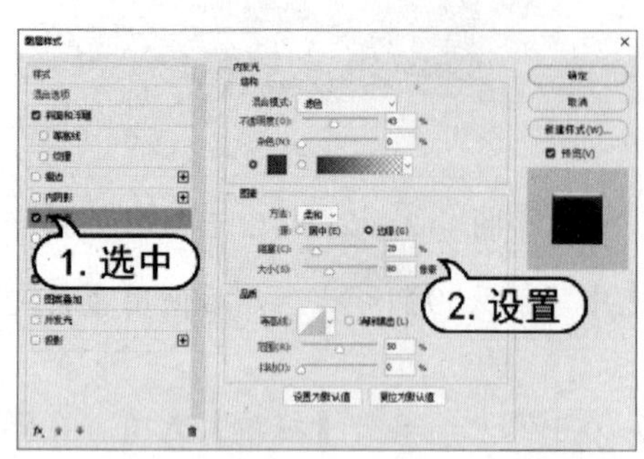

图4-67　设置内发光

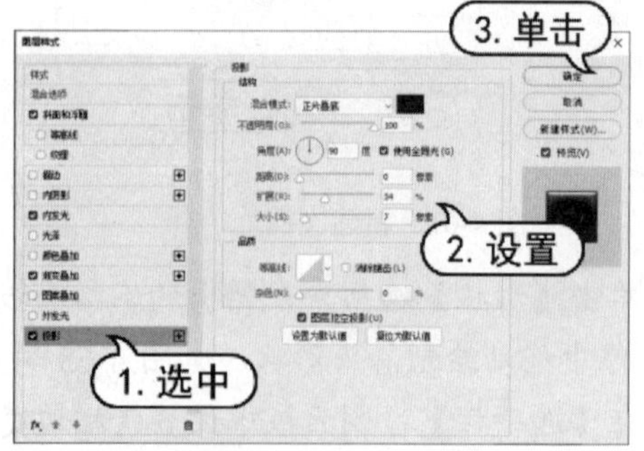

图4-68　设置投影

(9) 按Esc键，选择【钢笔】工具，在【选项栏】控制面板中单击【选择工作模式】按钮，在弹出的下拉列表中选择【形状】选项，然后使用【钢笔】工具在图像上进行绘制，并在选项栏中设置填充为白色，描边为【无】，如图4-69所示。

(10) 在【图层】面板中，设置【形状2】图层的混合模式为【叠加】，不透明度为40%，如图4-70所示。

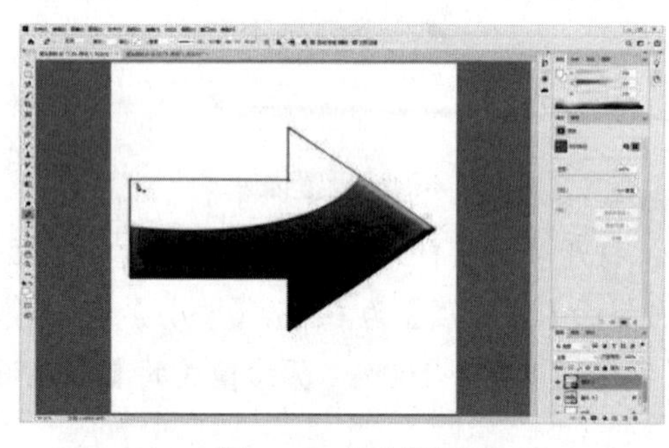

图4-69　绘制图形

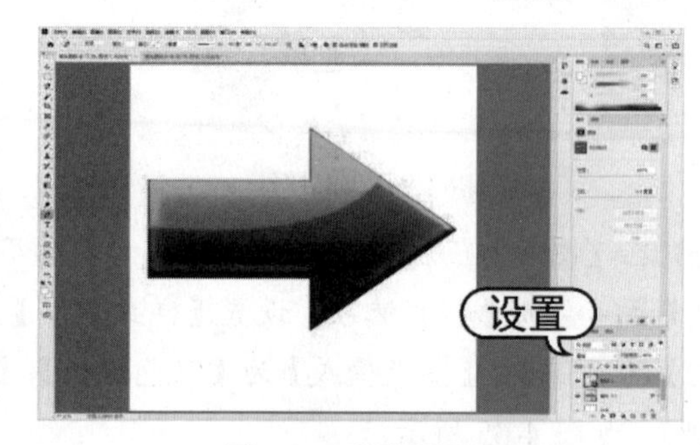

图4-70　调整图层

(11) 选择【横排文字】工具，在【选项栏】控制面板中设置字体样式为“方正超粗黑简体”，字体大小为37点，颜色为白色，然后使用【横排文字】工具在图像中输入文字内容，如图4-71所示。

(12) 双击文字图层，打开【图层样式】对话框。在该对话框中选中【斜面和浮雕】样式选项，设置【样式】为【外斜面】，【方法】为【雕刻清晰】，【深度】为195%，在【方向】选项组中选中【下】单选按钮，设置【大小】为3像素，然后单击【确定】按钮，如图4-72所示。

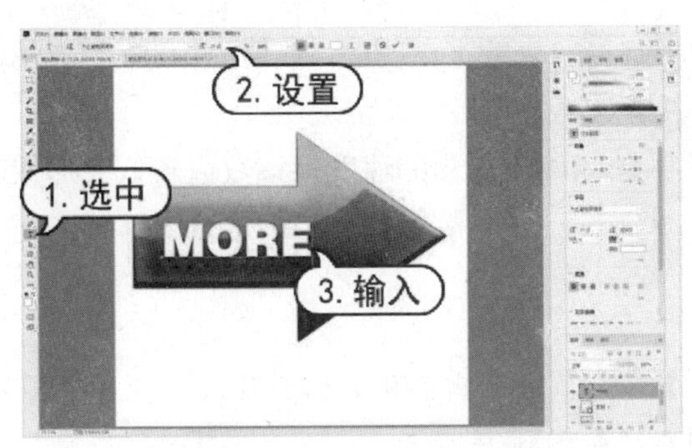

图 4-71　输入文字

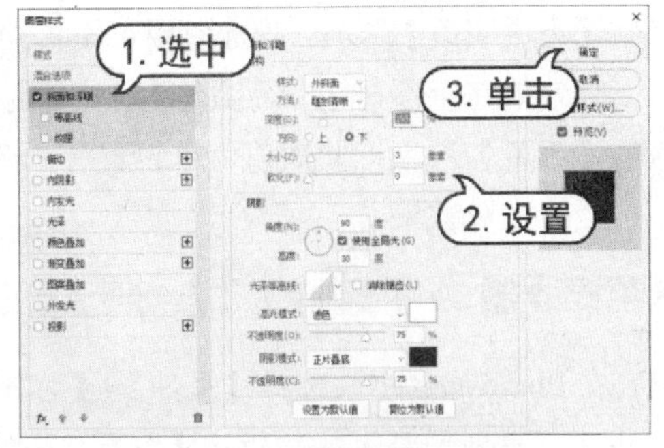

图 4-72　设置斜面和浮雕

(13) 选择【文件】|【打开】命令，打开一幅素材图像文件。按 Ctrl+A 键全选图像，并按 Ctrl+C 键复制图像，如图 4-73 所示。

(14) 返回“箭头图标”图像文档，按 Ctrl+V 键粘贴图像内容，按 Ctrl+T 键调整图像大小，并在【图层】面板中设置图层的混合模式为【正片叠底】，如图 4-74 所示。

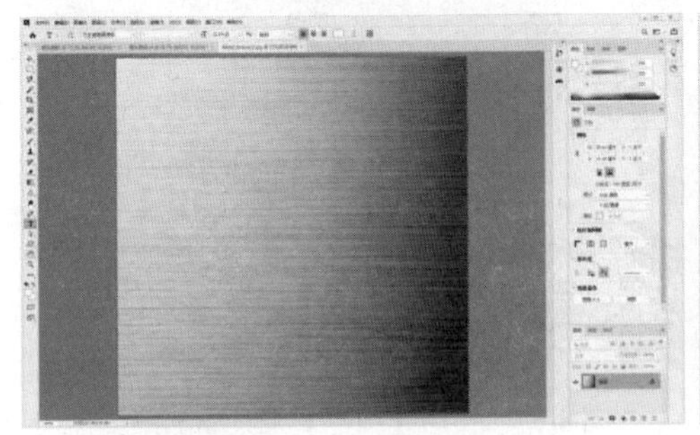

图 4-73　复制图像

图 4-74　调整图层

4. 使用绘图工具

绘画工具可以更改图像像素的颜色。通过使用绘画和绘画修饰工具，并结合各种功能就可以修饰图像，创建或编辑 Alpha 通道上的蒙版。结合【画笔设置】面板的设置，还可以自由地创作出精美的绘画效果，或模拟使用传统介质进行绘画。

【画笔】工具类似于传统的毛笔，它使用前景色绘制线条、涂抹颜色，可以轻松地模拟真实的绘画效果，也可以用来修改通道和蒙版效果，是 Photoshop 中最为常用的绘画工具。选择【画笔】工具后，在如图 4-75 所示的【选项栏】控制面板中可以设置画笔的各项参数选项，以调节画笔绘制效果。其中，主要的几项参数如下。

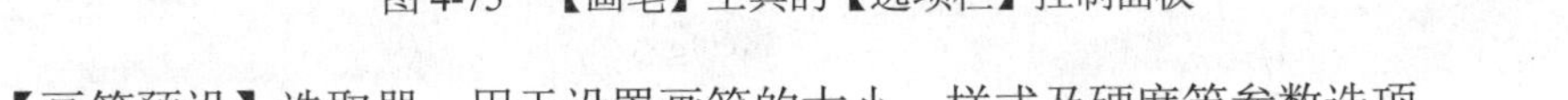

图 4-75　【画笔】工具的【选项栏】控制面板

- 【画笔预设】选取器：用于设置画笔的大小、样式及硬度等参数选项。
- 【模式】选项：该下拉列表用于设置在绘画过程中画笔与图像产生特殊混合效果。

- 【不透明度】选项：此数值用于设置绘制画笔效果的不透明度，数值为100%时表示画笔效果完全不透明，而数值为1%时则表示画笔效果接近完全透明。
- 【流量】选项：此数值可以设置【画笔】工具应用油彩的速度，该数值较低会形成较轻的描边效果。

【例 4-5】 使用【画笔】工具为图像上色。 视频

(1) 在 Photoshop 中，选择【文件】|【打开】命令，打开需要处理的照片，并在【图层】面板中单击【创建新图层】按钮新建【图层 1】图层，如图 4-76 所示。

(2) 选择【画笔】工具，并单击【选项栏】控制面板中的【画笔预设】选取器，在弹出的下拉面板中选择柔边圆画笔样式，设置【大小】为 400 像素，【不透明度】数值为 30%。在【颜色】面板中，设置前景色为 R:241 G:148 B:112。在【图层】面板中，设置【图层 1】图层的混合模式为【正片叠底】，【不透明度】数值为 80%。然后使用【画笔】工具给人物添加眼影，如图 4-77 所示。

图 4-76 打开图像文件并创建新图层

图 4-77 使用【画笔】工具添加眼影

(3) 在【图层】面板中，单击【创建新图层】按钮，新建【图层 2】图层。设置【图层 2】图层的混合模式为【正片叠底】，不透明度数值为 80%。在【色板】面板中单击【纯红橙】色板，然后使用【画笔】工具在人物的嘴唇处涂抹，如图 4-78 所示。

(4) 选择【橡皮擦】工具，在【选项栏】控制面板中设置画笔样式为柔边圆 150 像素，【不透明度】数值为 30%。然后使用【橡皮擦】工具在嘴唇边缘附近涂抹，修饰涂抹效果，如图 4-79 所示。

图 4-78 使用【画笔】工具涂抹嘴唇

图 4-79 使用【橡皮擦】工具

4.4.2　修复图像

要想制作出完美的创意作品，掌握修复图像技法是非常必要的。对不满意的图像可以使用图像修复工具，修改图像中指定区域的内容，修复图像中的缺陷和瑕疵。图像修复主要使用的是修复画笔工具组，主要有【修复画笔】工具和【污点修复画笔】工具。

【修复画笔】工具与【仿制图章】工具的使用方法基本相同，可以利用图像或图案中提取的样本像素来修复图像。但该工具可以从被修饰区域的周围取样，并将样本的纹理、光照、不透明度和阴影等与所修复的像素匹配，从而去除照片中的污点和划痕。

使用【污点修复画笔】工具可以快速去除画面中的污点、划痕等图像中不理想的部分。【污点修复画笔】工具的工作原理是从图像或图案中提取样本像素来涂改需要修复的地方，使需要修改的地方与样本像素在纹理、亮度和不透明度上保持一致，从而达到使用样本像素遮盖需要修复的地方的目的。使用【污点修复画笔】工具不需要进行取样定义样本，只要确定需要修补图像的位置，然后在需要修补的位置单击并拖动鼠标，释放鼠标即可修复图像中的污点。

【例 4-6】 使用【污点修复画笔】工具修复图像。 视频

(1) 选择【文件】|【打开】命令，打开图像文件，并在【图层】面板中单击【创建新图层】按钮新建【图层 1】，如图 4-80 所示。

(2) 选择【污点修复画笔】工具，在【选项栏】控制面板中设置画笔【大小】为 200 像素，【间距】数值为 1%，单击【类型】选项中的【内容识别】按钮，并选中【对所有图层取样】复选框，如图 4-81 所示。

提示

在【类型】选项中，单击【近似匹配】按钮，将使用选区边缘周围的像素用作选定区域修补的图像区域；单击【创建纹理】按钮，将使用选区中的所有像素创建一个用于修复该区域的纹理；单击【内容识别】按钮，会自动使用相似部分的像素对图像进行修复，同时进行完整匹配。

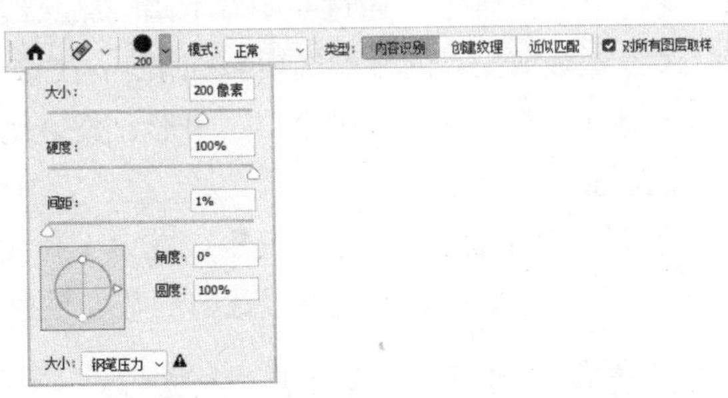

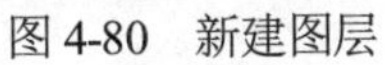
图 4-80　新建图层

图 4-81　设置【污点修复画笔】工具

(3) 使用【污点修复画笔】工具直接在图像中需要去除的地方涂抹，就能立即修掉图像中不理想的部分；若修复点较大，可在【选项栏】控制面板中调整画笔大小再涂抹，如图 4-82 所示。

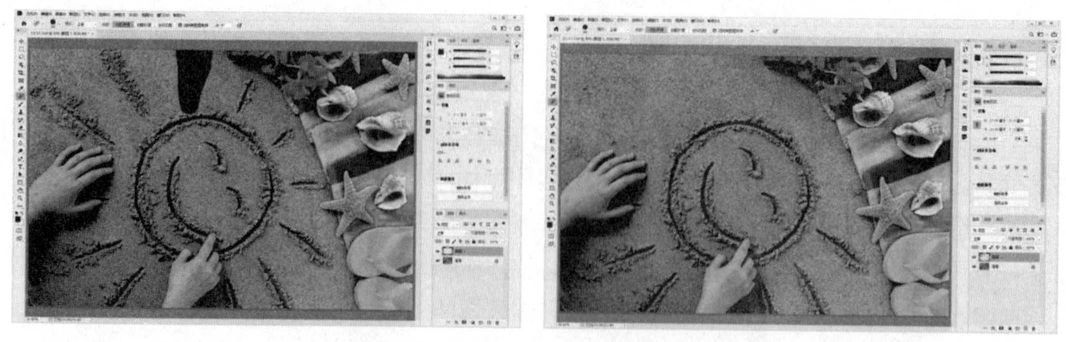

图 4-82　使用【污点修复画笔】工具

4.4.3　裁剪图像

在对数码照片或扫描的图像进行处理时，经常会裁剪图像，以保留需要的部分，删除不需要的内容。在实际的编辑操作中，除了利用【图像大小】和【画布大小】命令修改图像外，还可以使用【裁剪】工具、【裁剪】命令和【裁切】命令修剪图像。

使用【裁剪】工具可以裁剪掉多余的图像范围，并重新定义画布的大小。选择【裁剪】工具后，在画面中调整裁剪框，以确定需要保留的部分，或拖动出一个新的裁剪区域，然后按 Enter 键或双击完成裁剪。

选择【裁剪】工具后，可以在如图 4-83 所示的【选项栏】控制面板中设置裁剪方式。其主要选项参数的作用如下。

图 4-83　【裁剪】工具的【选项栏】控制面板

- 【预设】选项：在该下拉列表中，可以选择多种预设的裁剪比例。
- 【清除】按钮：单击该按钮，可以清除长宽比值。
- 【拉直】按钮：通过在图像上画一条直线来拉直图像。
- 【设置裁剪工具的叠加选项】按钮：在该下拉列表中可以选择裁剪的参考线的方式，包括三等分、网格、对角、三角形、黄金比例、金色螺线等。也可以设置参考线的叠加显示方式。
- 【设置其他裁剪选项】按钮：在该下拉面板中可以对裁剪的其他参数进行设置，如可以使用经典模式，或设置裁剪屏蔽的颜色、不透明度等参数。

【例 4-7】　使用【裁剪】工具裁剪图像。视频

(1) 选择【文件】|【打开】命令，打开素材图像文件，如图 4-84 所示。

(2) 选择【裁剪】工具，在【选项栏】控制面板中，单击【预设】选项下拉列表，选择【4：5(8：10)】选项，如图 4-85 所示。

图 4-84　打开图像文件

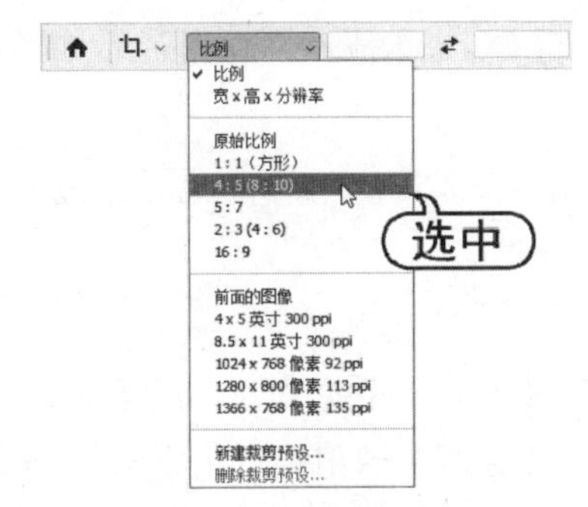

图 4-85　选择预设长宽比

(3) 将光标移动至图像的裁剪框内，拖动调整裁剪框内要保留的图像，如图 4-86 所示。

(4) 调整完成后，单击【选项栏】控制面板中的【提交当前裁剪操作】按钮✓，或按 Enter 键即可裁剪图像画面，如图 4-87 所示。

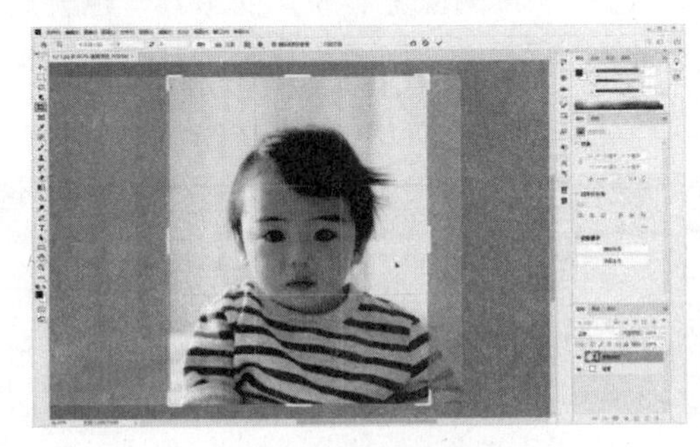

图 4-86　调整裁剪框

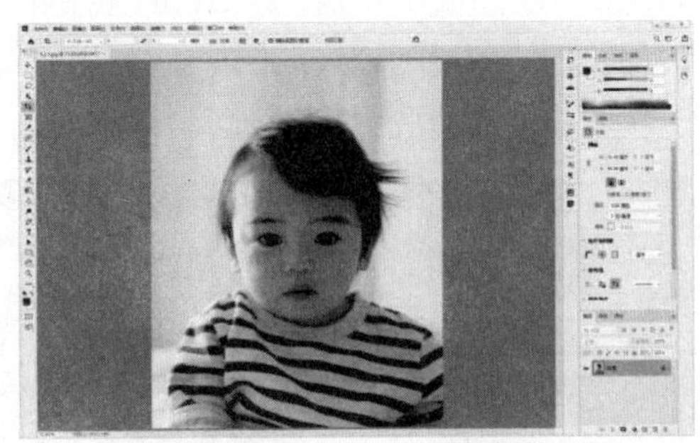

图 4-87　应用裁剪

4.4.4　修饰图像

使用 Photoshop 可以对图像进行修饰、润色等操作。其中，对图像的细节修饰包括模糊图像、锐化图像、加深图像、减淡图像及涂抹图像等。

1. 使用【模糊】工具

【模糊】工具的作用是降低图像画面中相邻像素之间的反差，使边缘的区域变柔和，从而产生模糊的效果，还可以柔化模糊局部的图像，如图 4-88 所示。

图 4-88　使用【模糊】工具

> **提示**
>
> 在使用【模糊】工具时，如果反复涂抹图像上的同一区域，会使该区域变得更加模糊不清。

单击【模糊】工具，即可显示如图 4-89 所示的【选项栏】控制面板。其主要选项参数的作用如下。

图 4-89 【模糊】工具的【选项栏】控制面板

- 【模式】下拉列表：用于设置画笔的模糊模式。
- 【强度】数值框：用于设置图像处理的模糊程度，参数值越大，模糊效果越明显。
- 【对所有图层取样】复选框：选中该复选框后，模糊处理可以对所有的图层中的图像进行操作；取消选中该复选框，模糊处理只能对当前图层中的图像进行操作。

2. 使用【锐化】工具

【锐化】工具与【模糊】工具的作用相反，它是一种图像色彩锐化的工具，也就是增大像素间的反差，达到清晰边线或图像的效果，如图 4-90 所示。使用【锐化】工具时，如果反复涂抹同一区域，则会造成图像失真。

图 4-90 使用【锐化】工具

> **提示**
>
> 【模糊】工具和【锐化】工具适合处理小范围内的图像细节。如要对整幅图像进行处理，可以使用模糊和锐化滤镜。

3. 使用【涂抹】工具

【涂抹】工具用于模拟用手指涂抹油墨的效果，以【涂抹】工具在颜色的交界处作用，会有一种相邻颜色互相挤入而产生的模糊感，如图 4-91 所示。【涂抹】工具不能在位图和索引颜色模式的图像上使用。

在如图 4-92 所示的【涂抹】工具【选项栏】控制面板中，可以通过【强度】来控制手指作用在画面上的力度。默认的【强度】为 50%，【强度】数值越大，手指拖出的线条就越长，反之则越短。

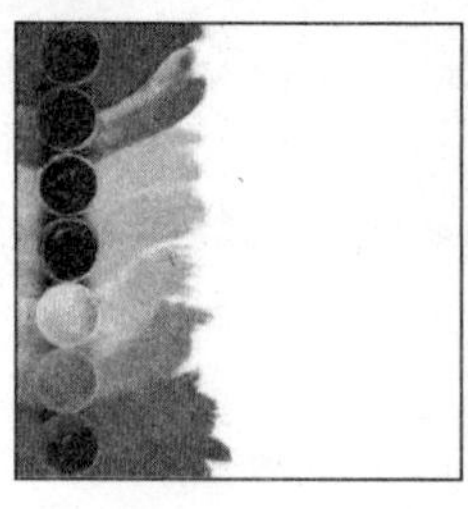
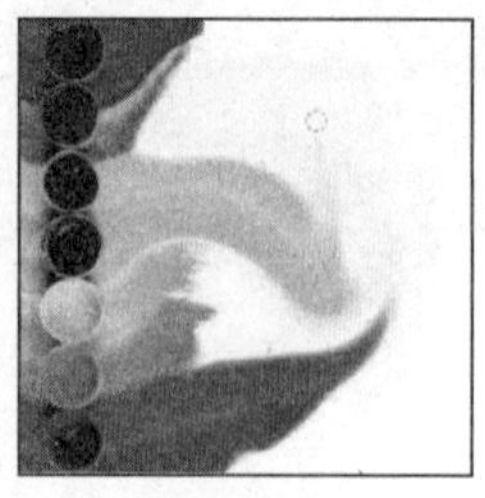

图 4-91 使用【涂抹】工具

> **提示**
>
> 【涂抹】工具适合扭曲小范围内的图像，图像太大不容易控制，并且处理速度较慢。如果要处理大面积图像，可以使用液化滤镜。

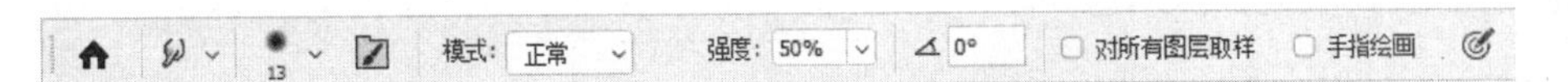

图 4-92　【涂抹】工具【选项栏】控制面板

4. 使用【减淡】工具

【减淡】工具通过提高图像的曝光度来提高图像的亮度，使用时在图像需要亮化的区域反复拖动即可亮化图像，如图 4-93 所示。

图 4-93　使用【减淡】工具

在如图 4-94 所示的【减淡】工具【选项栏】控制面板中，单击【范围】下拉列表，选择【阴影】选项表示仅对图像的暗色调区域进行亮化；【中间调】选项表示仅对图像的中间色调区域进行亮化；【高光】选项表示仅对图像的亮色调区域进行亮化。【曝光度】选项用于设定曝光强度，可以直接在数值框中输入数值或单击右侧的按钮，然后在弹出的滑动条上拖动滑块来调整。

图 4-94　【减淡】工具【选项栏】控制面板

5. 使用【加深】工具

【加深】工具用于降低图像的曝光度，通常用来加深图像的阴影或对图像中有高光的部分进行暗化处理，如图 4-95 所示。

图 4-95　使用【加深】工具

> **提示**
>
> 【加深】工具【选项栏】控制面板与【减淡】工具【选项栏】控制面板的内容基本相同，但使用它们产生的图像效果刚好相反。

6. 使用【海绵】工具

使用【海绵】工具可以精确地修改色彩的饱和度。如果图像是灰度模式，该工具可以通过使灰阶远离或靠近中间灰色来增加或降低对比度。选择【海绵】工具后，在画面中单击并拖动鼠标涂抹即可进行处理。在【海绵】工具【选项栏】控制面板的【模式】下拉列表中选择【去色】选项，可以降低图像颜色的饱和度；选择【加色】选项，可以增加图像颜色的饱和度。【流量】

数值框用于设置修改强度，该值越高，修改强度越大。选中【自然饱和度】复选框，在增加饱和度时，可以避免颜色过于饱和而出现溢色。

【例 4-8】 使用【海绵】工具调整图像。 视频

(1) 选择【文件】|【打开】命令，打开一幅图像文件，并按 Ctrl+J 组合键复制背景图层，如图 4-96 所示。

(2) 选择【海绵】工具，在【选项栏】控制面板中选择柔边圆画笔样式，设置【模式】为【去色】，【流量】为 90%，然后使用【海绵】工具在图像上涂抹，去除图像色彩，如图 4-97 所示。

图 4-96 打开图像文件

图 4-97 使用【海绵】工具

4.4.5 合成图像

在 Photoshop 中，图层、图层蒙版、选区、路径、矢量形状、矢量蒙版和 Alpha 通道等都可以进行变换和变形处理。使用编辑图像的工具可以将不同图像合成为一个图像。

使用 Photoshop 中提供的变换、变形命令可以对图像进行缩放、旋转、扭曲、翻转等各种编辑操作。选择【编辑】|【变换】命令，弹出的子菜单中包括【缩放】【旋转】【斜切】【扭曲】【透视】【变形】，以及【水平翻转】和【垂直翻转】等各种变换命令。

【例 4-9】 使用【变换】命令拼合图像。 视频

(1) 选择【文件】|【打开】命令打开素材图像文件，按 Ctrl+A 组合键全选图像，并按 Ctrl+C 组合键复制图像，如图 4-98 所示。

(2) 选择【文件】|【打开】命令打开另一幅素材图像文件，如图 4-99 所示。

图 4-98 复制图像

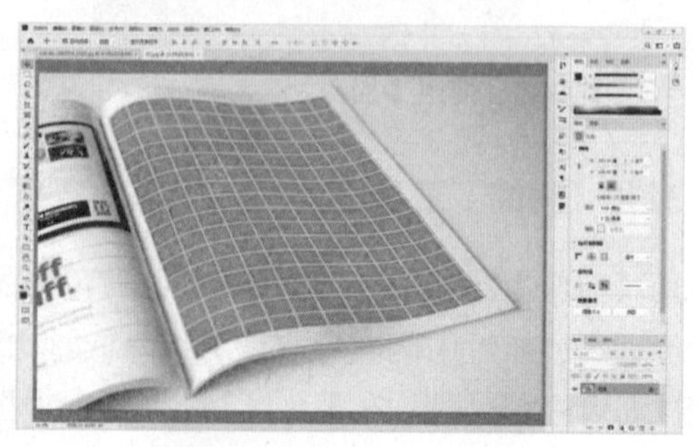

图 4-99 打开另一幅图像

(3) 按 Ctrl+V 组合键粘贴图像，并按 Ctrl+T 组合键应用【自由变换】命令，将中心变换点移动至左下角，然后将光标移至右上角定界框外，当光标显示为↻形状时，拖动鼠标旋转图像，如图 4-100 所示。

(4) 在【选项栏】控制面板中单击【在自由变换和变形模式之间切换】按钮 。当出现定界框后调整图像形状。调整完成后，单击【选项栏】控制面板中的【提交变换】按钮✓，或按 Enter 键应用变换，结果如图 4-101 所示。

图 4-100　粘贴并旋转图像

图 4-101　变换图像

4.4.6　为图像配文字

文字在设计的作品中起着解释说明的作用。Photoshop 为用户提供了便捷的文字输入、编辑功能。

Photoshop 提供了【横排文字】工具、【直排文字】工具、【横排文字蒙版】工具和【直排文字蒙版】工具 4 种创建文字的工具，如图 4-102 所示。

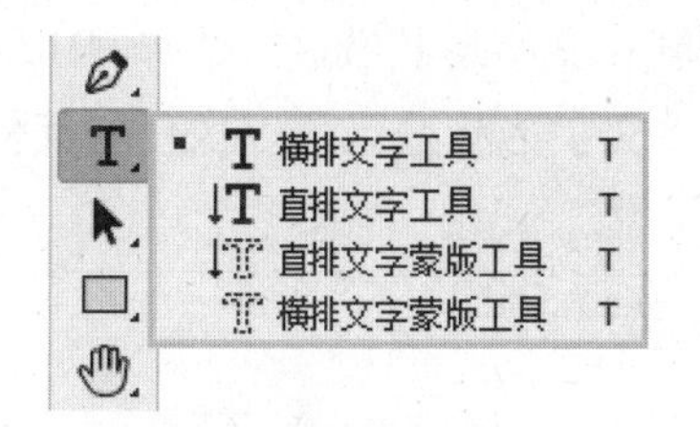

图 4-102　文字工具

提示

文字选区可以像任何其他选区一样被移动、复制、填充或描边。

【横排文字】工具和【直排文字】工具主要用来创建点文字、段落文字和路径文字。【横排文字蒙版】工具和【直排文字蒙版】工具主要用来创建文字选区。

在使用文字工具输入文字之前，用户需要在工具【选项栏】控制面板或【字符】面板中设置字符的属性，包括字体、大小、文字颜色等。

选择文字工具后，可以在如图 4-103 所示的【选项栏】控制面板中设置字体的系列、样式、大小、颜色和对齐方式等。

图 4-103　文字工具【选项栏】控制面板

1. 创建点文本和段落文本

点文本是一个水平或垂直的文本行，每行文字都是独立的，如图 4-104 所示。行的长度随着文字的输入而不断增加，不会进行自动换行，需要手动按 Enter 键换行。在处理标题等字数较少的文字时，可以通过点文本来完成。

图 4-104　点文本

段落文本是在文本框内输入的文本，它具有自动换行，可以调整文字区域大小等优势，如图 4-105 所示。在需要处理文字量较大的文本时，可以使用段落文本来完成。如果文本框不能显示全部文字内容时，其右下角的控制点会变为 ⊞ 形状。

在单击并拖动鼠标创建文本框时，如果同时按住 Alt 键，会弹出如图 4-106 所示的【段落文字大小】对话框。在该对话框中输入【宽度】和【高度】数值，可以精确定义文本框大小。

图 4-105　段落文字

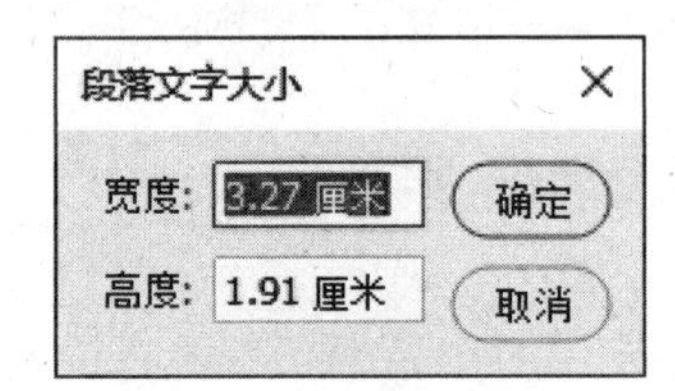

图 4-106　【段落文字大小】对话框

2. 创建文字形状选区

【横排文字蒙版】工具和【直排文字蒙版】工具用于创建文字形状选区。选择其中的一个工具，在画面中单击，然后输入文字即可创建文字形状选区。文字形状选区可以像任何其他选区一样被移动、复制、填充或描边。

3. 创建路径文字

路径文字是指创建在路径上的文字，文字会沿着路径排列。改变路径形状时，文字的排列方式也会随之改变。在 Photoshop 中可以添加两种路径文字，一种是沿路径排列的文字，一种是路径内部的文字。

要想沿路径创建文字，需要先在图像中创建路径，然后选择文字工具，将光标放置在路径上，当其显示为⻊时单击，即可在路径上显示文字插入点，从而可以沿路径创建文字，如图 4-107 所示。

要想在路径内创建路径文字，需要先在图像文件窗口中创建闭合路径，然后选择工具面板中的文字工具，移动光标至闭合路径中，当光标显示为Ⓘ时单击，即可在路径区域中显示文字插入点，从而可以在路径闭合区域中创建文字内容，如图 4-108 所示。

图 4-107 沿路径创建文字

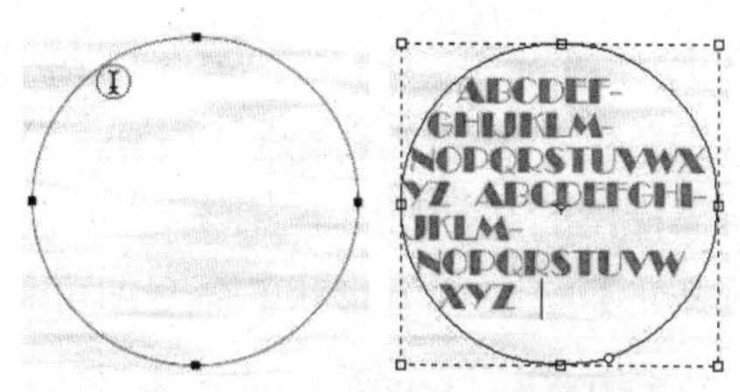

图 4-108 在闭合路径内创建文字

创建路径文字后，【路径】面板中会有两个一样的路径层，其中一个是原始路径，另一个是基于它生成的文字路径。只有选择路径文字所在的图层时，文字路径才会出现在【路径】面板中。使用路径编辑工具修改文字路径，可以改变文字的排列形状。

要调整所创建文字在路径上的位置，可以在工具面板中选择【直接选择】工具或【路径选择】工具，再移动光标至文字上，当其显示为或时按下鼠标，沿着路径方向拖动文字即可；在拖动文字的过程中，还可以拖动文字至路径的内侧或外侧，如图 4-109 所示。

图 4-109 调整文字位置

4. 创建变形文字

在 Photoshop 中，可以对文字对象进行变形操作。通过变形操作可以在不栅格化文字图层的情况下制作出更多的文字变形样式。

输入文字对象后，单击工具【选项栏】控制面板中的【创建文字变形】按钮，可以打开如图 4-110 所示的【变形文字】对话框。在该对话框中的【样式】下拉列表中选择一种变形样式即可设置文字的变形效果。对话框中各选项参数作用如下。

- 【样式】选项：在此下拉列表中可以选择一个变形样式，如图 4-111 所示。
- 【水平】和【垂直】单选按钮：选择【水平】单选按钮，可以将变形效果设置为水平方向；选择【垂直】单选按钮，可以将变形效果设置为垂直方向。
- 【弯曲】选项：可以调整对图层应用的变形程度。
- 【水平扭曲】和【垂直扭曲】选项：拖动【水平扭曲】和【垂直扭曲】的滑块，或输入数值，可以变形应用透视。

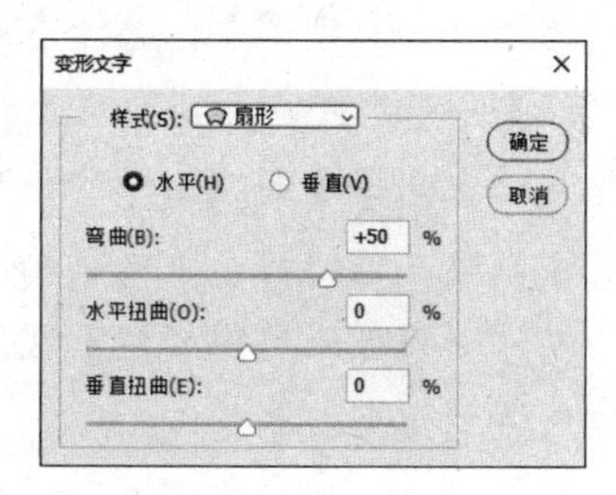

图 4-110 【变形文字】对话框

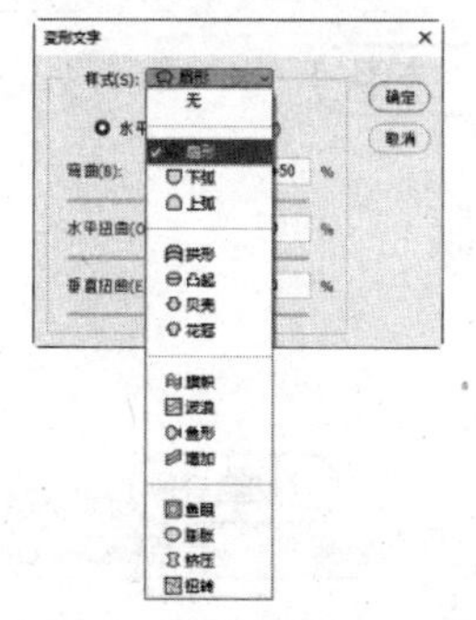

图 4-111 【样式】下拉列表

在 Photoshop 中，将文字转换为形状后可以借助矢量工具让文字产生更加丰富的变形效果，还可以用单色、渐变或图案进行填充，以及进行描边设置。要将文字转换为形状，在【图层】面板中所需操作的文字图层上右击，在弹出的快捷菜单中选择【转换为形状】命令，或选择菜单栏中的【文字】|【转换为形状】命令即可。

【例 4-10】 在图像文件中将文字转换为形状。 视频

(1) 选择【文件】|【打开】命令，打开素材图像。选择【横排文字】工具，在【选项栏】控制面板中，设置字体系列为【方正琥珀简体】，字体大小为【100 点】，然后使用【横排文字】工具在图像中单击并输入文字内容，输入结束后按 Ctrl+Enter 组合键，效果如图 4-112 所示。

(2) 在【图层】面板中，右击文字图层，在弹出的快捷菜单中选择【转换为形状】命令。选择【路径选择】工具，并结合 Ctrl+T 组合键应用【自由变换】命令调整文字效果，如图 4-113 所示。

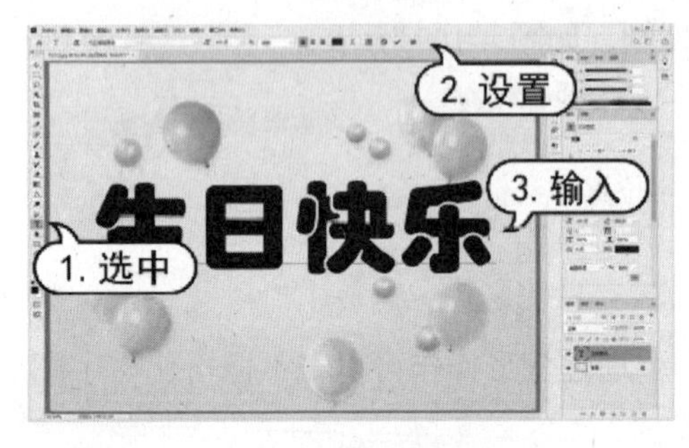

图 4-112 输入文字

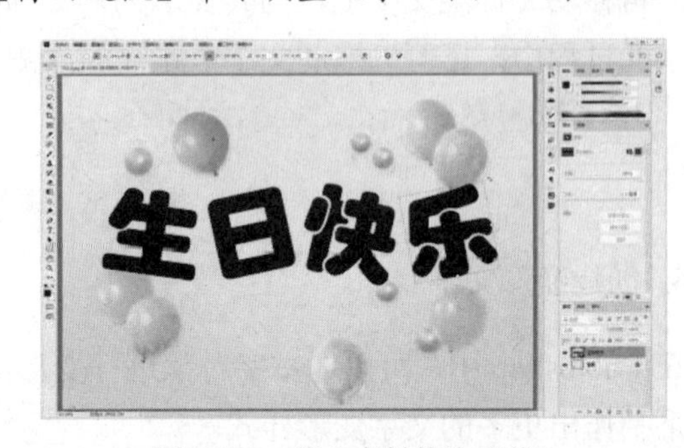

图 4-113 将文字转换为形状

提示

在 Photoshop 中，不能对文字对象使用描绘工具或【滤镜】菜单中的命令等。要想使用这些工具和命令，必须先栅格化文字对象。在【图层】面板中选择所需操作的文本图层，然后选择【图层】|【栅格化】|【文字】命令，即可将文本图层转换为普通图层。用户也可在【图层】面板中所需操作的文本图层上右击，在打开的快捷菜单中选择【栅格化文字】命令。

(3) 在【样式】面板菜单中，选择【导入样式】命令，打开【载入】对话框。在该对话框中，选中【发光立体字】样式，然后单击【载入】按钮，如图 4-114 所示。

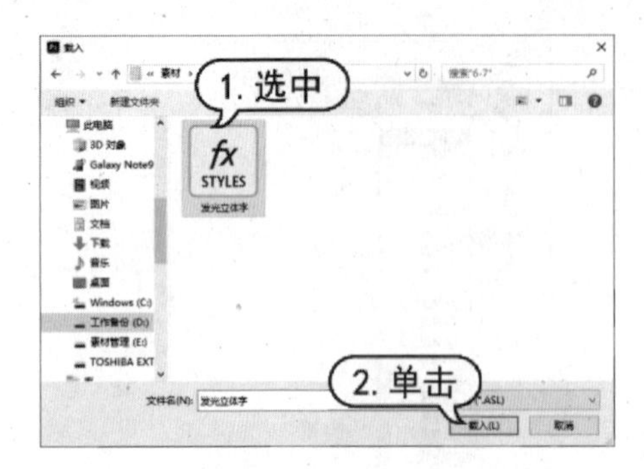

图 4-114 载入样式

提示

选择一个文字图层，选择【文字】|【创建工作路径】命令，或在文字图层上右击，在弹出的快捷菜单中选择【创建工作路径】命令，可以基于文字创建工作路径，原文字属性保持不变。生成的工作路径可以应用填充和描边，或者通过调整锚点得到变形文字。

(4) 在【样式】面板中，单击载入的图层样式，如图 4-115 所示。

(5) 选择【图层】|【图层样式】|【缩放效果】命令，打开【缩放图层效果】对话框。在该对话框中，设置【缩放】数值为 30%，然后单击【确定】按钮，如图 4-116 所示。

图 4-115　应用样式

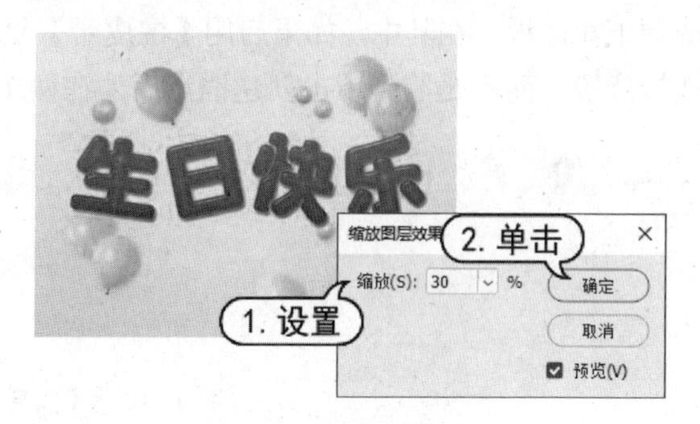

图 4-116　缩放图层效果

4.4.7　使用路径工具

路径是由贝塞尔曲线构成的图形。贝塞尔曲线则是由锚点、线段、方向线与方向点组成的线段，如图 4-117 所示。

- 线段：两个锚点之间连接的部分称为线段。如果线段两端的锚点都是角点，则线段为直线；如果任意一端的锚点是平滑点，则该线段为曲线段，如图 4-118 所示。当改变锚点属性时，通过该锚点的线段也会受到影响。

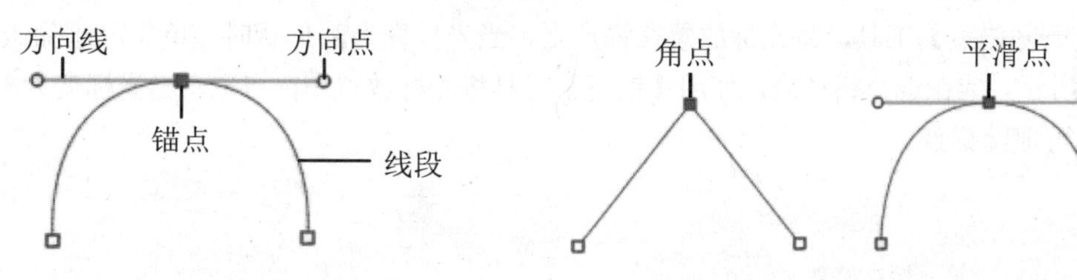

图 4-117　贝塞尔曲线　　　　图 4-118　直线段和曲线段

- 锚点：锚点又称为节点。绘制路径时，线段与线段之间由锚点连接。当锚点显示为白色空心时，表示该锚点未被选择；而当锚点显示为黑色实心时，表示该锚点为当前选择的点。
- 方向线：当用【直接选择】工具或【转换点】工具选择带有曲线属性的锚点时，锚点两侧会出现方向线。拖动方向线末端的方向点，可以改变曲线段的弯曲程度。

与其他矢量图形软件相比，Photoshop 中的路径是不可打印的矢量形状，主要是用于勾画图像区域的轮廓。用户可以对路径进行填充和描边，还可以将其转换为选区。

1. 【钢笔】工具

【钢笔】工具是 Photoshop 中最为强大的绘制工具，它主要有两种用途：一是绘制矢量图形，二是用于选取对象。在作为选区工具使用时，钢笔工具绘制的轮廓光滑、准确，将路径转换为选区就可以准确地选择对象。

在【钢笔】工具的【选项栏】控制面板中单击按钮，会打开如图4-119所示的【钢笔】设置选项下拉面板。在其中，如果启用【橡皮带】复选框，则可以在创建路径的过程中直接自动产生连接线段，而不是等到单击创建锚点后才在两个锚点间创建线段。

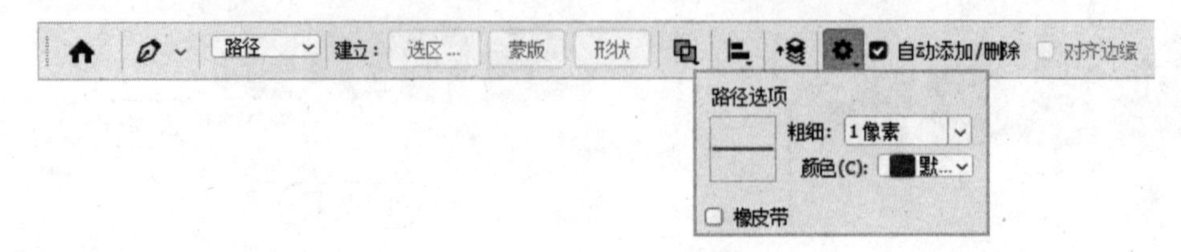

图4-119 【钢笔】设置选项

2. 编辑路径

使用Photoshop中的各种路径工具创建路径后，用户可以对其进行编辑调整，如增加、删除锚点，对路径锚点位置进行移动等，从而使路径的形状更加符合要求。

通过使用工具面板中的【钢笔】工具、【添加锚点】工具和【删除锚点】工具，用户可以快速、方便地增加或删除路径中的锚点。

选择【添加锚点】工具，将光标放置在路径上，当光标变为形状时，单击即可添加一个角点；如果单击并拖动，则可以添加一个平滑点，如图4-120所示。如果使用【钢笔】工具，在选中路径后，将光标放置在路径上，当光标变为形状时，单击也可以添加锚点。

选择【删除锚点】工具，将光标放置在锚点上，当光标变为形状时，单击可删除该锚点，如图4-121所示。或在选择路径后，使用【钢笔】工具将光标放置在锚点上，当光标变为形状时，单击也可删除锚点。

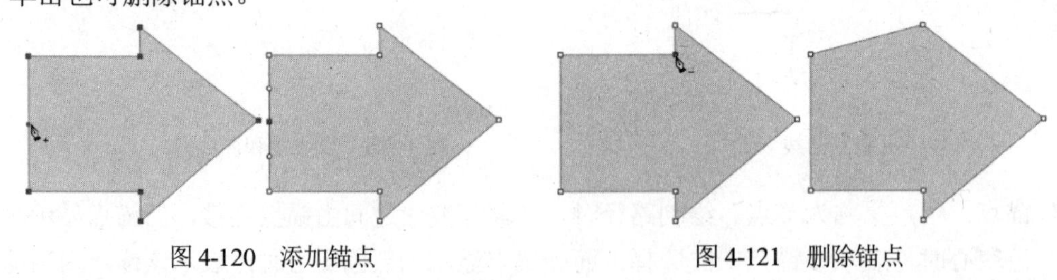

图4-120 添加锚点　　　　图4-121 删除锚点

使用【直接选择】工具和【转换点】工具，可以转换路径中的锚点类型。

一般先使用【直接选择】工具选择所需操作的路径锚点，再使用工具面板中的【转换点】工具，对选择的锚点进行锚点类型的转换。

在图像文件窗口中选择所需编辑的路径后，选择【编辑】|【自由变换路径】命令，或者选择【编辑】|【变换路径】命令的级联菜单中的相关命令，在图像文件窗口中显示定界框后，拖动定界框上的控制点即可对路径进行缩放、旋转、斜切和扭曲等变换操作，如图4-122所示。路径的变换方法与变换图像的方法相同。

使用【直接选择】工具选择路径的锚点，再选择【编辑】|【自由变换点】命令，或者选择

【编辑】|【变换点】命令的子菜单中的相关命令，可以编辑图像文件窗口中显示的控制点，从而实现路径部分线段的形状变换，如图 4-123 所示。

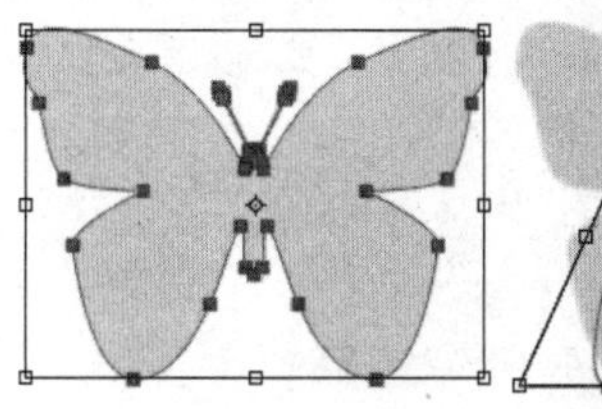
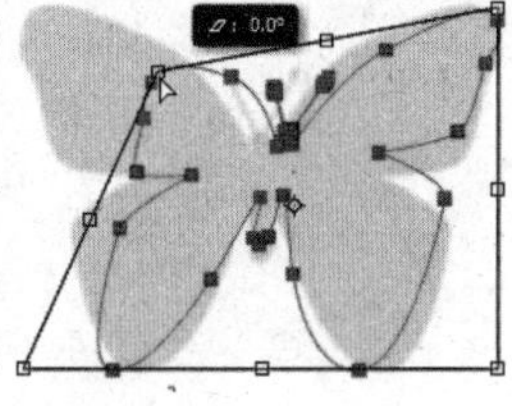
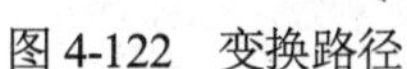
图 4-122 变换路径

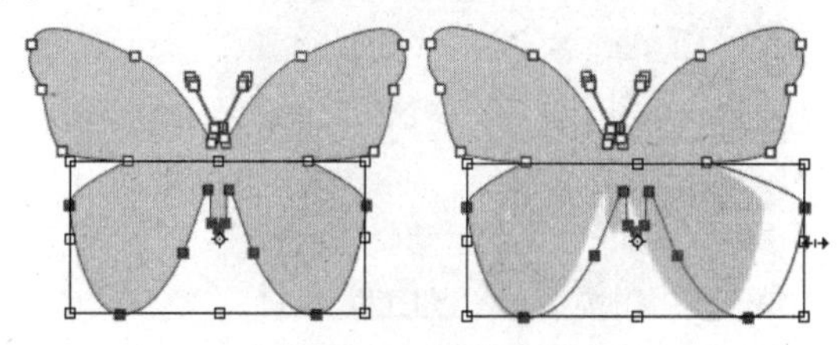
图 4-123 变换部分路径

3. 路径与选区的转换

在 Photoshop 中，除了可以使用【钢笔】工具和形状工具创建路径外，还可以通过图像文件窗口中的选区来创建路径。要想通过选区来创建路径，用户只需在创建选区后单击【路径】面板底部的【从选区生成工作路径】按钮，即可将选区转换为路径。

在 Photoshop 中，不但能够将选区转换为路径，而且还能够将所选路径转换为选区进行处理。要想将绘制的路径转换为选区，可以选择【路径】面板中的【将路径作为选区载入】按钮。如果操作的路径是开放路径，那么在转换为选区的过程中，会自动将该路径的起始点和终止点接在一起，从而形成封闭的选区。

【例 4-11】 在图像文件中将路径作为选区载入。视频

(1) 选择【文件】|【打开】命令，打开素材图像。选择【钢笔】工具，在【选项栏】控制面板中单击【选择工作模式】按钮，在弹出的选项中选择【路径】选项，然后在图像中创建工作路径，如图 4-124 所示。

(2) 单击【路径】面板中的【将路径作为选区载入】按钮将路径转换为选区，如图 4-125 所示。

图 4-124 创建路径

图 4-125 将路径转换为选区

(3) 选择【文件】|【打开】命令，打开另一个素材文件，并按 Ctrl+A 组合键全选图像画面，然后按 Ctrl+C 组合键复制图像，如图 4-126 所示。

(4) 返回图像文件，选择【编辑】|【选择性粘贴】|【贴入】命令贴入素材图像，并按 Ctrl+T 组合键应用【自由变换】命令调整图像大小，如图 4-127 所示。

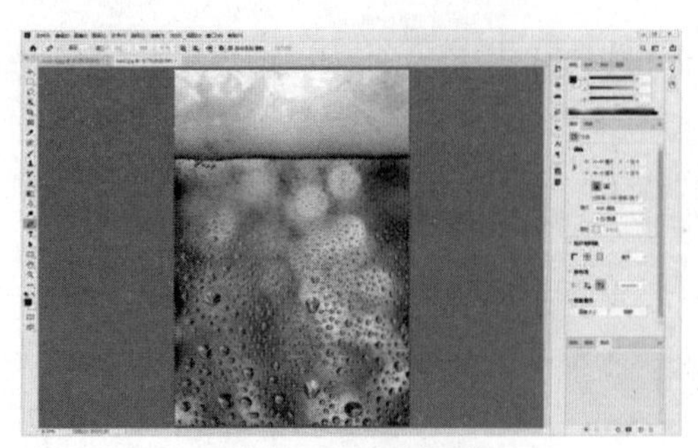

图 4-126　复制图像

图 4-127　贴入图像

4.4.8　添加图像特效

在 Photoshop 中根据滤镜产生的效果不同，可以制作出丰富多彩的图像效果。

Photoshop 中的滤镜是一种插件模块，它通过改变图像像素的位置或颜色来生成各种特殊的效果。Photoshop 的【滤镜】菜单中提供了多达一百多种滤镜，大致可以分为 3 种类型：第一种是修改类滤镜，它们可以修改图像中的像素，如扭曲、纹理、素描等滤镜，这类滤镜的数量最多；第二种是复合类滤镜，它们有自己的工具和独特的操作方法，更像是一个独立的软件，如【液化】和【消失点】滤镜等；第三种是创造类滤镜，只有【云彩】滤镜，是唯一一个不需要借助任何像素便可以产生效果的滤镜。

其中的【液化】滤镜是修饰图像和创建艺术效果的强大工具，常用于数码照片的修饰。

【例 4-12】　使用【液化】滤镜整形人物。 视频

(1) 选择【文件】|【打开】命令打开图像文件。按 Ctrl+J 组合键复制背景图层，如图 4-128 所示。

(2) 选择【滤镜】|【液化】命令，打开【液化】对话框。在该对话框中，选择【向前变形】工具，在右侧的【属性】窗格中的【画笔工具选项】中，设置【大小】数值为 900，【密度】数值为 30，然后使用【向前变形】工具在预览窗格中调整人物身形，如图 4-129 所示。

图 4-128　打开图像文件

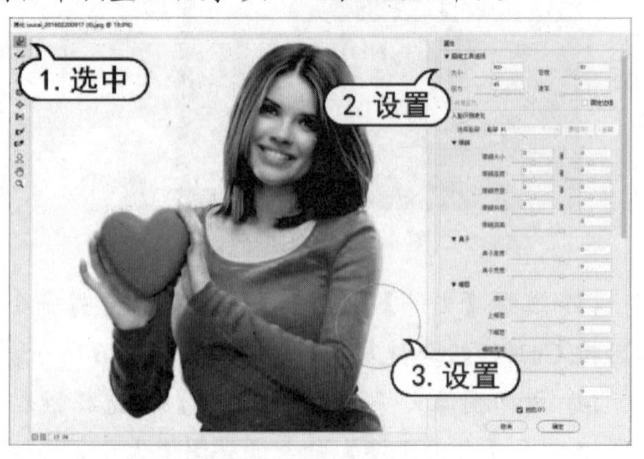

图 4-129　调整人物身形

(3) 选择【脸部】工具，将光标停留在人物面部周围，调整显示的控制点可以调整脸形，如图 4-130 所示。

(4) 在右侧的【属性】窗格中的【人脸识别液化】选项中，单击【眼睛】选项下【眼睛高度】选项中的按钮，并设置数值为-100；设置【鼻子】选项下【鼻子高度】数值为-100，【鼻子宽度】数值为-100；设置【嘴唇】选项下【微笑】数值为 50，【上嘴唇】数值为-100，【嘴唇高度】数值为-100；设置【脸部形状】选项下【下颌】数值为-100，然后单击【确定】按钮，如图 4-131 所示。

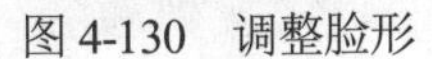
图 4-130　调整脸形

图 4-131　调整五官

4.5　实例演练

本章的实例演练为制作艺术描边效果，用户通过练习从而巩固本章所学知识。

【例 4-13】 制作艺术描边效果。视频

(1) 选择【文件】|【打开】命令，打开一幅素材图像，如图 4-132 所示。

(2) 选择【魔棒】工具，在【选项栏】控制面板中设置【容差】数值为 40，然后使用【魔棒】工具在图像中红色背景中单击，创建选区，如图 4-133 所示。

图 4-132　打开图像文件

图 4-133　创建选区

(3) 按 Shift+Ctrl+I 键反选选区，并按 Ctrl+J 键复制选区内的图像，并生成【图层 1】图层，如图 4-134 所示。

(4) 按 Ctrl 键单击【图层】面板中的【创建新图层】按钮，在【图层 1】图层下方创建【图层 2】图层，如图 4-135 所示。

图 4-134　复制选区内的图像

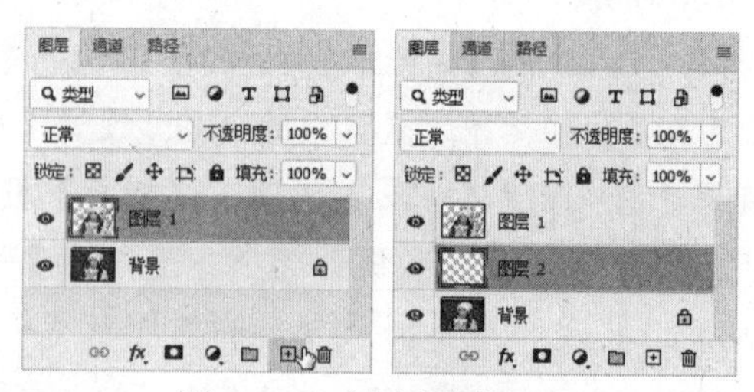

图 4-135　创建新图层

(5) 选择【钢笔】工具，在【选项栏】控制面板中选择工具模式为【路径】，然后使用【钢笔】工具在图像中创建路径，如图 4-136 所示。

(6) 选择【画笔】工具，按 Shift+X 键将前景色设置为白色，并按 F5 键打开【画笔设置】面板。在【画笔笔尖形状】选项组中，选中【柔角 30】预设画笔样式，设置【大小】为 100 像素，如图 4-137 所示。

图 4-136　创建路径

图 4-137　设置画笔样式

(7) 在【画笔设置】面板中，选中【形状动态】选项，设置【大小抖动】数值为 100%，【最小直径】数值为 20%，【角度抖动】数值为 20%，如图 4-138 所示。

(8) 在【画笔设置】面板中，选中【散布】选项，选中【两轴】复选框，设置【散布】数值为 140%，【数量】数值为 5，【数量抖动】数值为 100%，如图 4-139 所示。

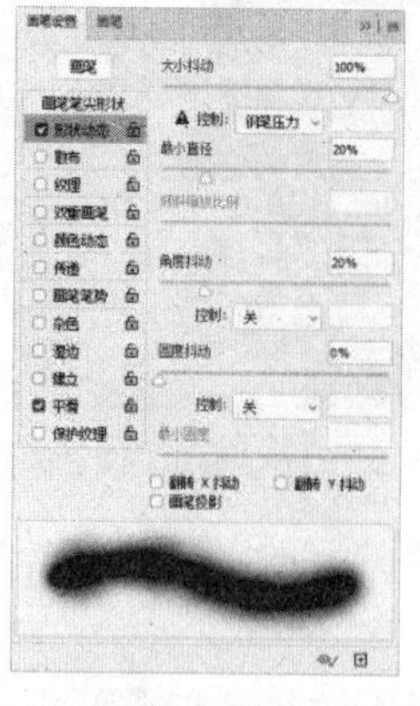

图 4-138　设置【形状动态】选项

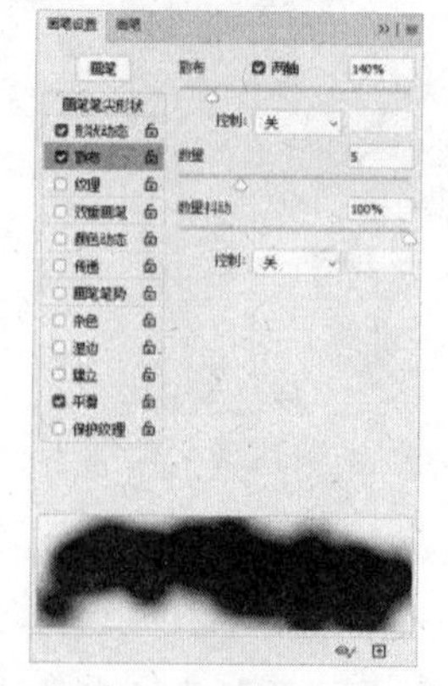

图 4-139　设置【散布】选项

(9) 在【图案】面板中，单击面板菜单按钮，从弹出的菜单中选择【旧版图案及其他】命令。然后在【画笔设置】面板中，选中【纹理】选项，单击打开图案拾色器，在载入的图案中选中【云彩(128×128 像素，灰度模式)】图案，然后设置【缩放】数值为 140%，【亮度】数值为 40，在【模式】下拉列表中选择【颜色加深】选项，如图 4-140 所示。

(10) 在【画笔设置】面板中，选中【传递】选项，设置【不透明度抖动】数值为 60%，【流量抖动】数值为 45%，如图 4-141 所示。

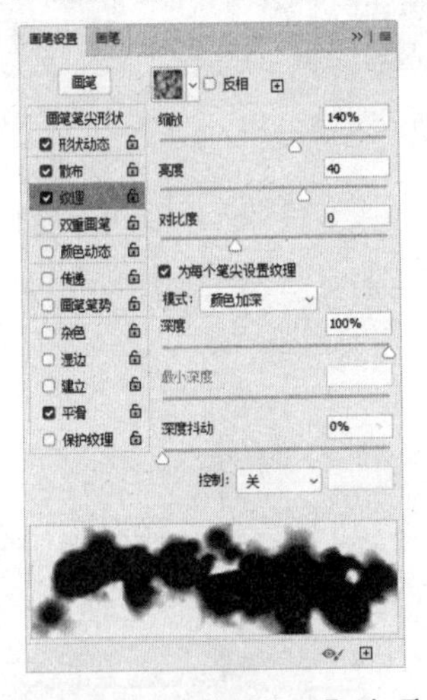

图 4-140 设置【纹理】选项

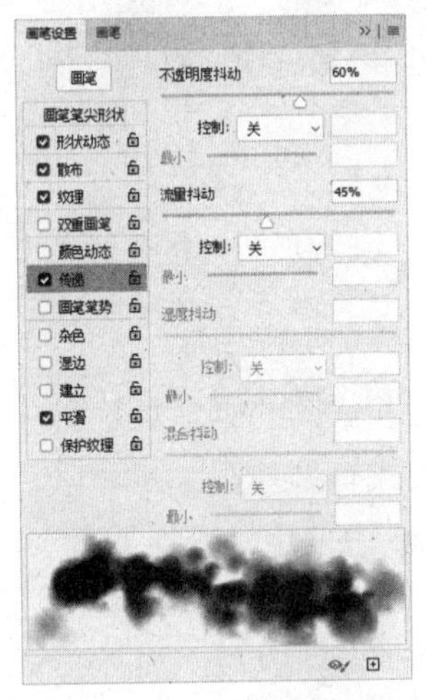

图 4-141 设置【传递】选项

(11) 在【画笔】工具的【选项栏】控制面板中设置画笔大小为 300 像素，然后在【路径】面板中单击【用画笔描边路径】按钮，如图 4-142 所示。

(12) 在【图层】面板中选中【图层 1】图层，然后单击【创建新图层】按钮，新建【图层 3】图层，如图 4-143 所示。

图 4-142 使用画笔描边路径

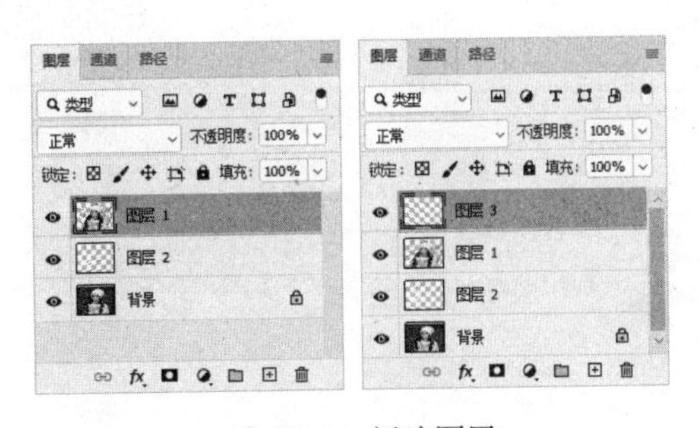

图 4-143 新建图层

(13) 使用【钢笔】工具绘制如图 4-144 左图所示的路径，然后选择【画笔】工具，将前景色设置为白色，在【选项栏】控制面板中设置画笔大小为 150 像素。最后在【路径】面板中单击【用画笔描边路径】按钮，效果如图 4-144 右图所示。

图 4-144　使用画笔描边路径

4.6　习题

1. 简述矢量图和位图的概念及差别。
2. 图像获取方式有哪些?
3. 在 Photoshop 中使用【变换】命令，利用如图 4-145 所示的左图制作出右图的图像效果。

图 4-145　图像效果

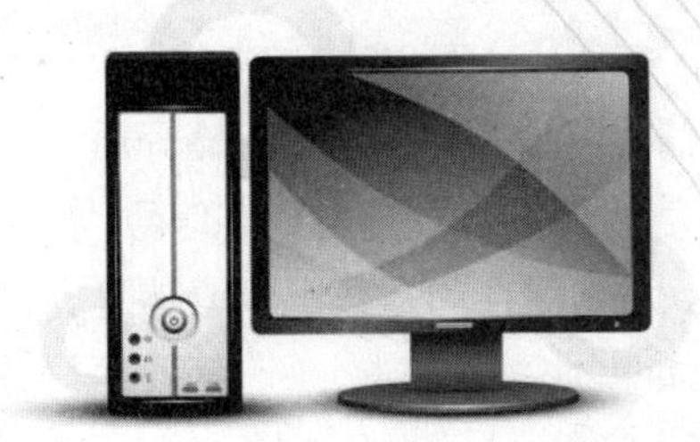

第 5 章

视频数据技术及应用

视频是随时间动态变化的一组图像，一般由连续拍摄的一系列静止图像组成，可以记录和还原真实世界的动态变化。视频因其直观、生动、具体、承载信息量大、易于传播等特点而成为一种必不可少的资源。数字视频是基于数字技术记录的，可以通过计算机随意地编辑和再创作。如今视频技术正在全面向数字化迈进，视频资源数字化也越来越普及。本章将主要介绍视频数据技术的基础知识以及视频数据编辑工具的操作等内容。

本章重点

- 数字视频的格式与转换
- 视频素材的编辑
- Premier Pro 视频应用
- After Effects 视频应用

二维码教学视频

【例 5-1】使用格式工厂

【例 5-2】使用爱剪辑

【例 5-3】为视频添加过渡效果

【例 5-4】为视频添加雨滴效果

【例 5-5】混剪视频和音频

5.1 视频基础知识

视频分为模拟视频和数字视频两类，模拟视频指由连续的模拟信号组成视频图像，存储介质是磁带或录像带，在编辑或转录过程中画面质量会降低。数字视频是把模拟信号变为数字信号，它描绘的是图像中的单个像素，可以直接存储在计算机存储设备中。因为保存的是数字像素信息而非模拟的视频信号，所以在编辑过程中可以最大限度地保证画面质量不受损失。

5.1.1 数字视频的概念

1. 视频

视频，又称为运动图像或活动图像，指的是内容随时间变化的一组动态图像。例如，每秒钟有 25 帧或 30 帧画面，一帧就是一幅静态画面。快速连续地显示帧，便能形成运动的图像，每秒钟显示的帧数越多，即帧频越高，所显示的动作就会越流畅。

2. 模拟视频和数字视频

模拟视频是一种用于传输图像和声音且随时间连续变化的电信号。传统视频的获取、存储和传输都是采用模拟方式。模拟视频不适于网络传输，其信号在处理与传送时会有一定的衰减，并且不便于分类、检索和编辑。

数字视频是基于数字技术发展起来的一种视频技术。数字视频与模拟视频相比具有很多优点。例如，在存储方面，数字视频更适合长时间存放；在复制方面，大量地复制模拟视频制品会产生信号损失和图像失真等问题，而数字视频不会产生这些问题；在编辑方面，数字视频编辑起来更加方便、快捷。

3. 视频的制式

目前，世界上主要有 NTSC 制、PAL 制和 SECAM 制三种视频制式标准。NTSC 制在美国、日本和加拿大被广为使用，NTSC 制式的视频图像为 30 帧/秒，每帧 525 行；PAL 制主要被中国、澳大利亚和大部分西欧国家采用，PAL 制式的视频画面为 25 帧/秒，每帧 625 行；SECAM 制主要在法国、中东和东欧一些国家使用，SECAM 制式的视频画面为 25 帧/秒，每帧 625 行。我们在日常生活中所见到的视频绝大多数为 PAL 制和 NTSC 制。

4. 视频分辨率

视频分辨率指的是视频的画面大小，常用图像的“水平像素×垂直像素”来表示。VCD 视频光盘的标准分辨率为 352×288(PAL)或 352×240(NTSC)，SVCD 视频光盘的标准分辨率为 480×576(PAL)或 480×480(NTSC)，DVD 视频光盘的标准分辨率为 720×576(PAL)或 720×480(NTSC)。普通电视信号的分辨率为 640×480，标清电视信号分辨率为 720×576，高清电视(HDTV)分辨率可达 1920×1080。

5. 视频压缩技术

视频压缩技术是计算机处理视频的前提。视频信号数字化后数据带宽很高，通常在 20MB/秒以上，因此计算机很难对之进行保存和处理。采用压缩技术通常会将数据带宽降到 1～10MB/秒，这样就可以将视频信号保存在计算机中并做相应的处理。常用的算法是由 ISO 制定的，即 JPEG 和 MPEG 算法。JPEG 是静态图像压缩标准，适用于连续色调彩色或灰度图像，它包括两部分：一是基于 DPCM(空间线性预测)技术的无失真编码，一是基于 DCT(离散余弦变换)和哈夫曼编码的有失真算法，前者压缩比很小，主要应用的是后一种算法。在非线性编辑中最常用的是 MJPEG 算法，即 Motion JPEG。它是将视频信号 50 帧/秒(PAL 制式)变为 25 帧/秒，然后按照 25 帧/秒的速度使用 JPEG 算法对每一帧压缩。通常压缩倍数在 3.5～5 倍时可以达到 Betacam 的图像质量。MPEG 算法是适用于动态视频的压缩算法，它除了对单幅图像进行编码外，还利用图像序列中的相关原则将冗余去掉，这样可以大大提高视频的压缩比。目前，MPEG-I 用于 VCD 节目中，MPEG-II 用于 VOD、DVD 节目中。

5.1.2　数字视频的编码标准

数字视频编码标准的制定工作主要由国际标准化组织(ISO)和国际电信联盟(ITU)完成。由 ISO 和国际电工委员会(IEC)下属的“动态图像专家组”(Moving Picture Experts Group，MPEG)制定的标准主要针对视频数据的存储应用，也可以应用于视频传输，如 VCD、DVD、广播电视和流媒体等，它们以 MPEG-X 命名，如 MPEG-1 等。而由 ITU 组织制定的标准主要针对实时视频通信的应用，如视频会议和可视电话等，它们以 H.26X 命名，如 H.261 等。

1. MPEG-X 系列标准

- MPEG-1：MPEG-1 标准制定于 1992 年，以约 1.5 Mb/s 的比特率对数字存储媒体的活动图像及其伴音进行压缩编码，采用 30 帧的 CIF 图像格式。使用 MPEG-1 标准压缩后的视频信号适于存储在 CD-ROM 光盘上，也适于在窄带信道(如 ISDN)、局域网(LAN)、广域网(WAN)中传输。
- MPEG-2：MPEG-2 标准制定于 1994 年，主要用于对符合 CCIR601 广播质量的数字电视和高清晰度电视进行压缩。MPEG-2 对 MPEG-1 进行了兼容性扩展，允许隔行扫描和逐行扫描输入、高清晰度输入；空间和时间上的分辨率可调整编码；适应隔行扫描的预测方法和块扫描方式。
- MPEG-4：MPEG-4 格式的主要用途在于网上流媒体、光盘、语音发送(视频电话)及电视广播。MPEG-4 包含了 MPEG-1 及 MPEG-2 的绝大部分功能及其他格式的优势，并加入及扩充对虚拟现实模型语言(Virtual Reality Modeling Language，VRML)的支持，面向对象的合成档案(包括音效、视讯及 VRML 对象)，以及数字版权管理(Digital Rights Management，DRM)和其他互动功能。而 MPEG-4 比 MPEG-2 更先进的一个特点，就是不再使用宏区块做影像分析，而是以影像上个体为变化记录，因此尽管影像变化速度很快、码率不足时，也不会出现方块画面。

- MPEG-7：MPEG-7 标准被称为“多媒体内容描述接口”，主要对各种不同类型的多媒体信息进行标准化描述，将该描述与所描述的内容相联系，以实现快速有效的搜索。MPEG-7 既可应用于存储(在线或离线)，也可用于流式应用。
- MPEG-21：MPEG-21 标准的正式名称为“多媒体框架”或者“数字视听框架”，它致力于为多媒体传输和使用定义一个标准化的、可互操作的和高度自动化的开放框架，这个框架考虑到了 DRM(数字版权管理)的要求、对象化的多媒体接入及使用不同的网络和终端进行传输等问题，这种框架还会在一种互操作的模式下为用户提供更丰富的信息。

2. H.26X 系列标准

- H.261：H.261 标准制定于 1990 年，是运行于 ISDN 上实现面对面视频会议的压缩标准，也是最早的视频压缩标准之一。由于 H.261 是架构在 ISDNB 上，且 ISDNB 的传输速度为 64 kb/s，因此 H.261 又称为 Px64，其中 P 为 1~30 的可变参数。H.261 使用帧间预测来消除空域冗余，并使用了运动矢量来进行运动补偿。
- H.263：H.263 标准制定于 1994 年，主要对视频会议和视频电信应用提供视频压缩。H.263 是为低码率的视频编码而设定的(通常只有 20~30 kb/s)，不描述编码器和解码器自身，而是指明了编码流的格式与内容。
- H.264：H.264 标准完成于 2005 年，与其他现有的视频编码标准相比，具有更高的编码效率，可以在相同的带宽下提供更加优秀的图像质量，并且可以根据不同的环境使用不同的传输和播放速率，还可以很好地控制或消除丢包和误码。
- H.265：H.265 标准制定于 2013 年，可在低于 1.5 Mb/s 的传输带宽下，实现 1080P 全高清视频传输。H.265 标准也同时支持 4K(4096×2160 像素)和 8K (8192×4320 像素)超高清视频。
- AVS：AVS 是我国具备自主知识产权的第二代信源编码标准，是《信息技术先进音视频编码》系列标准的简称。AVS 标准包括系统、视频、音频、数字版权管理 4 个主要技术标准和符合性测试等支撑标准。

5.1.3 数字视频的格式与转换

常见的数字视频文件主要分两大类：一类是普通的影像文件，另一类是流媒体文件。

1. 普通影像文件

常见的普通影像文件主要有以下几种格式。

- AVI 格式：AVI (Audio Video Interleaved，音频视频交错)格式可以将视频和音频交织在一起进行同步播放。它于 1992 年由 Microsoft 公司推出，优点是图像质量好，可以跨多个平台使用，其缺点是体积过于庞大，压缩标准不统一。

- MPEG 格式：MPEG(Moving Picture Experts Group)格式是运动图像压缩算法的国际标准，它采用了有损压缩方法减少运动图像中的冗余信息。MPEG 的压缩方法是依据相邻两幅画面绝大多数相同，把后续图像中和前面图像有冗余的部分去除，从而达到压缩的目的(其最大压缩比可达到 200∶1)。
- DivX 格式：DivX 格式(DVDrip)是由 MPEG-4 衍生出的另一种视频编码(压缩)标准，采用了 MPEG-4 的压缩算法，同时又综合了 MPEG4 与 MP3 的技术，使用 DivX 压缩技术对 DVD 盘片的视频图像进行高质量压缩，同时用 MP3 或 AC3 技术对音频进行压缩，然后将视频与音频合成并加上相应的外挂字幕文件而形成的视频格式。其画质直逼 DVD，但体积只有 DVD 的几分之一。
- MP4 格式：MP4 的全称为 MPEG4 Part 14，是一种使用 MPEG-4 压缩算法的多媒体计算机档案格式。这种视频文件能够在很多场合中播放。
- MOV 格式：MOV 是美国 Apple 公司开发的一种视频格式，默认的播放器是苹果的 QuickTime Player，具有较高的压缩比和较完美的视频清晰度。其最大的特点是跨平台性，不仅支持 Mac OS 系统，也支持 Windows 系统。
- MKV 格式：Matroska 多媒体容器是一种开放标准的自由的容器和文件格式，是一种多媒体封装格式，能够在一个文件中容纳无限数量的视频、音频、图片或字幕轨道。所以 MKV 不是一种压缩格式，而是 Matroska 定义的一种多媒体容器文件。其最大的特点是能容纳多种不同类型编码的视频、音频及字幕流。不同类型视频的 Matroska 的文件扩展名有所不同，如携带了音频、字幕的视频文件是.MKV；对于 3D 立体影像视频是.MK3D；对于单一的纯音频文件是.MKA；对于单一的纯字幕文件是.MKS。

2. 流媒体文件

流媒体技术(Streaming Media Technology)是为解决以 Internet 为代表的中低带宽网络上多媒体信息(以视频、音频信息为重点)传输问题而产生、发展起来的一种网络新技术。常见的流媒体文件如下。

- ASF (Advanced Streaming Format)格式：用户可以直接使用 Windows Media Player 播放 ASF 格式的文件。由于 ASF 格式使用了 MPEG-4 压缩算法，因此压缩率和图像的质量都较高。
- WMV (Windows Media Video)格式：由微软推出的一种采用独立编码方式，并且可以直接在网上实时观看视频节目的文件压缩格式。WMV 格式的主要优点包括本地或网络回放、可扩充的媒体类型、部件下载、可伸缩的媒体类型、流的优先级化、多语言支持、环境独立性、丰富的流间关系以及扩展性等。
- RM(Real Media)格式：Real Networks 公司所制定的音频视频压缩规范称为 Real Media，用户可以使用 RealPlayer 或 Real One Player 对符合 Real Media 技术规范的网络音频、视频资源进行实况转播，并且 Real Media 可以根据不同的网络传输速率制定不同的压缩比率，从而实现在低速率的网络上进行影像数据实时传送和播放。

- RMVB 格式：一种由 RM 格式升级延伸出的新视频格式，它的先进之处在于打破了 RM 格式平均压缩采样的方式，在保证平均压缩比的基础上合理利用比特率资源。这种视频格式还具有内置字幕和无须外挂插件支持等优点。
- FLV 格式：FLV 流媒体格式是随着 Flash MX 的推出而发展起来的视频格式，是 Flash Video 的简称。它文件体积小巧，是普通视频文件体积的 1/3，再加上 CPU 占有率低、视频质量良好等特点，在线上视频网站应用广泛。

由于视频文件格式种类较多，在使用视频文件时，有时需要对视频文件进行格式转换。可以实现格式转换的软件比较多，如格式工厂、万能视频格式转换器、Camtasia Studio 等。

格式工厂是万能的多媒体格式转换器，具有强大的格式转换功能和友好的操作性。

【例 5-1】 使用格式工厂将 WMV 格式的视频文件转换为 MP4 格式文件。 视频

(1) 启动格式工厂，单击功能区中【视频】栏下的 MP4 图标，如图 5-1 所示。

(2) 打开 MP4 对话框，单击右上角的【添加文件】按钮，如图 5-2 所示。

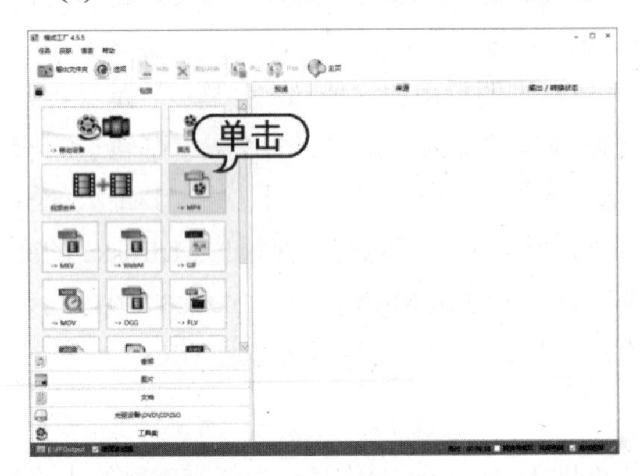

图 5-1 单击 MP4 图标

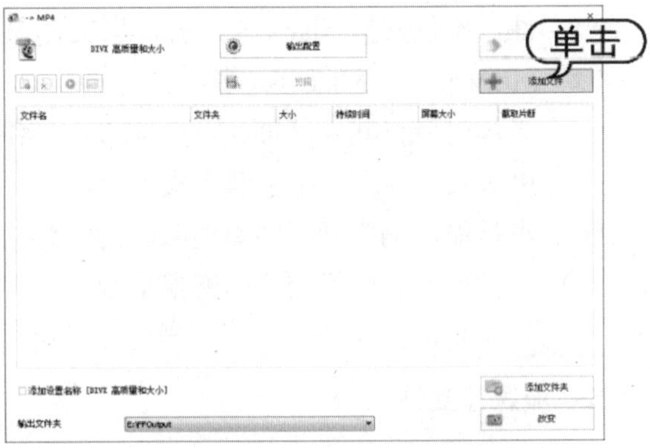

图 5-2 单击【添加文件】按钮

(3) 打开【打开】对话框。选择 WMV 格式文件，单击【打开】按钮，如图 5-3 所示。

(4) 返回 MP4 对话框，单击【输出配置】按钮，如图 5-4 所示。

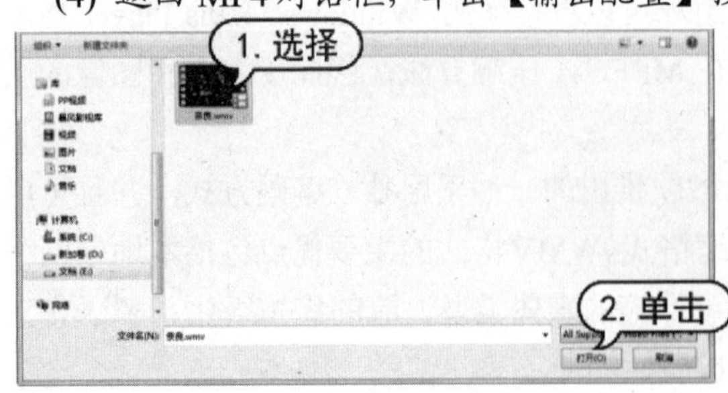

图 5-3 【打开】对话框

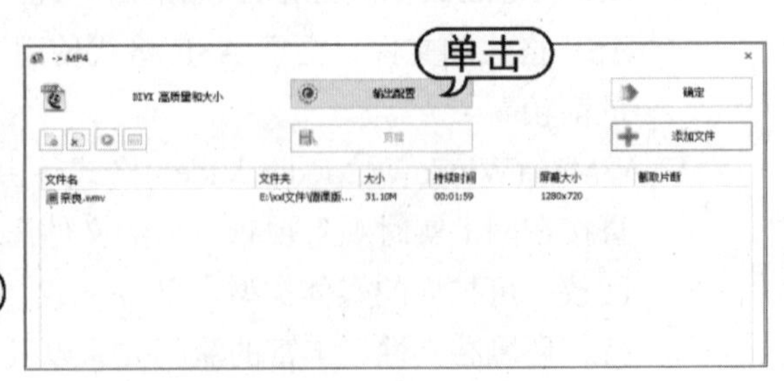

图 5-4 单击【输出配置】按钮

(5) 打开【视频设置】对话框，在【预设配置】下拉列表中选择【AVC 480p】选项。在【配置】列表框的【关闭音效】选项右侧单击，在打开的下拉列表中选择【是】选项，单击【确定】按钮，如图 5-5 所示。

(6) 返回 MP4 对话框。单击右下角的【改变】按钮，打开【浏览文件夹】对话框，设置路径，单击【确定】按钮，如图 5-6 所示。

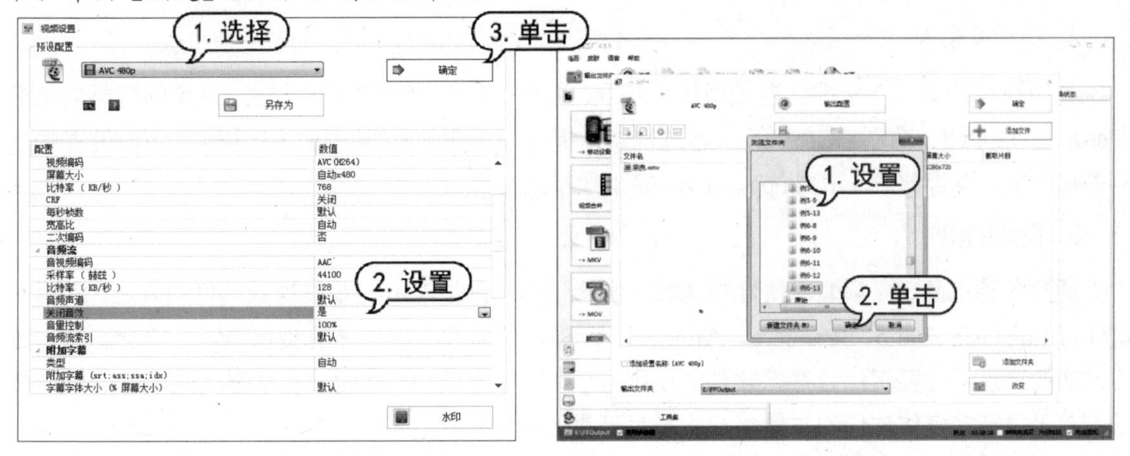

图 5-5　视频设置　　　　图 5-6　打开【浏览文件夹】对话框

(7) 再次返回 MP4 对话框。单击【确定】按钮。此时，所选视频文件将添加到任务列表中，单击工具栏上的【开始】按钮，如图 5-7 所示。

(8) 开始转换视频文件并显示转换进度，当出现提示音且进度条上显示【完成】字样后，即表示本次转换操作成功，如图 5-8 所示。

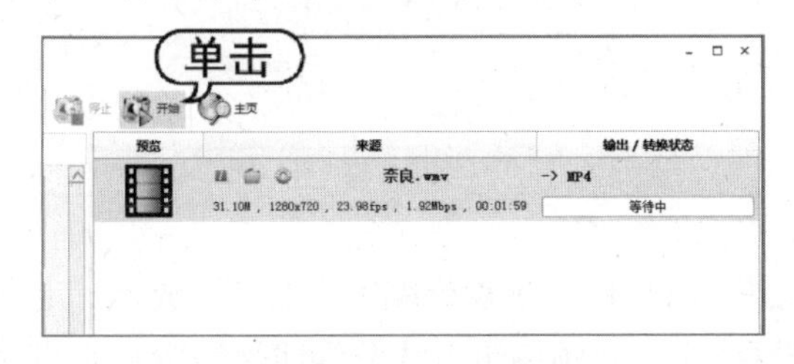

图 5-7　单击【开始】按钮

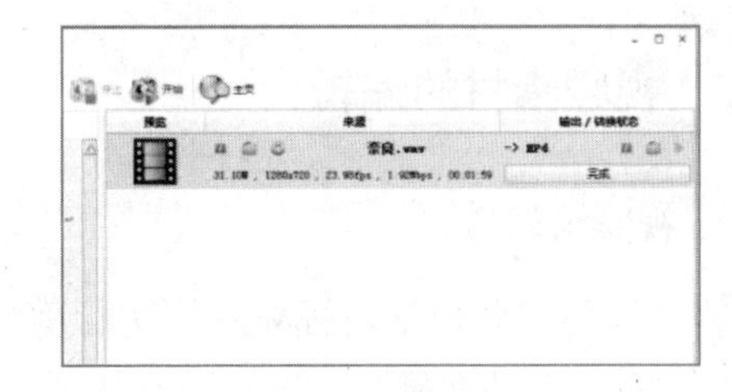

图 5-8　转换完成

5.2　视频素材的获取与编辑

多媒体视频素材的获取有多种方式，既可以从已有视频文件中选取，也可以自己录制。使用专业编辑视频软件可以编辑获取的视频素材。

5.2.1　视频素材的获取

通过视频采集，可以从不同视频源获取视频素材，并通过编辑加工以符合多媒体的播放要求。下面介绍视频素材获取的几种方法。

1. 素材库光盘

多媒体素材库光盘是获取视频资源的主要途径之一。现在市面上流行的多媒体光盘中，往往含有多种影像资料，常见的影像资料格式有.avi、.mpg、.mov、.flc、.fli 和.dat 等。随着光盘价格的降低，这不失为一个经济实惠的方法。

2. 视频采集卡

利用视频采集卡直接进行视频资料的获取，这也是最有效和快捷的方法。常见的视频采集卡有品尼高 720PCI、圆刚 GC550 等。通过视频捕捉卡和相应的软件，可以把电视、录像等视频信号采集下来，并存储成.avi、.mpg、.mov 等影像格式文件。

3. 视频编辑软件

通过各种动画、视频编辑软件制作数字影像资料，也是常用的获取视频素材的方法。常用的软件有 Camtasia Studio、Premiere、After Effects 等，其他大众软件还有爱剪辑、会声会影等。这种方法的缺点是需要制作者熟悉软件的使用方法，制作周期长，然而一旦掌握这些软件的使用技巧，对于提高多媒体软件的质量将起到举足轻重的作用。

4. 从计算机屏幕上录制操作过程

对于那些多媒体软件和光盘中找不到现成的影像资料文件，我们可以采用 Hypercam、Screencam、SnagIt 等动态屏幕捕捉软件，对感兴趣的屏幕内容进行捕捉，最后存储成.avi、.mpg、.mov 等视频格式文件。例如，介绍某个软件操作方法，可以将屏幕图像动态过程制作成一个视频文件，通过观看相关视频了解这个软件的操作方法。

5.2.2 视频素材的编辑

1. 视频编辑方式

视频编辑主要包括对视频片段进行剪切、合并，以及将视频素材编辑合成，生成为一定格式的视频文件，存储在硬盘、光盘等介质或发布到网络上。视频编辑方式分为线性编辑和非线性编辑两种。

- 线性编辑：线性编辑是以编辑机为核心，制作时通常用“组合编辑”的办法将素材按顺序编成新的连续画面，然后再用“插入编辑”对某一段进行同样长度的替换，但是无法删除、缩短、加长中间的某一段。线性编辑属于传统摄像机留下来的概念，已经不适合计算机和数字化处理的要求。
- 非线性编辑：非线性编辑和传统的线性编辑的最大区别是可以对素材进行任意调用、剪裁。非线性编辑是以计算机为核心，可以按任意顺序、长短来编辑视频素材，并可方便加入各种转场(切换)和视频特效，编辑时还能确保质量不损失，其效果大大优于传统的线性编辑。

2. 视频编辑流程

视频编辑流程包括以下几步。

- 设计脚本：脚本和剧本相似，它包含对视频的内容与创意的描述，记录和展示了视频的情节、台词、表情、动作、旁白、音乐、特效等要素，以及实现创意和构思的途径及技术手段等。脚本分为拍摄脚本和编辑脚本两种，前者的内涵和剧本一样，用于规范数码摄像机(DV)拍摄；编辑脚本是在拍摄脚本基础上的引申和发展，它着重于考虑创意和构思的实现方法和技术手段，把创意和构思实现为最终的影视作品。制作 MTV、DV 短片、广告片等类型的影片时，编制脚本是必不可少的步骤。而制作普通的家庭录像，编写完整的设计脚本是很难办到的，不过，在拍摄和制作时进行整体的构思是必不可少的，尽管不一定要形成脚本文字。

- 收集整理素材：素材通常包括图片素材、音频素材和视频素材。其中，视频素材是素材收集和整理中最为核心的内容，收集视频素材的手段主要有数码摄像机采集、视频采集及截取光盘和网络视频。音频素材主要来源为音乐 CD、MP3、MIDI 等，其中后两者可以从网络收集。图片素材可以用数码摄像机、数码相机拍摄，也可以自己制作或从网上收集。收集的素材需要按要求进行初步的处理，以方便后期的制作。
- 编辑合成：这一步主要在各种视频编辑软件中完成，如 Camtasia Studio、Adobe Premiere 等。在这一步骤中将把所有的素材编辑合成为视频，主要操作有视频素材的剪辑、特效的制作、字幕的制作、音频的合成等。此步骤是实现构想与创意的关键步骤。
- 输出发布：最终视频作品可以输出为 VCD、SVCD、DVD 光盘等。在制作 VCD、SVCD 和 DVD 时，通常还需要制作光盘菜单。视频作品也可以输出为硬盘中存储的视频文件，以及通过网络传输的流媒体文件。

国内的“爱剪辑”是一款易用、强大的视频剪辑编辑软件，也是全民流行的全能免费视频剪辑软件。下面用爱剪辑软件举例简单介绍编辑视频文件的操作。

【例 5-2】 使用爱剪辑快速剪辑视频文件。 视频

(1) 启动爱剪辑软件，选择【视频】选项卡，在视频列表下方单击【添加视频】按钮，如图 5-9 所示。

(2) 打开【请选择视频】对话框，选择视频文件，单击【打开】按钮，如图 5-10 所示。

图 5-9　单击【添加视频】按钮

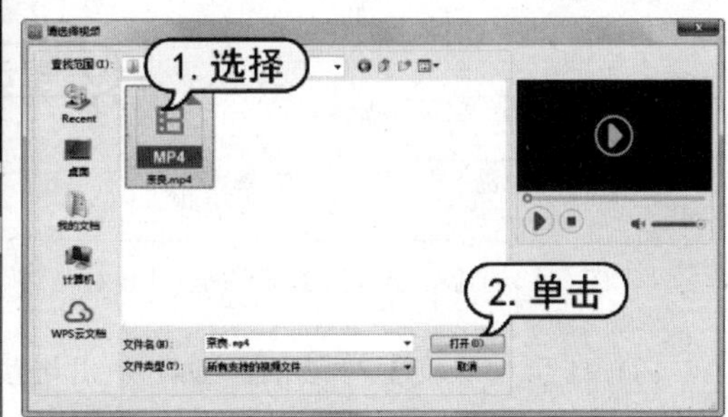

图 5-10　【请选择视频】对话框

(3) 打开【预览/截取】对话框，拖动进度条到适合时间，单击【开始时间】后的按钮，然后继续拖动进度条到适合时间，单击【结束时间】后的按钮，然后单击【播放截取的片段】按钮可以查看截取视频范围，最后单击【确定】按钮，如图 5-11 所示。

(4) 返回主界面，显示已添加的截取视频，单击【导出视频】按钮，如图 5-12 所示。

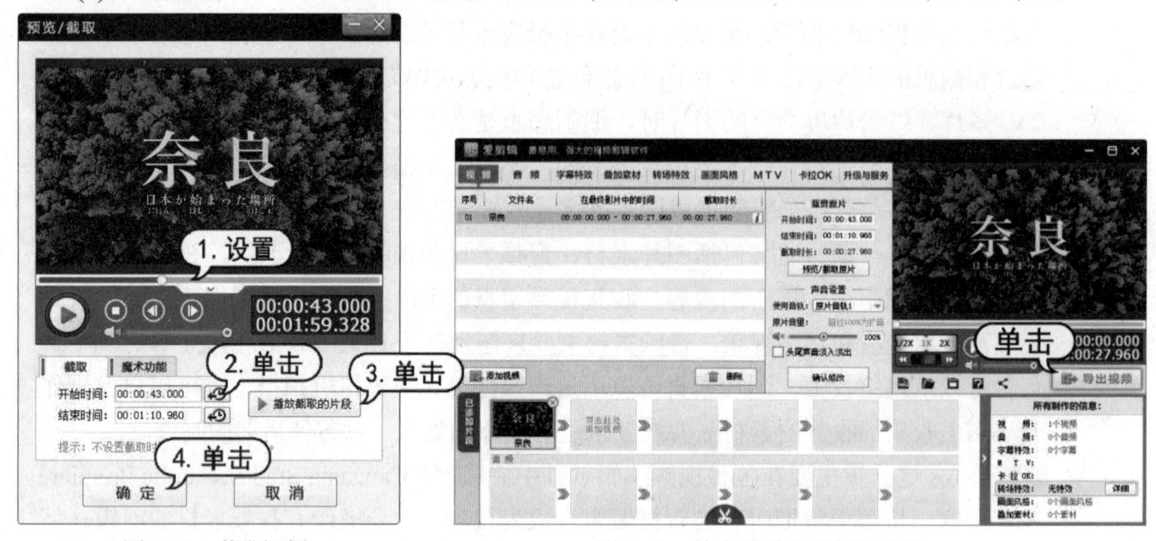

图 5-11　截取视频　　　　图 5-12　单击【导出视频】按钮

(5) 打开【导出设置】对话框，设置导出选项，然后单击【浏览】按钮，如图 5-13 所示。

(6) 打开【请选择视频的保存路径】对话框，设置保存路径和文件名，单击【保存】按钮，如图 5-14 所示。

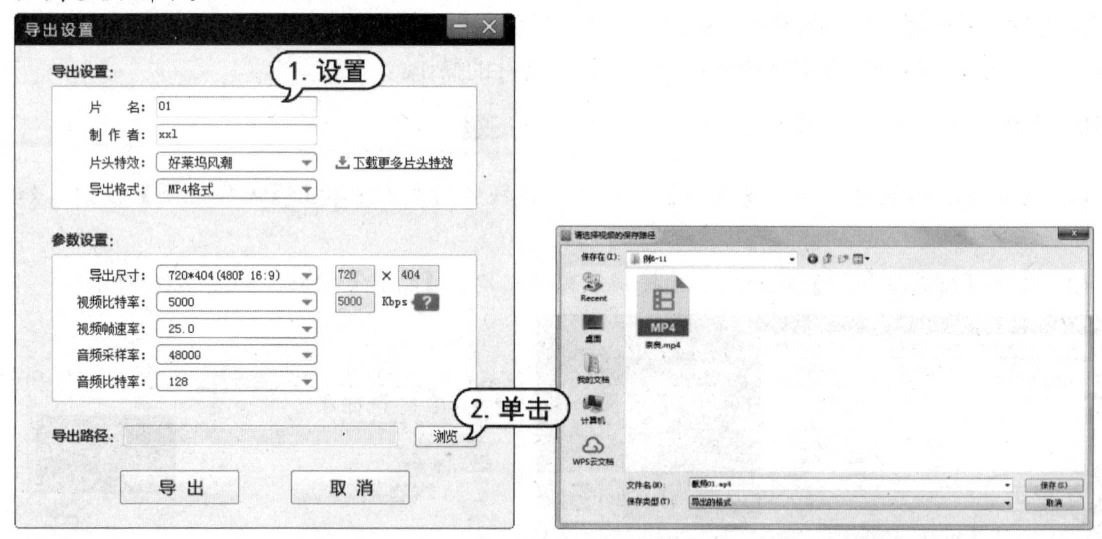

图 5-13　【导出设置】对话框　　　　图 5-14　【请选择视频的保存路径】对话框

(7) 打开【进度】对话框，显示导出进度，如图 5-15 所示。

(8) 打开保存路径文件夹，显示导出的截取视频，如图 5-16 所示。

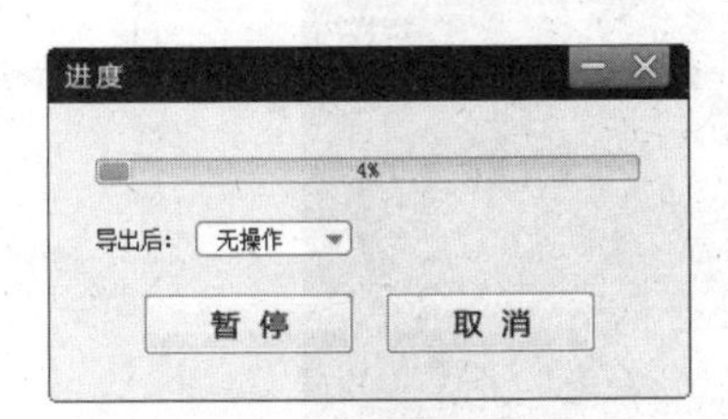

图 5-15　显示导出进度

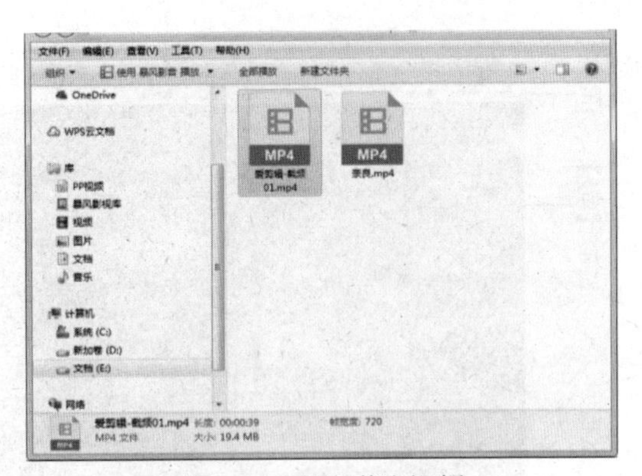

图 5-16　显示截取视频

5.3　视频编辑软件 Premiere Pro

对数字视频影像进行处理需要借助专门的计算机软件来进行，Adobe Premiere Pro 2020 是 Adobe Systems 公司推出的优秀视频编辑软件，它集视频、音频处理功能于一体，无论对于专业人士还是新手都是一个得力助手。

5.3.1　导入及编辑素材

双击 Premiere Pro 的启动图标，将出现 Premiere Pro 启动画面。稍后会出现如图 5-17 所示的欢迎窗口，单击其中的【新建项目】按钮，打开【新建项目】对话框，默认打开的是【常规】选项卡，用户可以在此选项卡中设置相关参数。如图 5-18 所示。

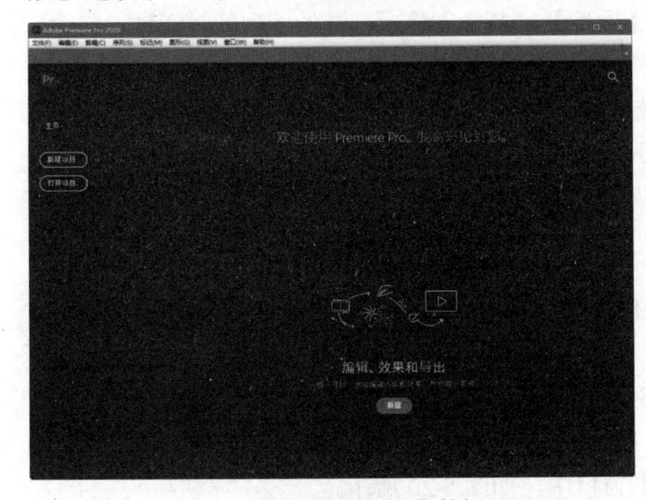

图 5-17　单击【新建项目】按钮

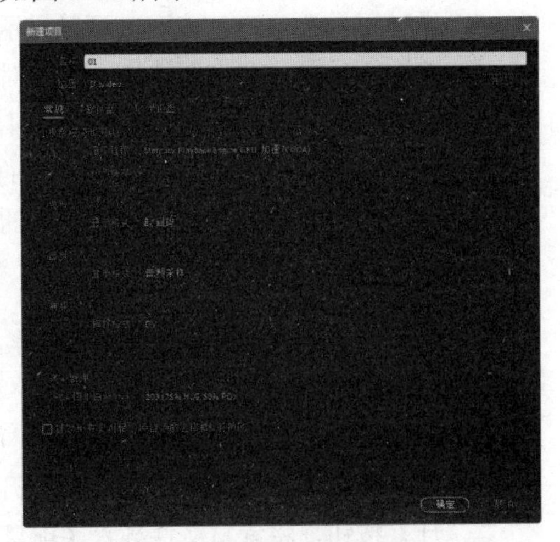
图 5-18　【常规】选项卡

设置完成后，单击【确定】按钮，新建视频项目并进入 Premiere Pro 的工作界面中。Premiere Pro 的工作界面主要由标题栏、菜单栏、【源】窗口，【项目】窗口、【节目】窗口、【时间轴】窗口、工具面板等组成，如图 5-19 所示。

图 5-19　Premiere Pro 的工作界面

下面主要对工作界面中的 4 种窗口进行介绍。

- 【源】窗口：【源】窗口也称为源监视器，可以在其中预览各个素材，还可以添加序列的素材并设置入点和出点、插入素材标记以及将素材添加到序列的时间轴中。
- 【项目】窗口：【项目】窗口用于输入、组织和存储参考素材，所有导入的视音频和图像素材、素材编辑的序列、字幕及建立的蒙版等都位于该窗口中。
- 【时间轴】窗口：该窗口可以显示【项目】窗口中创建或打开的序列的时间轴，包含多个视频轨道和音频轨道，可以对其进行编辑制作。
- 【节目】窗口：该窗口也称为节目监视器，可以回放在序列时间轴窗口中编辑的素材，还可以设置序列标记并指定序列的入点和出点。【节目】窗口中显示的画面是时间轴中多个视频轨道素材编辑合成后的最终效果。

1. 导入素材

Premiere Pro 可将拍摄或其他来源的素材文件，通过导入命令放置到【项目】窗口，然后对其进行编辑制作。

Premiere Pro 导入素材的方法有多种，可以通过以下方式导入素材。

- 执行【文件】|【导入】命令，打开【导入】对话框，选择一个或多个文件，单击【打开】按钮，将素材文件导入【项目】窗口中，如图 5-20 所示。
- 从软件外部的资源管理器中选择素材文件并将其直接拖动到【项目】窗口中。
- 在【项目】窗口中选择【媒体浏览器】选项卡，在展开的素材文件夹中选择素材文件直接拖动到【项目】窗口中。
- 双击【项目】窗口的空白处或按 Ctrl+I 快捷键导入素材文件。

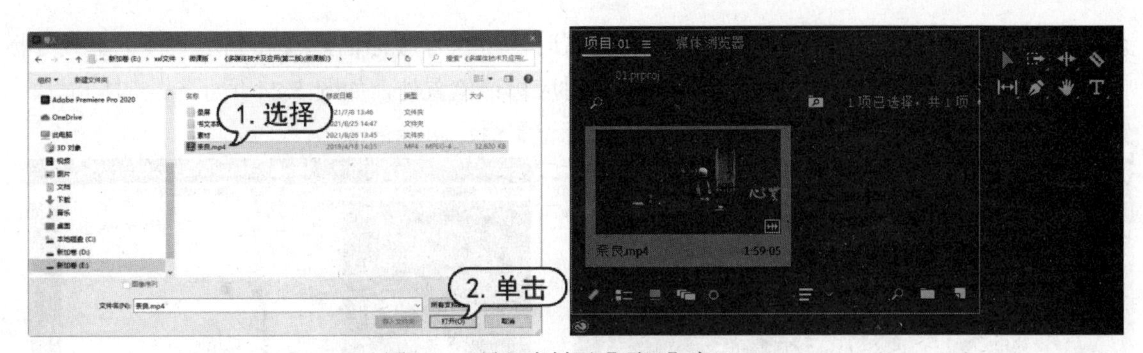

图 5-20　导入素材至【项目】窗口

除了视频素材以外， Premiere Pro 还可以导入图像序列文件或分层的图像文件。

2. 查找和查看素材

如果导入的素材文件很多，可以通过查找功能快速找到需要的素材。对素材进行查找的方法主要有两种：在【项目】窗口的搜索栏中输入素材文件的名称查找；通过【编辑】|【查找】命令查找。

要查看素材信息，可以在【项目】窗口中以列表形式显示素材时，将鼠标指针移到素材项上，将在下方显示素材信息，如图 5-21 所示。也可在【项目】窗口的素材项上右击，在弹出的快捷菜单中选择【属性】选项，弹出【属性】窗口查看属性，如图 5-22 所示。

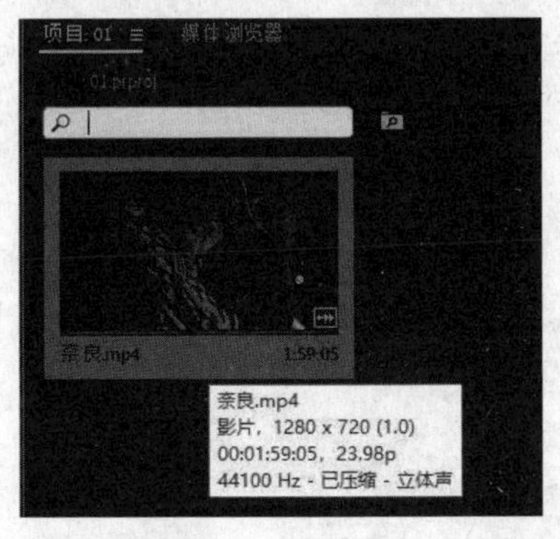

图 5-21　显示素材信息

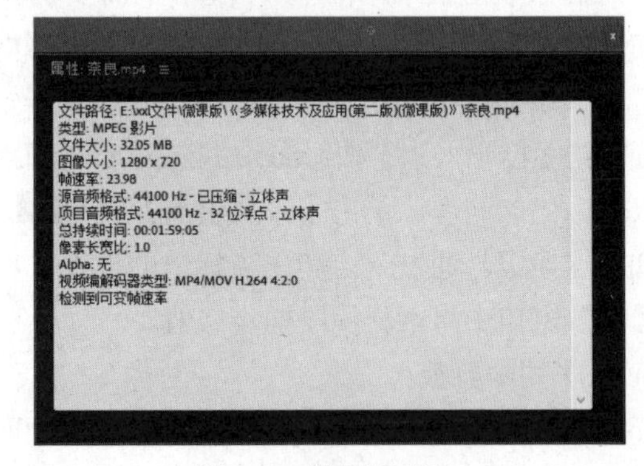

图 5-22　【属性】窗口

3. 剪裁素材

在【项目】窗口中双击素材，可以将素材在【源】窗口中打开。单击【播放】按钮，可在【源】窗口中预览素材内容，如图 5-23 所示，预览的同时可以对素材进行设置入点、出点、标记等基本操作。

1) 设置素材标记

编辑影片时，在片段的某些时间点需要进行加入字幕、添加效果等编辑操作，在预览素材时即可在需要编辑的地方做标记，以便再次预览时能够以最快的速度找到需要编辑操作的时间点。

Premiere Pro 提供了【标记】辅助工具，可以方便用户查找、访问特定的时间点。在【源】窗口中将时间滑块拖动到需要的时间点处，执行【标记】|【添加标记】命令，即可在当前时间

点位置处添加一个标记。当时间滑块在其他位置时，可执行【标记】|【转到上一标记】或【标记】|【转到下一标记】命令将时间滑块跳转到对应标记位置处，如图 5-24 所示。当时间滑块在某个标记位置处，可执行【标记】|【清除所选标记】命令将标记清除。

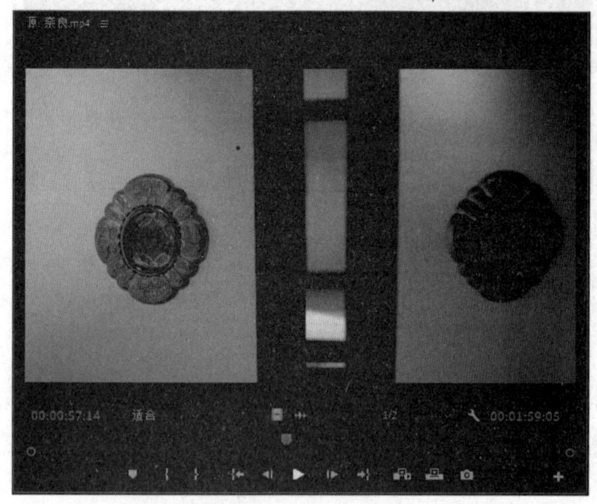

图 5-23　在【源】窗口中打开素材

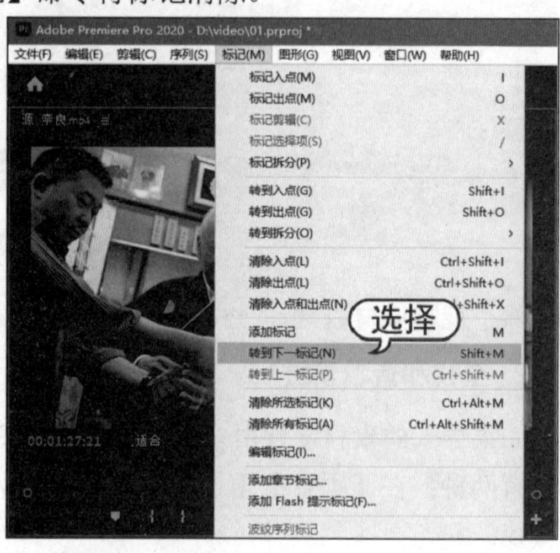

图 5-24　选择【转到下一标记】命令

2) 设置入点和出点

导入的素材往往需要去除片段中不需要的部分，在【源】窗口可以通过设置入点和出点来修剪素材。播放或拖动时间指示器，在需要的片段开始位置处单击【标记入点】按钮，可在对应时间点添加入点标记。同理，单击【添加出点】按钮，可添加出点标记。通过入点和出点标记的设置，可以在【源】窗口中将素材片段初步修剪。

图 5-25　【时间轴】窗口和【节目】窗口

3) 在序列中剪裁

Premiere 还在【时间轴】窗口中提供了多种剪裁素材的方式，如使用入点和出点或者其他的编辑工具。首先将素材拖曳到【时间轴】窗口中，此时【时间轴】窗口和【节目】窗口中将分别显示素材的时间线和具体内容，如图 5-25 所示。

- 单击工具面板中的【选择工具】，将鼠标指针放在要缩放的素材边缘，当其变化为形状后拖动鼠标即可变化素材的长短，如图 5-26 所示。对于图像素材或字幕等静止素材，【选择工具】既可缩短又可加长素材；而对于视频或音频等动态素材，【选择工具】只能缩短素材长度。

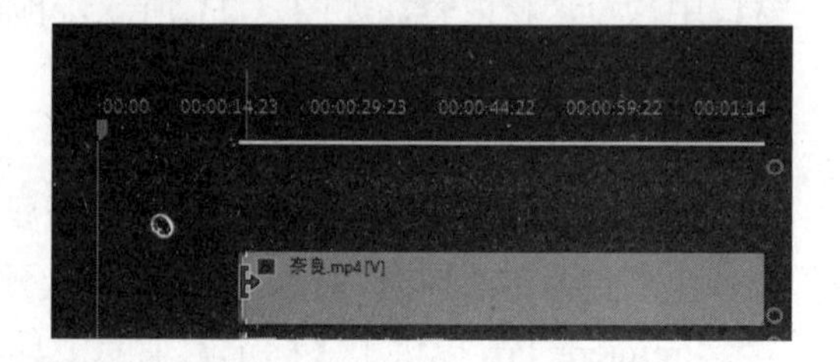

图 5-26　使用【选择工具】拖动素材

- 单击工具面板中的【波纹编辑厂具】，将鼠标指针放置到两个素材的连接处并拖动鼠标调节素材长度，相邻素材会相应前移或后退，相邻素材长度不变，而总素材长度发生改变。
- 单击工具面板中的【向前选择轨道工具】或【向后选择轨道工具】，可选择某一剪辑及其自己轨道中的所有右侧剪辑或左侧剪辑。
- 单击工具面板中的【外滑工具】或【内滑工具】，选择【外滑工具】时，可同时更改【时间轴】窗口内某剪辑的入点和出点，并保留入点和出点之间的时间间隔不变。例如，将【时间轴】窗口内的一个 10 秒剪辑修剪到了 5 秒，可以使用【外滑工具】来确定剪辑的哪个 5 秒部分显示在【时间轴】窗口内。选择【内滑工具】时，可将【时间轴】窗口内的某个剪辑向左或向右移动，同时修剪其周围的两个剪辑。三个剪辑的组合持续时间以及该组在【时间轴】窗口内的位置将保持不变。
- 单击工具面板中的【剃刀工具】，可在【时间轴】窗口内的剪辑中进行一次或多次切割操作。单击剪辑内的某一点后，该剪辑即会在此位置精确拆分素材，如图 5-27 所示。要在此位置拆分所有轨道内的剪辑，按住 Shift 键并在任何剪辑内单击相应点。

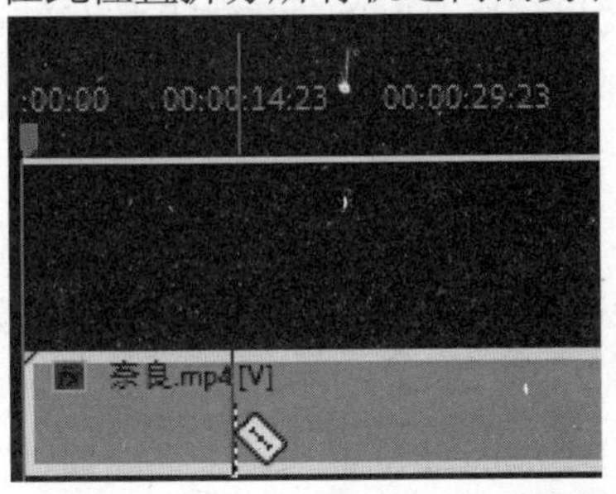

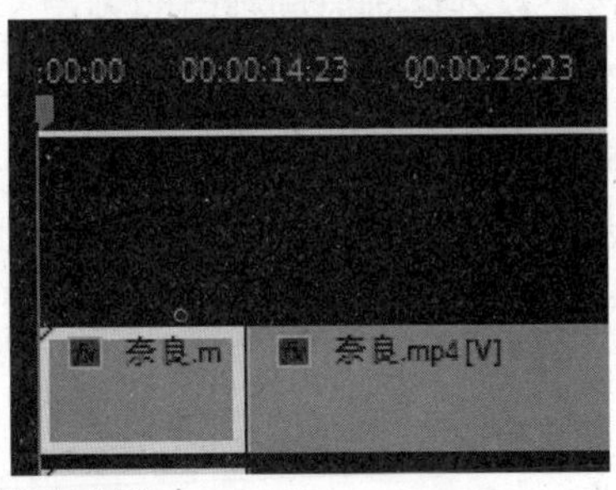

图 5-27 使用【剃刀工具】拆分素材

4) 调整素材播放速度

编辑素材时经常需要对素材的播放速度进行调整，如快放或慢放等。在默认情况下，视频和音频的播放速度为 100%。在素材上右击，在弹出的快捷菜单中选择【速度/持续时间】选项，打开【剪辑速度/持续时间】对话框，设置播放速度或持续时间均可以改变播放速度，如图 5-28 所示。

5) 分离和链接素材

时间轴中的视频片段如果有音频，默认视音频轨道是链接在一起作为一个整体进行编辑操作。如果需要分别对视频和音频编辑，则需要分离素材。在时间轴的素材片段上右击，在弹出的快捷菜单中选择【取消链接】选项，即可将该片段的视频和音频分离。按 Shift 键将对应轨道上分离的视频和音频选中并右击，在弹出的快捷菜单中选择【链接】选项，可将分离的视频素材和音频素材链接到一起，如图 5-29 所示。

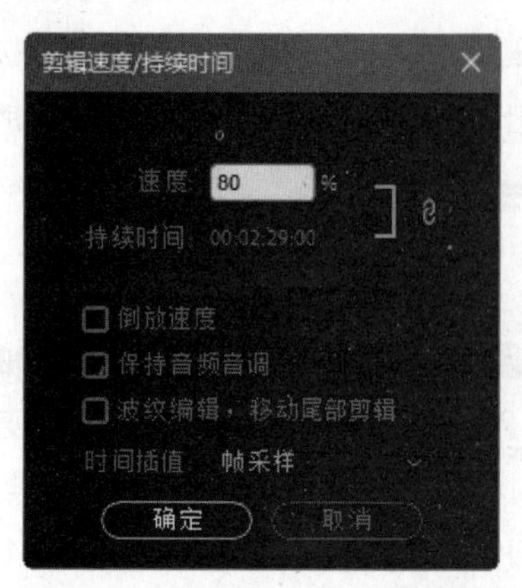

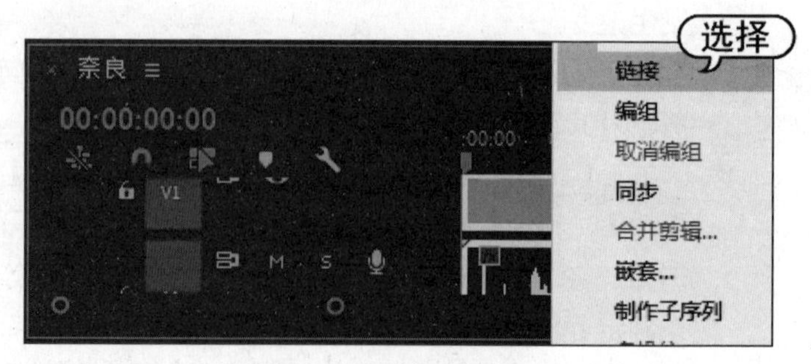

图 5-28　【剪辑速度/持续时间】对话框　　　　图 5-29　选择【链接】选项

6) 三点编辑和四点编辑

在【源】窗口中和【时间轴】窗口中均可标记入点和出点。标记两个入点和一个出点，或者标记两个出点和一个入点的方法称为三点编辑。三点编辑的典型用法是标记源素材的入点和出点，以及该素材在序列时间轴中的入点。如果源素材和序列时间轴中的开始和结束关键点都比较重要，通常采用四点编辑，即同时标记源素材和序列时间轴的入点和出点。

7) 添加关键帧

在视频制作中，可通过关键帧的添加和变化，使得静止的画面动起来，或者使动态的视频画面移动、缩放、旋转或不透明度发生改变。也可以为素材另外添加效果，通过创建关键帧得到更多的变化效果。

首先打开【效果控件】面板，确定要添加关键帧的时间位置，单击某个属性前面的秒表，添加一个关键帧，将时间移到其他位置，修改该属性对应的数值时，将自动记录关键帧。也可以单击关键帧导航器中间的【添加/移除关键帧】按钮，可按当前的属性值添加关键帧，如图 5-30 所示。

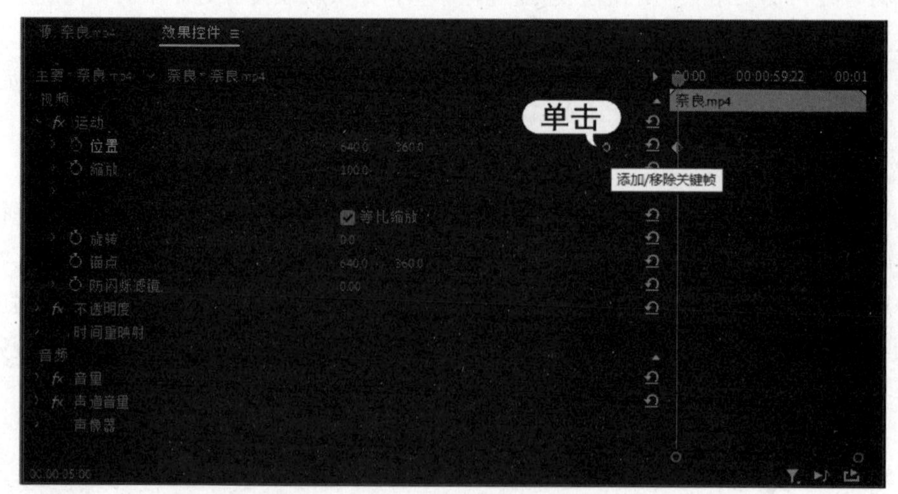

图 5-30　单击【添加/移除关键帧】按钮

8) 导出视频文件

素材编辑完成后，需导出为视频文件。在【节目】窗口中，拖动选择整个序列，或在【项目】窗口中选择这个节目的序列文件，选择【文件】|【导出】|【媒体】命令，打开如图 5-31 所示【导出设置】对话框，根据格式需要选择相应格式。

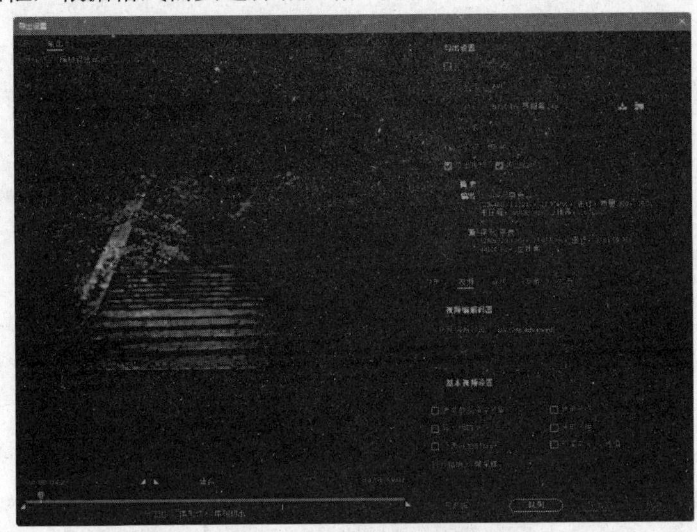

图 5-31　【导出设置】对话框

在该对话框中注意查看导出的【摘要】信息，其中列出了导出【源】和【输出】的具体位置、参数等。如果符合导出需要，单击对话框下方的【导出】按钮，即可完成导出工作。

5.3.2　添加字幕

字幕是视频中的一种重要的视觉元素，包括文字和图形两部分，常常作为标题或注释。漂亮的字幕，可以为视频增色不少。

选择【文件】|【新建】|【字幕】命令，即可打开【新建字幕】对话框，如图 5-32 所示，在该对话框中可对字幕窗口做基本的设置。单击【确定】按钮，可在【项目】窗口中打开【字幕】面板，如图 5-33 所示。

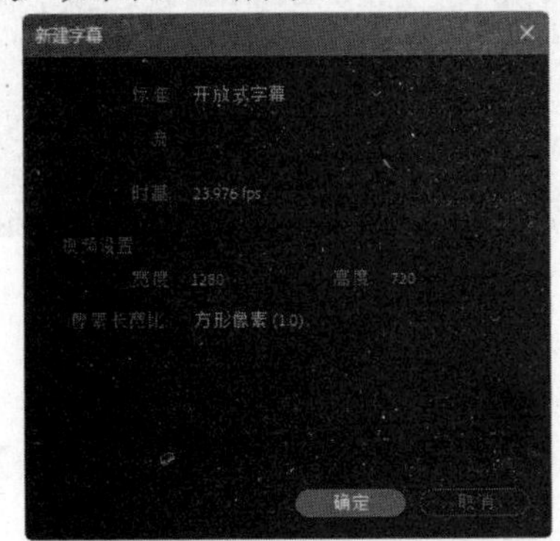

图 5-32　【新建字幕】对话框

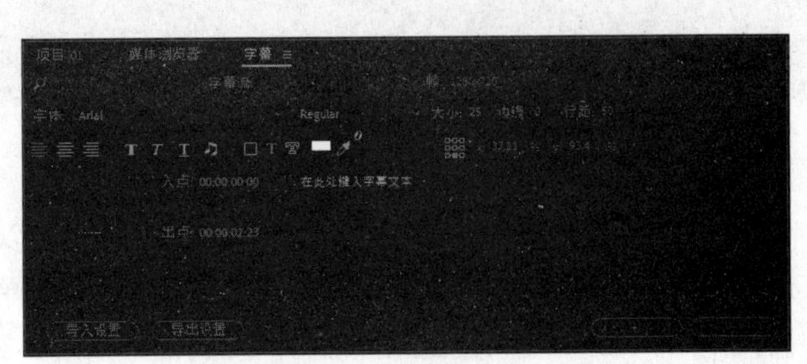

图 5-33　【字幕】面板

在【字幕】面板中设置文字的大小、字体、出入点时间等属性，然后在文本框内输入字幕，如图 5-34 所示。

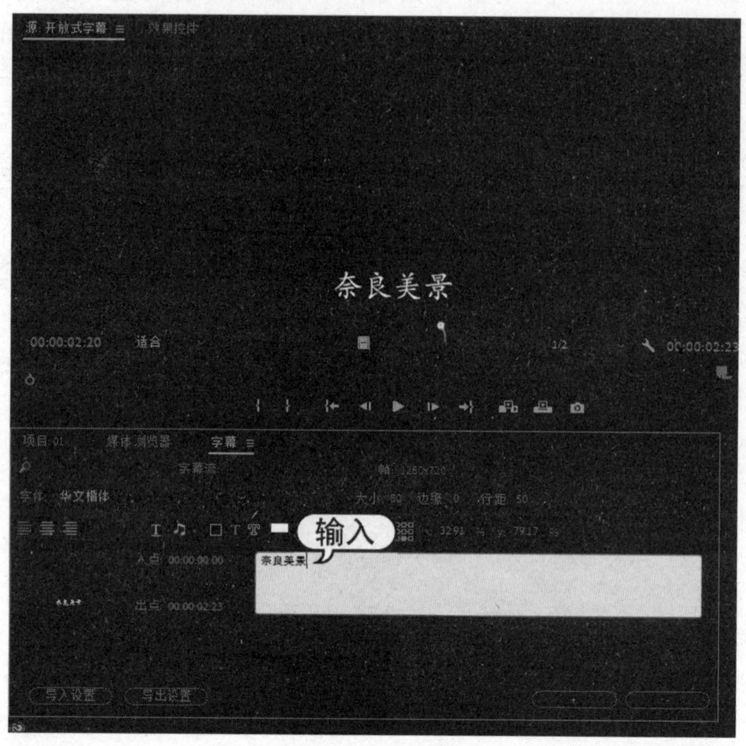

图 5-34　输入字幕

然后将【项目】窗口中的【开放式字幕】文件拖放到【时间轴】窗口中的 V2 轨道上，将字幕显示在视频上面，如图 5-35 所示。此时在【节目】窗口中播放视频，在出入点时间内显示字幕文字，如图 5-36 所示。

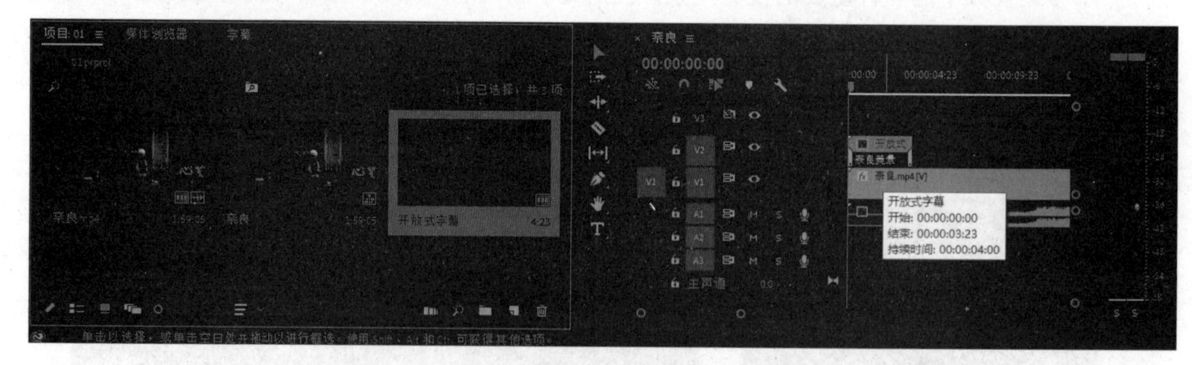

图 5-35　拖放字幕轨道

在 Premier Pro 中可以为影片或图像添加文字，也可以创建图形，它们都属于字幕对象。单击工具面板中的【文字工具】按钮T，在【节目】窗口中单击并输入文本，此时在【时间轴】窗口中添加字幕轨道，可设置出入点的时间等属性，如图 5-37 所示。

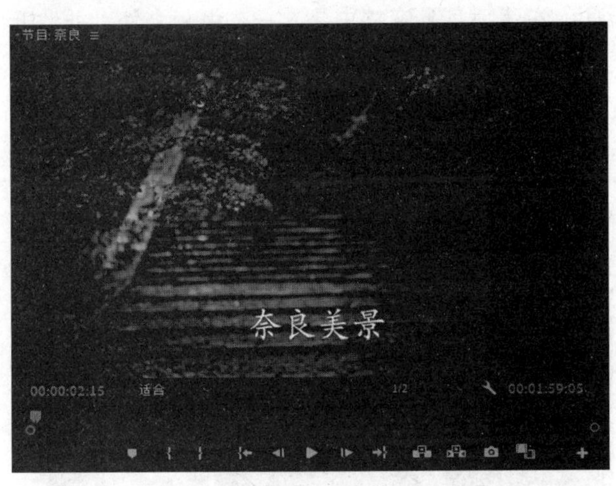

图 5-36　显示字幕

图 5-37　使用文字工具添加文字

5.3.3　添加视频效果

在视频处理过程中，一段视频结束，另一段视频紧接着开始，这就是镜头切换。为了使切换衔接自然或更加有趣，可以使用各种赏心悦目的过渡效果，来增强视频作品的艺术感染力。

在 Premiere Pro 中的【效果】面板中提供了 6 类效果，分别是【预设】【Lumetri 预设】【音频效果】【音频过渡】【视频效果】【视频过渡】，如图 5-38 所示。这里主要介绍视频过渡和视频效果的内容。

1. 视频过渡

虽然每个过渡效果切换都是唯一的，但是控制视频切换过渡效果的方式却有多种。它们都位于【效果】面板下的【视频过渡】拓展选项中，如图 5-39 所示。在使用各种过渡效果之前，需要对每一种效果的特点和用途有一个全面的了解，这样才能根据需要进行选择。

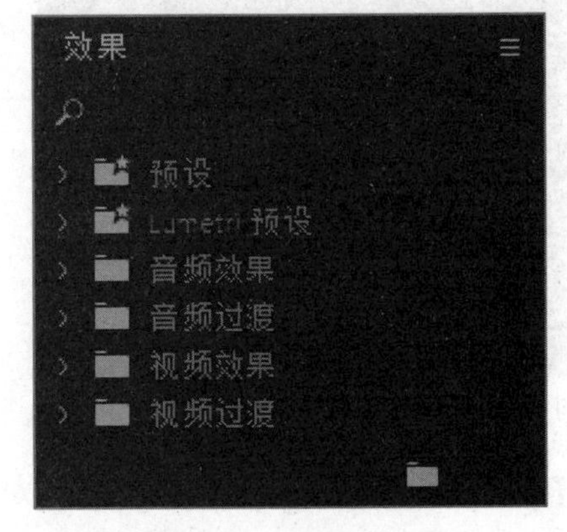

图 5-38　【效果】面板

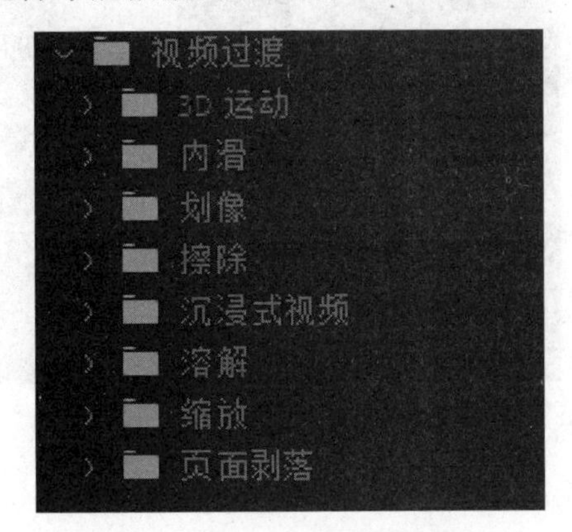

图 5-39　【视频过渡】效果

【例 5-3】 为视频添加过渡效果。 视频

(1) 启动 Premiere Pro 2020，新建一个项目，在【项目】窗口中导入一个视频文件，并打开【效果】面板，如图 5-40 所示。

(2) 使用【剃刀工具】切割【时间轴】窗口中的视频素材，在视频 1 分钟时分割开为两个片段，效果如图 5-41 所示。

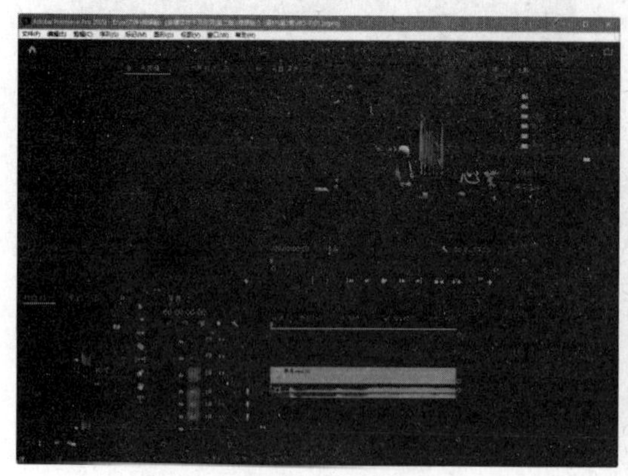

图 5-40 导入视频

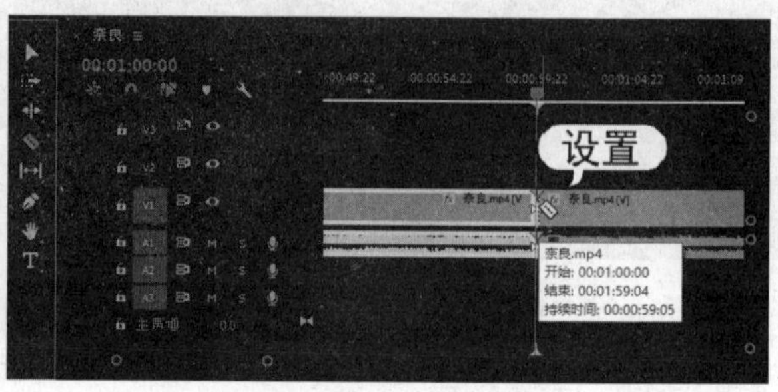

图 5-41 切割视频

(3) 展开【效果】面板的【视频过渡】选项，选择【内滑】|【急摇】选项，如图 5-42 所示。

(4) 拖动该选项至【时间轴】窗口中两个片段之间，此时【节目】窗口将显示过渡效果，如图 5-43 所示。

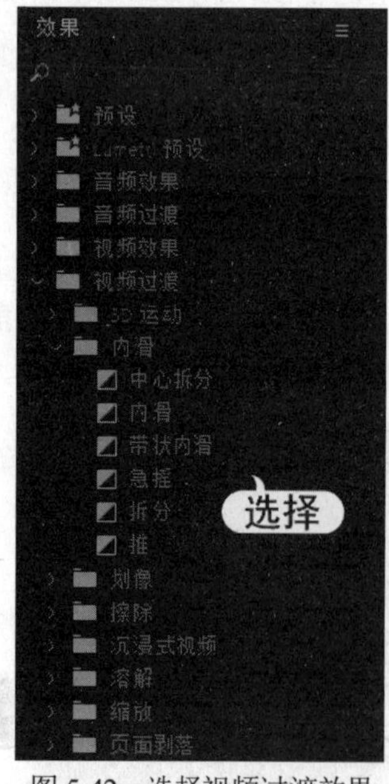

图 5-42 选择视频过渡效果

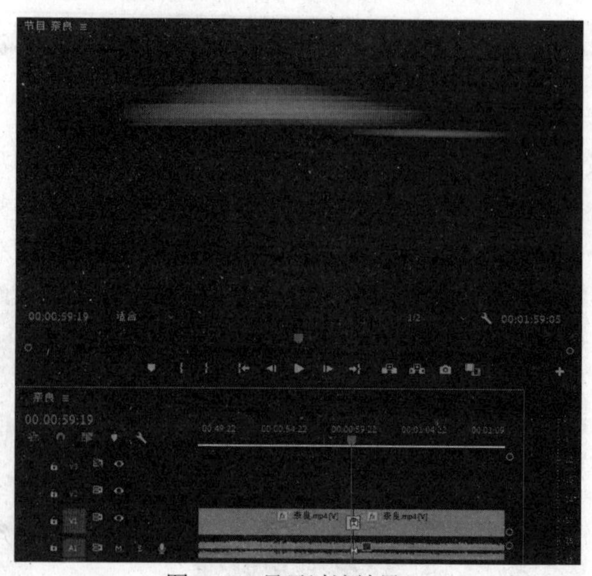

图 5-43 显示过渡效果

(5) 选择【文件】|【导出】|【媒体】命令，打开【导出设置】对话框，设置导出为 AVI 格式视频，单击【输出名称】链接，如图 5-44 所示。

(6) 打开【另存为】对话框，设置视频的保存路径和名称，然后单击【保存】按钮，如图 5-45 所示。

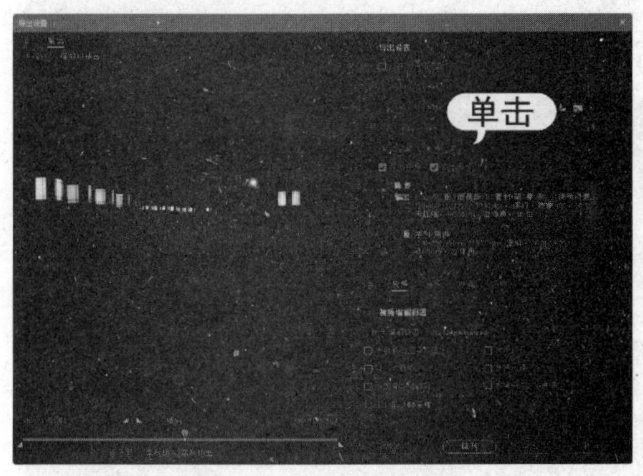

图 5-44　【导出设置】对话框

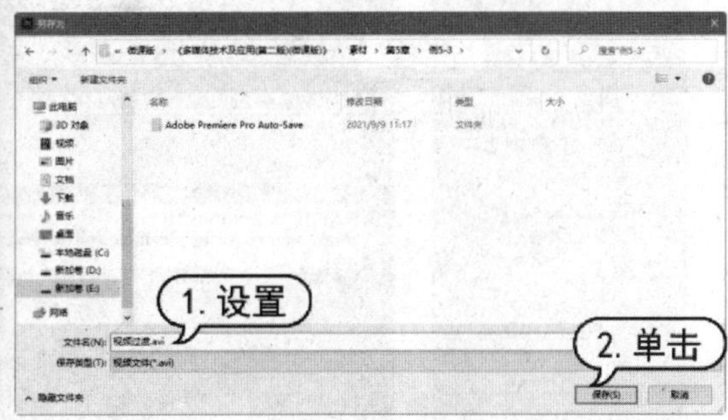

图 5-45　【另存为】对话框

(7) 返回【导出设置】对话框，单击【导出】按钮，弹出【编码】对话框显示导出视频的进度，如图 5-46 所示。

(8) 导出视频后，在保存路径中可以打开视频进行观看，如图 5-47 所示。

图 5-46　显示进度

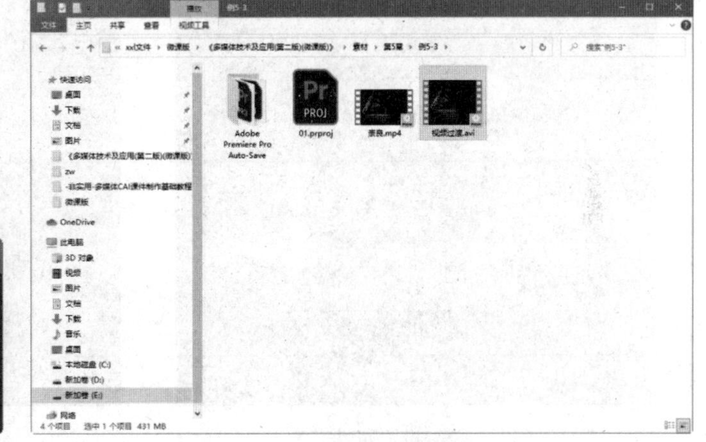

图 5-47　导出的视频

2. 视频效果

使用视频效果时，只需要在【效果】面板的【视频效果】中把需要的效果拖动到【时间轴】窗口的素材片段上，并根据需要在【源】窗口的【效果控件】面板中调整参数，最后在【节目】窗口中看到所应用的效果。

比如选择【视频效果】|【图像控制】|【颜色平衡(RGB)】选项，拖动到【时间轴】窗口的第一段素材片段上，如图 5-48 所示。此时在【源】窗口的【效果控件】面板中显示【颜色平衡(RGB)】选项，调整红、绿、蓝色的数值，还可以添加蒙版或路径控制颜色效果的范围，如图 5-49 所示。在【节目】窗口中可以查看调整过效果的视频，如图 5-50 所示。

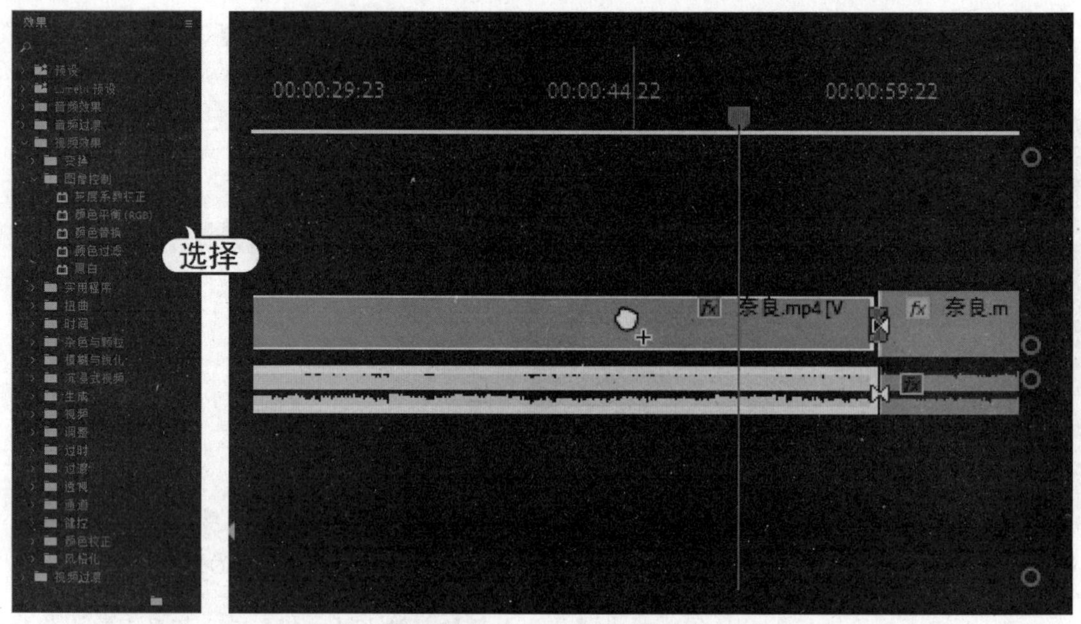

图 5-48　选择视频效果选项并拖动到素材上

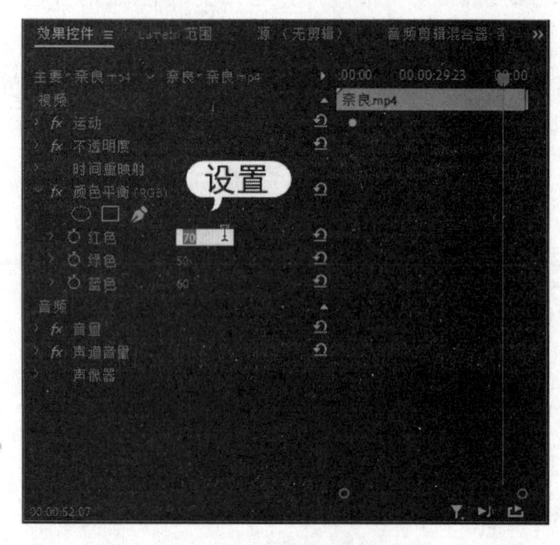

图 5-49　设置属性

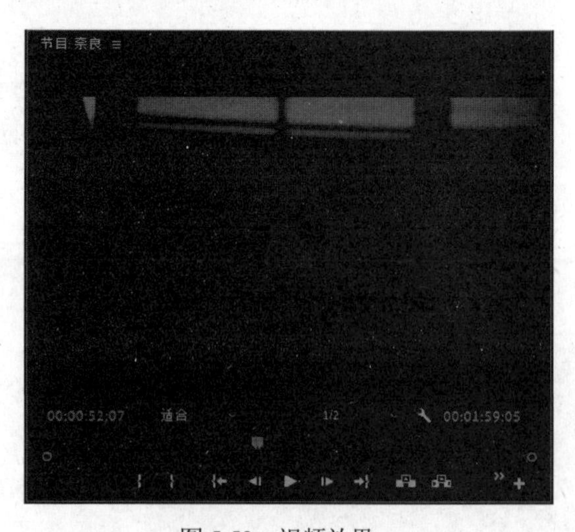

图 5-50　视频效果

如果对应用的视频效果不满意，或者不需要视频效果，可以将其删除，在【源】窗口的【效果控件】面板中需要删除的效果上右击，在弹出的快捷菜单中选择【清除】命令即可。

在 Premiere Pro 中，可以对一个剪辑或剪辑序列应用一种或多种视频效果，以获得特殊的效果。如果对一个剪辑应用多个视频效果，它们的应用次序会影响到最终的结果。在输出时，列表中的视频效果会按照次序依次从上到下进行渲染。

5.4　视频编辑软件 After Effects

After Effects 是一款优秀的视频合成编辑软件，可以对视频、音频、动画、图片和文本等进行编辑加工并生成影片。After Effects 被广泛应用于影视制作、商业广告、网页动画等领域。

5.4.1　项目、合成和图层

双击桌面上的 AE 快捷图标，启动 After Effects 2020 软件，打开如图 5-51 所示的【主页】界面，可以单击【新建项目】或【打开项目】按钮。单击【新建项目】按钮，将进入如图 5-52 所示的标准工作界面，由【项目】【时间轴】【合成】等多个窗口组成。

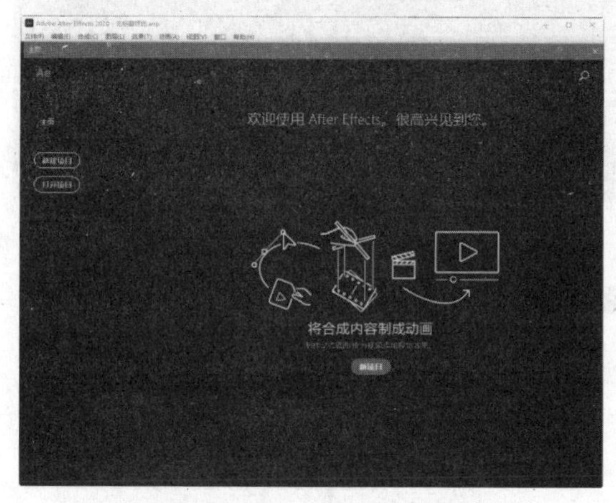

图 5-51　单击【新建项目】按钮

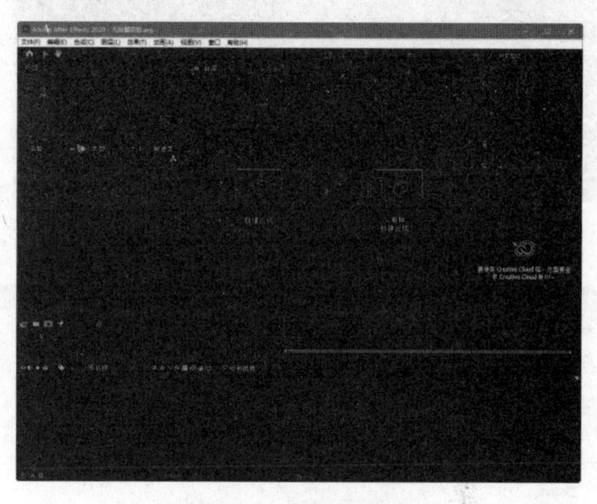

图 5-52　标准工作界面

1. 创建项目及合成

制作视频文件时，首先要创建一个项目文件，设定项目的名称等。执行【新建】|【新建项目】命令，或者按 Ctrl+Alt+N 组合键，即可创建一个项目文件。

项目文件创建完成后，还必须创建一个合成文件才能进行视频的编辑操作。执行【合成】|【新建合成】命令，或按 Ctrl+N 组合键，或单击如图 5-53 所示【合成】窗口中的【新建合成】按钮，弹出如图 5-54 所示的【合成设置】对话框，在该对话框中可以设置合成的宽度、高度、帧速率、持续时间和背景等参数，单击【确定】按钮即可创建一个合成。

2. 导入素材

素材是 After Effects 的基本构成元素，可以导入音频文件、视频文件、图像文件、Photoshop 分层文件、图形文件、其他合成文件、Premiere 工程文件和 swf 格式文件等。

执行【文件】|【导入】命令或按 Ctrl+I 组合键，或者在【项目】窗口空白处双击，均可打开【导入文件】对话框，从中选择一个或多个素材文件导入，如图 5-55 所示。

在导入素材文件时，动态素材、音频素材和单层的静态素材直接导入即可。在导入含有图层信息的素材时，可以选择【素材】【合成】或【合成-保持图层大小】的方式导入，如图 5-56 所示。

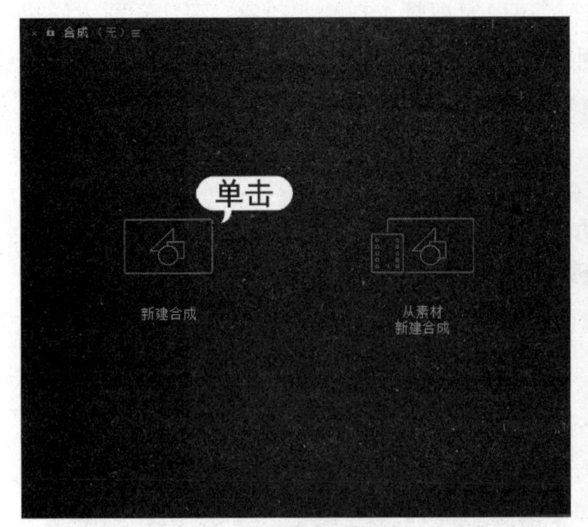

图 5-53　单击【新建合成】按钮

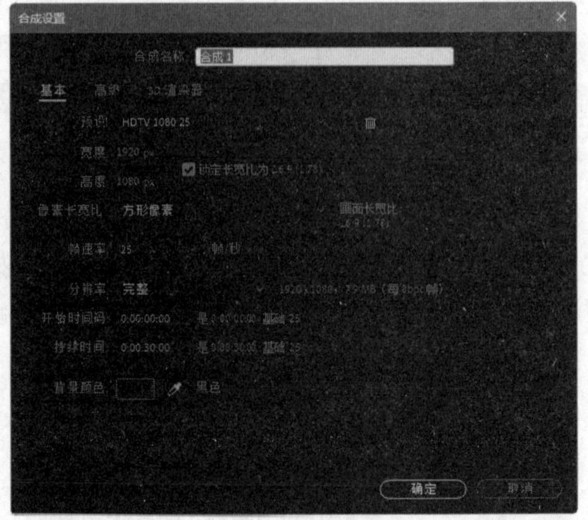

图 5-54　【合成设置】对话框

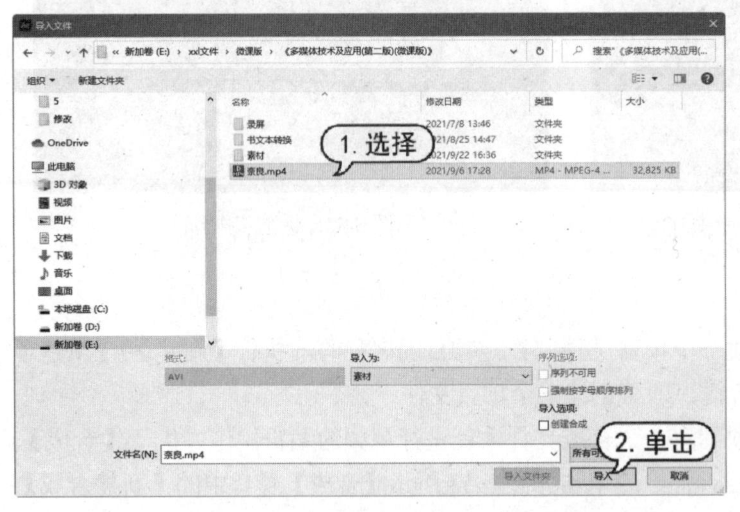

图 5-55　【导入文件】对话框

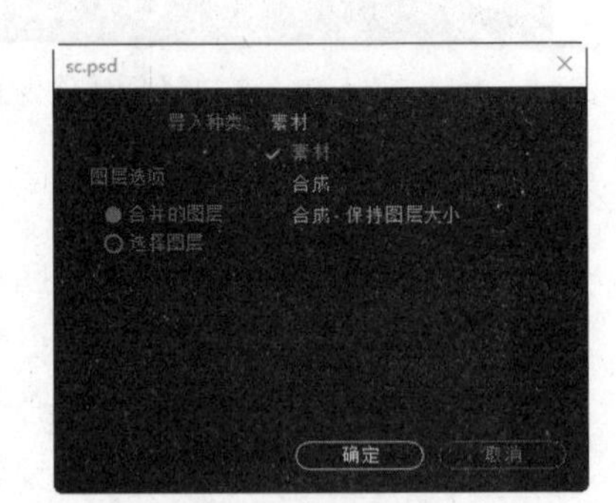

图 5-56　导入含有图层的素材

如果导入的素材没有放置在相应的文件中，可以选择要移动的素材，然后将其拖动到相应的文件夹上松开鼠标即可。对于不再需要的素材和文件夹，可以在选择素材后，按 Delete 键删除。在【项目】窗口中双击素材，即可根据素材类型的不同打开相应的窗口来进行素材的预览。

要进行视频编辑，必须先将素材添加到时间轴。在【项目】窗口中选择一个素材，然后直接拖动到【时间轴】窗口中，松开鼠标即可将素材添加到时间轴中，如图 5-57 所示。将素材添加到时间轴后，在【时间轴】窗口中双击素材，即可打开对应的素材窗口。拖动时间滑块，然后单击【入点】按钮或【出点】按钮，即可为素材片段设置入点或出点，如图 5-58 所示。

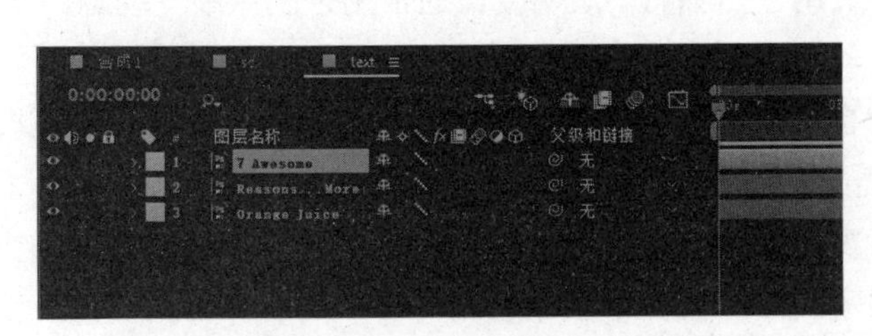

图 5-57　将素材拖入【时间轴】窗口

图 5-58　设置入点或出点

3. 操作图层

图层是创建合成的基本组件，在合成中添加的素材都将作为一个图层使用，在【时间轴】窗口中可以看到素材之间、图层之间的关系。

After Effects 中的图层主要有素材图层、文本图层、固态图层、灯光图层、摄像机图层、空对象图层、形状图层和调节图层等。

在 After Effects 中，图层属性可以用来制作动画效果。除单独的音频层外，其他的所有图层都有 5 个基本的变换属性，分别是锚点、位置、缩放、旋转和不透明度。单击【时间轴】窗口中图层左侧的下拉按钮，可以展开图层的变换属性，如图 5-59 所示。

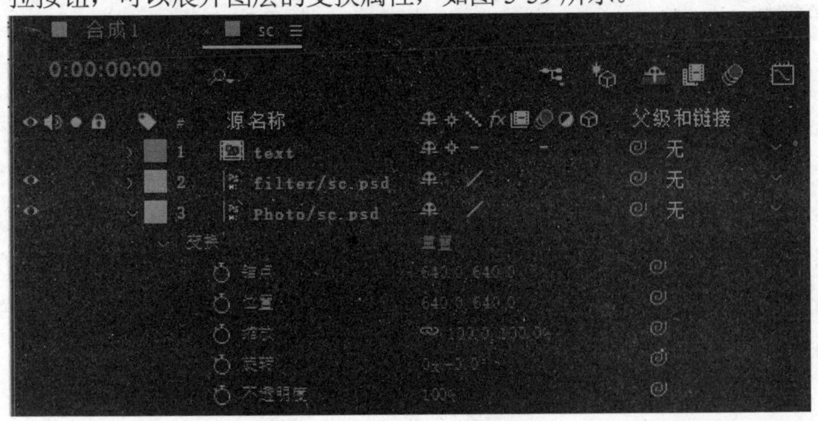

图 5-59　图层基本变换属性

- 【锚点】属性：锚点又称为轴心点，图层的位置、缩放和旋转都是基于轴心点的，不同的轴心点位置在进行变换操作后将产生不同的效果。轴心点位置默认在素材的几何中心，可以直接改变轴心点的属性来改变轴心点位置。
- 【位置】属性：主要用于制作图层的位移动画，可按 P 键打开位置属性。二维图层包括 X 轴和 Y 轴两个参数，三维图层包括 X 轴、Y 轴和 Z 轴 3 个参数，分别用来控制图层在不同轴的位置。

- 【缩放】属性：【缩放】属性以轴心点为基准改变图层图像的大小。用户还可以激活【缩放】属性前的【缩放锁定】按钮，以进行图层图像的等比例缩放。
- 【旋转】属性：【旋转】属性以轴心点为基准旋转图层，由【圈数】和【度数】两部分组成。
- 【不透明度】属性：以百分比形式调整图层的不透明度，通常用来制作渐变动画。

对于图层可以进行以下基本操作。

- 选择图层：在【时间轴】窗口中直接单击图层的名称或时间条即可选择图层，若需要选择多个图层可按 Shift 键单击需要的图层即可。
- 调整图层的顺序：在【时间轴】窗口中，选择需要改变顺序的图层，然后将其拖动到需要的位置即可改变该图层的顺序。
- 复制和粘贴图层：在 After Effects 中，可以使用复制和粘贴命令复制图层及图层的属性。选择一个图层，按 Ctrl+C 组合键即可复制该图层，按 Ctrl+V 组合键即可将该图层粘贴形成一个新图层。
- 拆分图层：选择图层后，执行【编辑】|【拆分图层】命令可将该图层从时间轴指示器位置处拆分成两个图层，用于进行不同的操作。
- 设置图层的父子关系：当移动一个图层时，若要使其他图层也跟着该图层发生相应变化，可以将该图层设为父层。在【时间轴】窗口中，单击图层右侧【父级】的下拉列表并从中选择一个图层，可设立两个图层的父子关系，当前层为子层，选择的图层为父层。一个父层可以同时拥有多个子层，但一个子层只能有一个父层。

4. 添加关键帧

关键帧是组成动画的基本元素，一个关键帧动画至少需要通过两个关键帧来完成。拖动时间轴指示器到需要添加关键帧的位置，单击一个属性前面的【钟表】按钮，即可在此时间轴位置添加一个关键帧。对于已经添加了关键帧的属性，在其他时间线位置处修改该属性的值，可自动在该位置添加一个关键帧；也可通过单击属性左侧的【在当前时间添加或移除关键帧】按钮，在该位置添加或移除关键帧。通过对图层属性或效果属性设置关键帧，并在不同时间点设置不同属性值创建相应的关键帧动画。

5.4.2 使用蒙版

在 After Effects 中，蒙版常用来创建复杂的合成效果。用户通过创建任意形状的蒙版、修改蒙版、创建蒙版关键帧动画、设置蒙版模式来创建复杂的合成效果。

在合成影像时，处于上方的影像必须是透明的。在 After Effects 中，可以使用 Alpha 通道和蒙版来定义一个影像中的透明区域。Alpha 通道用来存储选区信息，其中白色区域是选区，完全不透明，黑色区域为非选区，完全透明。蒙版也是用来定义图层的透明信息的，蒙版中的黑色表示完全透明，白色则表示完全不透明。

1. 创建蒙版

在 After Effects 中，可以在合成的一个图层中创建一个或多个蒙版，创建的方法有以下几种。

- 使用蒙版工具绘制蒙版：在【合成】窗口中或【时间轴】窗口的图层面板中选择一个图层，单击工具栏中的【矩形工具】或其他工具，然后将鼠标指针移动到【合成】窗口中单击并拖动即可创建一个相应形状的蒙版，如图 5-60 所示。若在选择图层后，直接双击工具栏中的【矩形工具】，可创建一个与图层大小相同的蒙版。
- 使用钢笔工具绘制蒙版：在工具栏中选择【钢笔】工具，在【合成】窗口中直接单击并拖动创建贝塞尔点绘制开放或闭合的曲线路径，即可创建贝塞尔蒙版。
- 用【自动追踪】命令创建蒙版：可以用【自动追踪】命令将图层的 Alpha 通道、RGB 颜色信息或亮度信息转换为路径蒙版。选择一个图层，执行【图层】|【自动追踪】命令，可打开如图 5-61 所示的【自动追踪】对话框，设置相应的选项后，单击【确定】按钮，即可自动生成蒙版。
- 创建文本字符蒙版：在【时间轴】窗口中选择文本图层或在【合成】窗口中选择若干字符，然后执行【图层】|【从文本创建蒙版】命令，可创建文本字符蒙版。

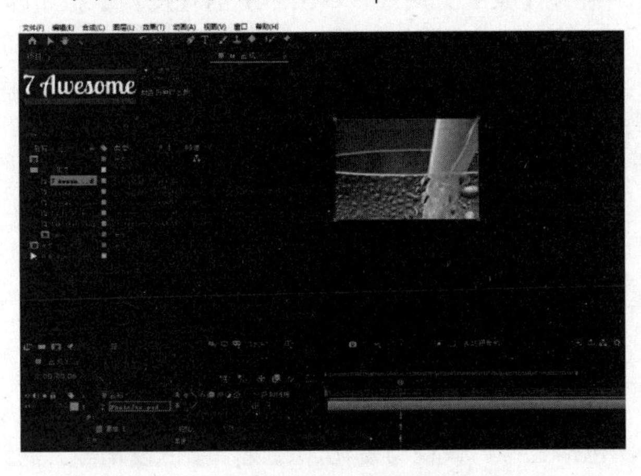

图 5-60　创建矩形蒙版

图 5-61　【自动追踪】对话框

2. 编辑蒙版

创建的蒙版有时还需要修改，以更适合图像轮廓要求。

- 修改蒙版形状：蒙版形状的改变通常通过移动锚点的位置来实现。单击工具栏中的【选择】工具，再单击一个锚点即可选择该锚点；按住 Shift 键的同时单击多个锚点，可选择多个锚点，也可通过框选的方式选择多个锚点。选择锚点后，单击并拖动鼠标可移动锚点以修改蒙版形状，如图 5-62 所示。
- 羽化蒙版：选择带有蒙版的图层，按 M 键打开【蒙版】属性，设置其中【蒙版羽化】的值，即可为当前蒙版设置羽化效果，如图 5-63 所示。

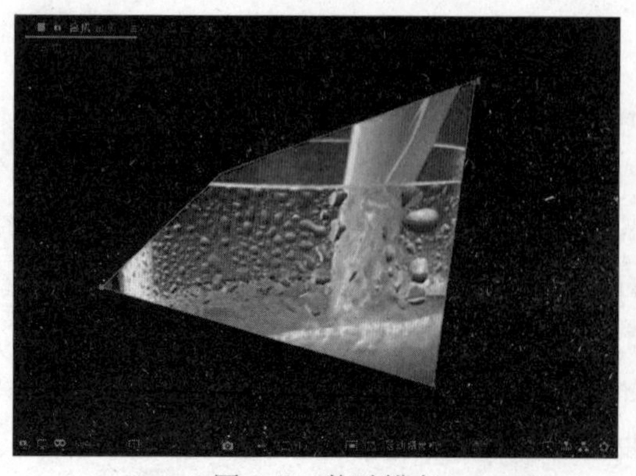

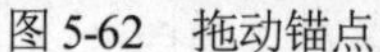
图 5-62　拖动锚点

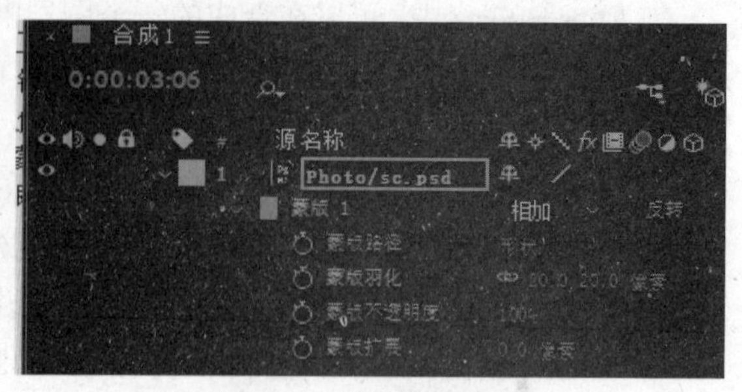

图 5-63　设置蒙版羽化

- 复制蒙版：在一个图层中创建了蒙版后，可以执行【编辑】|【复制】命令复制该蒙版，然后将其粘贴到另一个图层。
- 调整蒙版的不透明度：选择含有蒙版的图层，展开【蒙版】属性，设置【蒙版不透明度】的值即可调整蒙版的不透明度。
- 反转蒙版：选择含有蒙版的图层，展开【蒙版】属性，单击右侧的【反转】按钮即可反转蒙版。
- 修改蒙版混合模式：蒙版混合模式类似于 Photoshop 中的图层混合模式。创建蒙版后，如果不修改蒙版的混合模式，默认值为【无】，即路径不起蒙版作用。

5.4.3　应用特效

After Effects 中具有丰富的效果与预设，仅就文字图层来说，其【文字】动画不仅可以对文字图层进行动画设置，也可以对单字符、单行文字进行动画设计，因此可以制作出更丰富多样的文字动画。

After Effects 还集成了许多滤镜特效，包括三维、模糊与锐化、透视、颜色校正等。滤镜特效不仅能够对影片进行艺术加工，还可以提高影片的画面质量和效果。

【例 5-4】 为视频添加雨滴效果。 视频

(1) 启动 After Effects 2020，新建一个项目，在【合成】窗口中单击【新建合成】按钮，在打开的【合成设置】对话框中设置【合成名称】为【雨滴】，【宽度】为 1280px，【高度】为 634px，【帧速率】为 30 帧/秒，【开始时间码】为 18 秒，【持续时间】为 12 秒，如图 5-64 所示。

(2) 在【项目】窗口中导入一个【夜色】视频，拖入【时间轴】窗口，在【时间轴】窗口中选择【图层】|【新建】|【纯色】命令，打开【纯色设置】对话框，新建一个纯色图层，如图 5-65 所示，将纯色图层置于视频图层之上。

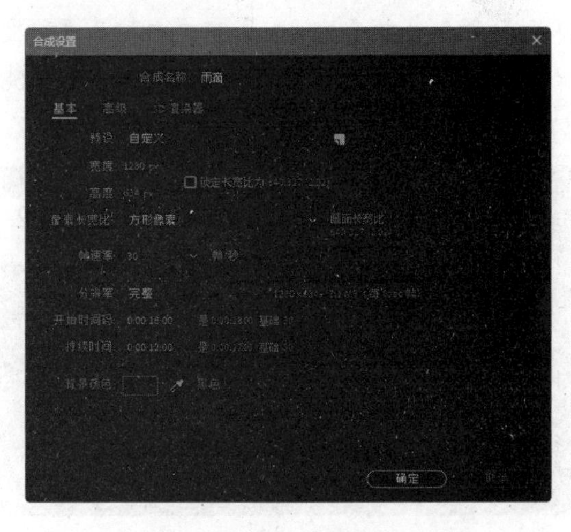

图 5-64　【合成设置】对话框

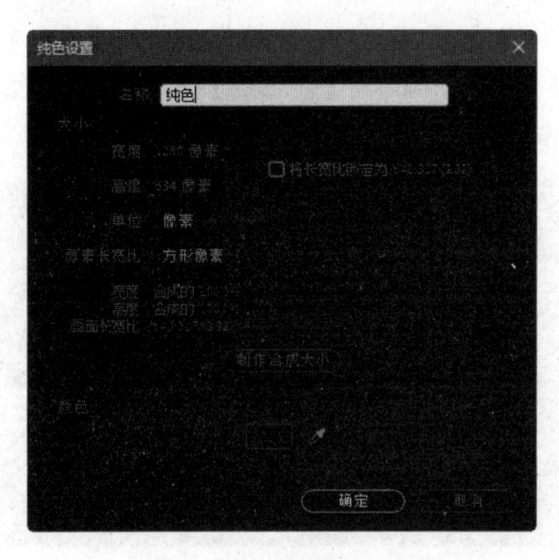

图 5-65　【纯色设置】对话框

(3) 选择【纯色】图层，执行【效果】|【模拟】|【CC Mr. Mercury】命令，为该图层添加 CC 水银效果。

(4) 在【项目】窗口的【效果控件】面板中，设置【Radius X】为 340，【Radius Y】为 10，【Velocity】为 0，【Birth Rate】为 0.1，【Longevity (sec)】为 4，【Gravity】为 0.3，设置【Animation】为 Direction，【Influence Map】为 Constant Blobs，【Blob Birth Size】为 0.2，【Blob Death Size】为 0.05，如图 5-66 所示。

(5) 展开【Light】选项组，设置【Light Intensity】为 16，【Light Direction】为 0x-12°，如图 5-67 所示。

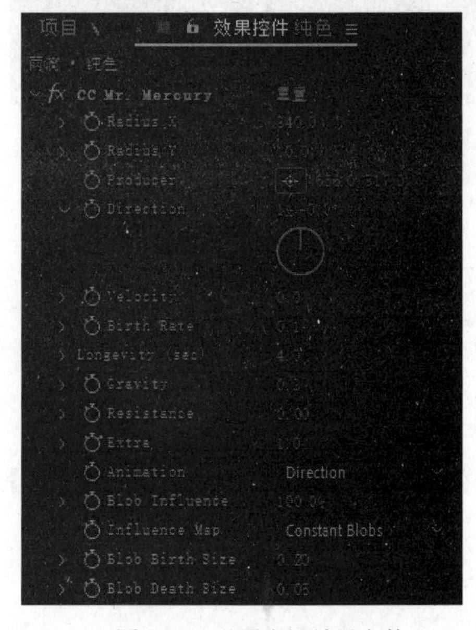

图 5-66　设置水银效果参数

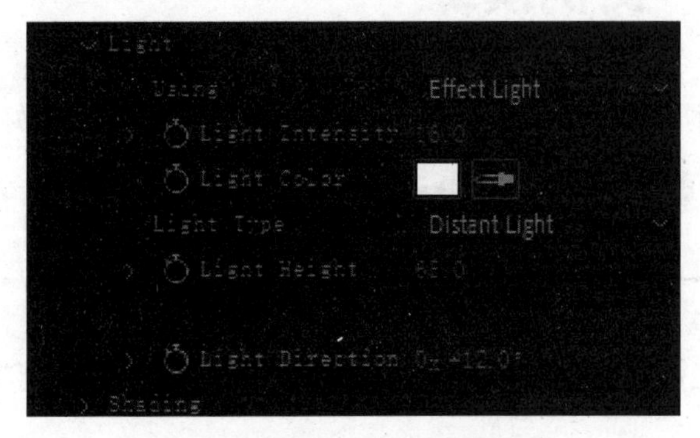

图 5-67　设置【Light】选项组参数

(6) 设置完毕后，选择【合成】|【添加到渲染队列】命令，在【时间轴】窗口中打开【渲染队列】面板，设置【输出到】文件路径，单击右侧的【渲染】按钮将合成渲染输出，如图 5-68 所示。

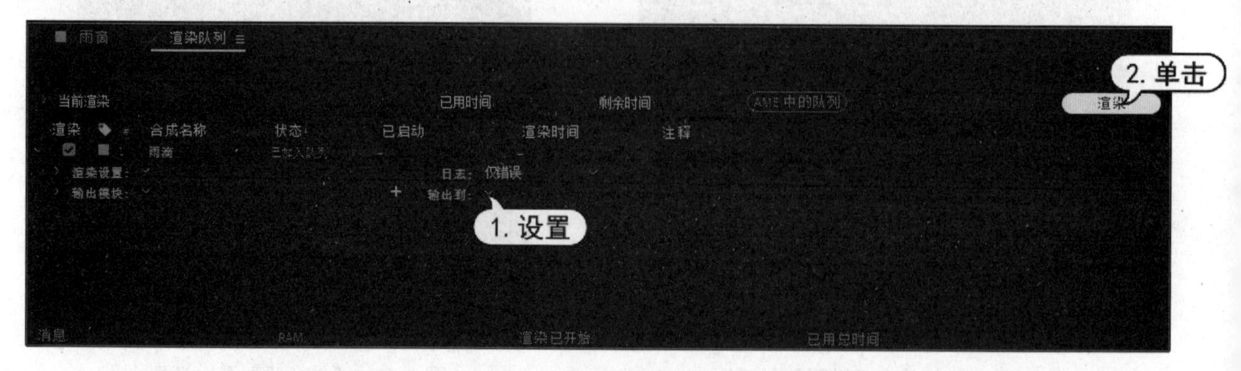

图 5-68　合成渲染输出

(7) 打开输出文件夹，查看输出后的视频文件并双击进行播放，如图 5-69 所示。

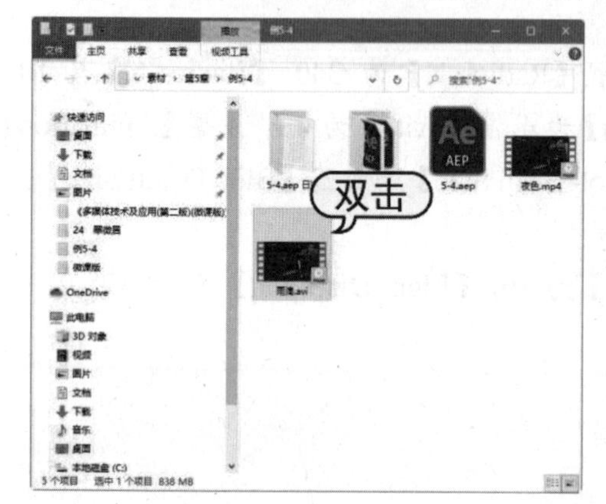

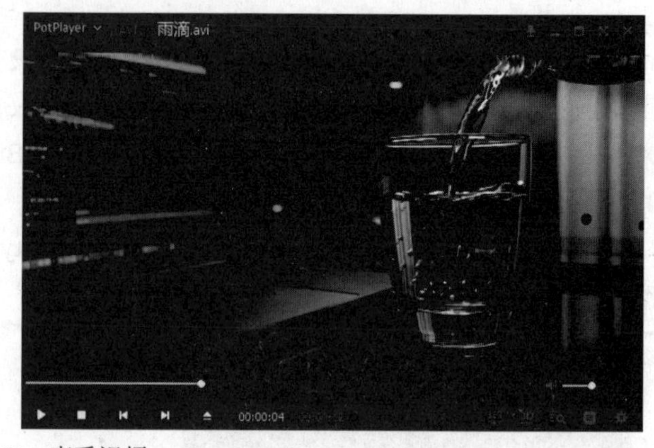

图 5-69　查看视频

5.5　实例演练

本章的实例演练为混剪视频音频，使用户可以更好地掌握本章内容。

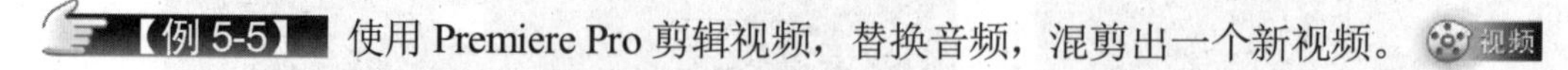

【例 5-5】 使用 Premiere Pro 剪辑视频，替换音频，混剪出一个新视频。 视频

(1) 启动 Adobe Premiere Pro 2020，新建一个项目，在【项目】窗口中双击，打开【导入】对话框，导入视频和音频文件，如图 5-70 所示。

(2) 双击视频素材文件，将在【源】窗口中浏览该素材，如图 5-71 所示。

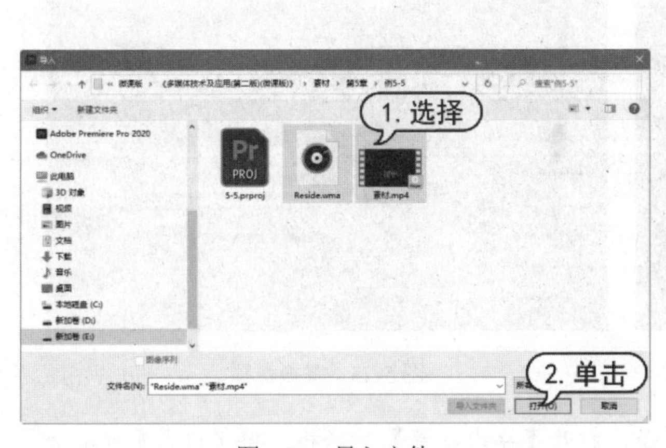

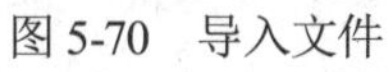

图 5-70　导入文件

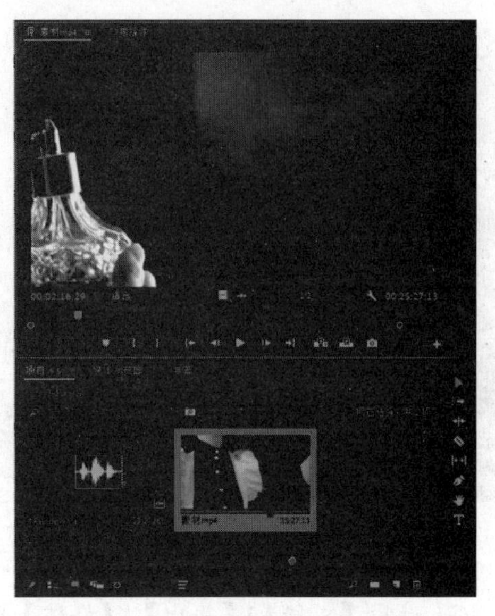

图 5-71　在【源】窗口中浏览素材

(3) 在【源】窗口下方拖动播放指示器，可以快速浏览素材，通过单击【后退一帧】或【前进一帧】按钮，则可以浏览或选择单帧。当需要选择其中一个片段时，可以通过【标记入点】和【标记出点】选择片段的起点和终点，如图 5-72 所示。

(4) 将选择的素材片段直接拖到【时间轴】窗口上。多余的部分可以使用【剃刀】工具拆分片段，删除不需要的部分，也可以通过向左拖动右边框调整时长，如图 5-73 所示。

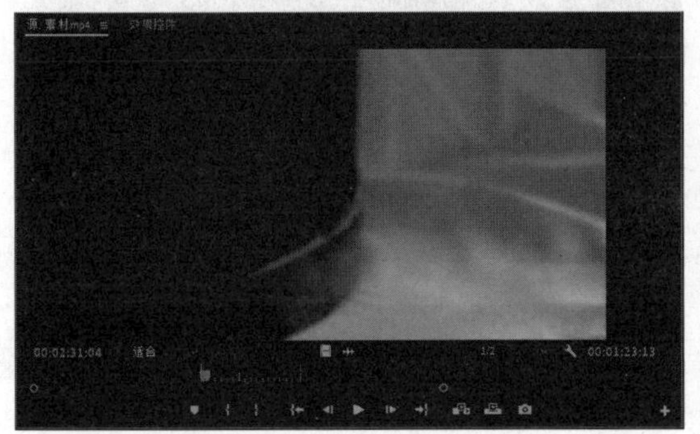

图 5-72　选择片段起点和终点

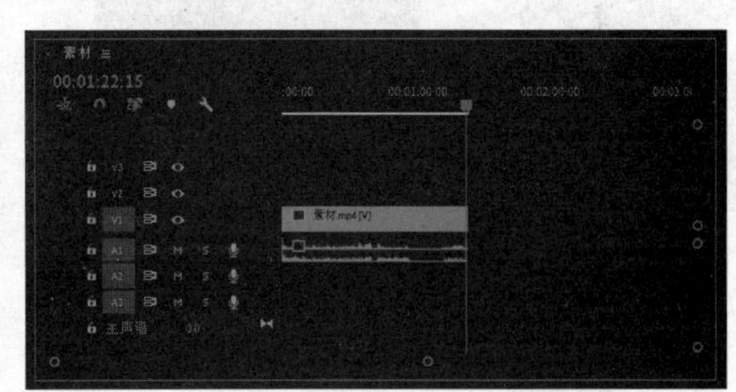

图 5-73　将素材拖至时间轴上并调整时长

(5) 锁定【时间轴】窗口中的视频波纹，右击【A1】音频波纹，选择【清除】命令，删去视频的原声音频，如图 5-74 所示。

(6) 现在将导入的音频替换为新的背景音乐，拖动【项目】窗口中的音频素材到【A1】轨道上，替换音频，如图 5-75 所示。

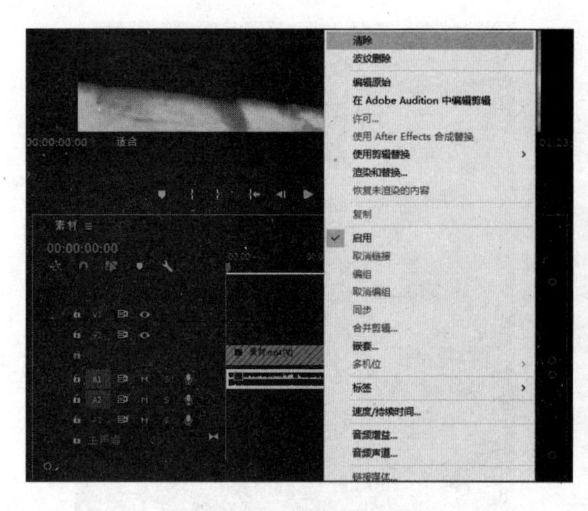

图 5-74　删去音频

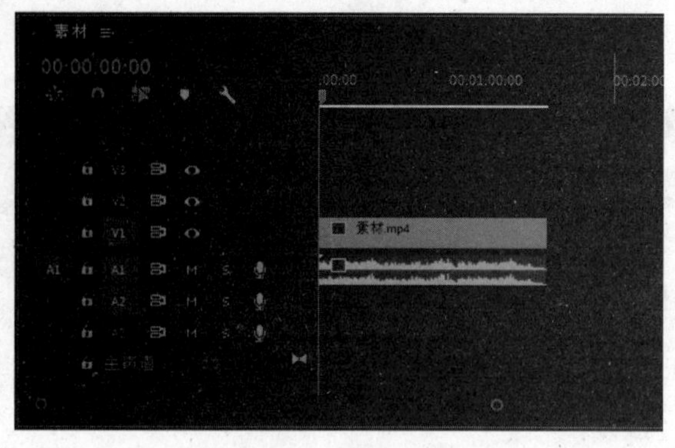

图 5-75　替换音频

(7) 选择【文件】|【导出】|【媒体】命令，打开【导出设置】对话框，将【格式】设置为 H.264，设置【输出名称】为“混剪”，单击【导出】按钮，如图 5-76 所示。

(8) 在输出位置中打开视频文件，查看视频效果，如图 5-77 所示。

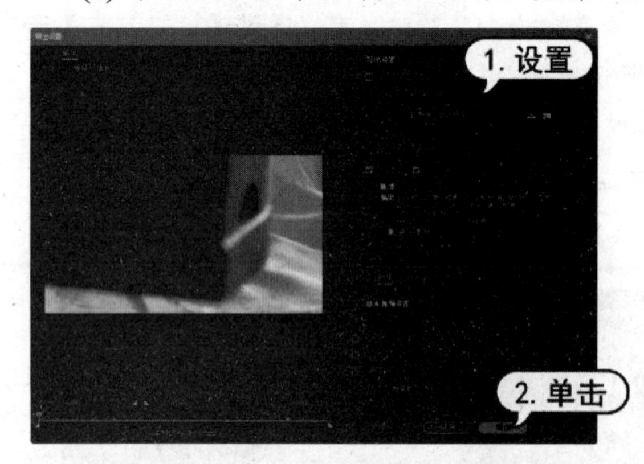

图 5-76　【导出设置】对话框

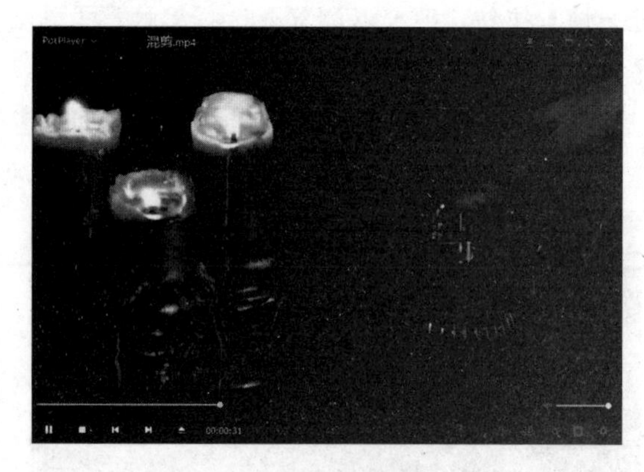

图 5-77　查看视频效果

5.6　习题

1. 简述数字视频的格式与转换方法。

2. 如何获取视频素材？

3. 使用 Premier Pro 或 After Effects 导入视频，剪辑其音频和视频片段，并导出为 MP4 格式的视频。

第6章

二维动画数据技术及应用

二维动画是多媒体产品中很具吸引力的素材，具有表现力丰富、直观、易于理解、吸引注意力等优点。Animate 动画是目前最为流行的二维矢量动画，广泛用于互联网、多媒体课件制作及游戏软件制作等领域。本章将以 Animate 2020 软件为例，主要介绍形状动画素材的获取以及二维动画制作等内容。

本章重点

- 动画素材的获取
- 动画素材的编辑
- 制作基本动画
- 使用脚本制作动画

二维码教学视频

【例 6-1】 制作视频播放器
【例 6-2】 创建逐帧动画
【例 6-3】 创建补间动画
【例 6-4】 创建遮罩层动画
【例 6-5】 创建传统引导层动画
【例 6-6】 创建骨骼动画
【例 6-7】 创建多场景动画
【例 6-8】 制作按钮打开网站动画
【例 6-9】 制作下雨动画
【例 6-10】 制作蛙叫按钮动画

6.1 动画概述

动画是一种综合艺术，它是集合了绘画、漫画、电影、摄影、音乐、文学等众多艺术门类于一身的表现形式。

6.1.1 动画的概念和类型

动画是将静止的画面变为动态的艺术，实现由静止到运动的过程。动画是一种将“隐式”意识外化为“显式”形态的过程，是一种技术和艺术相结合的产物。在多媒体技术领域里，动画是将一段意识形态的抽象内容通过技术手段制作成连续播放画面的表现形式，展现在网络、移动端、播放器等媒体上的一种动态影片。

从动画的视觉空间划分，动画可分为二维动画(平面动画)和三维动画(空间动画)。二维动画是指平面的动画表现形式，它运用传统动画的概念，通过平面上物体的运动或变形来实现动画的过程，具有强烈的表现力和灵活的表现手段。创作二维动画的软件有 Animate、GIF Animator 等。三维动画是指模拟三维立体场景中的动画效果，虽然它也是由一帧帧的画面组成的，但它表现了一个完整的立体世界。通过计算机可以塑造一个三维的模型和场景，而不需要为了表现立体效果而单独设置每一帧画面。目前创作三维动画的软件有 3ds Max、Maya 等。本章主要学习二维动画的制作。

6.1.2 二维动画制作软件简介

Animate 由原 Adobe Flash Professional CC 更名得来，维持原有 Flash 开发工具支持外，新增 HTML5 等创作工具。Adobe Animate 2020 作为最新版本，可以通过文字、图片、视频、声音等综合手段展现二维动画意图，通过强大的交互功能实现与动画观看者之间的互动。

1. Animate 动画的制作流程

在制作Animate 文档的过程中，开发人员通常需要执行以下一些基本步骤。

- 计划应用程序：确定应用程序要执行哪些基本任务。
- 添加媒体元素：创建并导入媒体元素，如图像、视频、声音和文本等。
- 排列元素：在舞台上和时间轴中排列这些媒体元素，以定义它们在应用程序中显示的时间和显示方式。
- 应用特殊效果：根据需要应用图形滤镜(如模糊、发光和斜角)、混合和其他特殊效果。
- 使用 ActionScript 控制行为：编写 ActionScript 代码以控制媒体元素的行为方式，包括这些元素对用户交互的响应方式。

- 测试应用程序：进行测试以验证应用程序是否按预期工作，查找并修复所遇到的错误。在整个创建过程中应不断测试应用程序。用户可以在 Animate 和 AIR Debug Launcher 中测试文件。
- 发布应用程序：将文件发布为可在网页中显示并可使用 Flash Player 播放的 SWF 文件。

2. Animate 2020 的工作界面

用户要正确高效地运用 Animate 2020 软件制作动画，首先需要熟悉 Animate 2020 的工作界面以及工作界面中各部分的功能。Animate 的工作界面主要包括标题栏、菜单栏、【工具】面板、【时间轴】面板、面板集、舞台等界面要素，如图 6-1 所示。

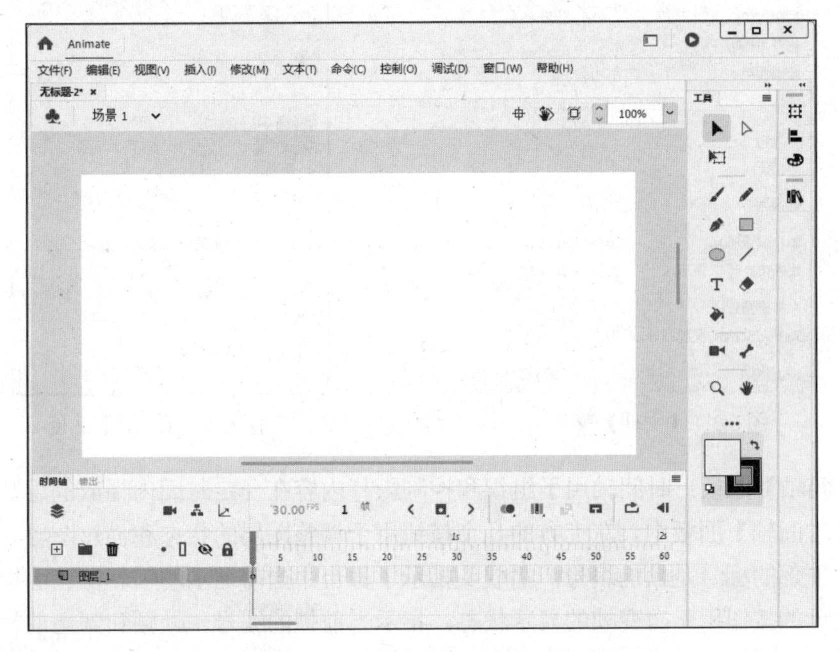

图 6-1　Animate 2020 的工作界面

- 标题栏：包括窗口管理按钮、工作区切换按钮，如图 6-2 所示。

图 6-2　标题栏

- 菜单栏：包含大部分 Animate 2020 操作命令，其中【文件】菜单用于文件操作，例如创建、打开和保存文件等，如图 6-3 所示。
- 【工具】面板：包含用于创建和编辑图像、图稿、页面元素的所有工具。使用这些工具可以进行绘图、选取对象、喷涂、修改及编排文字等操作。Animate 2020 版本的【工具】面板可以根据需要添加、删除、分组或重新排序工具，用户还可以将未显示在【工具】面板上的各种工具按钮拖放到【工具】面板上。图 6-4 所示为【工具】面板。单

击 ••• 按钮可以打开【拖放工具】面板，可以将未显示在【工具】面板上的各种工具按钮拖放到【工具】面板上。

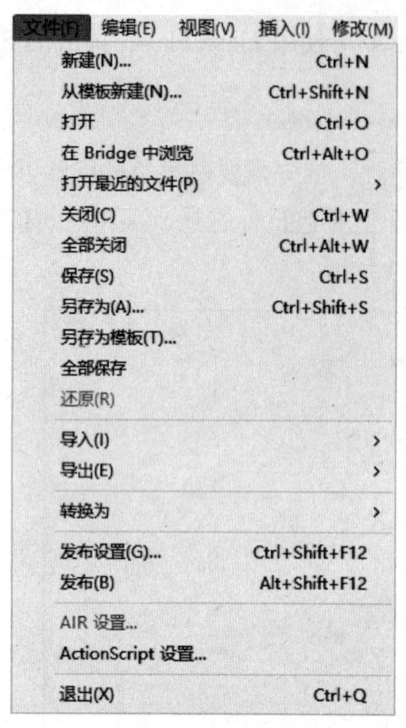

图 6-3 【文件】菜单

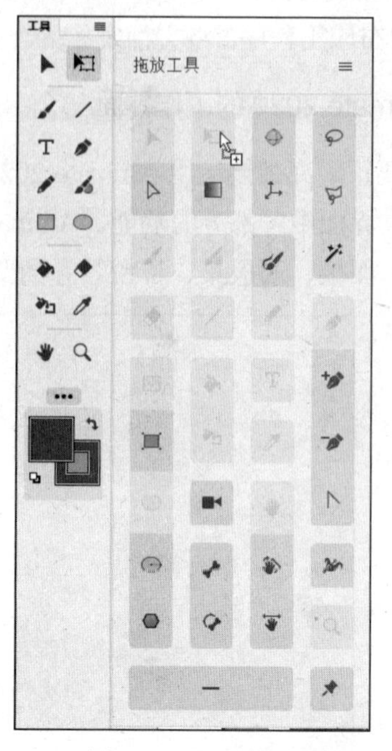

图 6-4 【工具】面板

▽ 【时间轴】面板：时间轴用于组织和控制影片内容在一定时间内播放的层数和帧数。在【时间轴】面板中，左上方的几个按钮用于调整图层的状态和创建图层。在帧区域中，顶部的标号是帧的编号，播放头指示了舞台中当前显示的帧。在该面板帧区域上面显示的按钮用于改变帧的显示状态，指示当前帧的编号、帧频和到当前帧为止动画的播放时间等，如图 6-5 所示。

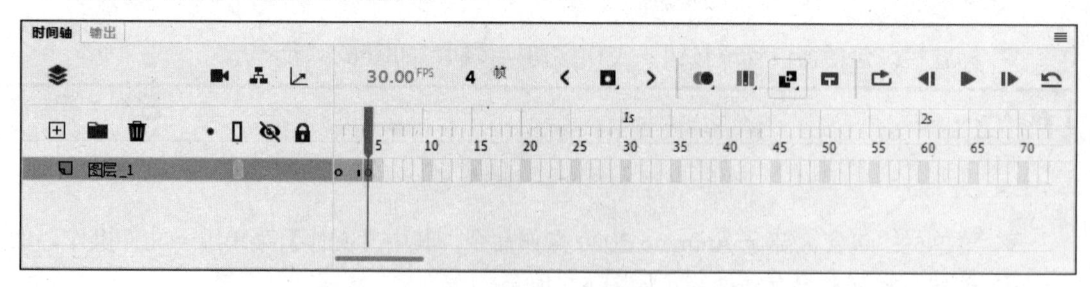

图 6-5 【时间轴】面板

▽ 面板集：面板集用于管理 Animate 的面板，它将所有面板都嵌入同一个面板中。通过面板集，用户可以对工作界面的面板布局进行重新组合，以适应不同的工作需求。Animate 比较常用的面板有【颜色】【库】【属性】【变形】面板等，图 6-6 和图 6-7 所示分别为【颜色】面板和【库】面板。

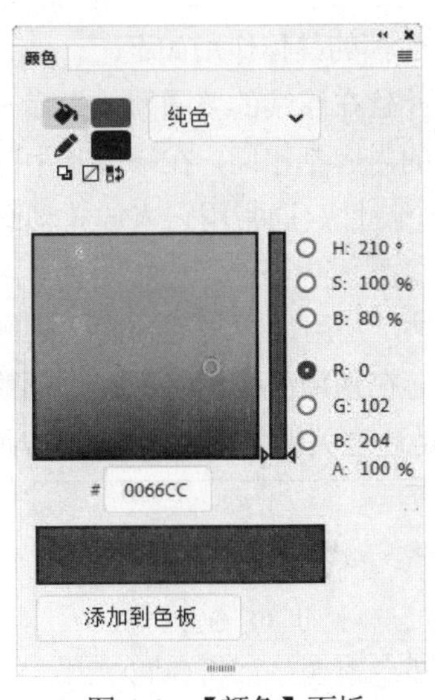

图 6-6　【颜色】面板

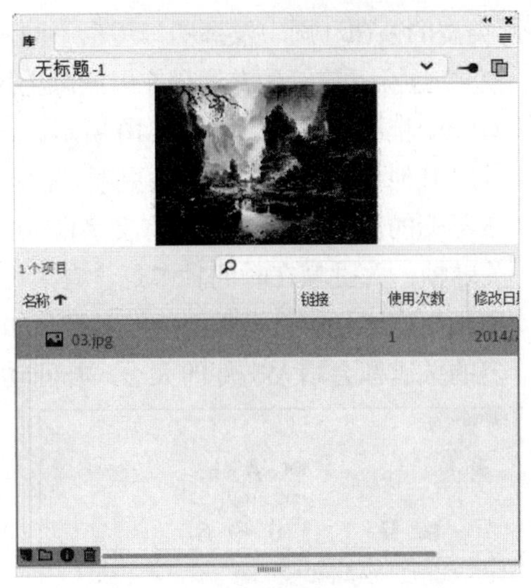

图 6-7　【库】面板

- 舞台：舞台是用户进行动画创作的可编辑区域，可以在其中直接绘制插图，也可以在舞台中导入需要的插图、媒体文件等，其默认状态是白色背景，如图 6-8 所示。若想在工作时更改舞台的视图，可以使用放大和缩小功能。若要帮助在舞台上定位项目，可以使用网格、辅助线和标尺等舞台工具。若要修改舞台的属性，选择【修改】|【文档】命令，打开【文档设置】对话框。根据需要修改舞台的尺寸大小、颜色、帧频等信息后，单击【确定】按钮即可，如图 6-9 所示。

图 6-8　舞台

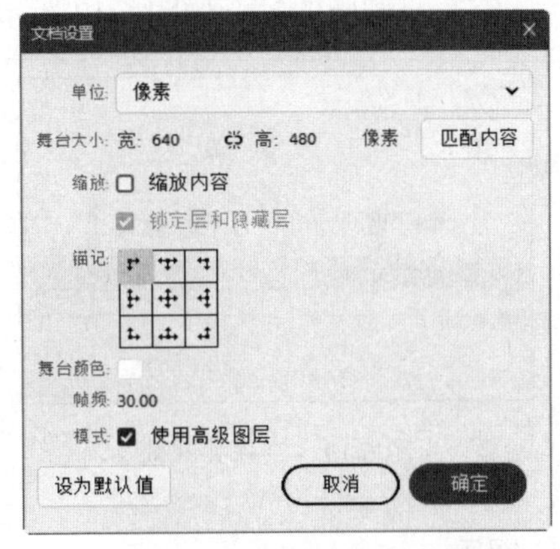

图 6-9　【文档设置】对话框

3. 帧

帧是 Animate 动画的基本组成部分，Animate 动画是由不同的帧组合而成的。时间轴是摆放和控制帧的地方，帧在时间轴上的排列顺序将决定动画的播放顺序，至于每一帧中的具体内容，则需在相应的帧的工作区域内进行制作。

在 Animate 中，用来控制动画播放的帧具有不同的类型，选择【插入】|【时间轴】命令，在弹出的子菜单中显示了帧、关键帧和空白关键帧 3 种类型的帧。

不同类型的帧在动画中发挥的作用也不同，这 3 种类型的帧的具体作用如下。

- 帧(普通帧)：连续的普通帧在时间轴上用灰色显示，并且在连续的普通帧的最后一帧中有一个空心矩形块，如图 6-10 所示。连续的普通帧的内容都相同，在修改其中的某一帧时其他帧的内容也同时被更新。由于普通帧的这个特性，通常用它来放置动画中静止不变的对象(如背景和静态文字)。
- 关键帧：关键帧在时间轴中是含有黑色实心圆点的帧，是用来定义动画变化的帧，在动画制作过程中是最重要的帧类型，如图 6-11 所示。在使用关键帧时不能太频繁，过多的关键帧会增大文件的大小。补间动画的制作就是通过关键帧内插的方法实现的。

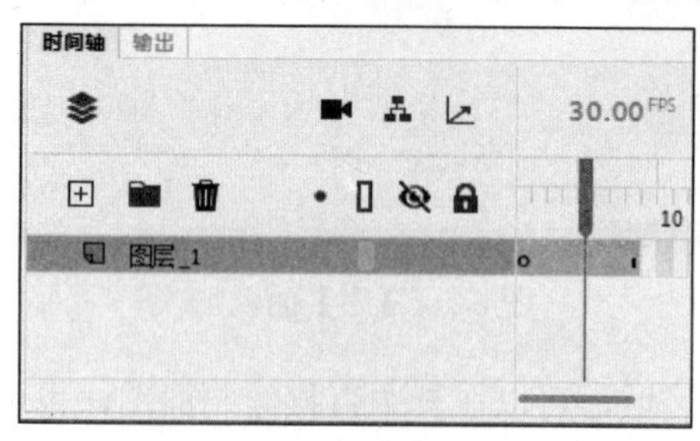

图 6-10　普通帧

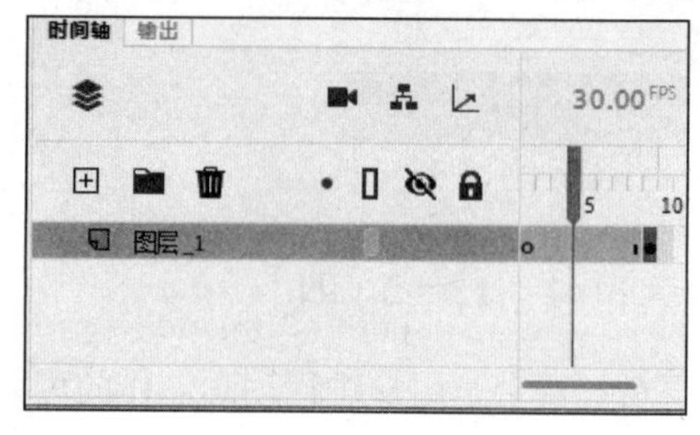

图 6-11　关键帧

- 空白关键帧：在时间轴中插入关键帧后，左侧相邻帧的内容就会自动复制到该关键帧中，如果不想让新关键帧继承相邻左侧帧的内容，可以采用插入空白关键帧的方法。在每一个新建的 Animate 文档中都有一个空白关键帧。空白关键帧在时间轴中是含有空心小圆圈的帧，如图 6-12 所示。

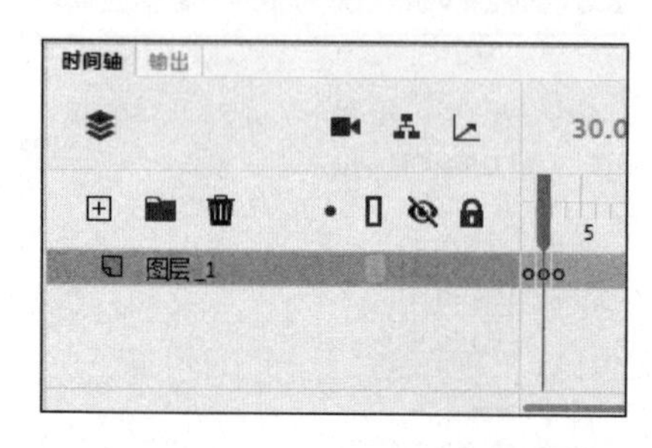

图 6-12　空白关键帧

提示

因为文档会保存每一个关键帧中的形状，所以制作动画时只需在插图中有变化的地方创建关键帧即可。

4. 图层

使用图层可以将动画中的不同对象与动作区分开，例如可以绘制、编辑、粘贴和重新定位一个图层上的元素而不会影响其他图层，因此不必担心在编辑过程中会对图像产生无法恢复的误操作。

图层位于【时间轴】面板的左侧，在 Animate 2020 中，图层分为 5 种类型，即一般图层、遮罩层、被遮罩层、引导层、被引导层，如图 6-13 所示。

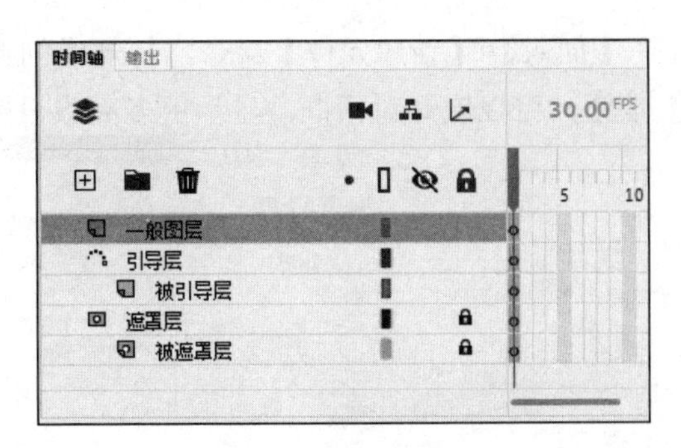

图 6-13　图层的类型

这 5 种图层类型的详细说明如下。

- 一般图层：指普通状态下的图层，这种类型图层名称的前面将显示普通图层图标。
- 遮罩层：指放置遮罩物的图层，当设置某个图层为遮罩层时，该图层的下一图层默认为被遮罩层。这种类型图层名称的前面有一个遮罩层图标。
- 被遮罩层：被遮罩层是与遮罩层对应的、用来放置被遮罩物的图层。这种类型图层名称的前面有一个被遮罩层的图标。
- 引导层：在引导层中可以设置运动路径，用来引导被引导层中的对象依照运动路径进行移动。当图层被设置成引导层时，在图层名称的前面会出现一个运动引导层图标，该图层的下方图层系统默认为被引导层；如果引导图层下没有任何图层作为被引导层，那么在该引导图层名称的前面就出现一个引导层图标。
- 被引导层：被引导层与其上面的引导层是对应的，当上一个图层被设定为引导层时，这个图层会自动转变成被引导层，并且图层名称会自动进行缩排，被引导层的图标和一般图层一样。

单击【时间轴】面板中的【新建图层】按钮，即可在选中图层的上方插入一个图层，选中【时间轴】面板中顶部的图层，然后单击【新建文件夹】按钮，即可插入一个图层文件夹，如图 6-14 所示。

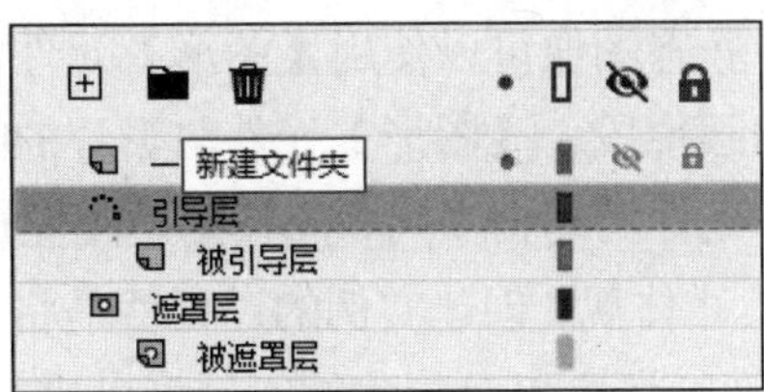

图 6-14　插入图层文件夹

5. 元件和实例

在制作动画的过程中，经常需要重复使用一些特定的动画元素，用户可以将这些元素转换为元件，在制作动画时多次调用。【库】面板是放置和组织元件的地方。

元件是指在 Animate 创作环境中或使用 SimpleButton (AS 3.0) 和 MovieClip 类一次性创建的图形、按钮或影片剪辑。用户可在整个文档或其他文档中重复使用该元件。

打开 Animate 2020，选择【插入】|【新建元件】命令，打开【创建新元件】对话框，如图 6-15 所示。单击【高级】按钮，可以展开对话框，显示更多高级设置，如图 6-16 所示。

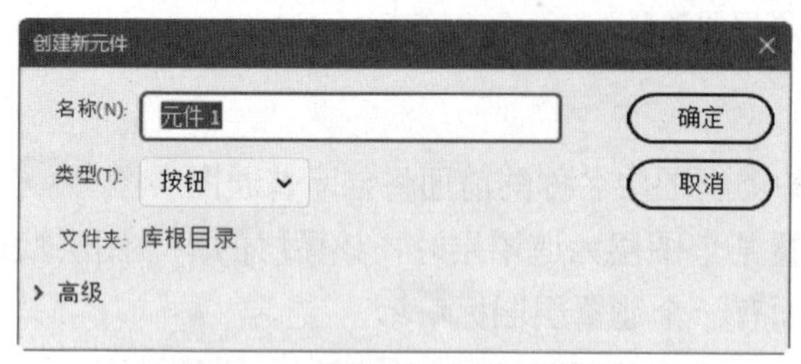

图 6-15 【创建新元件】对话框

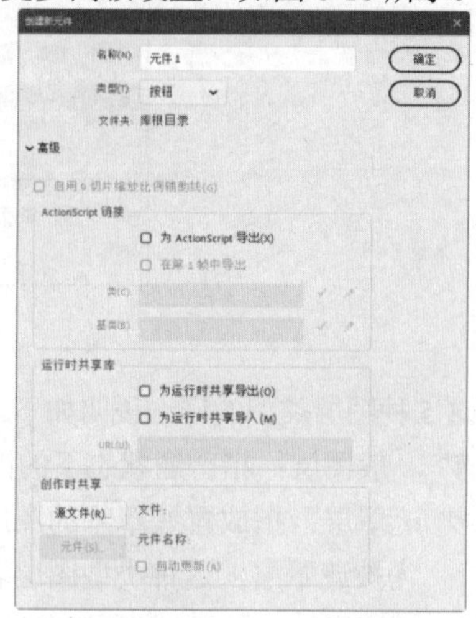

图 6-16 展开【高级】选项

在【创建新元件】对话框中的【类型】下拉列表中可以选择创建的元件类型，用户可以选择【影片剪辑】【按钮】和【图形】3 种类型的元件。这 3 种类型的元件的具体作用如下。

- 【影片剪辑】元件：【影片剪辑】元件是 Animate 影片中一个相当重要的角色，它可以是一段动画，而大部分的 Animate 影片其实都是由许多独立的影片剪辑元件实例组成的。【影片剪辑】元件拥有独立的多帧时间轴，可以不受场景和主时间轴的影响。【影片剪辑】元件的图标为 。
- 【按钮】元件：使用【按钮】元件可以在影片中创建响应鼠标单击、滑过或其他动作的交互式按钮，它包括【弹起】【指针经过】【按下】和【点击】4 种状态，每种状态上都可以创建不同内容，并定义与各种按钮状态相关联的图形，然后指定按钮实现的动作。【按钮】元件另一个特点是每个显示状态均可以通过声音或图形来显示，从而构成一个简单的交互性动画。【按钮】元件的图标为 。
- 【图形】元件：对于静态图像可以使用【图形】元件，并可以创建几个链接到主影片时间轴上的可重用动画片段。【图形】元件与影片的时间轴同步运行，交互式控件和声音不会在【图形】元件的动画序列中起作用。【图形】元件的图标为 。

实例是元件在舞台中的具体体现，创建实例的过程就是将元件从【库】面板中拖到舞台中。此外，还可以对创建的实例可以进行修改，从而得到依托于该实例的其他效果。

【库】面板是集成库项目内容的面板，【库】项目是库中的相关内容。

选择【窗口】|【库】命令，打开【库】面板。【库】面板的列表主要用于显示库中所有项目的名称，可以通过其查看并组织这些文档中的元素，如图 6-17 所示。

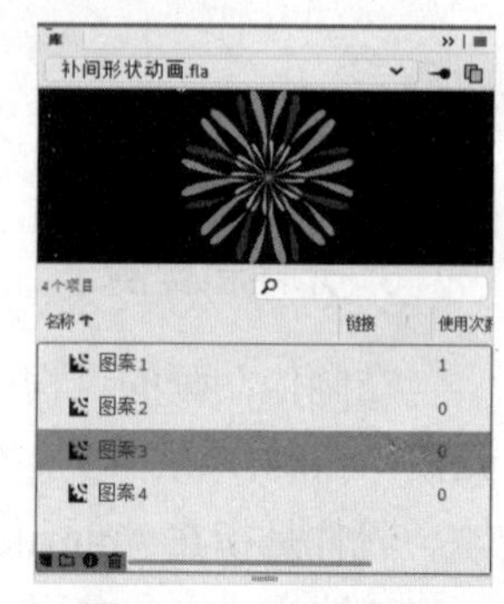

图 6-17 【库】面板

提示

在【库】面板中的预览窗口中显示了存储的所有元件缩略图，如果是【影片剪辑】元件，可以在预览窗口中预览动画效果。

6.2　动画素材的获取与编辑

多媒体的二维动画素材获取有多种方式，可以直接绘制，也可以提取外部文件并将其转换后为 Animate 所用。

6.2.1　动画素材的获取

除了自己绘制素材，动画素材还可以从外部获取。下面主要介绍导入位图、导入声音、导入视频的相关内容。

1. 导入位图

从外部导入制作好的图形元素成为动画设计制作过程中的常用操作。Animate 2020 可以导入目前大多数主流的图像格式，具体的文件类型和文件扩展名可以参照表 6-1。

表 6-1　可导入的文件类型和扩展名

文件类型	扩　展　名
Adobe Illustrator	.eps、.ai
AutoCAD DXF	.dxf
BMP	.bmp
增强的 Windows 元文件	.emf
FreeHand	.fh7、.fh8、.fh9、.fh10、.fh11
GIF 和 GIF 动画	.gif
JPEG	.jpg
PICT	.pct、.pic
PNG	.png
Flash Player	.swf
MacPaint	.pntg
Photoshop	.psd
QuickTime 图像	.qtif
Silicon 图形图像	.sgi
TGA	.tga
TIFF	.tif

若要将位图图像导入舞台，可以选择【文件】|【导入】|【导入到舞台】命令，打开【导入】对话框，选择需要导入的图像文件后，单击【打开】按钮即可将其导入当前的舞台中，如图 6-18 所示。

在导入图像文件到 Animate 文档中时，可以选择多个图像同时导入，方法是：按住 Ctrl 键或用鼠标拖动，然后选择多个图像文件的缩略图即可实现同时导入，如图 6-19 所示。

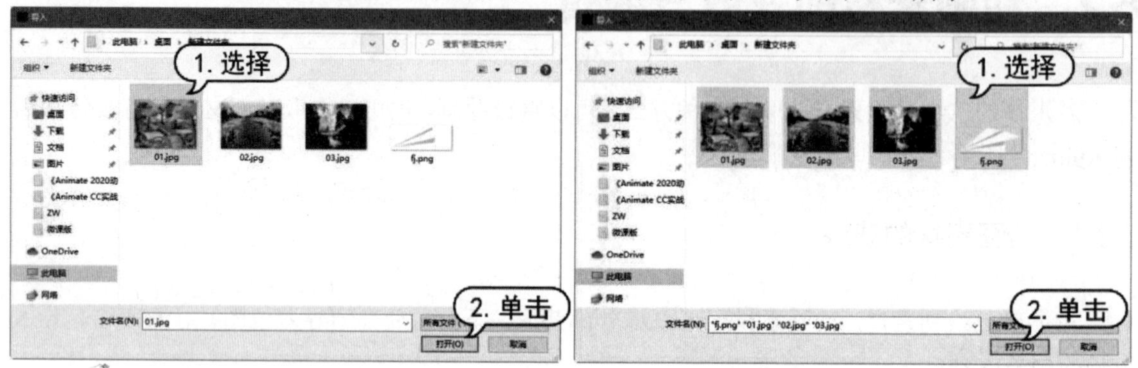

图 6-18 【导入】对话框　　图 6-19 选择多个文件导入

用户不仅可以将位图图像导入舞台中直接使用，也可以选择【文件】|【导入】|【导入到库】命令，打开【导入到库】对话框导入图片，如图 6-20 所示。先将需要的位图图像导入该文档的【库】面板中，在需要时打开【库】面板再将其拖至舞台中使用，如图 6-21 所示。

图 6-20 【导入到库】对话框

图 6-21 【库】面板中的图像文件

提示

在 Animate 2020 中，还可以导入 PSD、AI 等格式的图像文件，导入这些格式的图像文件可以保证图像的质量和保留图像的可编辑性。

2. 导入声音

在 Animate 2020 中，可以导入 WAV、MP3 等文件格式的声音文件，但不能直接导入 MIDI 文件。导入的声音文件一般会保存在【库】面板中，因此与元件一样，只需创建声音文件的实例即可以各种方式在动画中使用该声音。

若要将声音文件导入 Animate 文档的【库】面板中，可以选择【文件】|【导入】|【导入到库】命令，打开【导入到库】对话框，选择导入的声音文件，单击【打开】按钮，如图 6-22 所示。此时将添加声音文件至【库】面板中，如图 6-23 所示。

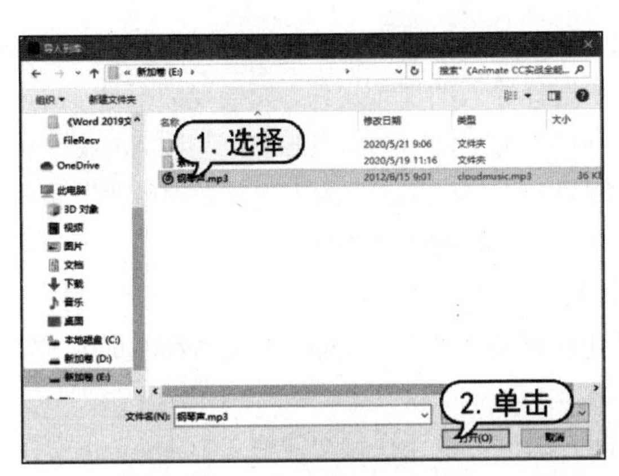

图 6-22　【导入到库】对话框

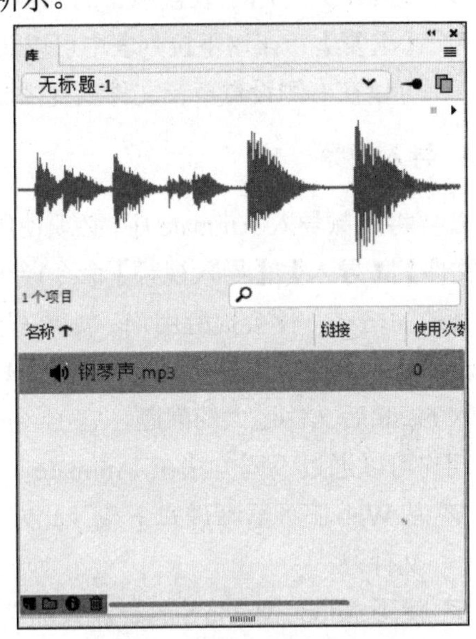

图 6-23　【库】面板中的声音文件

导入声音文件到【库】面板后，可以将声音文件添加到文档中。若要在文档中添加声音，从【库】面板中拖动声音文件到舞台中，即可将其添加至当前文档中。选择【窗口】|【时间轴】命令，打开【时间轴】面板，在该面板中显示了声音文件的波形，如图 6-24 所示。

选择时间轴中包含声音波形的帧，打开【属性】面板，可以查看【声音】选项的属性，如图 6-25 所示。

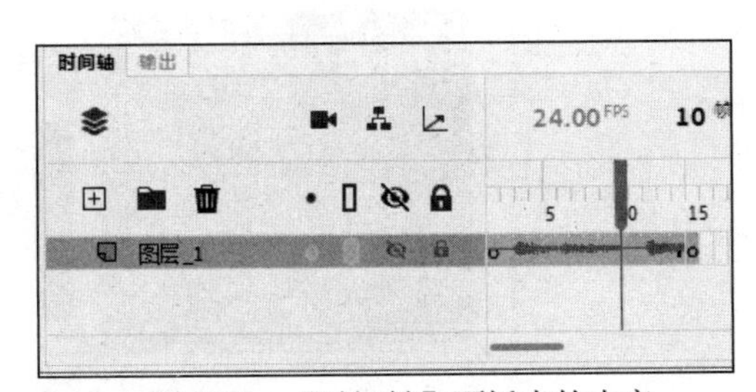

图 6-24　【时间轴】面板中的声音

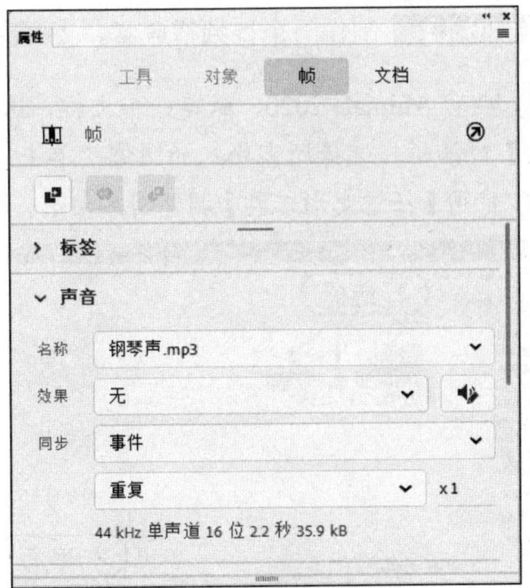

图 6-25　【声音】选项属性

在帧【属性】面板中，【声音】选项组主要参数选项的具体作用如下。

- 【名称】：用于选择导入的声音文件名称。
- 【效果】：用于设置声音的播放效果。
- 【同步】：用于设置声音的同步方式。
- 【重复】：在该下拉列表中可以选择【重复】和【循环】两个选项。选择【重复】选项，可以在右侧设置声音文件重复播放的次数；选择【循环】选项，声音文件将循环播放。

3. 导入视频

若要将视频导入 Animate 中，必须使用以 FLV 或 H.264 格式编码的视频。视频导入向导(使用【文件】|【导入】|【导入视频】命令)会检查用户选择导入的视频文件，如果视频不是 Animate 可以播放的格式，便会提醒用户。如果视频不是 FLV 或 F4V 格式，则可以使用 Adobe Media Encoder 以适当的格式对视频进行编码。FLV 全称为 Flash Video，它的出现有效地解决了视频文件导入 Flash 后文件过大的问题，它已经成为现今主流的视频格式之一。

用户可以通过不同方法在 Animate 中使用视频。

- 从 Web 服务器渐进式下载：此方法可以让视频文件独立于 Animatc 文件和生成的 SWF 文件。
- 使用 Adobe Media Server 流式加载视频：此方法也可以让视频文件独立于 Animate 文件。除了流畅的播放体验之外，Adobe Media Streaming Server 还会为用户的视频内容提供安全保护。
- 在 Animate 文件中嵌入视频数据：此方法生成的 Animate 文件非常大，因此建议只用于小视频剪辑。

对于播放时间少于 10 秒的较小视频剪辑，嵌入视频的效果最好。如果正在使用播放时间较长的视频剪辑，可以考虑使用渐进式下载的视频，或者使用 Flash Media Server 传送视频流。

【例 6-1】 制作一个视频播放器。 视频

(1) 启动 Animate 2020，新建一个文档，选择【文件】|【导入】|【导入到舞台】命令，打开【导入】对话框，选择所需导入的图像，单击【打开】按钮，如图 6-26 所示。

(2) 使用【任意变形工具】调整图片大小，然后使舞台和图片匹配内容，效果如图 6-27 所示。

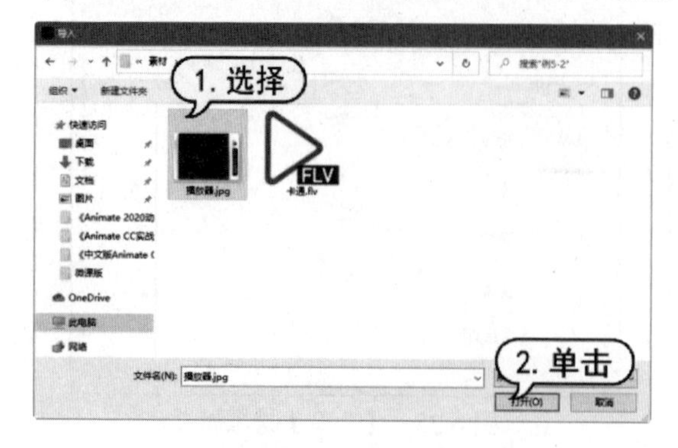

图 6-26 导入图像

图 6-27 调整图片

(3) 选择【文件】|【导入】|【导入视频】命令，打开【导入视频】对话框，选中【在 SWF 中嵌入 FLV 并在时间轴中播放】单选按钮，然后单击【浏览】按钮，如图 6-28 所示。

(4) 打开【打开】对话框，选择视频文件，然后单击【打开】按钮，如图 6-29 所示。

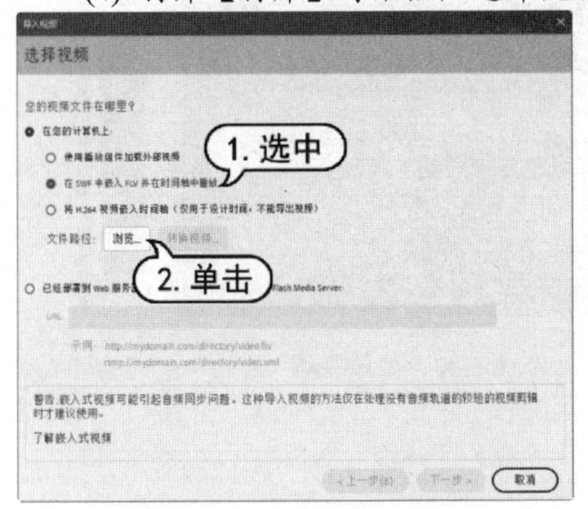

图 6-28　【导入视频】对话框

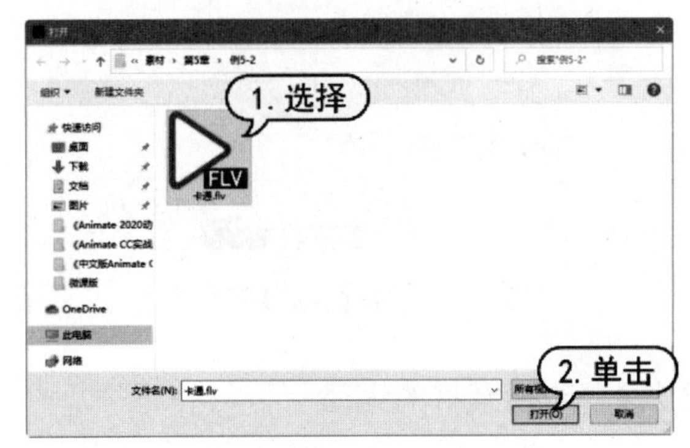

图 6-29　【打开】对话框

(5) 返回【导入视频】对话框，单击【下一步】按钮，如图 6-30 所示。

(6) 打开【导入视频-嵌入】对话框，保持默认选项，然后单击【下一步】按钮，如图 6-31 所示。

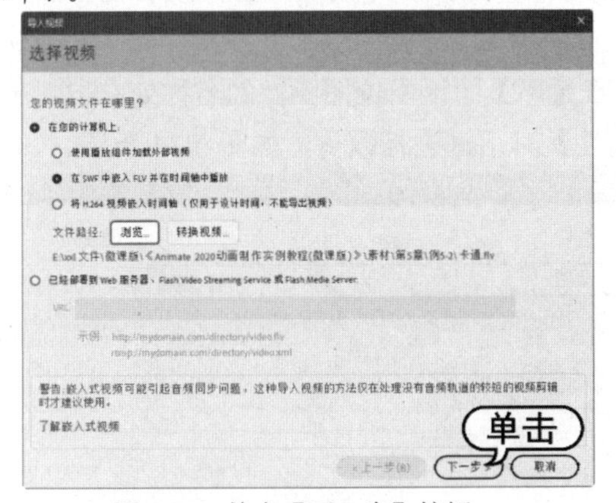

图 6-30　单击【下一步】按钮

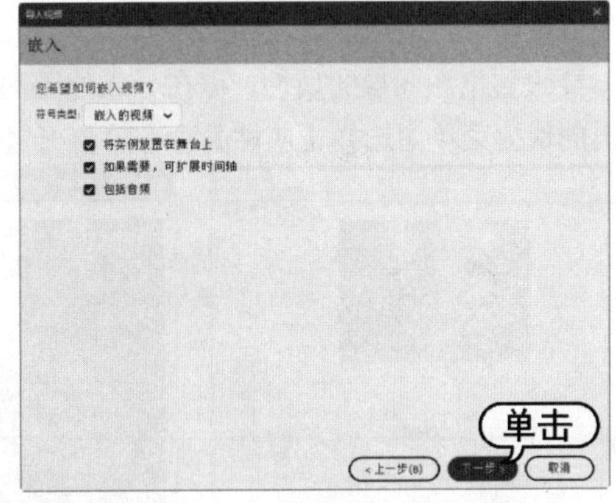

图 6-31　单击【下一步】按钮

(7) 打开【导入视频-完成视频导入】对话框，单击【完成】按钮，即可将视频文件导入舞台中，如图 6-32 所示。

(8) 此时将舞台中的视频嵌入播放器中，使用【任意变形工具】调整视频的大小，按下 Ctrl+Enter 组合键，即可播放视频，如图 6-33 所示。

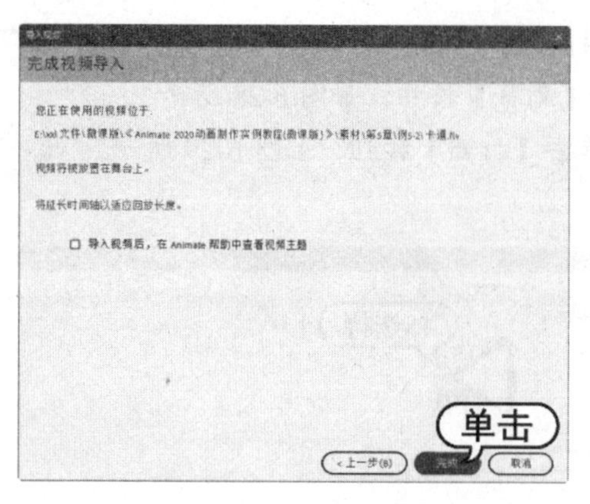

图 6-32　单击【完成】按钮

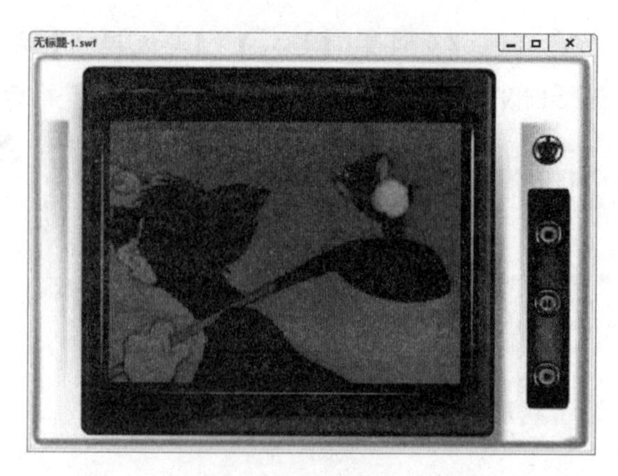

图 6-33　播放视频

6.2.2　动画素材的编辑

一般从外部获取的素材是需要加工处理的，这里主要介绍位图、声音等二维动画素材的编辑。

1. 位图的编辑

在导入位图文件后，可以进行各种编辑操作，例如设置位图属性、将位图分离或者将位图转换为矢量图等。

要设置位图图像的属性，可在导入位图图像后，在【库】面板中位图图像的名称处右击，在弹出的快捷菜单中选择【属性】命令，打开【位图属性】对话框进行设置，如图 6-34 所示。

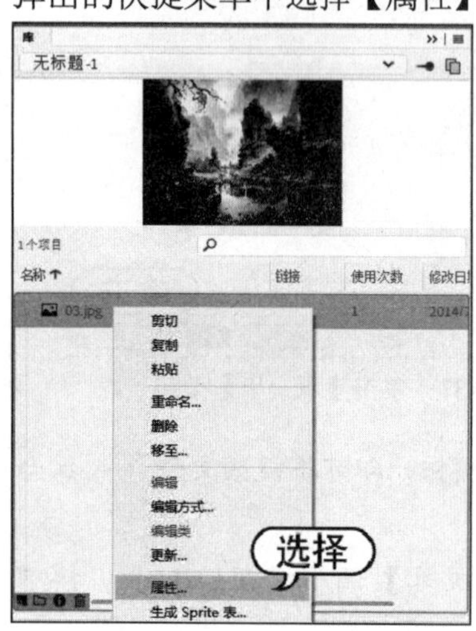

图 6-34　打开【位图属性】对话框

分离位图可将位图图像中的像素点分散到离散的区域中，这样可以分别选取这些区域并进行编辑修改。

在分离位图时可以先选中舞台中的位图图像，然后选择【修改】|【分离】命令，或者按下 Ctrl+B 组合键即可对位图图像进行分离操作。在使用【选择工具】选择分离后的位图图像时，该

位图图像上将被均匀地蒙上了一层细小的白点，这表明该位图图像已完成了分离操作，如图 6-35 所示。此时可以使用工具面板中的图形编辑工具对其进行修改。

图 6-35　分离位图

要将位图转换为矢量图，选中要转换的位图图像，选择【修改】|【位图】|【转换位图为矢量图】命令，打开【转换位图为矢量图】对话框进行设置，如图 6-36 所示。

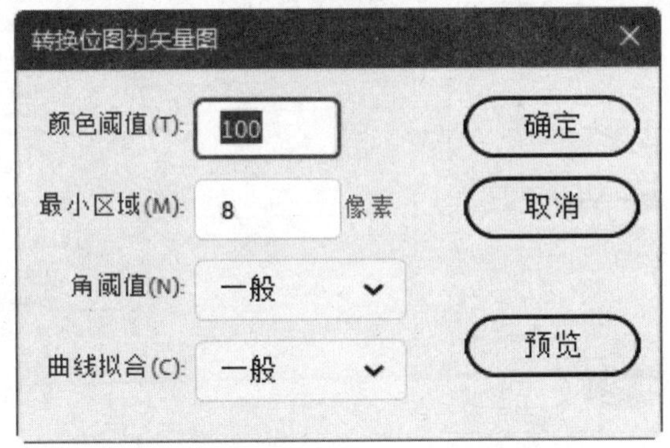

图 6-36　【转换位图为矢量图】对话框

2. 声音的编辑

在 Animate 2020 中，可以进行改变声音开始播放、停止播放的位置和控制播放的音量等编辑操作。

选择一个包含声音文件的帧，打开【属性】面板，单击【编辑声音封套】按钮，打开【编辑封套】对话框，其中上面和下面两个显示框分别代表左声道和右声道，如图 6-37 所示。

在【编辑封套】对话框中，主要参数选项的具体作用如下。

- 【效果】：用于设置声音的播放效果，在该下拉列表中可以选择【无】【左声道】【右声道】【向右淡出】【向左淡出】【淡入】【淡出】和【自定义】8 个选项。选择任意效果，即可在下面的显示框中显示该声音效果的封套线。
- 封套手柄：在显示框中拖动封套手柄，可以改变声音不同点处的播放音量。在封套线上单击，即可创建新的封套手柄，最多可创建 8 个封套手柄。选中任意封套手柄，拖动至对话框外面，即可删除该封套手柄。

- 【放大】和【缩小】：用于改变窗口中声音波形的显示。单击【放大】按钮，可以水平方向放大显示窗口的声音波形，一般用于细致查看声音波形；单击【缩小】按钮，可以水平方向缩小显示窗口的声音波形，一般用于查看波形较长的声音文件。
- 【秒】和【帧】：用于设置声音是以秒为单位显示或是以帧为单位显示。单击【秒】按钮，以窗口中的水平轴为时间轴，刻度以秒为单位，是 Animate 默认的显示状态。单击【帧】按钮，以窗口中的水平轴为时间轴，刻度以帧为单位。
- 【播放】：单击【播放】按钮，可以测试编辑后的声音效果。
- 【停止】：单击【停止】按钮，可以停止声音的播放。

导入声音文件到【库】面板中，右击声音文件，在弹出的快捷菜单中选择【属性】命令，可打开【声音属性】对话框，如图 6-38 所示。

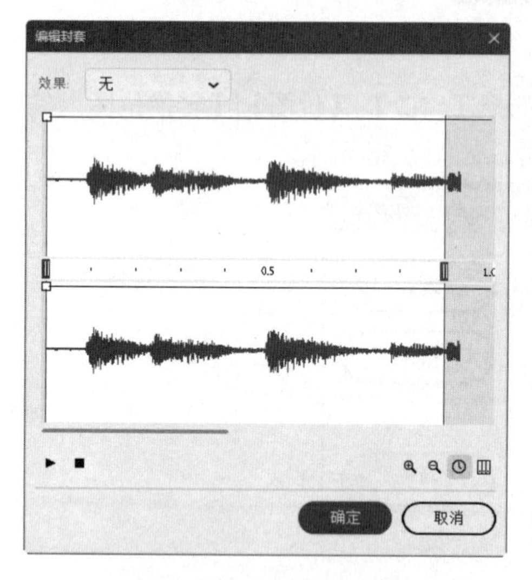

图 6-37 【编辑封套】对话框

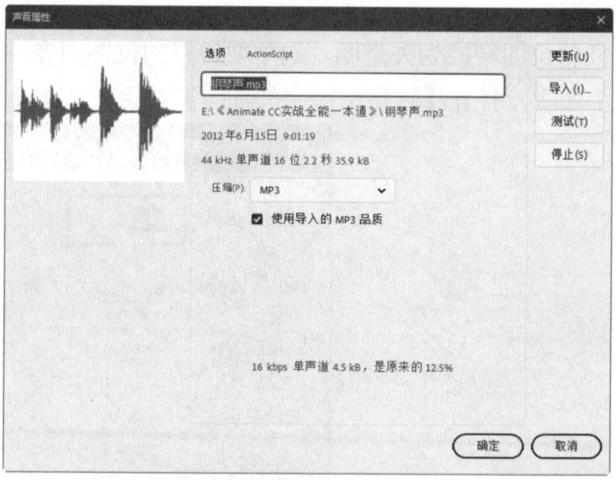

图 6-38 【声音属性】对话框

在【声音属性】对话框中，主要参数选项的具体作用如下。

- 【名称】：用于显示当前选择的声音文件名称。用户可以在文本框中重新输入名称。
- 【压缩】：用于设置声音文件在 Animate 中的压缩方式，在该下拉列表中可以选择【默认】【ADPCM】【MP3】【Raw】和【语音】5 种压缩方式。
- 【更新】：单击该按钮，可以更新设置好的声音文件属性。
- 【导入】：单击该按钮，可以导入新的声音文件并且替换原有的声音文件。但在【名称】文本框显示的仍是原有声音文件的名称。
- 【测试】：单击该按钮，按照当前设置的声音属性测试声音文件。
- 【停止】：单击该按钮，可以停止正在播放的声音。

3. 元件的编辑

如果舞台中的元素需要反复使用，可以将它转换为元件，保存在【库】面板中，方便以后调用。选择【修改】|【转换为元件】命令，打开【转换为元件】对话框，选择元件类型，然后单

击【确定】按钮，如图 6-39 所示。

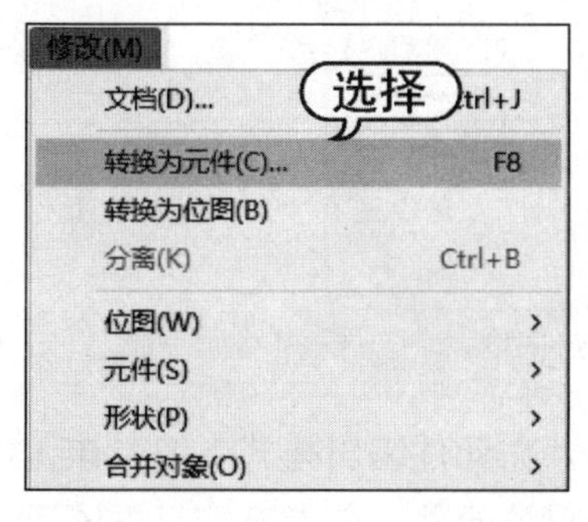

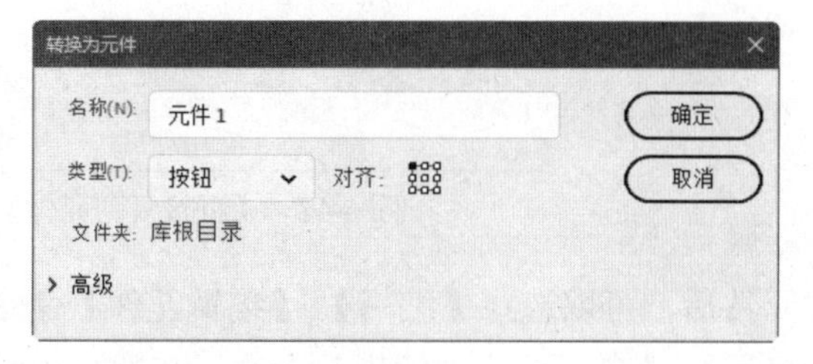

图 6-39　打开【转换为元件】对话框

复制元件和直接复制元件是两个完全不同的概念。复制元件是将元件复制为一份相同的元件，用此方式复制元件，修改一个元件的同时，另一个元件也会发生相同的改变。直接复制元件是以当前元件为基础，创建一个独立的新元件，不论修改哪个元件，另一个元件都不会发生改变。

选择库中的元件并右击，弹出快捷菜单，选择【复制】命令，如图 6-40 所示。然后在舞台中选择【编辑】|【粘贴到中心位置】命令(或者是【粘贴到当前位置】命令)，即可将复制的元件粘贴到舞台中。此时修改粘贴后的元件，原有的元件也将随之改变。

打开【库】面板，选中要直接复制的元件，右击该元件，在弹出的快捷菜单中选择【直接复制】命令或者单击【库】面板右上角的☰按钮，在弹出的【库面板】菜单中选择【直接复制】命令，如图 6-41 所示，打开【直接复制元件】对话框。

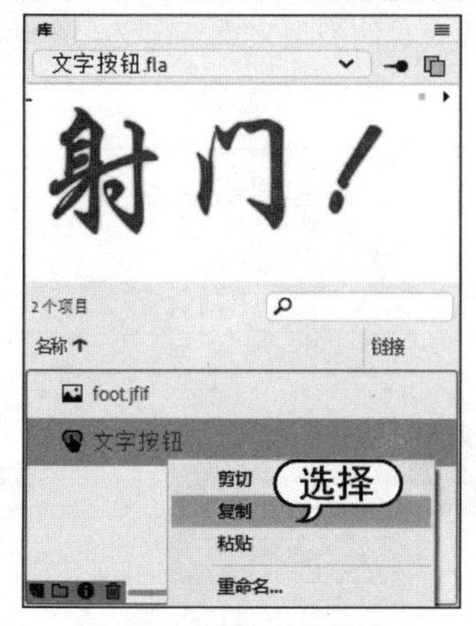

图 6-40　选择【复制】命令

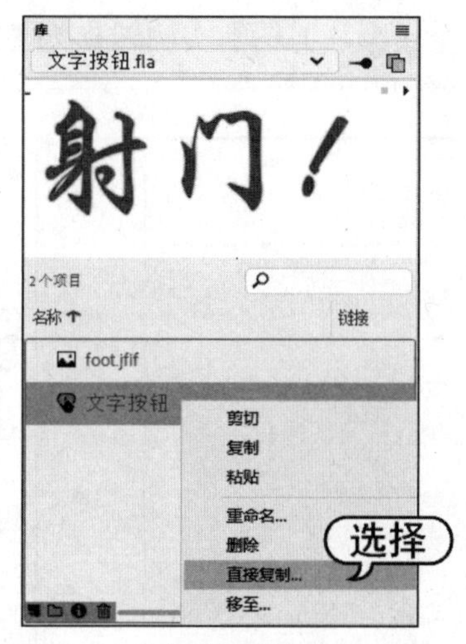

图 6-41　选择【直接复制】命令

在【直接复制元件】对话框中，可以更改直接复制元件的名称、类型等属性，如图 6-42 所示。而且更改以后，原有的元件并不会发生变化，所以在 Animate 应用中，使用直接复制元件操作更为普遍。

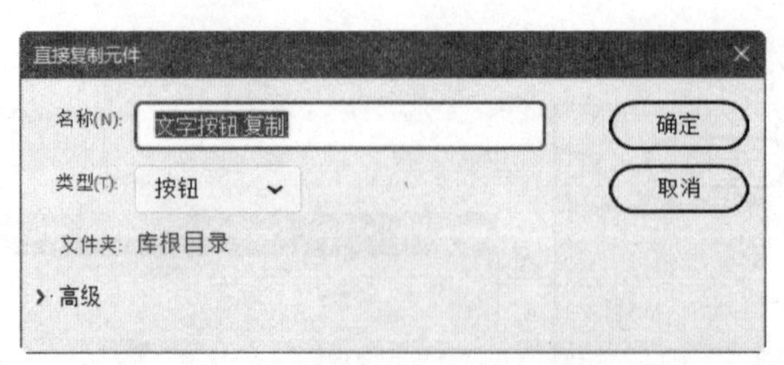

图 6-42 【直接复制元件】对话框

创建元件后，可以选择【编辑】|【编辑元件】命令，在元件编辑模式下编辑该元件；也可以选择【编辑】|【在当前位置编辑】命令，在舞台中编辑该元件；或者直接双击该元件进入该元件的编辑模式。

4. 实例的编辑

创建实例后，系统都会指定一个默认的实例名称，如果要为影片剪辑元件实例指定实例名称，可以打开【属性】面板，如图 6-43 所示，在【实例名称】文本框中输入该实例的名称即可。

如果是【图形】实例，则不能在【属性】面板中命名实例名称。用户可以双击【库】面板中的元件名称，然后修改名称，再创建实例。在【图形】实例的【属性】面板中可以设置实例的大小、位置等信息，单击【样式】按钮，在下拉列表中可以设置【图形】实例的不透明度、亮度、色调等信息，如图 6-44 所示。

实例的类型是可以相互转换的。例如，可以将一个【图形】实例转换为【影片剪辑】实例，或将一个【影片剪辑】实例转换为【按钮】实例，通过改变实例类型来重新定义它在动画中的行为。

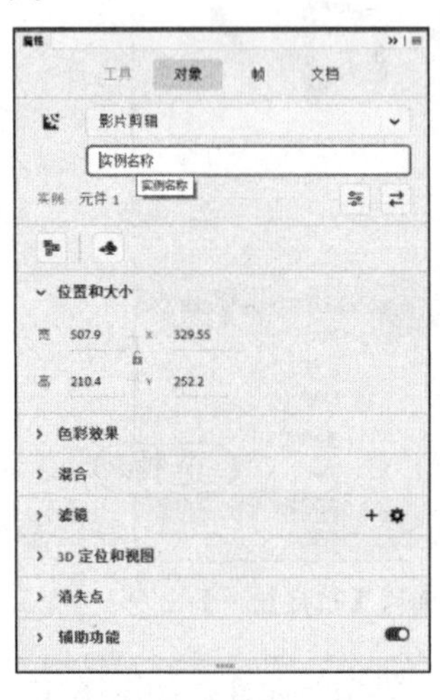

图 6-43 【属性】面板

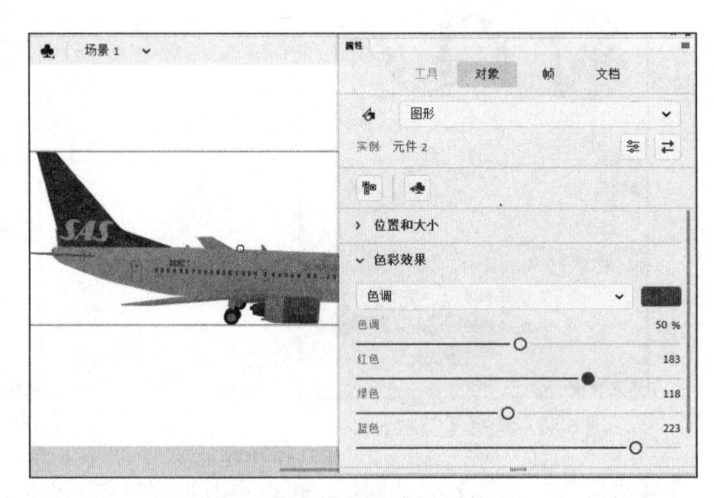

图 6-44 设置【图形】实例样式

不同元件类型的实例有不同的属性，用户可以在各自的【属性】面板中进行设置。

1) 设置【图形】实例属性

选中舞台上的【图形】实例，打开【属性】面板，在该面板中显示了【位置和大小】【色彩效果】和【循环】3 个选项组，如图 6-45 所示。

【图形】实例【属性】面板中各选项组的具体作用如下。

- 【位置和大小】：用于设置【图形】实例 X 轴和 Y 轴的坐标位置及实例大小。
- 【色彩效果】：用于设置【图形】实例的不透明度、亮度及色调等色彩效果。
- 【循环】：用于设置【图形】实例的循环，可以设置循环方式和循环起始帧。

2) 设置【影片剪辑】实例属性

选中舞台上的【影片剪辑】实例，打开【属性】面板，在该面板中显示了【位置和大小】【3D 定位和视图】【色彩效果】【混合】和【滤镜】等选项组，如图 6-46 所示。

【影片剪辑】实例【属性】面板中各选项组的具体作用如下。

- 【位置和大小】：用于设置【影片剪辑】实例 X 轴和 Y 轴的坐标位置及实例大小。
- 【色彩效果】：用于设置【影片剪辑】实例的不透明度、亮度及色调等色彩效果。
- 【混合】：用于设置【影片剪辑】实例的显示效果，例如强光、反相及变色等效果。
- 【滤镜】：用于设置【影片剪辑】实例的滤镜效果。
- 【3D 定位和视图】：用于设置【影片剪辑】实例的 Z 轴坐标位置，Z 轴坐标位置是在三维空间中的一个坐标轴。
- 【消失点】：用于设置【影片剪辑】实例在三维空间中的透视角度和消失点。
- 【辅助功能】：用于设置【影片剪辑】实例的名称、描述等辅助信息。

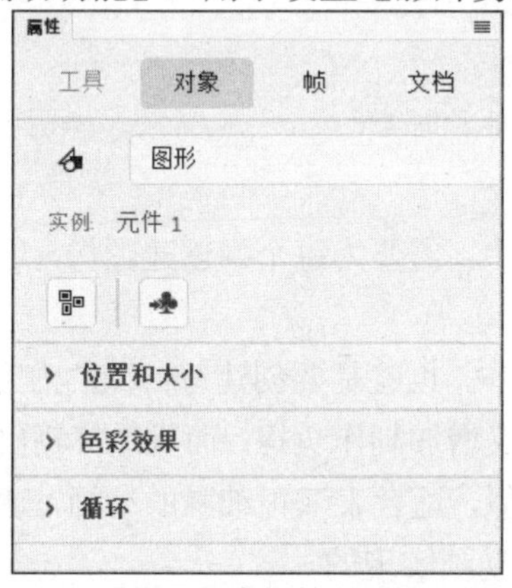

图 6-45　【图形】实例的【属性】面板

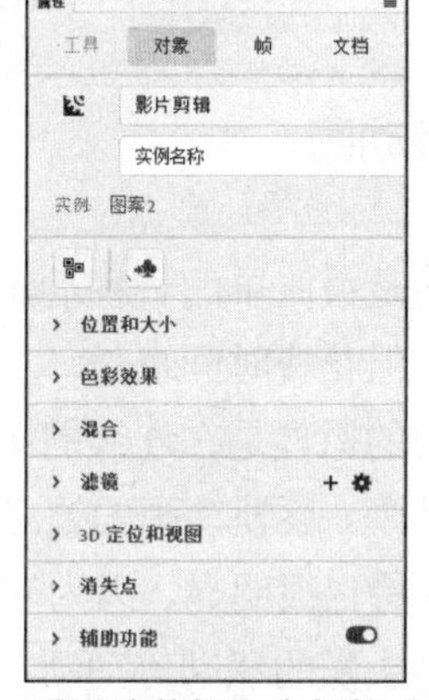

图 6-46　【影片剪辑】实例的【属性】面板

3) 设置【按钮】实例属性

选中舞台上的【按钮】实例，打开【属性】面板，在该面板中显示了【位置和大小】【色彩效果】【混合】【字距调整】【滤镜】【辅助功能】6 个选项组，如图 6-47 所示。

【按钮】实例【属性】面板中各选项组的具体作用如下。

- 【位置和大小】：用于设置【按钮】实例 X 轴和 Y 轴的坐标位置及实例大小。
- 【色彩效果】：用于设置【按钮】实例的不透明度、亮度和色调等色彩效果。
- 【混合】：用于设置【按钮】实例的混合显示效果。
- 【滤镜】：用于设置【按钮】实例的滤镜效果。
- 【字距调整】：用于设置【按钮】实例的字距等选项。

▽ 【辅助功能】：用于设置【按钮】实例的名称、描述等辅助信息。

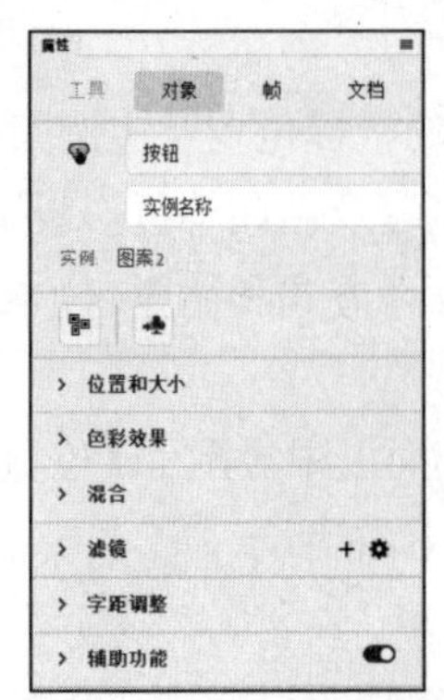

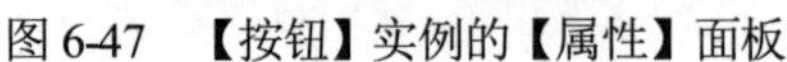
图 6-47 【按钮】实例的【属性】面板

> **提示**
>
> 如果【按钮】实例中带有按键声音，将会显示【声音】属性，用户可以对其进行设置。

6.3 使用 Animate 制作基本动画

使用 Animate 软件可制作逐帧动画，使用时间轴和帧可以制作 Animate 的补间动画，使用不同的图层类型可以制作引导层和遮罩层动画。此外，还可以运用工具制作骨骼动画和多场景动画等。

6.3.1 逐帧动画

逐帧动画是最简单的一种动画形式。在逐帧动画中，需要为每个帧创建图像，适合于表演很细腻的动画，但花费时间也长。

逐帧动画的原理是在连续的关键帧中分解动画动作，也就是要创建每一帧的内容，才能连续播放而形成动画。逐帧动画的帧序列内容不一样，不仅增加制作负担，而且最终输出的文件也很大。但它的优势也很明显，因为它与电影播放模式相似，适合表演很细腻的动画，通常在网络上看到的行走、头发的飘动等动画，很多都是使用逐帧动画实现的。

逐帧动画在时间轴上表现为连续出现的关键帧。要创建逐帧动画，就要将每一个帧都定义为关键帧，为每个帧创建不同的对象。

【例 6-2】 创建逐帧动画。 视频

(1) 启动 Animate 2020，打开一个素材文档，如图 6-48 所示。

(2) 选择【插入】|【新建元件】命令，打开【创建新元件】对话框，创建名为“跑步”的影片剪辑元件，单击【确定】按钮，如图 6-49 所示。

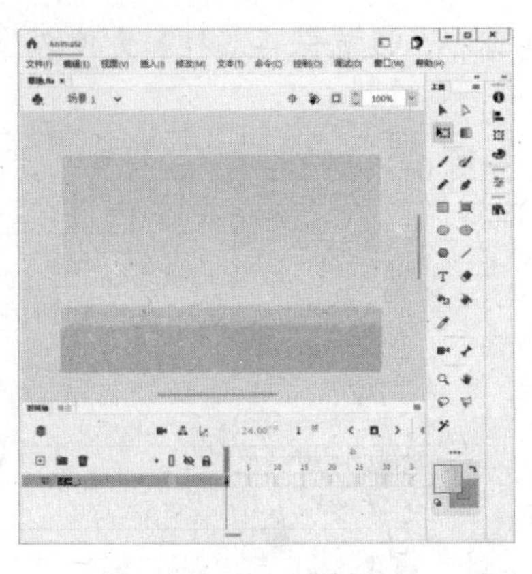

图 6-48　打开素材文档

图 6-49　创建元件

(3) 进入元件编辑窗口，选择【文件】|【导入】|【导入到舞台】命令，打开【导入】对话框，选择一组图片中的第 1 张图片文件，单击【打开】按钮，如图 6-50 所示。

(4) 弹出提示对话框，单击【是】按钮，将该组图片都导入舞台，如图 6-51 所示。

图 6-50　导入文件

图 6-51　提示对话框

(5) 图片全部导入后，单击【返回】按钮←，返回至场景 1，如图 6-52 所示。

(6) 将【跑步】影片剪辑元件从【库】面板中拖入舞台，并调整图形的大小和位置，如图 6-53 所示。

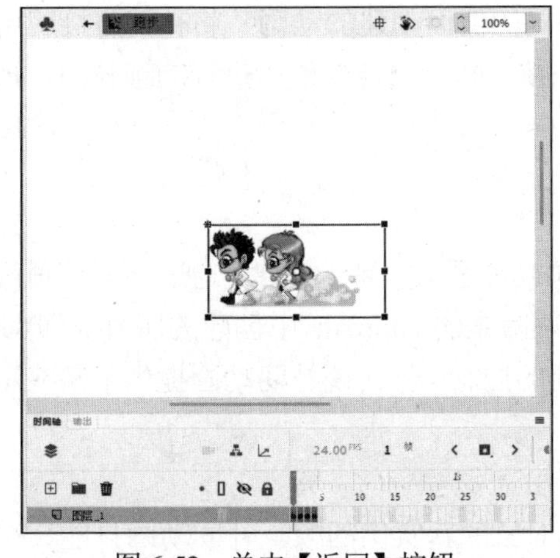
图 6-52　单击【返回】按钮

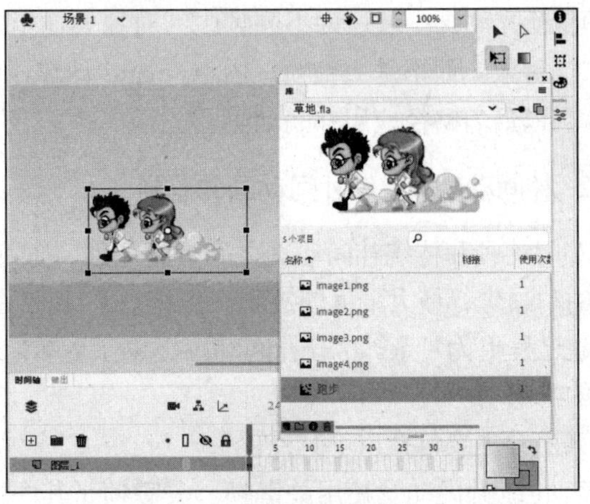

图 6-53　将元件拖入舞台

(7) 选择【文件】|【另存为】命令，打开【另存为】对话框，设置保存路径和文件名称，以“逐帧动画”为名保存文档，如图 6-54 所示。

(8) 按 Ctrl+Enter 键测试影片，显示跑步的动画效果，如图 6-55 所示。

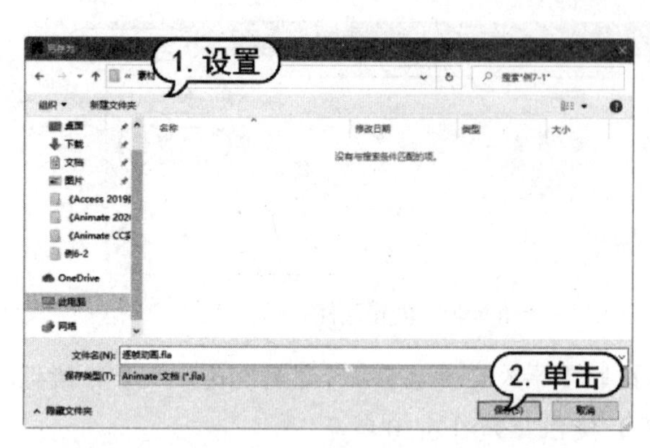

图 6-54 【另存为】对话框

图 6-55 测试影片

6.3.2 补间动画

1. 补间动画的类型

使用 Animate 可以创建以下三种类型的补间动画。

- 补间形状动画：补间形状动画是一种在制作对象形状变化时经常使用到的动画形式，其制作原理是通过在两个具有不同形状的关键帧之间指定形状补间，以表现中间变化过程的方法形成动画。最简单的完整补间形状动画至少包括两个关键帧，即一个起始帧和一个结束帧。在起始帧和结束帧上至少各有一个不同的形状，系统根据这两个形状之间的差别生成补间形状动画。
- 传统补间动画：又称为中间帧动画、渐变动画等，只需建立起始和结束的画面，中间部分由软件自动生成动作补间效果。传统补间动画可以用于补间实例、组和类型的位置、大小、旋转和倾斜，以及表现颜色、渐变颜色切换或淡入淡出效果。
- 补间动画：通过为不同帧中的对象属性指定不同的值而创建的动画，将补间直接应用于对象，而不是关键帧。由 Animate 计算这两个帧之间此属性的值，进行动画补间，也可以沿着路径应用补间动画。

2. 补间动画和传统补间动画的差异

补间动画和传统补间动画之间有所差别。补间动画功能强大，易于创建。通过补间动画可对补间的动画进行最大限度的控制。传统补间(包括在早期版本的 Animate 中创建的所有补间)动画的创建过程更为复杂。尽管补间动画提供了更多对补间的控制，但传统补间动画提供了某些用户需要的特定功能。

其差异主要包括以下几点。

- 传统补间动画使用关键帧。关键帧是其中显示对象的新实例的帧。补间动画只能具有一个与之关联的对象实例，并使用属性关键帧而不是关键帧。

- 补间动画在整个补间范围上由一个目标对象组成。传统补间动画允许在两个关键帧之间进行补间，其中包含相同或不同元件的实例。
- 补间动画和传统补间动画都只允许对特定类型的对象进行补间。在创建补间时，如果将补间动画应用到不允许的对象类型， Animate 会将这些对象类型转换为影片剪辑。应用传统补间会将它们转换为图形元件。
- 补间动画会将文本视为可补间的类型，而不会将文本对象转换为影片剪辑。传统补间会将文本对象转换为图形元件。
- 在补间动画范围上不允许帧脚本。传统补间动画允许帧脚本。
- 补间目标上的任何对象脚本都无法在补间动画范围的过程中更改。
- 可以在时间轴中对补间动画范围进行拉伸和调整大小，并且它们被视为单个对象。传统补间动画包括时间轴中可分别选择的帧的组。
- 要选择补间动画范围中的单个帧，需在按住 Ctrl 键的同时单击该帧。
- 对于传统补间动画，缓动可应用于补间内关键帧之间的帧组。对于补间动画，缓动可应用于补间动画范围的整个长度。若要仅对补间动画的特定帧应用缓动，则需要创建自定义缓动曲线。
- 利用传统补间，可以在两种不同的色彩效果(如色调和 Alpha 透明度)之间创建动画。补间动画可以对每个补间应用一种色彩效果。
- 只可以使用补间动画来为 3D 对象创建动画效果。无法使用传统补间动画为 3D 对象创建动画效果。
- 只有补间动画可以另存为动画预设。
- 对于补间动画，无法交换元件或设置属性关键帧中显示的图形元件的帧数。应用了这些技术的动画要求使用传统补间。
- 在同一图层中可以有多个传统补间动画或补间动画，但在同一图层中不能同时出现两种补间类型。

在补间动画的补间范围内，用户可以为动画定义一个或多个属性关键帧，而每个属性关键帧可以设置不同的属性。

【例 6-3】 创建补间动画。 视频

(1) 启动 Animate 2020，新建一个文档，选择【文件】|【导入】|【导入到舞台】命令，打开【导入】对话框，选择【背景】图片文件，单击【打开】按钮将其导入舞台，如图 6-56 所示。

(2) 调整图片大小，选择【修改】|【文档】命令，打开【文档设置】对话框，设置舞台匹配图片内容，效果如图 6-57 所示。

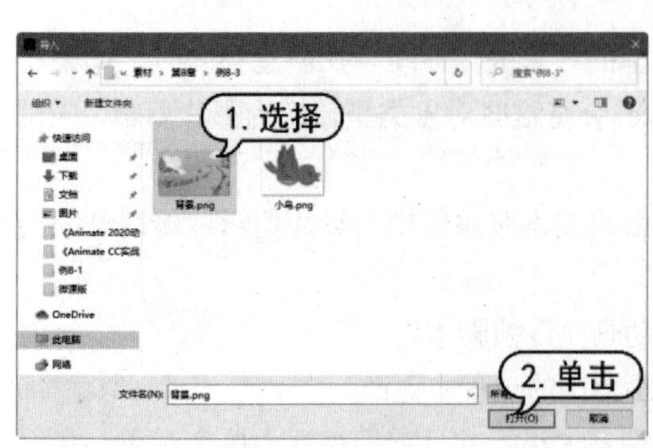

图 6-56 导入图片

图 6-57 舞台匹配内容

(3) 在【时间轴】面板上单击【新建图层】按钮，新建【图层_2】图层，如图 6-58 所示。

(4) 选择【文件】|【导入】|【导入到舞台】命令，打开【导入】对话框，选择图片文件，单击【打开】按钮，如图 6-59 所示。

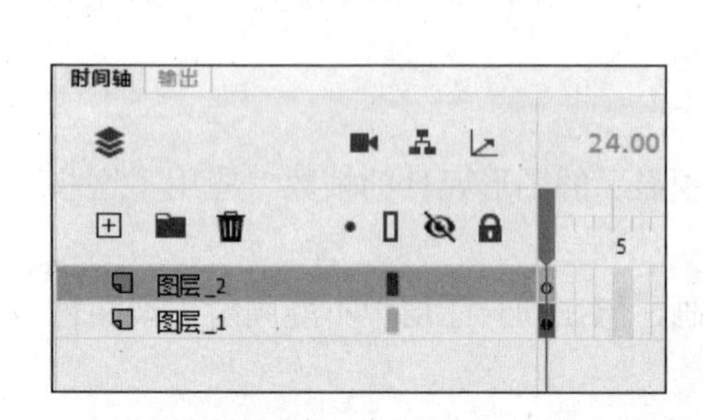

图 6-58 新建图层

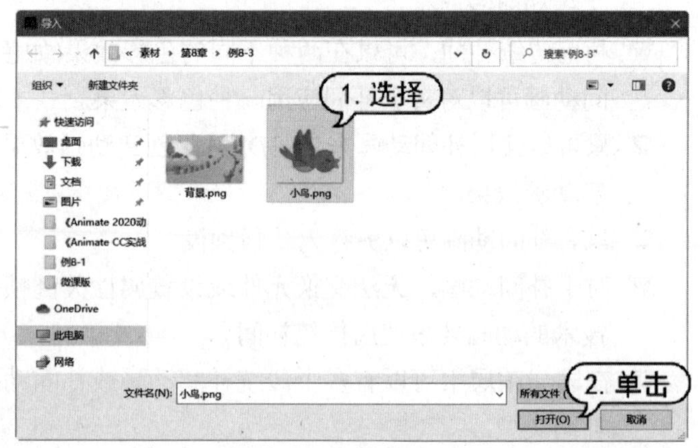

图 6-59 导入图片

(5) 选中【小鸟】图形，选择【修改】|【转换为元件】命令，打开【转换为元件】对话框，将【名称】改为“小鸟”，【类型】选择为【影片剪辑】元件，然后单击【确定】按钮，如图 6-60 所示。

(6) 选择【小鸟】实例，调整至合适大小，拖动到舞台的左侧，如图 6-61 所示。

(7) 右击【图层_2】图层的第 1 帧，在弹出的快捷菜单中选择【创建补间动画】命令，此时【图层_2】图层添加了 24 帧的补间动画，如图 6-62 所示。

(8) 选中第 24 帧，右击，弹出快捷菜单，选择【插入关键帧】|【位置】命令，如图 6-63 所示。

图 6-60　【转换为元件】对话框

图 6-61　调整实例

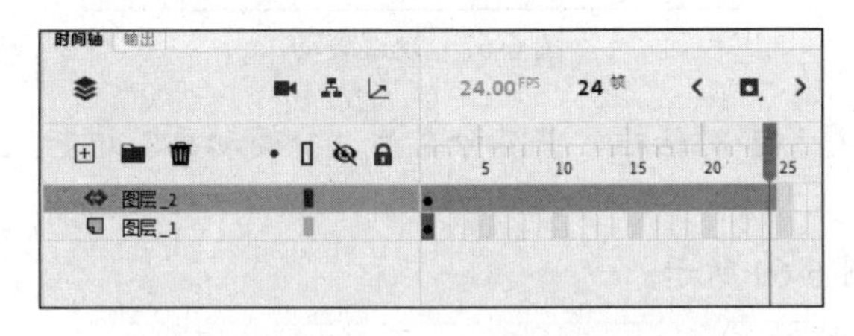

图 6-62　创建补间动画

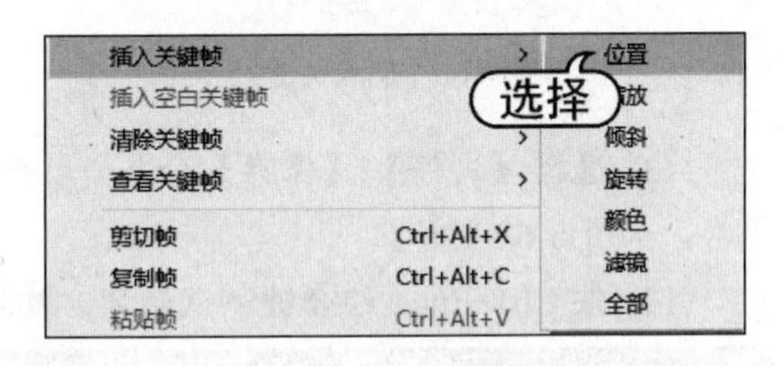

图 6-63　选择【位置】命令

(9) 此时会在第 24 帧内插入一个标记为菱形的属性关键帧，将【小鸟】实例移动到右侧，舞台上会显示动画的运动路径，如图 6-64 所示。

(10) 使用【选择工具】拖动调整运动路径，使其变为弧形，如图 6-65 所示。

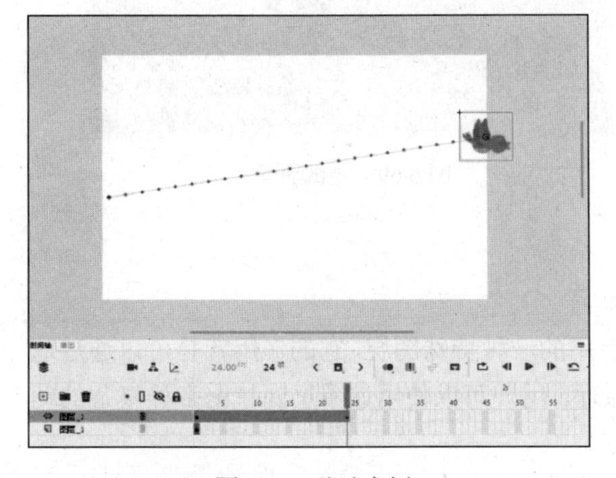

图 6-64　移动实例

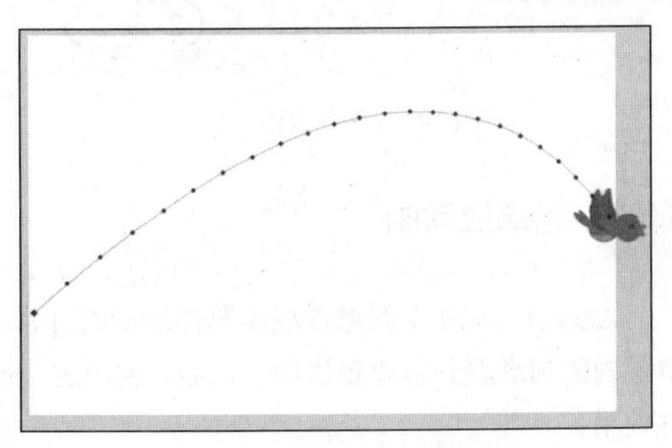

图 6-65　调整运动路径

(11) 选择【图层_1】的第 24 帧，插入关键帧，如图 6-66 所示。

(12) 选择【图层_2】的第 1 帧，打开【属性】面板，在【缓动】选项组中设置缓动为“-100”，如图 6-67 所示。

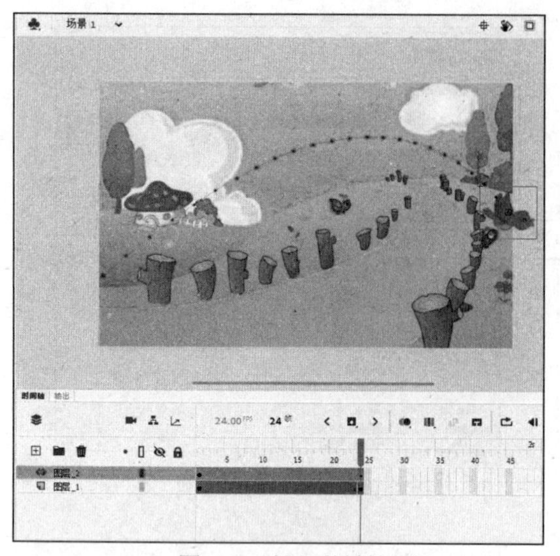

图 6-66　插入关键帧

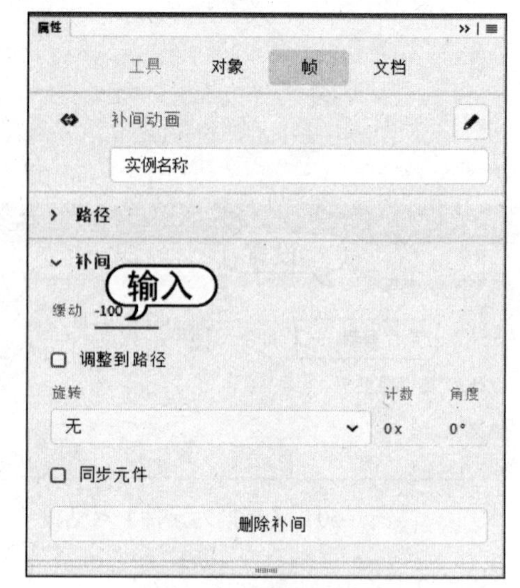

图 6-67　设置缓动

(13) 选择【文件】|【保存】命令，打开【另存为】对话框，将其命名为“补间动画”进行保存，如图 6-68 所示。

(14) 按 Ctrl+Enter 组合键测试动画，效果如图 6-69 所示。

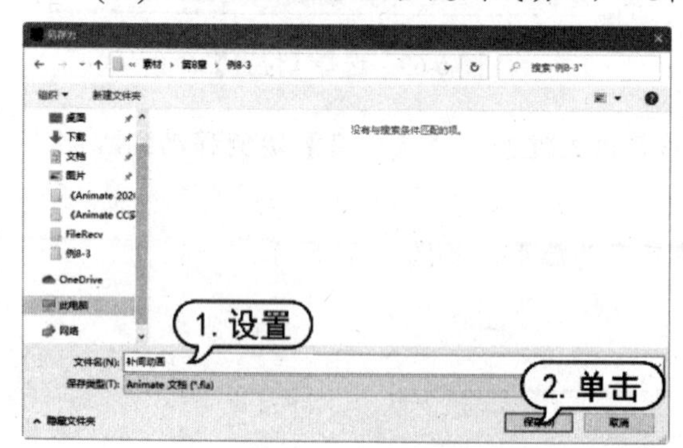

图 6-68　保存文档

图 6-69　测试动画

6.3.3　遮罩层动画

Animate 2020 中的遮罩层是制作动画时非常有用的一种特殊图层，它的作用就是可以通过遮罩层内的图形看到被遮罩层中的内容，利用这一原理，用户可以使用遮罩层制作出多种复杂的动画效果。

所有的遮罩层都是由普通层转换过来的。若要将普通层转换为遮罩层，可以右击该图层，在弹出的快捷菜单中选择【遮罩层】命令，此时该图层的图标会变为◙，表明它已被转换为遮罩层，而紧贴它下面的图层将自动转换为被遮罩层，图标为◙。

在创建遮罩层后，通常遮罩层下方的一个图层会自动设置为被遮罩图层。用户还可以创建遮罩层与普通图层的关联，使遮罩层能够同时遮罩多个图层。

【例6-4】 创建遮罩层动画。视频

(1) 启动Animate 2020，新建一个文档，选择【文件】|【导入】|【导入到舞台】命令，打开【导入】对话框，选择图片并导入舞台，如图6-70所示。

(2) 调整舞台上的图片大小，选择【修改】|【文档】命令，打开【文档设置】对话框，设置舞台匹配图片内容，如图6-71所示。

图6-70　导入图片

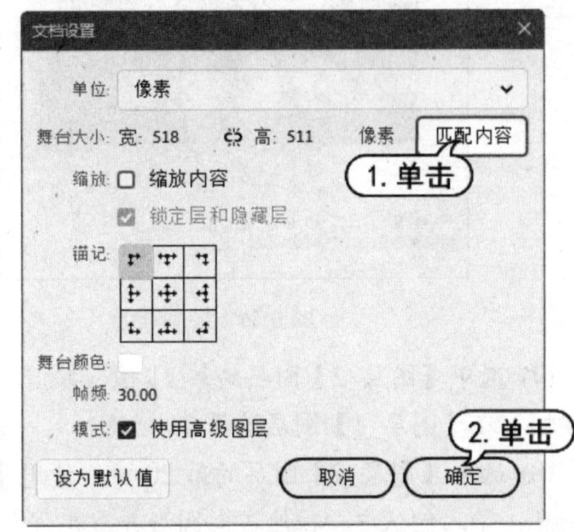

图6-71　设置舞台匹配内容

(3) 在【时间轴】面板上单击【新建图层】按钮，新建【图层_2】图层，如图6-72所示。

(4) 选择【椭圆工具】，打开【属性】面板，将笔触颜色设置为无，填充颜色设置为红色，如图6-73所示。

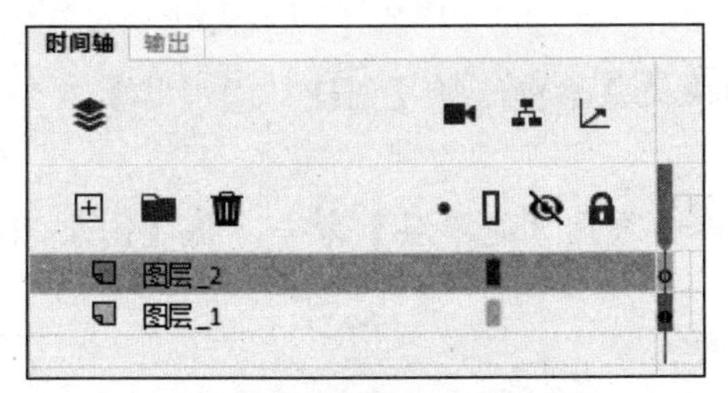

图6-72　新建图层

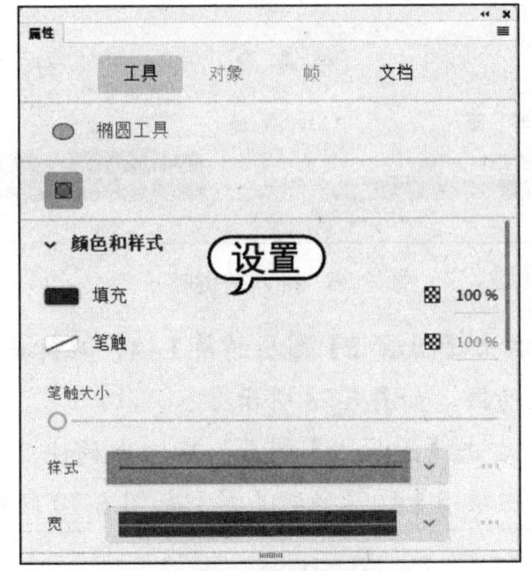

图6-73　设置椭圆工具

(5) 在【图层_2】图层的第1帧处，按住Shift键绘制一个圆形，如图6-74所示。

(6) 选择圆形，选择【窗口】|【对齐】命令，打开【对齐】面板，选中【与舞台对齐】复选框，单击【水平中齐】和【垂直居中分布】按钮，如图6-75所示。

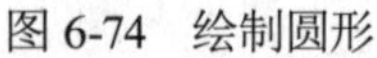

图 6-74 绘制圆形

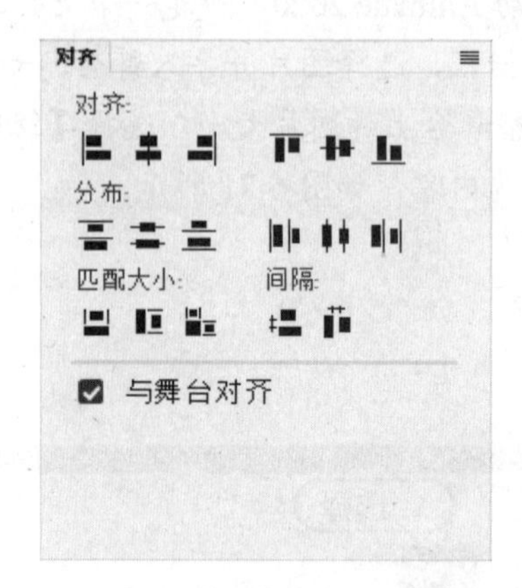

图 6-75 设置对齐方式

(7) 选中【图层_2】图层的第 21 帧，按 F7 键插入空白关键帧，选中第 20 帧，按 F6 键插入关键帧。在【图层_1】图层的第 21 帧处插入关键帧，如图 6-76 所示。

(8) 选中【图层_2】图层的第 20 帧，使用【任意变形工具】选中圆形，按 Shift 键向外拖动控制点，等比例从中心往外扩大圆形并覆盖住背景图，如图 6-77 所示。

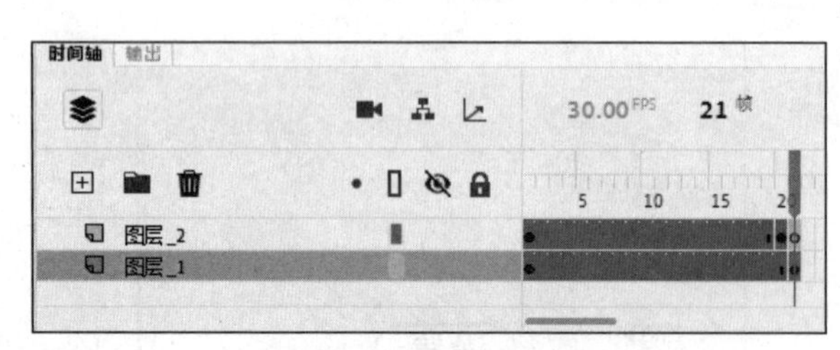

图 6-76 插入关键帧

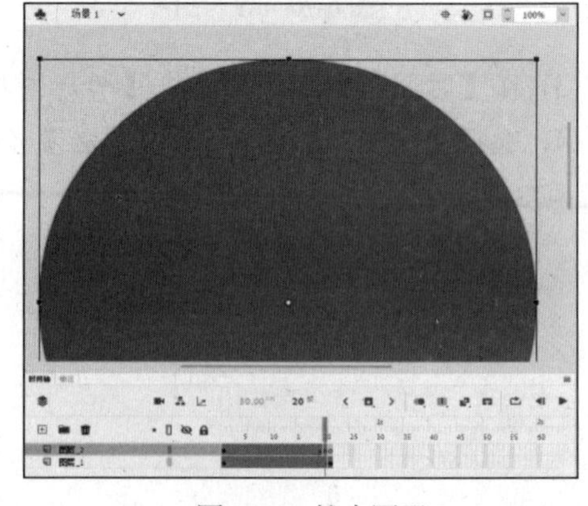

图 6-77 扩大圆形

(9) 右击【图层_2】图层的第 1 帧，在弹出的快捷菜单中选择【创建补间形状】命令，创建补间形状动画，如图 6-78 所示。

(10) 右击【图层_2】图层，在弹出的快捷菜单中选择【遮罩层】命令，将【图层_2】图层转换为【图层_1】图层的遮罩层，如图 6-79 所示。

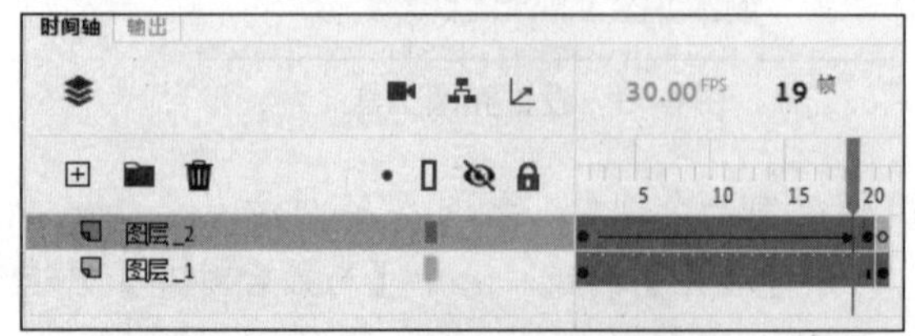

图 6-78 创建补间形状动画

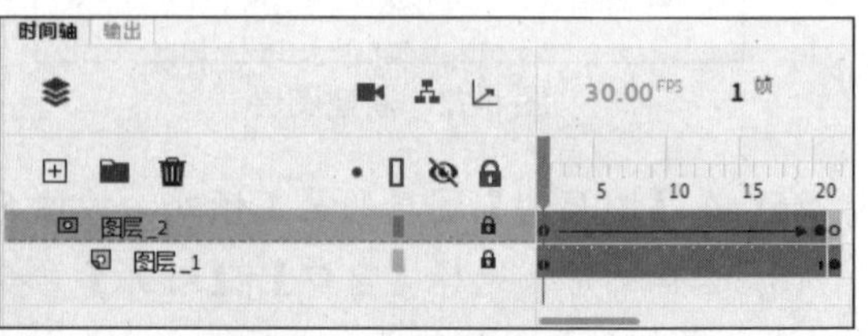

图 6-79 转换为遮罩层

(11) 选择【文件】|【保存】命令，将其命名为“遮罩层动画”加以保存，如图 6-80 所示。

(12) 按 Ctrl+Enter 组合键测试动画，效果如图 6-81 所示。

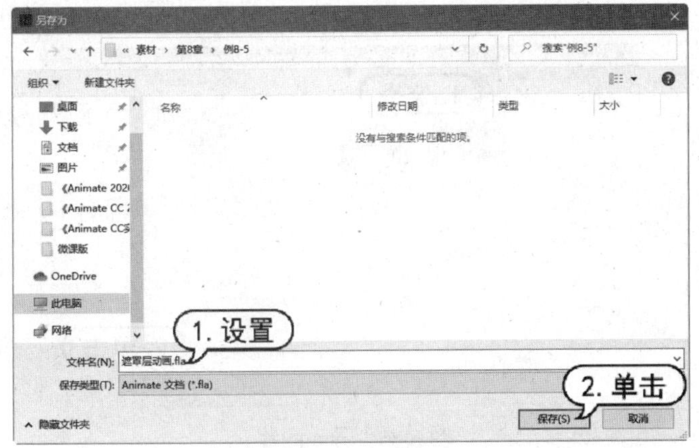
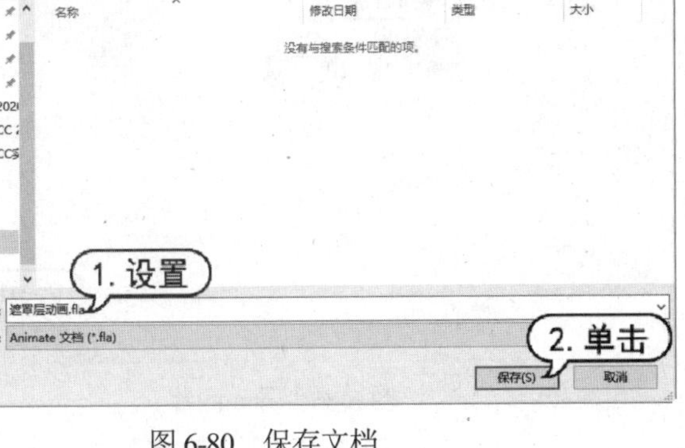

图 6-80　保存文档

图 6-81　测试动画

6.3.4　引导层动画

引导层是一种特殊的图层，在该图层中，同样可以导入图形和引入元件，但是最终发布动画时引导层中的对象不会显示出来。按照引导层发挥的功能不同，引导层可以分为普通引导层和传统运动引导层两种类型。

- 普通引导层在【时间轴】面板的图层名称前方会显示图标，普通引导层主要用于辅助静态对象的定位，并且可以不产生被引导层而单独使用。
- 传统运动引导层在时间轴上以按钮表示，传统运动引导层主要用于绘制对象的运动路径，可以将一个图层链接到一个传统运动引导层中，使图层中的对象沿引导层中的路径运动，此时，该图层将位于传统运动引导层下方并成为被引导层。

【例 6-5】 创建传统运动引导层动画。 视频

(1) 启动 Animate 2020，新建一个文档，选择【修改】|【文档】命令，打开【文档设置】对话框，将舞台大小设置为 1000 × 667 像素，然后单击【确定】按钮，如图 6-82 所示。

(2) 选择【文件】|【导入】|【导入到舞台】命令，打开【导入】对话框，导入一张背景图片，如图 6-83 所示。

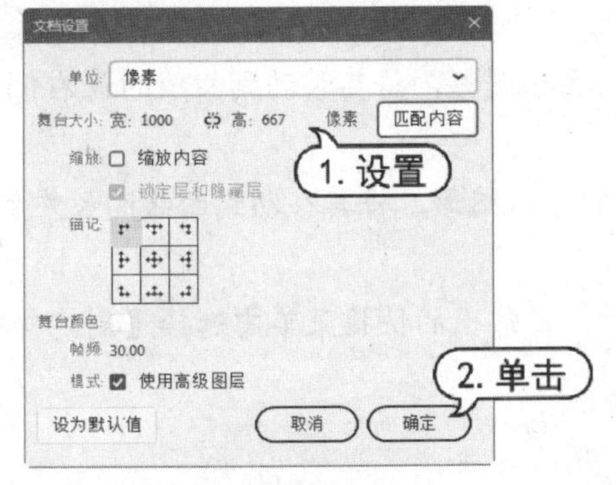

图 6-82　设置舞台大小

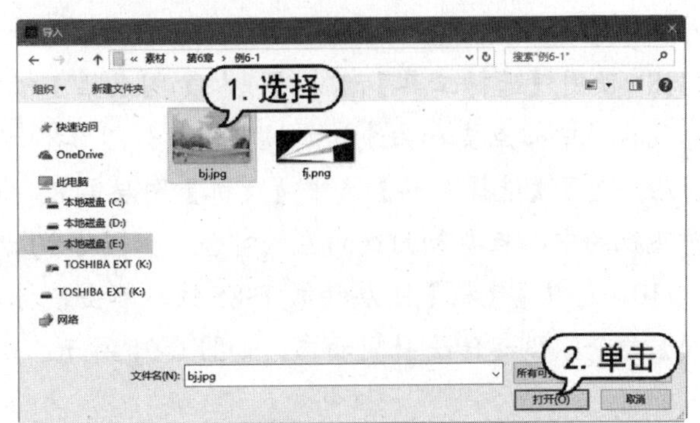

图 6-83　导入图片

(3) 新建图层，命名新图层为【飞机】，将原图层重命名为【背景】，如图 6-84 所示。

(4) 选择【文件】|【导入】|【导入到舞台】命令，打开【导入】对话框，导入一张纸飞机图片，如图 6-85 所示。

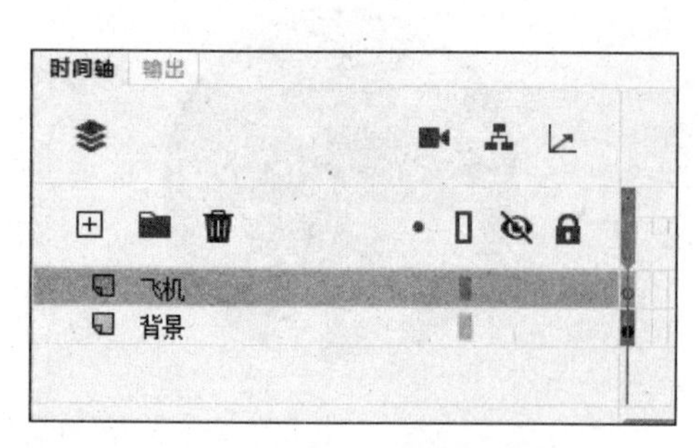

图 6-84　新建图层

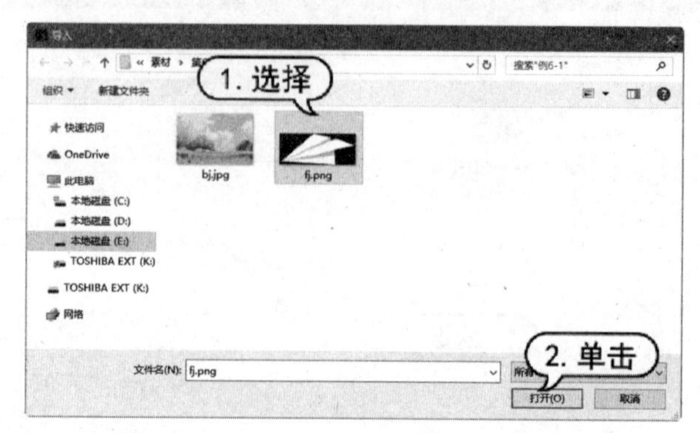

图 6-85　导入图片

(5) 选中【飞机】图层，右击，在弹出的快捷菜单中选择【添加传统运动引导层】命令，如图 6-86 所示。

(6) 选中引导层的第 1 帧，使用【铅笔工具】绘制一条曲线，如图 6-87 所示。

图 6-86　选择命令

图 6-87　绘制曲线

(7) 在【背景】和【引导层：飞机】图层的第 85 帧处插入帧。在【飞机】图层的第 85 帧处插入关键帧，如图 6-88 所示。

(8) 使用【选择工具】选中【飞机】图层第 1 帧中的飞机图形，将其移动到曲线的最右侧，注意飞机的中心点要和曲线的右端重合，如图 6-89 所示。

(9) 使用【选择工具】选中【飞机】图层第 85 帧中的飞机图形，将其移动到曲线的最左侧，注意飞机的中心点要和曲线的左端重合，如图 6-90 所示。

(10) 选中【飞机】图层的第 1~85 帧，单击鼠标右键，在弹出的快捷菜单中选择【创建传统补间】命令，创建传统补间动画，如图 6-91 所示。

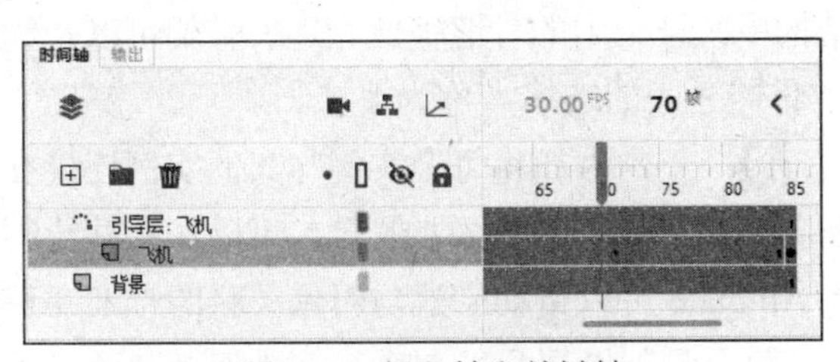

图 6-88　插入帧和关键帧

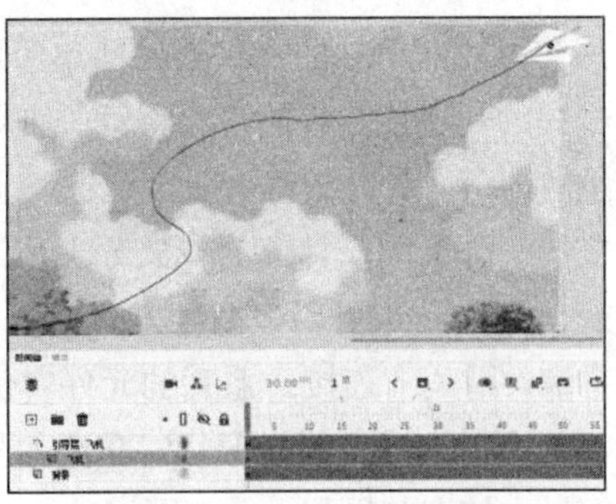

图 6-89　移动飞机至右侧

图 6-90　移动飞机至左侧

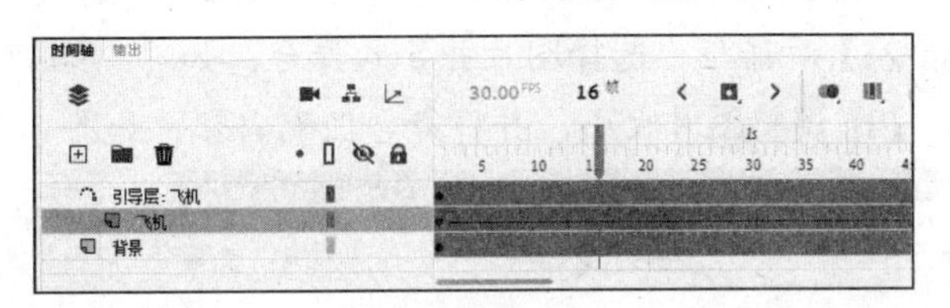

图 6-91　创建传统补间动画

(13) 选择【文件】|【保存】命令，打开【另存为】对话框，将其命名为“传统运动引导层动画”进行保存，如图 6-92 所示。

(14) 按 Ctrl+Enter 组合键测试动画，效果如图 6-93 所示。

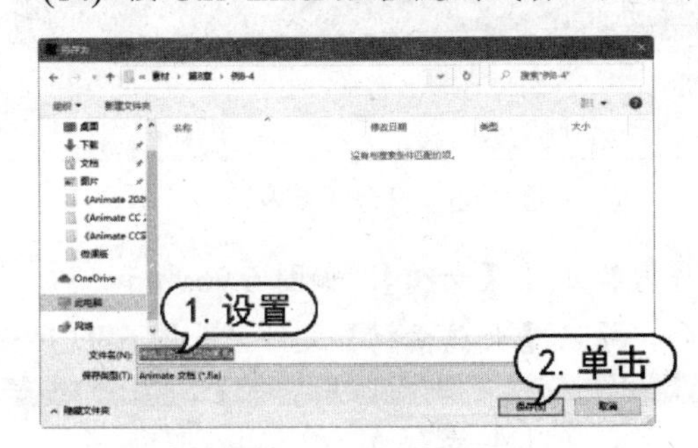

图 6-92　保存文档

图 6-93　测试动画

6.3.5　骨骼动画

使用 Animate 2020 中的【骨骼工具】可以创建一系列链接的对象，创建链型效果，帮助用户更加轻松地创建出各种人物动画，如胳膊、腿的反向运动效果。

反向运动是使用骨骼的关节结构对一个对象或彼此相关的一组对象进行动画处理的方法。使用骨骼、元件实例和形状对象可以按复杂而自然的方式移动，只需做很少的设计工作，只需在时间轴上指定骨骼的开始和结束位置。Animate 会自动在起始帧和结束帧之间对骨架中骨骼的位置进行内插处理。

用户可以向单独的元件实例或单个形状的内部添加骨骼。在一个骨骼移动时，与启动运动的骨骼相关的其他连接骨骼也会移动。使用反向运动进行动画处理时，只需指定对象的开始位置和结束位置即可。骨骼链称为骨架。在父子层次结构中，骨架中的骨骼彼此相连。骨架可以是线性或分支的。源于同一骨骼的骨架分支称为同级。骨骼之间的连接点称为关节。

在 Animate 中可以按两种方式使用【骨骼工具】：一是添加将每个实例与其他实例连接在一起的骨骼，用关节连接一系列的元件实例；二是向形状对象的内部添加骨架，可以在合并绘制模式或对象绘制模式中创建形状。在添加骨骼时，Animate 可以自动创建与对象关联的骨架并移动到时间轴中的姿势图层，此新图层称为骨架图层。每个骨架图层只能包含一个骨架及其关联的实例或形状。

【例 6-6】 创建骨骼动画。 视频

(1) 启动 Animate 2020，新建一个文档，选择【文件】|【导入】|【导入到舞台】命令，打开【导入】对话框，选择图片并导入舞台，如图 6-94 所示。

(2) 调整图片大小，并将舞台匹配内容，如图 6-95 所示。

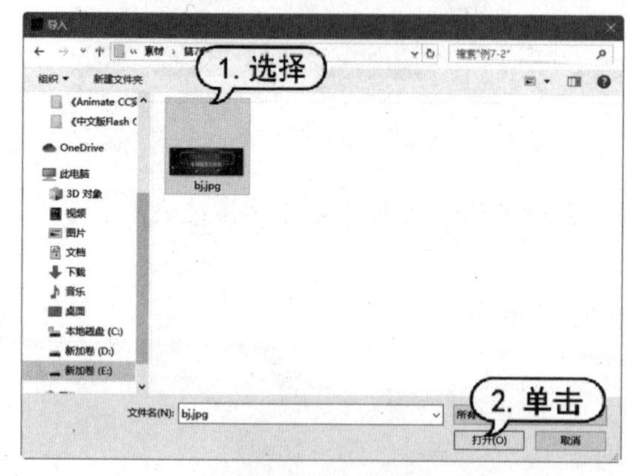

图 6-94 导入图片

图 6-95 舞台匹配内容

(3) 选择【插入】|【新建元件】命令，创建影片剪辑元件【女孩】，如图 6-96 所示。

(4) 选择【文件】|【导入】|【打开外部库】命令，导入【女孩素材】文件，如图 6-97 所示。

图 6-96 创建元件

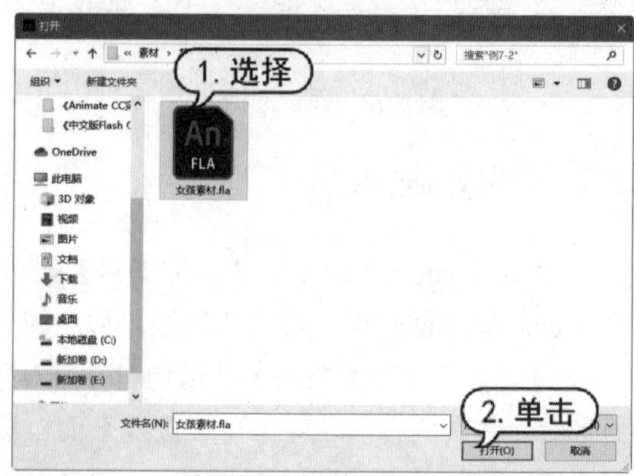

图 6-97 导入素材

(5) 将外部库中的女孩图形组成部分的影片剪辑元件拖入舞台中，使用【骨骼工具】在多个躯干实例之间添加骨骼，并调整骨骼之间的旋转角度，如图 6-98 所示。

(6) 选择图层的第 40 帧，选择【插入帧】命令，然后在第 10 帧处右击，在弹出菜单中选择【插入姿势】命令，并调整骨骼的姿势，在第 20 帧和第 30 帧处分别插入姿势，调整骨骼的旋转角度，然后在第 40 帧处复制第 1 帧处的姿势，如图 6-99 所示。

图 6-98　添加骨骼

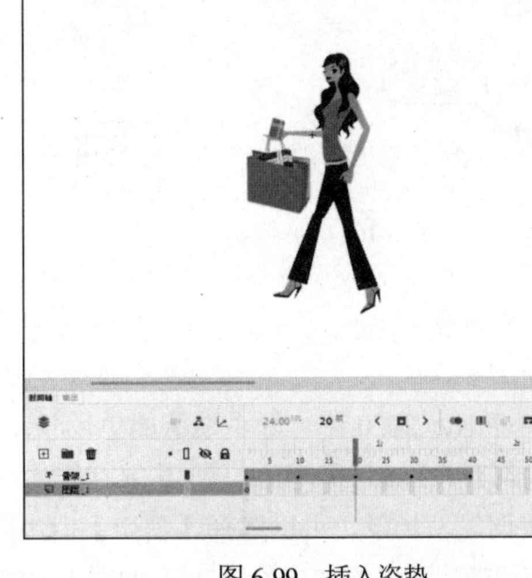

图 6-99　插入姿势

(7) 返回【场景 1】，新建一个图层，将【女孩】影片剪辑元件拖入舞台的右侧，如图 6-100 所示。

(8) 在【图层_2】图层的第 200 帧处插入关键帧，将该影片剪辑移动到舞台左侧，并添加传统补间动画，然后在【图层_1】图层的第 200 帧处插入关键帧，使背景图一直显示，如图 6-101 所示。

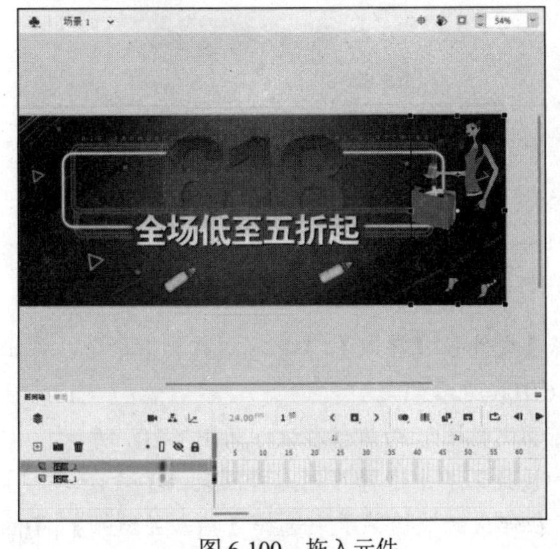

图 6-100　拖入元件

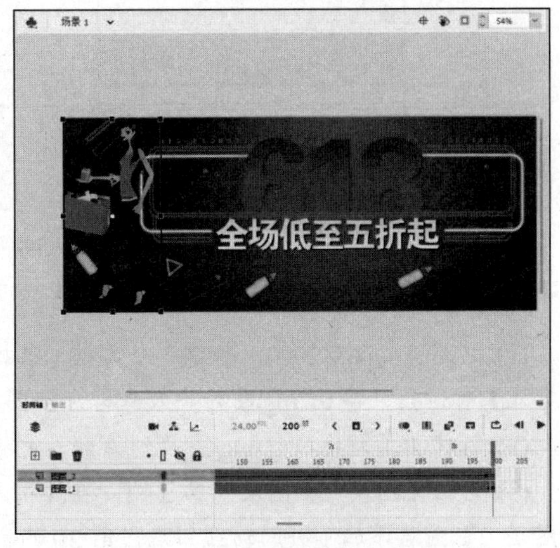

图 6-101　添加传统补间动画

(9) 选择【文件】|【保存】命令，将其命名为“骨骼动画”加以保存，如图 6-102 所示。

(10) 按 Ctrl+Enter 组合键，测试动画，效果如图 6-103 所示。

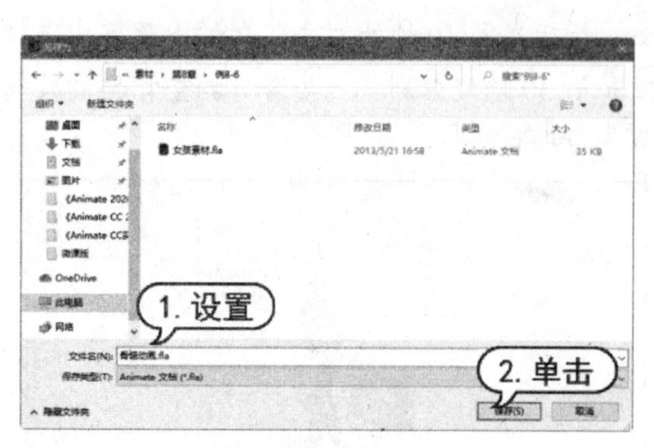

图 6-102　保存文件

图 6-103　测试动画

6.3.6　多场景动画

在 Animate 2020 中，除了默认的单场景动画以外，用户还可以应用多个场景来编辑动画。每个场景都有自己的主时间轴，在其中制作动画的方法同单场景动画一样。

若要创建新场景，可以选择【窗口】|【场景】命令，在打开的【场景】面板中单击【添加场景】按钮，即可添加【场景 2】，如图 6-104 所示。若要复制场景，可以在【场景】面板中选择要复制的场景，单击【重制场景】按钮，即可将原场景中的所有内容都复制到当前场景。若要更改场景名称，可以双击【场景】面板中要改名的场景，使其变为可编辑状态，输入新名称即可。若要更改场景的播放顺序，可以在【场景】面板中拖动场景到相应位置，如图 6-105 所示。

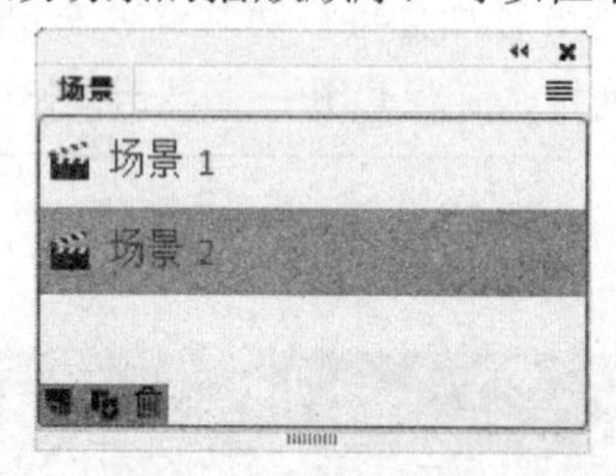

图 6-104　添加场景

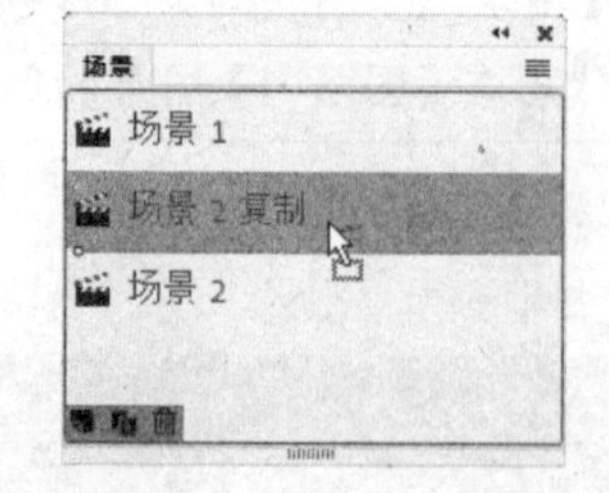

图 6-105　调整排序场景

【例 6-7】 创建多场景动画。 视频

(1) 启动 Animate 2020，新建一个文档，选择【文件】|【导入】|【导入到舞台】命令，打开【导入】对话框，将 01.jpg 图片导入舞台，如图 6-106 所示。

(2) 新建图层，导入 fj.png 图片到舞台，并拖动飞机图形到舞台右边，如图 6-107 所示。

(3) 右击【图层_2】图层的第 1 帧，在弹出的快捷菜单中选择【创建补间动画】命令，此时【图层_2】图层添加了补间动画，右击第 30 帧，在弹出的快捷菜单中选择【插入关键帧】|【位置】命令，插入属性关键帧，如图 6-108 所示。

(4) 调整飞机元件在舞台中的位置，改变运动路径，在【图层_1】图层的第 30 帧处插入关键帧，如图 6-109 所示。

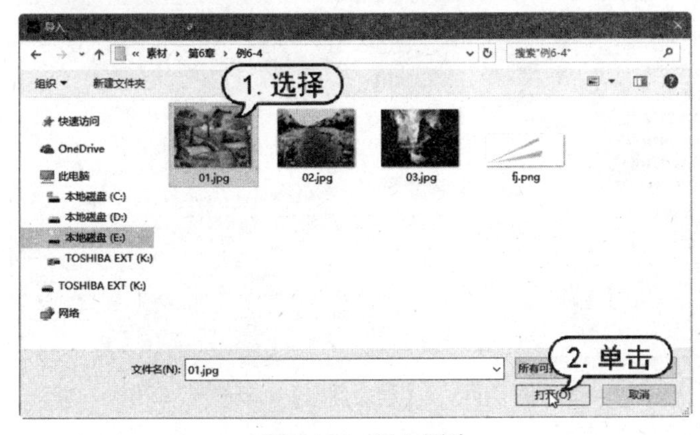

图 6-106　导入图片　　　　图 6-107　拖动飞机图形

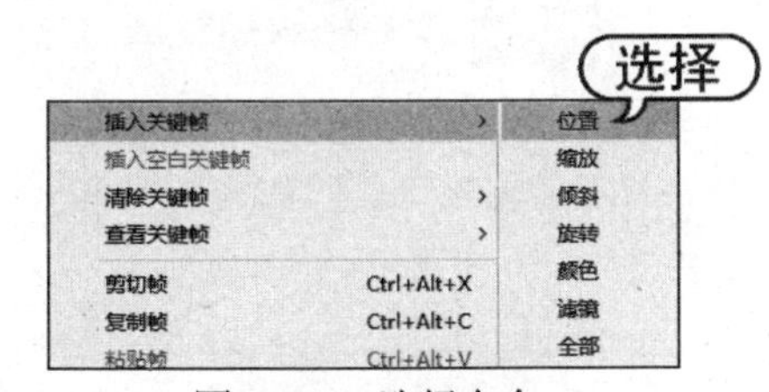

图 6-108　选择命令

图 6-109　调整飞机位置

(5) 选择【窗口】|【场景】命令，打开【场景】面板。单击其中的【重制场景】按钮，出现【场景 1 复制】场景选项，如图 6-110 所示。

(6) 双击该场景，重命名为“场景 2”，如图 6-111 所示。

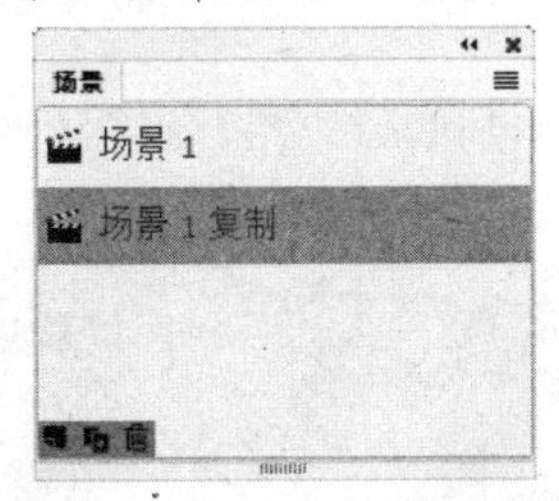

图 6-110　重制场景

图 6-111　重命名场景

(7) 用相同方法创建新场景，并重命名为“场景 3”，如图 6-112 所示。

(8) 选择【文件】|【导入】|【导入到库】命令，打开【导入到库】对话框，选择两张图片并导入库，如图 6-113 所示。

图 6-112 创建并重命名场景

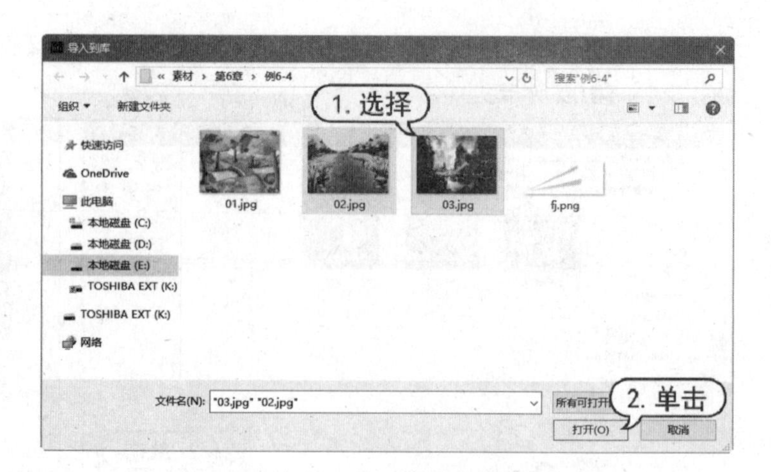

图 6-113 【导入到库】对话框

(9) 选择【场景 2】中的背景图形，打开其【属性】面板，单击【交换】按钮，如图 6-114 所示。

(10) 打开【交换位图】对话框，选择【02】图片文件，单击【确定】按钮，如图 6-115 所示。

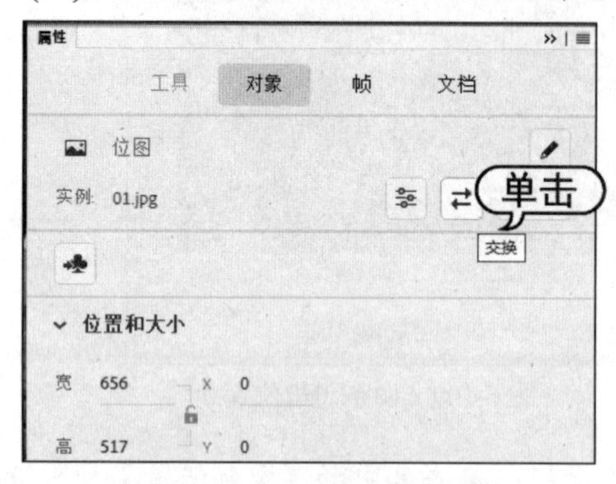

图 6-114 单击【交换】按钮

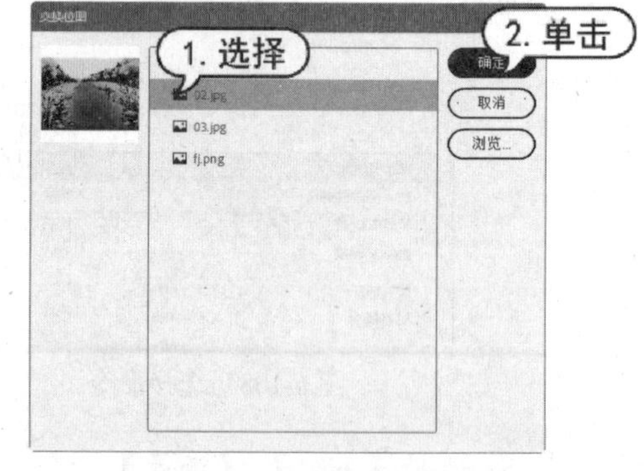

图 6-115 交换【02】图片

(11) 在【场景】面板上选中【场景 3】，使用相同的方法，在【交换位图】对话框中选择【03】图形文件，单击【确定】按钮，如图 6-116 所示。

(12) 保存文件，将其命名为“多场景动画”，按 Ctrl+Enter 组合键预览动画，效果如图 6-117 所示。

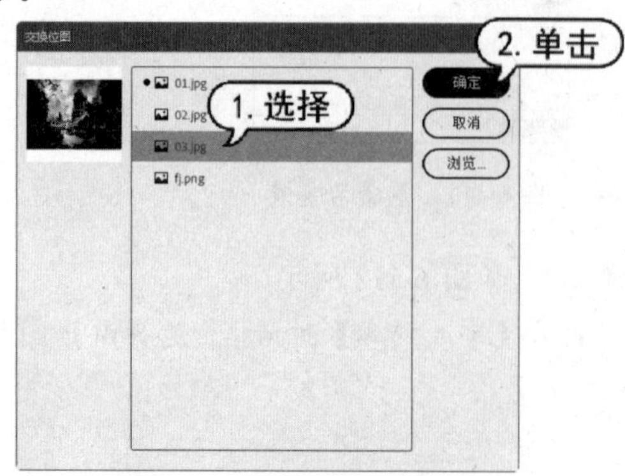

图 6-116 交换【03】图片

图 6-117 预览动画

6.4　脚本语言 ActionScript

ActionScript 是 Animate 的动作脚本语言，使用动作脚本语言可以与后台数据库进行交流，制作出交互性强、动画效果更加复杂绚丽的 Animate 动画。

6.4.1　脚本介绍

ActionScript 脚本语言允许用户向应用程序添加复杂的交互动作，调整或设置播放控制和数据显示。

在创作环境中编写 ActionScript 代码时，可使用【动作】面板。【动作】面板包含一个全功能代码编辑器，其中包括代码提示和着色、代码格式设置、语法加亮显示、调试、行号、自动换行等功能，并支持 Unicode。

首先选中关键帧，然后选择【窗口】|【动作】命令，打开【动作】面板。动作面板包含两个窗格：右侧的【脚本】窗格供用户输入与当前所选帧相关联的 ActionScript 代码；左侧的【脚本导航器】列出 Animate 文档中的脚本，可以快速查看这些脚本。在脚本导航器中单击一个项目，即可在脚本窗格中查看脚本，如图 6-118 所示。

在学习编写 ActionScript 之前，首先要了解一些 ActionScript 的常用术语。有关 ActionScript 中的常用术语名称和说明如表 6-2 所示。

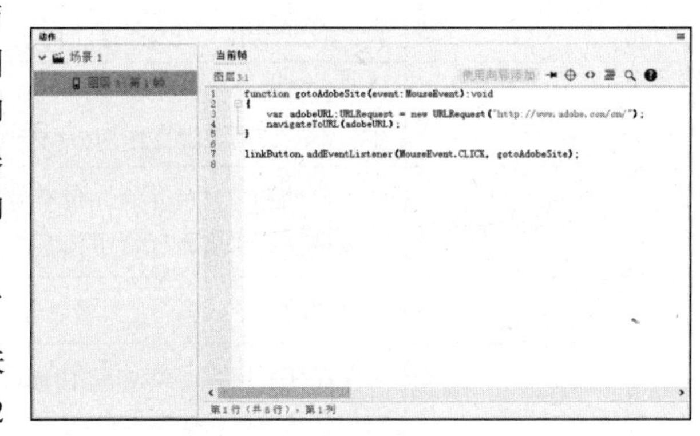

图 6-118　【动作】面板

表 6-2　ActionScript 的常用术语

名　称	说　明
动作	它是在播放影片时指示影片执行某些任务的语句。例如，使用 gotoAndStop 动作可以将播放头放置到特定的帧或标签
布尔值	它可以是 true 或 false 值
类	它是用于定义新类型对象的数据类型。要定义类，需要创建一个构造函数
常数	它是指不变的元素。例如，常数 Key.TAB 的含义始终不变，它代表键盘上的 Tab 键。常数对于比较值是非常有用的
数据类型	它是值和可以对这些值执行的动作的集合，包括字符串、数字、对象、影片剪辑、函数、空值和未定义等
事件	它是在影片播放时发生的动作

(续表)

名　称	说　明
函数	它是指可以向其传递参数并能够返回值的可重复使用的代码块。例如，可以向getProperty 函数传递属性名和影片剪辑的实例名，然后它会返回属性值；使用getVersion 函数可以得到当前正在播放影片的 Flash Player 版本号
标识符	它是用于表明变量、属性、对象、函数或方法的名称。它的第一个字符必须是字母、下画线 (_) 或美元符号 ($)，其后的字符必须是字母、数字、下画线或美元符号
实例	它是属于某个类的对象。类的每个实例包含该类的所有属性和方法。所有影片剪辑都是具有 MovieClip 类的属性(例如_alpha 和_visible)和方法(例如 gotoAndPlay 和getURL)的实例
实例名称	它是在脚本中用来代表影片剪辑和按钮实例的唯一名称。用户可以使用属性面板为舞台上的实例指定实例名称
关键字	它是有特殊含义的保留字。例如，var 是用于声明本地变量的关键字。但是，在 Animate 中，不能使用关键字作为标识符
对象	它是属性和方法的集合，每个对象都有自己的名称，并且都是特定类的实例。内置对象是在动作脚本语言中预先定义的。例如，内置对象 Date 可以提供系统时钟信息
运算符	它是通过一个或多个值计算新值的术语。运算符处理的值称为操作数
变量	它是保存任何数据类型的值的标识符。用户可以创建、更改和更新变量，也可以获得它们存储的值以在脚本中使用

由于 Animate 2020 只支持 ActionScript 3.0 环境，不支持 ActionScript 2.0 环境，按钮或影片剪辑不可以被直接添加代码，只能将代码输入在时间轴上，或者将代码输入在外部类文件中。

1. 在帧上添加代码

在 Animate 中，可以在时间轴上的任何一帧中添加代码，包括主时间轴和影片剪辑的时间轴中的任何帧。输入时间轴的代码，将在播放头进入该帧时执行。在时间轴上选中要添加代码的关键帧，选择【窗口】|【动作】命令，或者直接按下 F9 快捷键即可打开【动作】面板，在【动作】面板的【脚本】窗格中输入代码。

【例 6-8】 在帧上添加代码，使用按钮打开网站。 视频

(1) 启动 Animate 2020，打开一个素材文档，如图 6-119 所示。

(2) 选择右下方的按钮对象，打开其【属性】面板，设置按钮实例名称为 linkButton，如图 6-120 所示。

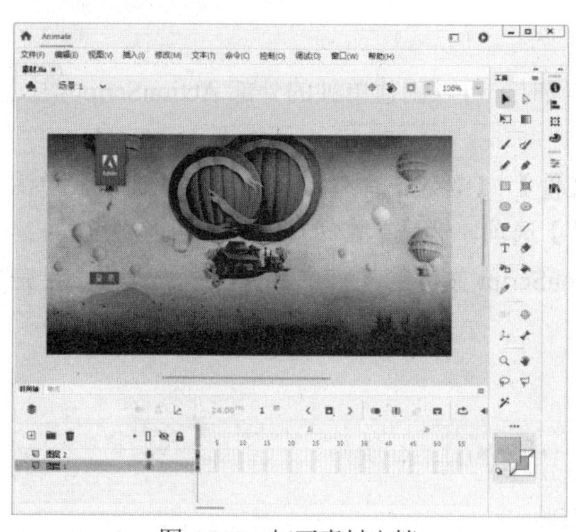

图 6-119　打开素材文档

图 6-120　设置实例名称

(3) 新建【图层 3】图层，右击第 1 帧，在弹出的快捷菜单中选择【动作】命令，如图 6-121 所示。

(4) 在【脚本】窗格中输入代码(代码详见素材文件)，如图 6-122 所示。

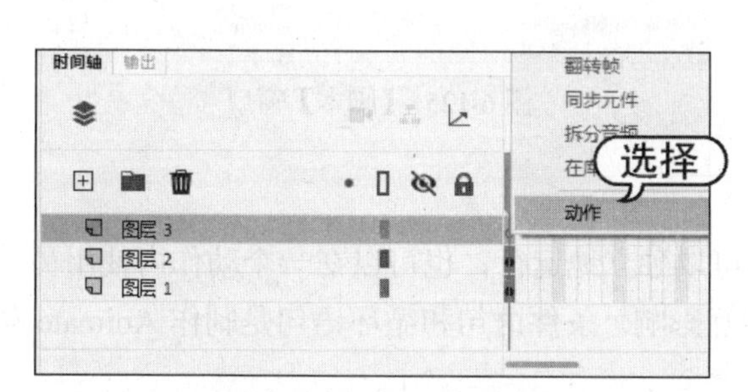

图 6-121　选择【动作】命令

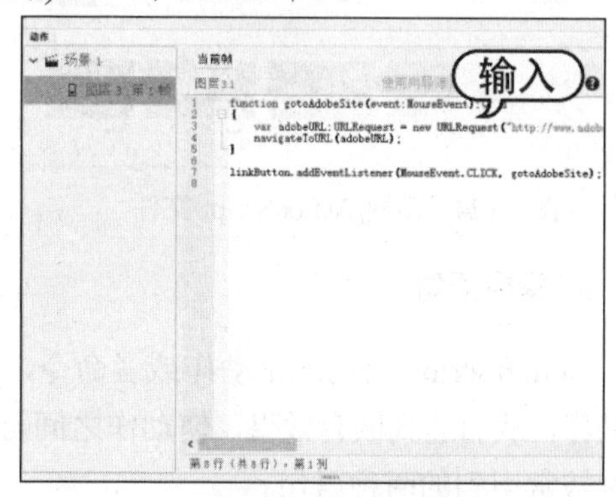

图 6-122　输入代码

(5) 选择【文件】|【另存为】命令，以“按钮打开网址”为名保存该文档，按 Ctrl+Enter 键测试影片，单击按钮即可打开 Adobe 网站，如图 6-123 所示。

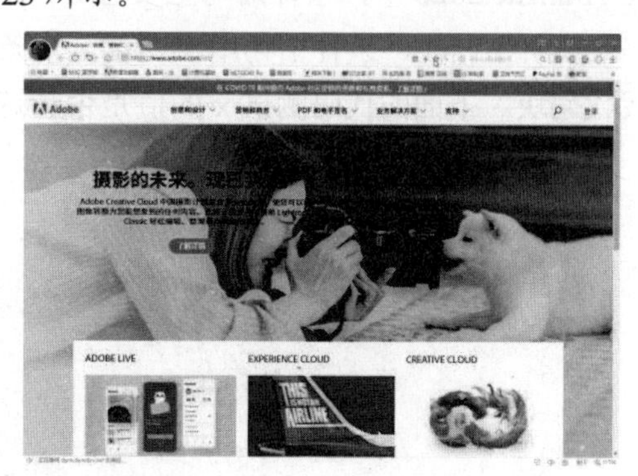

图 6-123　测试动画

2. 在外部 ActionScript 文件上添加代码

在需要组建较大的应用程序或者包括重要的代码时，可以创建单独的外部 ActionScript 类文件并在其中添加代码。

要创建外部 ActionScript 文件，首先选择【文件】|【新建】命令，打开【新建文档】对话框，在该对话框中选择【高级】|【ActionScript 文件】选项，然后单击【创建】按钮，如图 6-124 所示。与【动作】面板相类似，可以在创建的 ActionScript 文件的【脚本】窗口中输入代码，完成后将其保存，如图 6-125 所示。

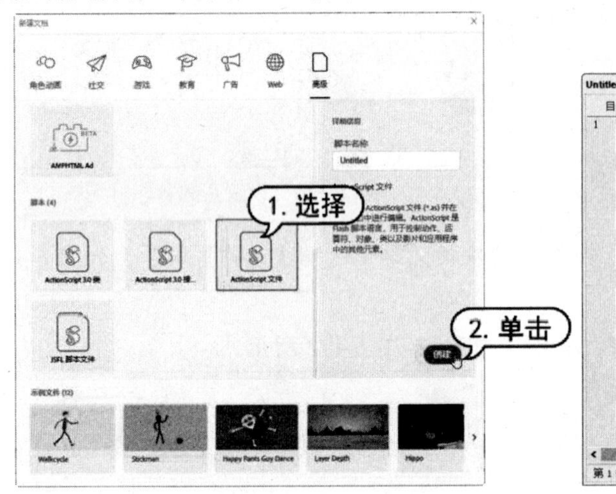

图 6-124　新建 ActionScript 文件

图 6-125　【脚本】窗口

3. 常用语句

ActionScript 语句就是动作或者命令，动作可以独立地运行，也可以在一个动作内使用另一个动作，从而达到嵌套效果，使动作之间可以相互影响。条件语句和循环语句是制作 Animate 动画时较常用到的两种语句。

1) 条件语句

在制作交互性动画时，使用条件语句，只有符合设置的条件时，才会执行相应的动画操作。在 Animate 2020 中，条件语句主要有 if…else 语句、if…else…if 和 switch…case 三种句型。

比如 if…else 条件语句用于测试一个条件，如果条件存在，则执行一个代码块，否则执行替代代码块。下面的代码测试 x 的值是否超过 100，如果是，则生成一个 trace()函数，否则生成另一个 trace()函数。

```
if (x > 100)
{
trace("x is > 100");
}
else
{
trace("x is <= 100");
}
```

2) 循环语句

循环类动作主要控制一个动作重复的次数，或是在特定的条件成立时重复动作。在 Animate 中可以使用 while、do…while、for、for…in 和 for each…in 动作创建循环。

比如 for each…in 语句用于循环访问集合中的项目，它可以是 XML 或 XMLList 对象中的标签、对象属性保存的值或数组元素。如下面所摘录的代码所示，可以使用 for each…in 语句来循环访问通用对象的属性，但是与 for…in 语句不同的是，for each…in 语句中的迭代变量包含属性所保存的值，而不包含属性的名称。

```
var myObj:Object = {x:20, y:30};
for each (var num in myObj)
{
trace(num);
}
// 输出：
// 20
// 30
```

6.4.2 制作交互式动画

本节将以一个下雨动画为例，使用户可以更好地掌握在 Animate 2020 中制作交互式动画的内容。

【例 6-9】 制作下雨动画。 视频

(1) 启动 Animate 2020，新建一个文档，选择【文件】|【导入】|【导入到舞台】命令，将一张背景图片导入舞台，如图 6-126 所示。

(2) 选择【修改】|【文档】命令，打开【文档设置】对话框，设置舞台匹配内容，舞台颜色为黑色，如图 6-127 所示。

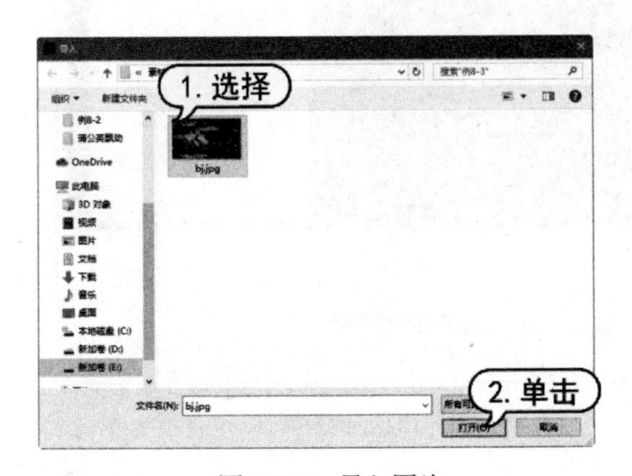

图 6-126　导入图片

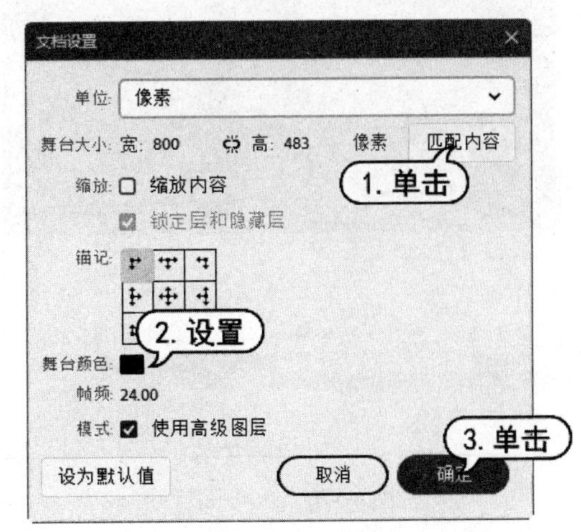

图 6-127　【文档设置】对话框

(3) 选择【插入】|【新建元件】命令，打开【创建新元件】对话框，创建一个名为 yd 的影片剪辑元件，如图 6-128 所示。

(4) 进入元件编辑模式，使用【线条工具】绘制一条白色斜线，在时间轴第 24 帧处插入关键帧，选中线条并向左下方移动一段距离(这段距离是雨点从天空落到地面的距离)，在第 1 帧和第 24 帧之间创建补间动画，如图 6-129 所示。

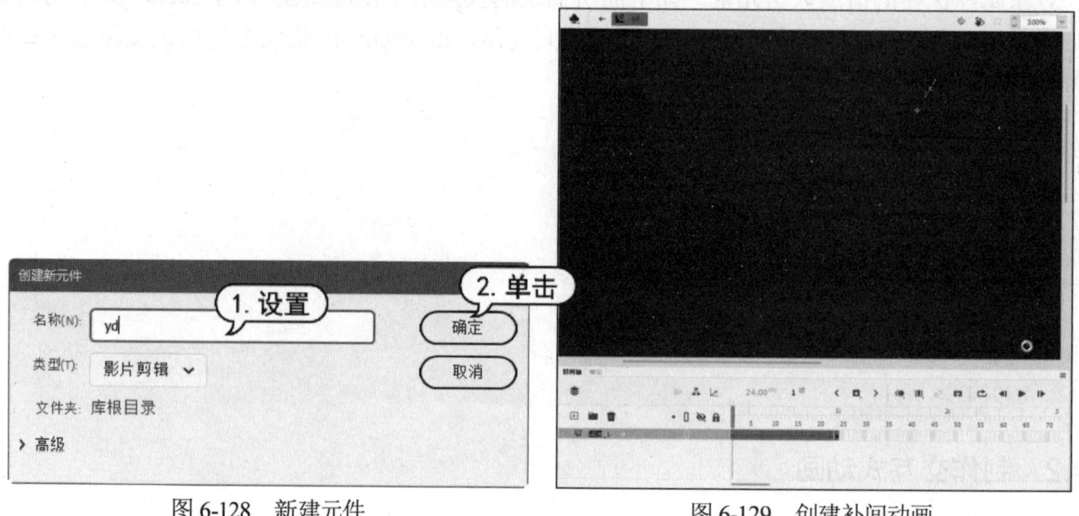

图 6-128　新建元件　　　　图 6-129　创建补间动画

(5) 新建【图层_2】图层，并拖到【图层_1】图层下方，在【图层_2】图层的第 24 帧处插入空白关键帧，使用【椭圆工具】在线条下方绘制一个边框为白色，无填充色，宽和高分别为 57 像素和 7 像素的椭圆，如图 6-130 所示。

(6) 选中【图层_2】图层的第 24 帧，按住鼠标拖动到第 25 帧处，然后选中第 25 帧处的椭圆，将其转换为名为【水纹】的图形元件，如图 6-131 所示。

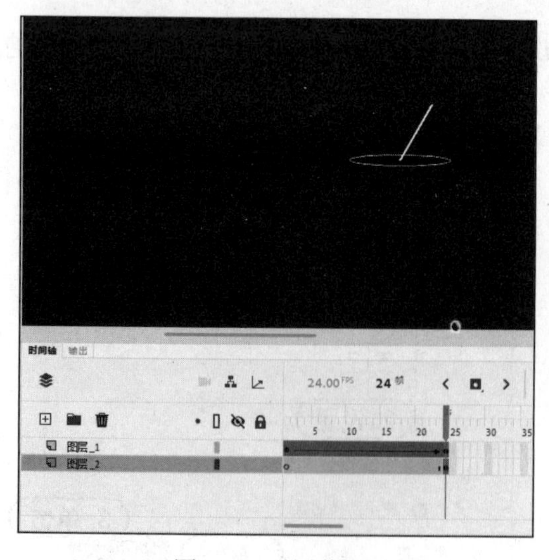

图 6-130　绘制椭圆

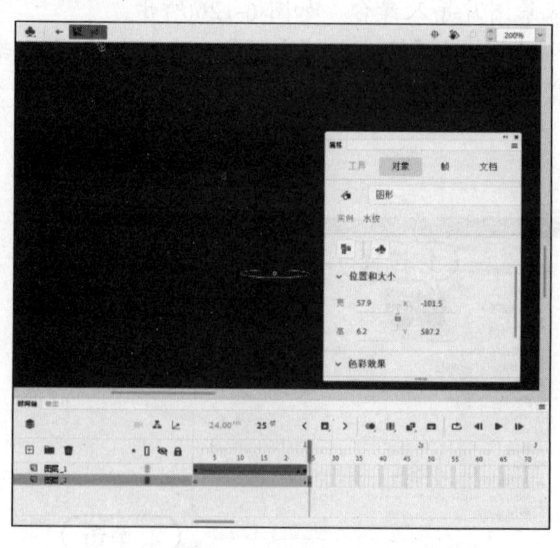

图 6-131　转换元件

(7) 在【图层_2】图层的第 40 帧处插入关键帧，选中该帧的椭圆，选择【任意变形工具】，

在其【属性】面板中设置宽和高分别为 118 像素和 13 像素，设置【Alpha】值为 0%，然后在【图层_2】图层的第 25 帧和第 40 帧之间创建补间动画，如图 6-132 所示。

(8) 在【库】面板中右击元件 yd，选择【属性】命令，打开【元件属性】对话框，单击【高级】按钮，选中【为 ActionScript 导出】复选框，然后单击【确定】按钮，如图 6-133 所示。

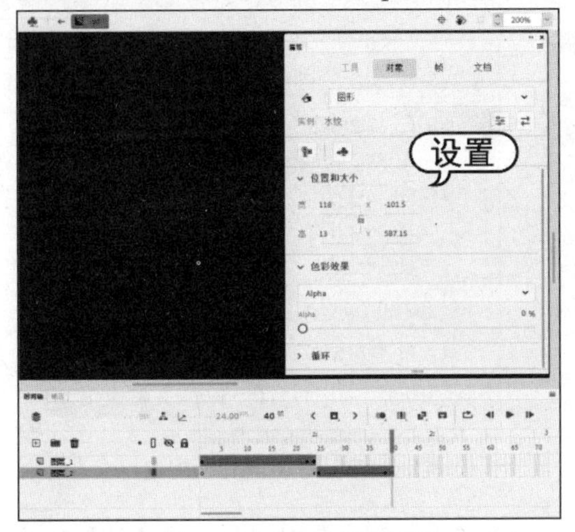

图 6-132　创建补间动画

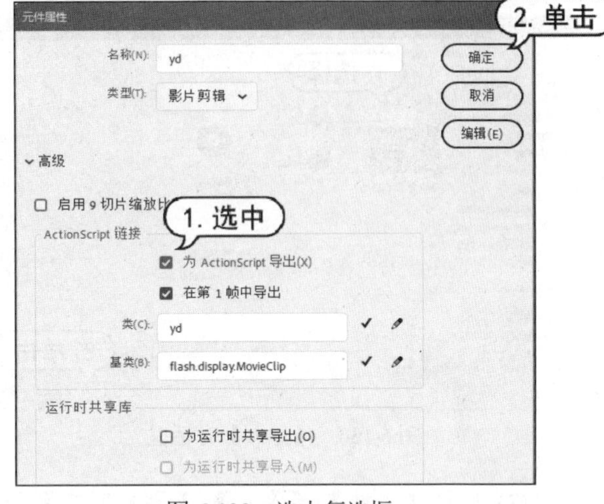

图 6-133　选中复选框

(9) 返回场景，新建一个图层，选择该图层的第 1 帧，打开【动作】面板，输入代码(代码详见素材文件)，如图 6-134 所示。

(10) 以“雨打荷塘”为名保存文档，按 Ctrl+Enter 组合键测试动画，效果如图 6-135 所示。

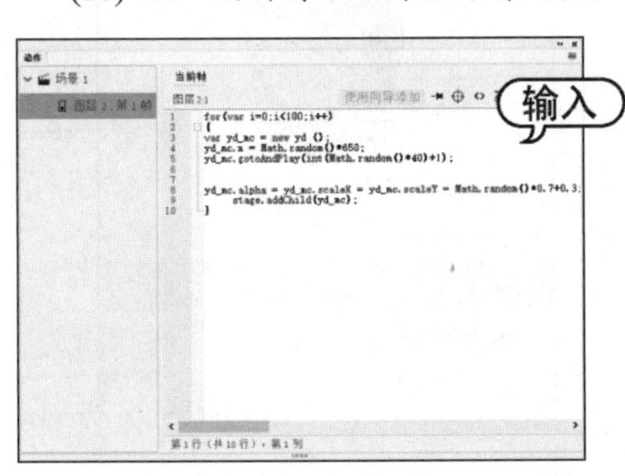

图 6-134　输入代码

图 6-135　测试动画

6.5　实例演练

本章的实例演练为制作蛙叫按钮动画，使用户可以更好地掌握使用 Animate 2020 制作二维动画的方法。

【例 6-10】　导入图片和声音，制作蛙叫按钮动画。视频

(1) 启动 Animate 2020，新建一个文档，选择【文件】|【导入】|【导入到舞台】，打开【导

入】对话框，选择背景图片文件，单击【打开】按钮，如图 6-136 所示。

(2) 右击舞台空白处，在弹出的快捷菜单中选择【文档】命令，打开【文档属性】对话框，单击【匹配内容】按钮，然后单击【确定】按钮，即可使舞台和背景一致，如图 6-137 所示。

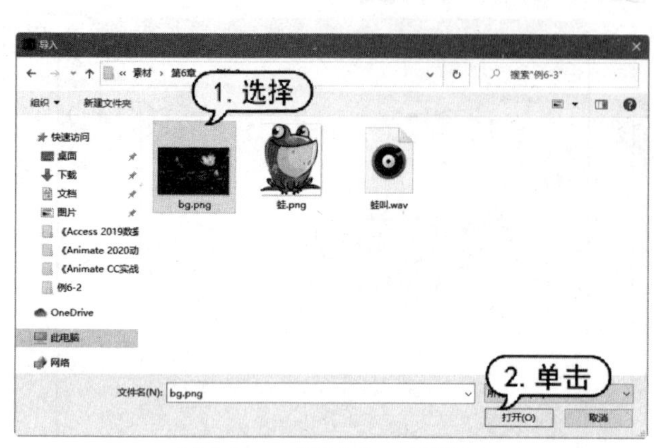

图 6-136 【导入】对话框

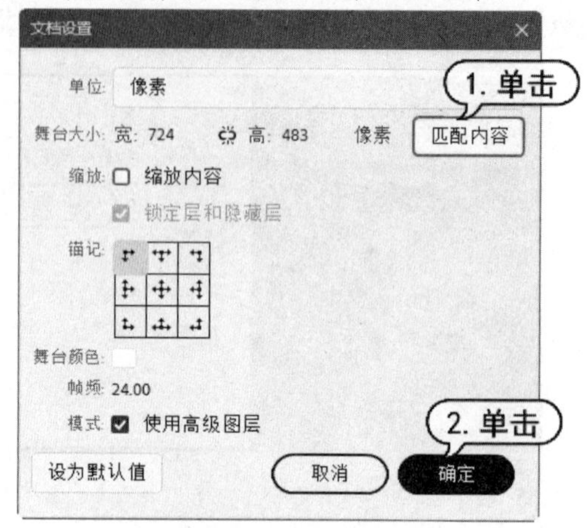

图 6-137 设置舞台匹配内容

(3) 选择【文件】|【导入】|【导入到库】命令，打开【导入到库】对话框，将【蛙】和【蛙叫】两个文件导入【库】面板内，如图 6-138 所示。

图 6-138 将文件导入【库】面板

(4) 新建一个图层，然后选择【插入】|【新建元件】命令，打开【创建新元件】对话框，设置类型为【按钮】，单击【确定】按钮，如图 6-139 所示。

(5) 打开【库】面板，在【时间轴】面板上的【弹起】帧上拖入【蛙】图片文件至舞台，如图 6-140 所示。

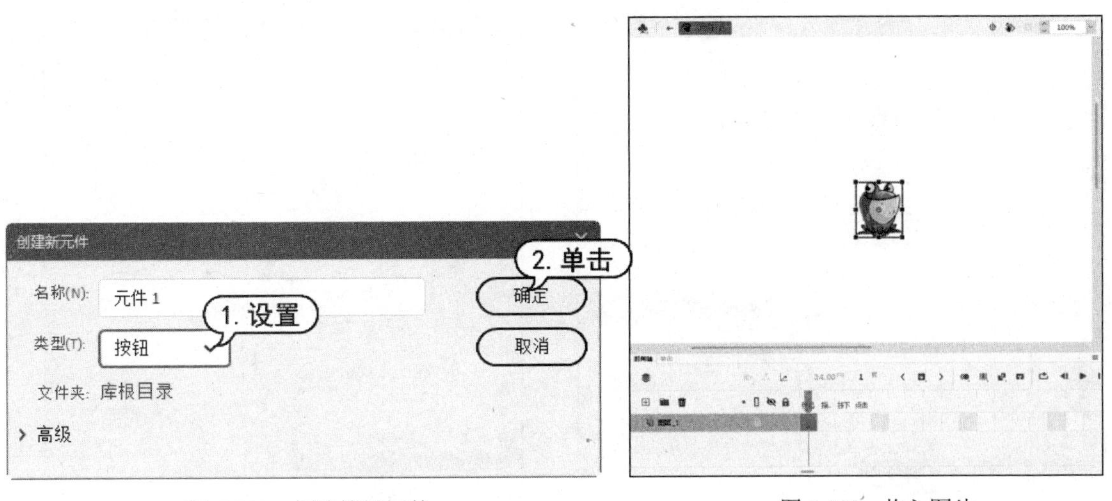

图 6-139　创建按钮元件　　　　图 6-140　拖入图片

(6) 右击【时间轴】面板上的【指针经过】帧，在弹出的快捷菜单中选择【插入关键帧】命令，然后在该帧上使用【任意变形工具】将蛙的图形变大，如图 6-141 所示。

(7) 在【时间轴】面板的【按下】帧上插入关键帧，右击【弹起】帧，在弹出的快捷菜单中选择【复制帧】命令，右击【按下】帧，在弹出的快捷菜单中选择【粘贴帧】命令，使两帧内容一致，如图 6-142 所示。

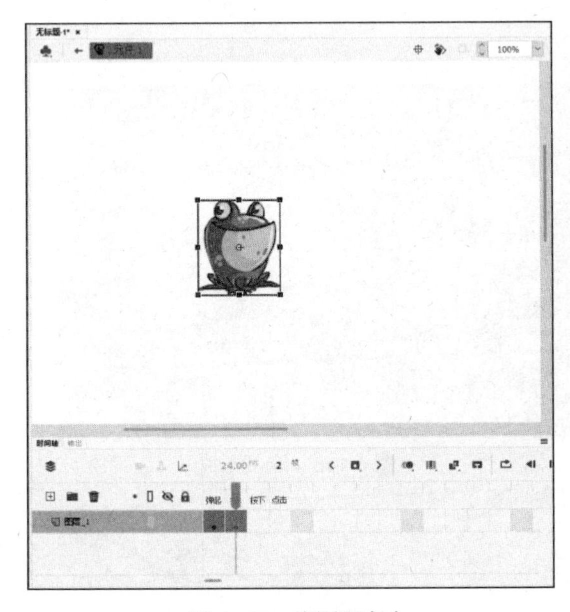

图 6-141　将图形变大　　　　图 6-142　复制并粘贴帧

(8) 打开【库】面板，将库中的声音元件拖到【按下】帧的舞台中，如图 6-143 所示。

(9) 右击【时间轴】面板上的【点击】帧，在弹出的快捷菜单中选择【插入空白关键帧】命令，然后在【工具】面板上选择【矩形工具】，绘制一个任意填充色的长方形，大小和前面一帧的蛙图形大小接近即可，如图 6-144 所示。

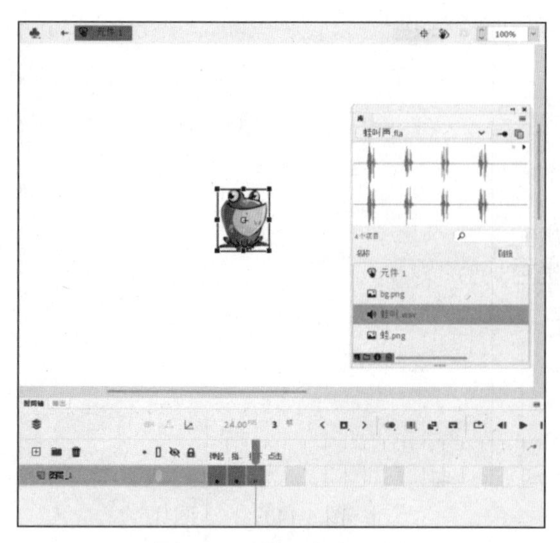

图 6-143　拖入声音元件

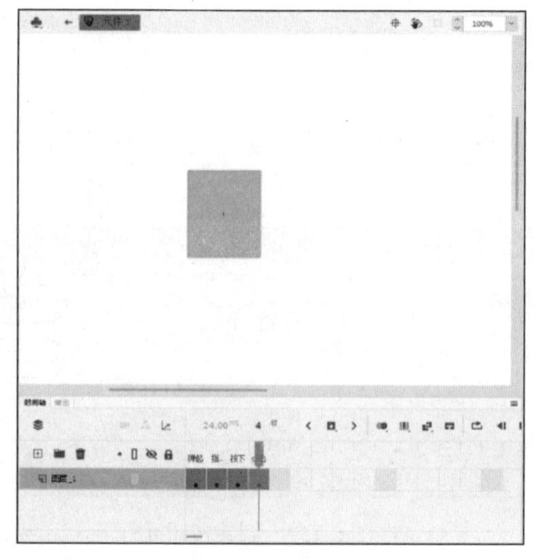

图 6-144　绘制矩形

(10) 返回场景，将【库】面板上的【元件 1】拖入舞台中，并调整大小和位置，如图 6-145 所示。

(11) 按 Ctrl+Enter 键预览影片，测试单击青蛙时的不同状态，并且按下时会发出蛙叫声，如图 6-146 所示。

图 6-145　拖入【元件 1 】

图 6-146　测试影片

6.6　习题

1. 简述帧、图层、元件的概念和类型。

2. 如何导入视频和音频?

3. 创建一个遮罩层动画，制作诗句逐渐浮现的过程，如图 6-147 所示。

图 6-147　制作诗句渐现动画

第7章

三维动画数据技术及应用

三维动画技术是利用计算机软硬件设施实现三维空间的模型创建、场景可视化、特效制作、光影实现、虚拟仿真、游戏开发、广告设计、辅助教学、工程应用等内容的新型媒体技术手段。本章主要介绍在 3ds Max 中实现三维动画制作的相关内容。

本章重点

- 三维动画概述
- 三维建模
- 材质与贴图
- 制作三维动画

二维码教学视频

【例 7-1】 制作圆几模型
【例 7-2】 制作石凳模型
【例 7-3】 制作笛子模型
【例 7-4】 制作柜子模型
【例 7-5】制作玉石材质效果
【例 7-6】创建灯光效果
【例 7-7】使用【自动关键点】模式创建动画
【例 7-8】制作循环翻跟头的圆柱体动画

7.1　三维动画概述

三维动画又称 3D 动画，它不受时间、空间、地点、条件、对象的限制，把复杂、抽象的节目内容、科学原理、抽象概念等用集中、简化、形象、生动的形式表现出来。三维动画技术目前在影视、特效、广告、游戏、虚拟仿真等诸多领域都有涉及。

7.1.1　三维动画的概念和特点

三维动画制作技术是计算机技术与动画艺术的结合，是多媒体技术的一个重要内容。随着计算机软硬件的不断发展，使得虚拟仿真、游戏交互、场景建模等诸多领域都与三维动画技术密切相关。

所谓三维动画，是计算机三维软件按照一定的比例进行模型创建(包括角色、物体、场景等模型)及场景的材质贴图设定，然后创建角色骨骼，模拟角色动作，最后设置室内外灯光及环境，并生成最终的动画效果。

三维动画具有以下特点。

1. 视觉表现力强

三维动画通过计算机进行精确建模，能够还原逼真的人物、动物、自然环境等，光效、烟雾等场景特效也使画面更具表现力和视觉冲击力。除了可以还原真实场景外，三维动画还可以创建现实中不存在的对象，在影视、广告、医学等领域起到重要作用。三维动画的沉浸感也是其他技术无法替代的。无论从宏观到微观，从现实到虚拟，从二维到三维，三维动画都具有无法比拟的强烈的视觉表现力。

2. 制作周期短

相比传统逐帧绘制的二维动画，三维动画的制作周期相对较短。三维动画可以使用虚拟演员进行动作表演，从而大大缩短手动设置动作关键帧的时间，这一过程称为动作捕捉。动作捕捉可以记录并处理人体或其他物体动作，通过特定的设备，将这些记录的数据和计算机创建的虚拟模型相匹配，达到快速实现角色动作信息的作用。这一技术目前广泛应用在影视制作、医疗、体育等行业。

3. 替代高危拍摄

在影视拍摄中，很多高危镜头是多数演员无法完成的，出于安全考虑，很多影视剧在制作时会选择使用三维动画或三维特效来实现。例如，高楼坠落、极地求生等高危动作，会使用三维人物模型来替代实现，从而避免实景拍摄可能造成的人员伤亡。

4. 高效率和高效益

三维动画带来的高效率与高效益，也是众多使用者青睐的原因之一。三维动画将先进的技术

与艺术结合，碰撞出创作的火花。世界上众多科幻大片都有高效率的三维动画技术，也在票房上收获了高效益。

5. 结合真实性和虚拟性

三维动画技术与虚拟现实技术、增强现实技术结合，可以将真实时空与虚拟时空相结合，打造时间、空间的交互。重组时空的特点为游戏、仿真模拟等提供了身临其境的沉浸感。例如，游戏玩家通过三维动画技术构建的虚拟角色，将自身带入一个完全虚幻的时间和空间中，通过执行任务，得到相应的虚拟奖励以达成心理满足。

7.1.2　三维动画制作软件简介

三维影视动画的繁荣促进了三维动画制作软件的设计与开发。早期的三维动画制作软件对于普通设计者而言太过高端，不论计算机硬件还是软件技术，个人都无法进行设计与创作。直到 20 世纪 90 年代，3D Studio MAX 的诞生，才宣告三维动画进入个人创作时代。之后，广大三维爱好者的创作激情被点燃，三维动画制作软件也如雨后春笋般出现，如 3ds Max、Maya、ZBrush、Cinema 4D、Blender、Softimage、Poser 等。这些三维软件种类繁多，造型方法各不相同，但大多都具备三维模型创建、渲染输出、动画关键帧、骨骼系统、毛发系统和动力学模块等。

1. 3ds Max

Autodesk 公司出品的 3ds Max 是世界顶级的三维动画制作软件之一，由于该软件具有强大的功能，使其一直受到 CG 艺术家的喜爱。3ds Max 软件在模型塑造、动画及特效等方面都能制作出高品质的对象，如图 7-1 所示。

(a) 椅子模型设计

(b) 卡通动画设计

图 7-1　3ds Max 作品

2. Maya

Maya 与 3ds Max 功能相当， 2009 年 Maya 被 3ds Max 所属的 Autodesk 公司收购，这两款软件的界面风格、用户使用习惯也趋同。但是，Autodesk 公司并没有磨灭两者的差异性，它们各有所长：Maya 擅长三维角色的塑造，在影视特效领域占有一席之地；3ds Max 则更侧重于工业、建筑、游戏造型的创建。

3. Cinema 4D

Cinema 4D 简称 C4D，虽然取名寓意“4D 电影”，但是 Cinema 4D 是一款时下非常流行的 3D 绘图和造型软件。Cinema 4D 拥有较高的运算速度和强大的渲染插件，在影视特效、广告包装、工业设计等方面应用广泛，颇受业界用户的喜爱。

4. Blender

相比前 3 款软件，Blender 起步较晚，但是，它的出现掀起一场软件革新的风暴。Blender 是一款开源的跨平台全能三维动画制作软件，除了提供建模、动画、材质、渲染等常规三维软件的必备模块外，还提供了音频处理、视频剪辑等一系列动画短片制作解决方案。此外，该软件还整合了后期合成软件中的键控抠像、摄影机反向跟踪、遮罩等高级合成技术。不同于 3ds Max“插件集合”的拼装特性，Blender 的诞生基于更优的图形处理方案和先进的 GPU 技术。Blender 的软件界面更加人性化，操作更加便捷。

7.2 3ds Max 三维建模

3ds Max 是应用于 PC 平台的三维建模、动画、渲染软件。在计算机中安装并执行 3ds Max 2020-Simplified Chinese 命令后，系统将显示启动中文版 3ds Max 2020 后的工作界面，如图 7-2 所示。

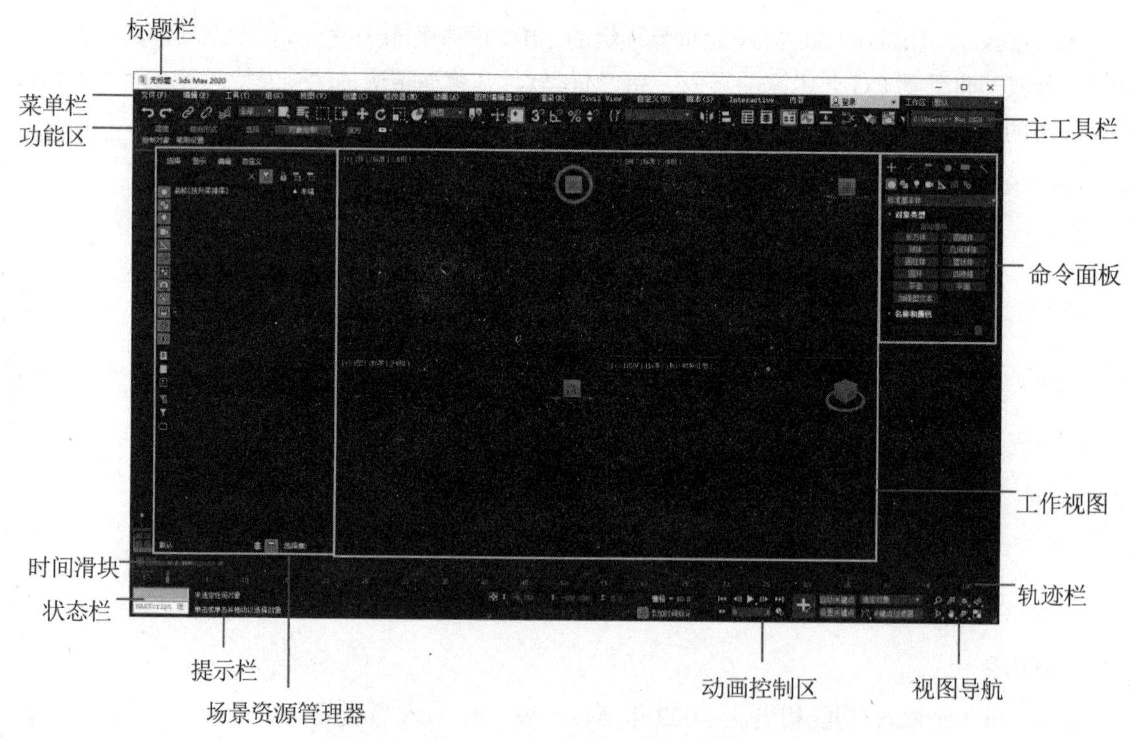

图 7-2　启动 3ds Max 2020 后显示的软件工作界面

3ds Max 2020 的工作界面是一个很大的界面布局，由标题栏、菜单栏、功能区、主工具栏、命令面板、工作视图、时间滑块、轨迹栏、提示栏、状态栏、动画控制区和视图导航等多个区域组成(其中

每个区域又包含多种按钮和命令)。

建模是绘制效果图过程中的第一步，也是后续绘图工作的基础。3ds Max 建模通俗来讲就是通过虚拟三维空间构建出具有三维数据的模型。常用的建模方法有几何体建模、复合对象建模、样条线建模、修改器建模、网格建模、NURBS 建模、多边形建模等。下面主要介绍几何体建模、修改器建模、复合对象建模和多边形建模。

7.2.1　几何体建模

几何体建模是 3ds Max 中最简单的建模方法。用户通过创建几何体类型的元素，进行各元素之间的参数与位置调整，可以建立新的模型。

在命令面板中单击【创建】按钮＋，可以显示【创建】面板，该面板用于创建各类基本几何体类型，如图 7-3 所示。

在命令面板中单击【修改】按钮，可以显示【修改】面板，该面板用于修改基本几何体模型的参数，如图 7-4 所示。

进入【创建】面板，单击【标准基本体】下拉按钮，在弹出的下拉列表中用户可以看到 3ds Max 中的多种几何体类型，如图 7-5 所示。其中比较重要的有以下几种。

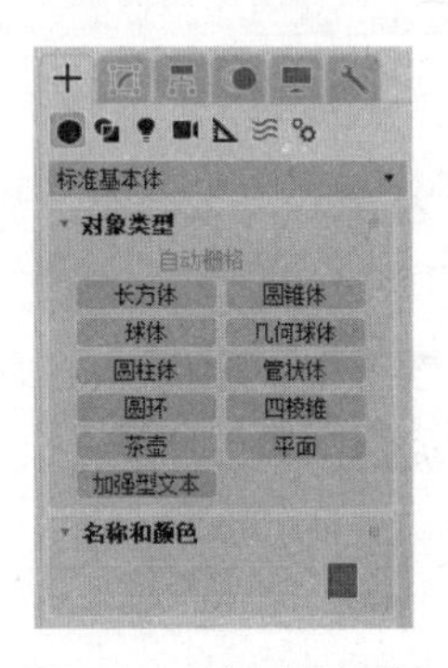

图 7-3　【创建】面板

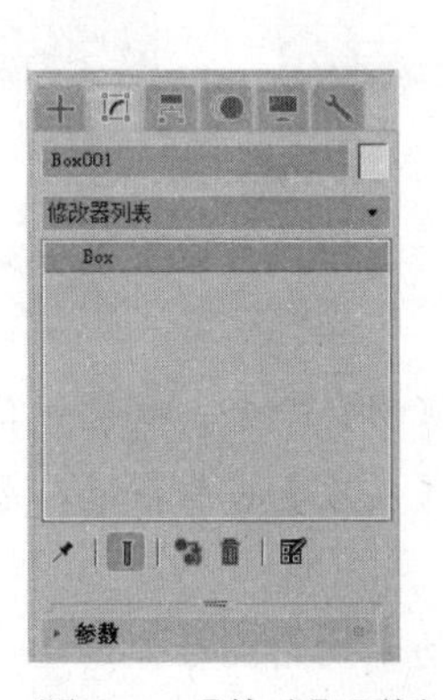

图 7-4　【修改】面板

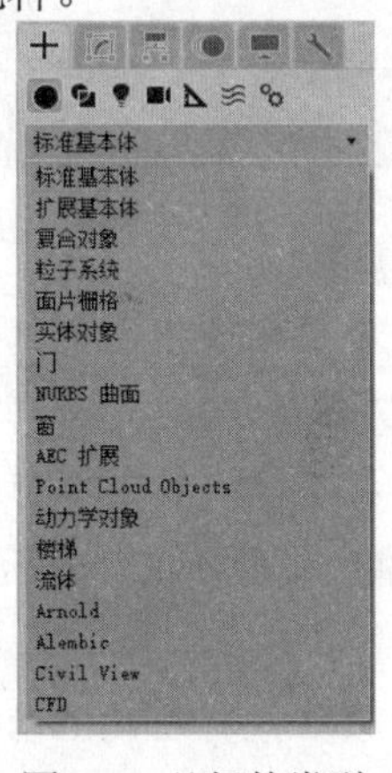

图 7-5　几何体类型

- 【标准基本体】：共有长方体、圆锥体、球体、几何球体、圆柱体、管状体、圆环、四棱锥、茶壶、平面、加强型文本 11 种工具，包括了最常用的几何体类型。
- 【扩展基本体】：共有异面体、环形结、切角长方体、切角圆柱体、油罐、胶囊、纺锤等 13 种工具，是标准基本体的扩展补充。
- 【门】【窗】和【楼梯】：包括多种内置的门、窗、楼梯工具。
- 【AEC 扩展】：包括植物、栏杆和墙 3 种对象类型。

下面用制作一个圆几的实例来介绍几何体建模的方法。

【例 7-1】使用 3ds Max 的几何体建模工具制作一个圆几模型。视频

(1) 在【创建】面板【几何体】选项卡●中单击【标准基本体】下拉按钮，在弹出的下拉列

表中选择【扩展基本体】选项，然后在显示的面板中单击【切角圆柱体】按钮，在顶视图中创建一个切角圆柱体，并在【参数】卷展栏中设置【半径】为 500mm，【高度】为 50mm，【圆角】为 10mm，【圆角分段】为 50，【边数】为 100，如图 7-6 所示。

(2) 单击【创建】面板中的【扩展基本体】下拉按钮，在弹出的下拉列表中选择【标准基本体】选项，在显示的下拉面板中单击【圆锥体】按钮，在顶视图中创建一个圆锥体，并在【参数】卷展栏中设置圆锥体的【半径 1】为 20mm，【半径 2】为 27mm，【高度】为 -700mm，如图 7-7 所示。

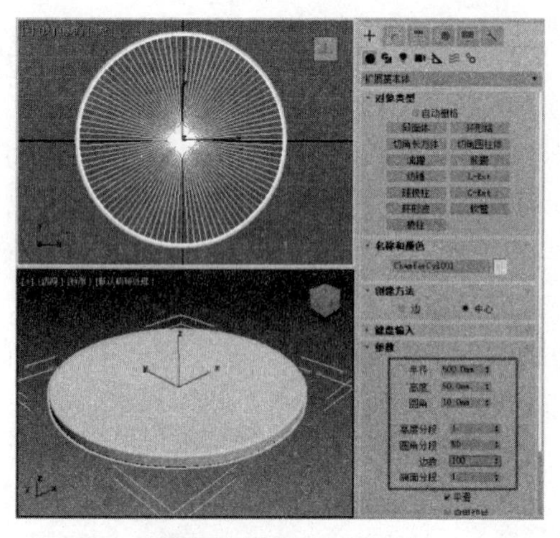

图 7-6　创建切角圆柱体

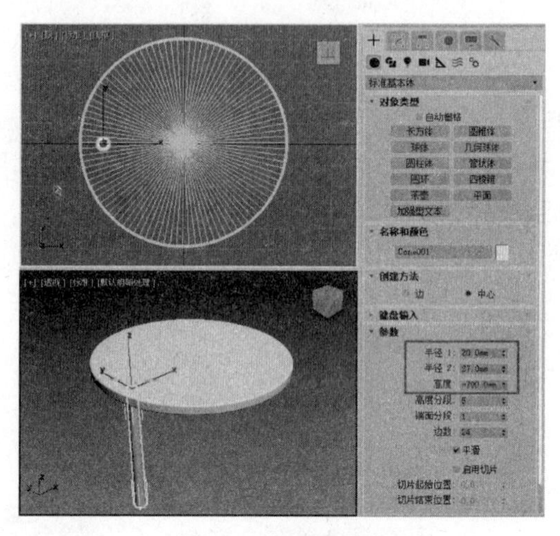

图 7-7　创建圆锥体

(3) 在透视图中选中上一步创建的圆锥体，按下 E 键，执行【选择并旋转】命令，将其沿着 Y 轴向右旋转约 15°。

(4) 按下 W 键，执行【选择并移动】命令，将圆锥体模型移动至合适的位置。在顶视图中选中圆锥体模型，在命令面板中单击【层次】按钮，进入【层次】面板，然后单击【仅影响轴】按钮。

(5) 按住鼠标左键拖动，将轴移动到切角圆柱体的中心。

(6) 在菜单栏中选择【工具】|【阵列】命令，打开【阵列】对话框，单击【旋转】选项后的 > 按钮，设置 Z 轴为 360°，设置 1D 为 3，然后单击【确定】按钮，如图 7-8 所示。

(7) 此时，将在场景中创建图 7-9 所示的圆几模型。

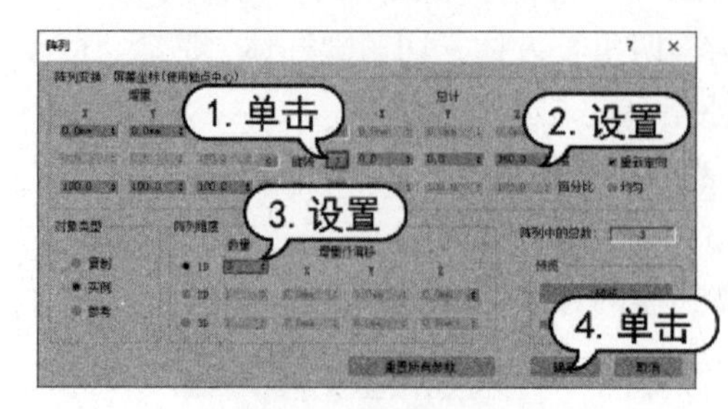

图 7-8　【阵列】对话框

图 7-9　圆几模型效果

7.2.2　修改器建模

修改器建模是在已有的基本模型的基础上，通过在【修改】面板中添加相应的修改器，将模型进行塑形或编辑，如此便可以快速地制作出特殊的模型效果。

3ds Max 中修改器的应用有先后顺序之分。同样的一组修改器如果用不同的顺序添加在物体上，可能会得到不同的模型效果。用户可以在模型创建完成之后，在命令面板的【修改】面板上通过单击【修改器列表】下拉按钮，从弹出的下拉列表中添加修改器，如图 7-10 所示。

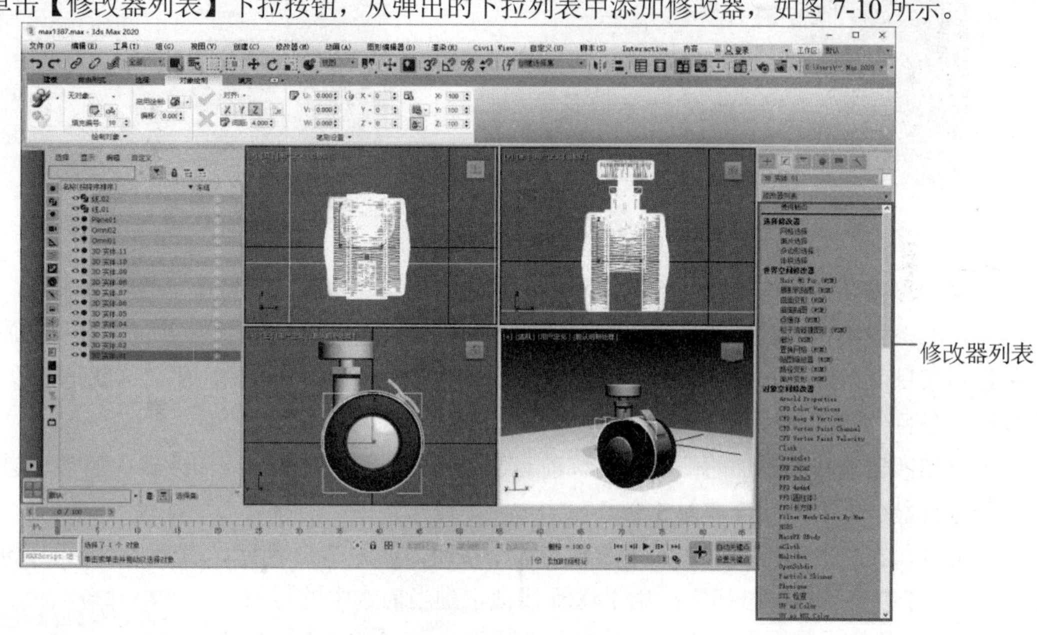

图 7-10　通过修改器列表添加修改器

在场景中选中的对象不同，修改器中所提供的命令也会有所不同。例如，有的修改器仅仅针对图形起作用，如果在场景中选择了几何体，相应的修改器命令就无法在【修改器列表】下拉列表中找到；又如，用户对图形应用修改器后，图形就转变成了几何体，这样即使仍然选中的是最初的图形对象，也无法再次添加仅对图形起作用的修改器。

1. 修改器堆栈

修改器堆栈是【修改】面板中各个修改器叠加在一起的列表。在修改器堆栈中，可以查看选中的对象及应用于对象上的所有修改器，并包含累积的历史操作记录。用户可以向对象应用任意数目的修改器，包括重复应用同一个修改器。当开始向对象应用对象修改器时，修改器会以应用它们时的顺序“入栈”。第一个修改器会出现在堆栈底部，紧挨着对象类型出现在它上方。

使用修改器堆栈时，单击堆栈中的项目即可返回到进行修改的点，然后重新决定是否暂时禁用修改器，或者删除修改器。也可以在堆栈中的该点插入新的修改器，所做的更改会沿着堆栈向上改动，更改对象的当前状态。

当场景中的物体添加多个修改器后，若希望更改特定修改器中的参数，就必须到修改器堆栈中查找。修改器堆栈中的修改器可以在不同的对象上应用复制、剪切和粘贴操作。单击修改器名称前面的眼睛图标，还可以控制应用或取消所添加修改器的效果。

- 当眼睛图标显示为黑色时，修改器将应用于其下面的堆栈，如图 7-11 所示。
- 当眼睛图标显示为灰色时，将禁用修改器，如图 7-12 所示。

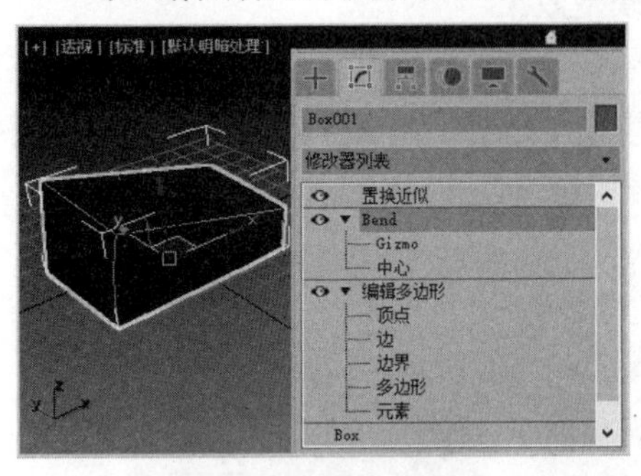

图 7-11　修改器应用其下的堆栈

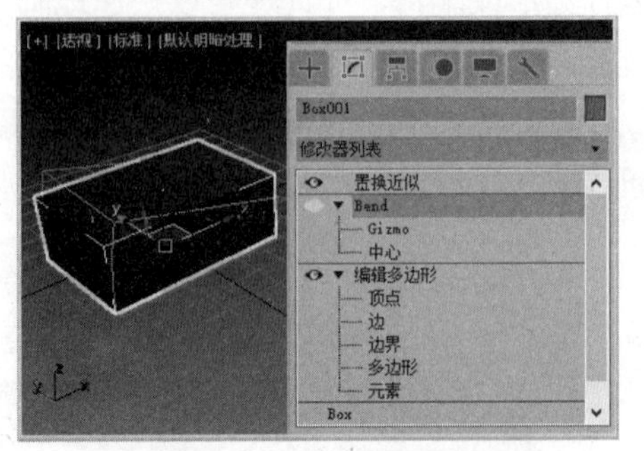

图 7-12　禁用修改器

若不再需要某个修改器，可以在堆栈中通过右击菜单中的【删除】命令将其删除。

在修改器堆栈的底部，第一个条目一直都是场景中选中物体的名称，并包含自身的属性参数。单击该条目可以修改原始对象的创建参数，如果没有添加新的修改器，那么这就是修改器堆栈中唯一的条目。

当修改器堆栈中添加的修改器名称前有倒三角符号▼时，说明该修改器内包含子层级，子层级的数目最少为 1 个，最多为 5 个。

此外，在修改器堆栈列表的下方还有 5 个按钮，如图 7-13 所示，其各自的功能说明如下。

- 【锁定堆栈】按钮：用于将堆栈锁定到当前选中的对象，无论之后是否选择该物体对象或者其他对象，【修改】面板始终显示被锁定对象的修改命令。
- 【显示最终结果开/关切换】按钮：当对象应用了多个修改器时，该按钮被激活后，即使选择的不是最上方的修改器，但视图中的显示结果仍然为应用了所有修改器的最终结果。
- 【使唯一】按钮：当该按钮为可激活状态时，说明场景中可能至少有一个对象与当前所选中对象为实例化关系，或者场景中至少有一个对象应用了与当前选择对象相同的修改器。
- 【从堆栈中移除修改器】按钮：删除当前所选的修改器。
- 【配置修改器集】按钮：单击该按钮可以打开【修改器集】菜单。

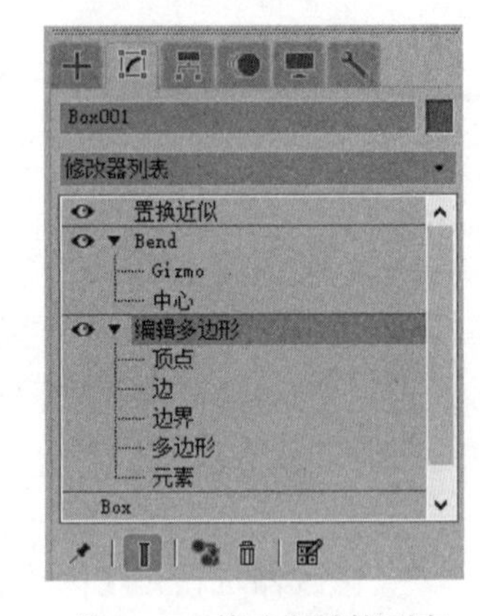

图 7-13　修改器堆栈列表

2. 修改器的类型

修改器有很多种，在【修改】面板中的【修改器列表】下拉列表中，3ds Max 将这些修改器默认分为【选择修改器】【世界空间修改器】和【对象空间修改器】3 个集合。

【选择修改器】集合中包括【网格选择】【面片选择】【多边形选择】和【体积选择】4 种修

改器，如图 7-14 所示。

- 【网格选择】修改器：可以选择网格子对象。
- 【面片选择】修改器：选择面片子对象后可以对其应用其他修改器。
- 【多边形选择】修改器：选择多边形子对象后可以对其应用其他修改器。
- 【体积选择】修改器：可以从一个对象或多个对象选定体积内的所有子对象。

【世界空间修改器】集合基于世界空间坐标，而不是基于单个对象的局部坐标系的，如图 7-15 所示。当应用一个世界空间修改器后，无论物体是否发生了移动，它都不会受到任何影响。

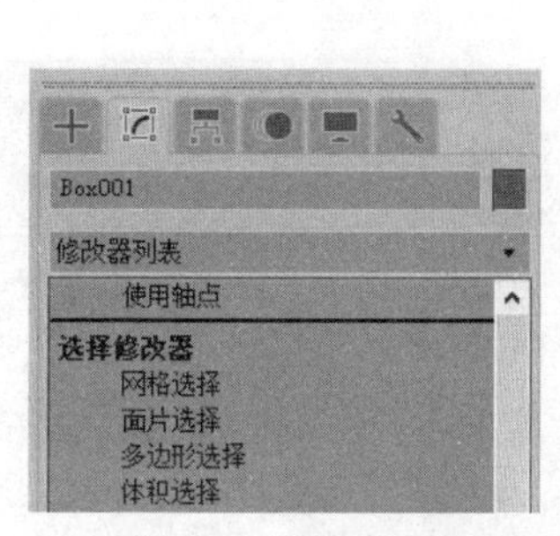

图 7-14　选择修改器

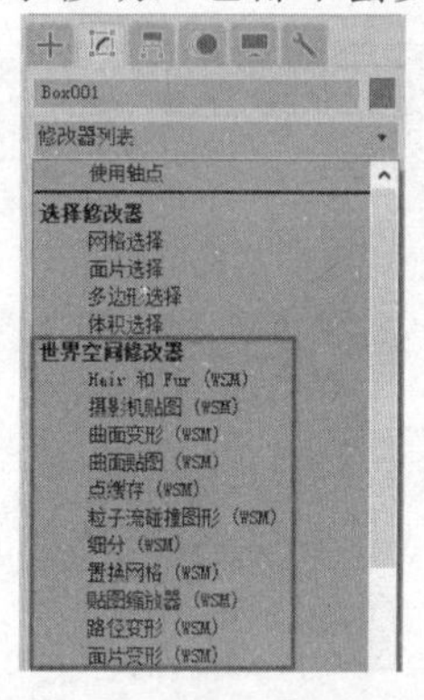

图 7-15　世界空间修改器

【对象空间修改器】集合中的修改器非常多，如图 7-16 所示。这个集合中的修改器主要应用于单独对象，使用的是对象的局部坐标系，因此当移动对象时，修改器也会随着移动。

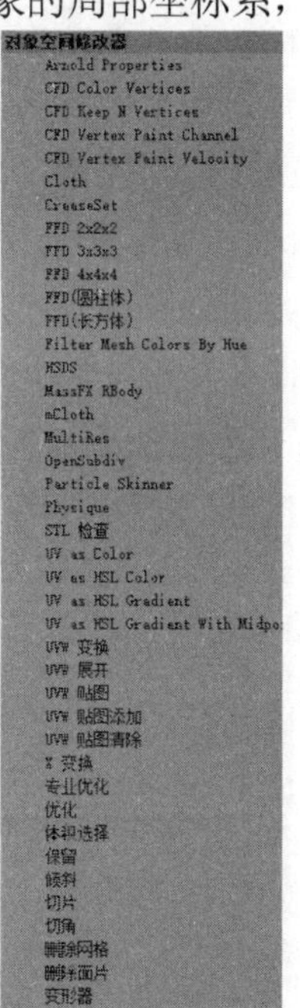

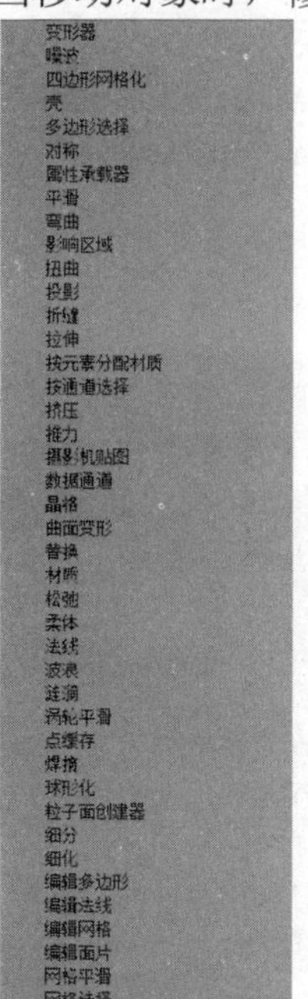

图 7-16　对象空间修改器

例如【修改器列表】中的【挤出】修改器，可以将深度添加到二维图形中，并使其成为一个参数对象。

【例 7-2】 利用【挤出】修改器制作公园石凳模型。视频

(1) 在【创建】面板的【图形】选项卡中单击【矩形】按钮，在左视图中创建一个较大的矩形，并在【参数】卷展栏中设置其【长度】为 500mm，【宽度】为 600mm，【角半径】为 0，如图 7-17 所示。

(2) 使用同样的方法，在左视图中再绘制一个【长度】为 135mm，【宽度】为 475mm，【角半径】为 50mm 的矩形(较小的矩形)，如图 7-18 所示。

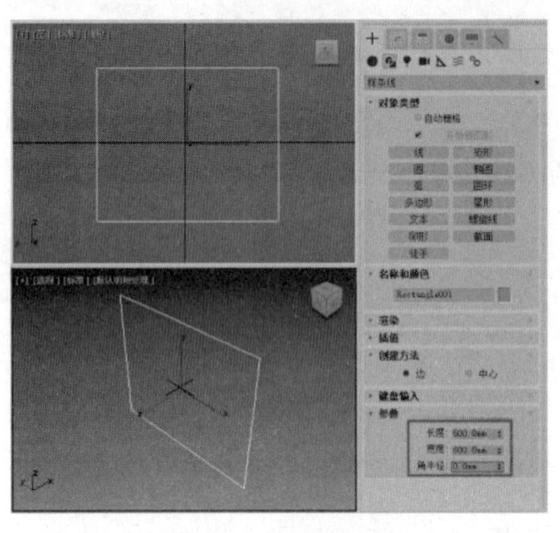

图 7-17　创建矩形

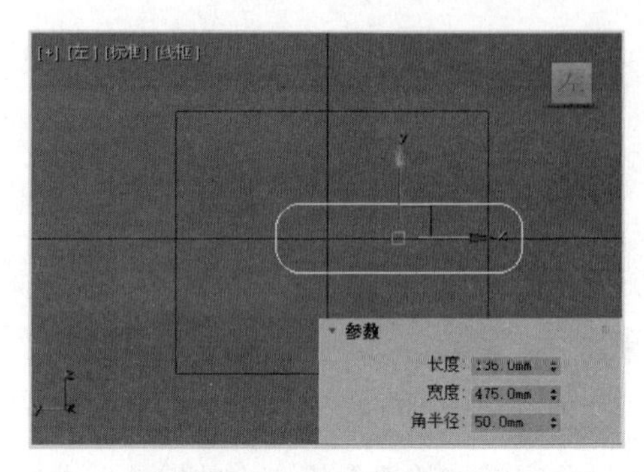

图 7-18　创建第二个矩形

(3) 选中步骤(1)创建的矩形，选择【修改】面板，单击【修改器列表】下拉按钮，从弹出的下拉列表中选择【编辑样条线】选项，添加【编辑样条线】修改器，然后在【几何体】卷展栏中单击【附加】按钮，并选中场景中步骤(2)绘制的矩形对象，如图 7-19 所示。

(4) 再次单击【几何体】卷展栏中的【附加】按钮，在场景资源管理器中右击生成的新对象，在弹出的快捷菜单中选择【对象属性】命令，将该对象重命名为“石凳-01”。

(5) 在【修改】面板中选择【样条线】选项，将当前选择集定义为样条线，在视图中选择大矩形的样条线，在【几何体】卷展栏中单击【布尔】按钮和【差集】按钮，如图 7-20 所示。

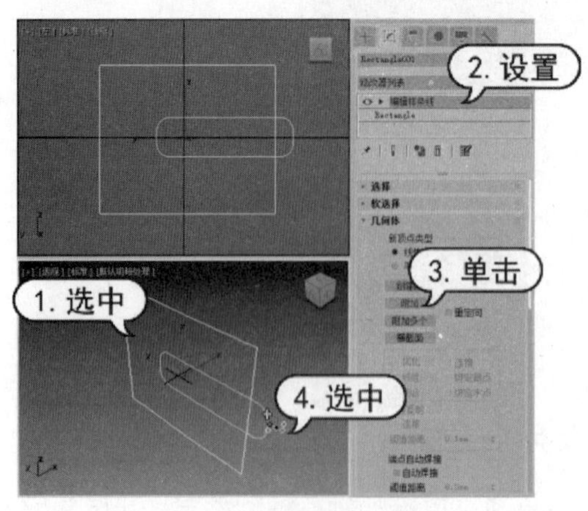

图 7-19　附加矩形对象

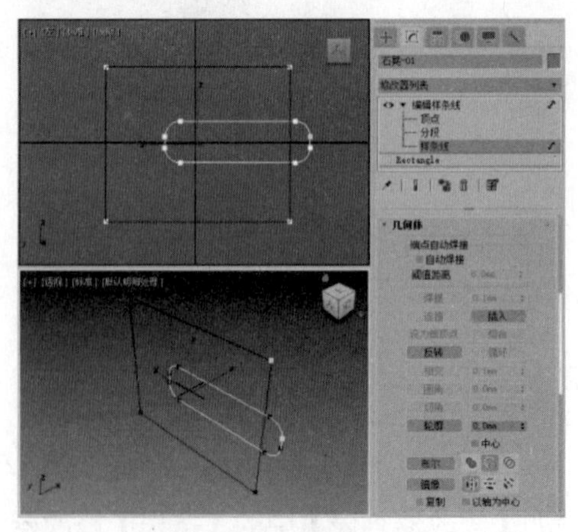

图 7-20　执行差集操作

(6) 在视图中拾取小矩形的样条线，执行布尔运算，如图 7-21 所示。

(7) 在【修改】面板中将选择集定义为【顶点】，在【几何体】卷展栏中单击【优化】按钮，在左视图中添加两个顶点，如图 7-22 所示。

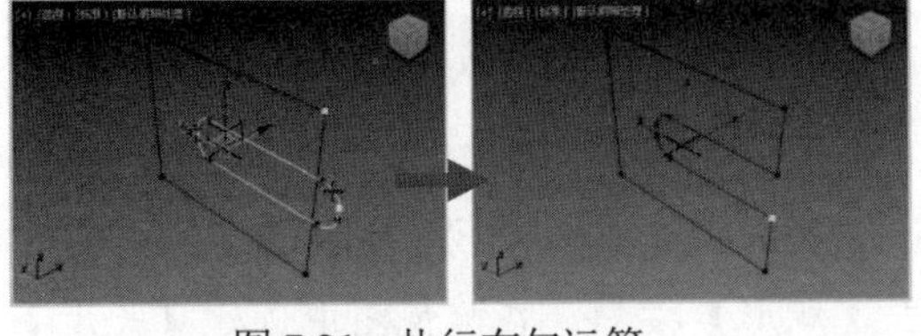

图 7-21　执行布尔运算

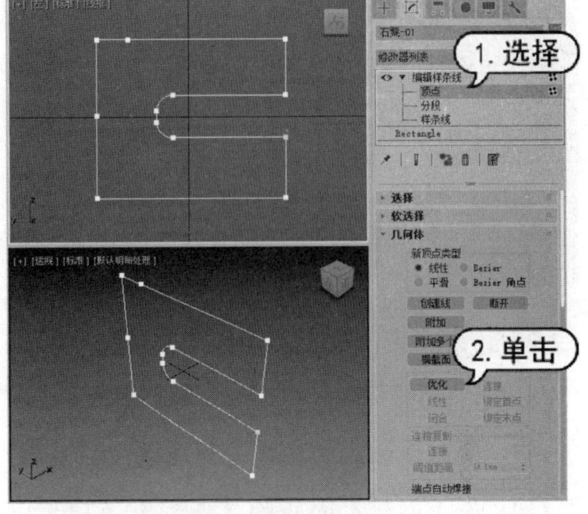

图 7-22　添加顶点

(8) 再次单击【几何体】卷展栏中的【优化】按钮，在左视图中选中并右击图形左上角的 3 个顶点，在弹出的快捷菜单中选择【角点】命令，然后按下 W 键，执行【选择并移动】命令，调整顶点的位置，如图 7-23 所示。

(9) 选中图形右上角的两个顶点，在左视图中将其向左调整，如图 7-24 所示。

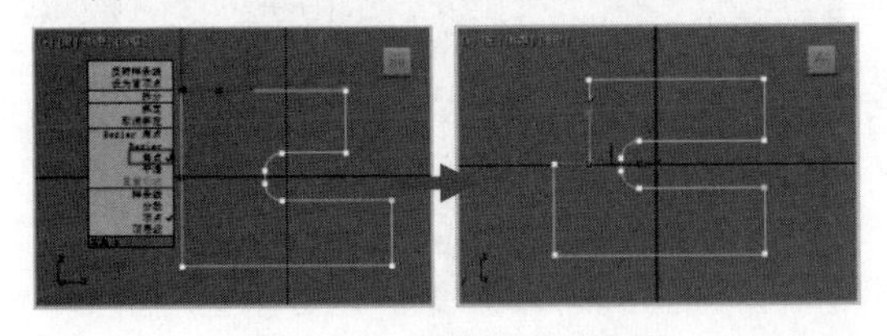

图 7-23　调整顶点的位置

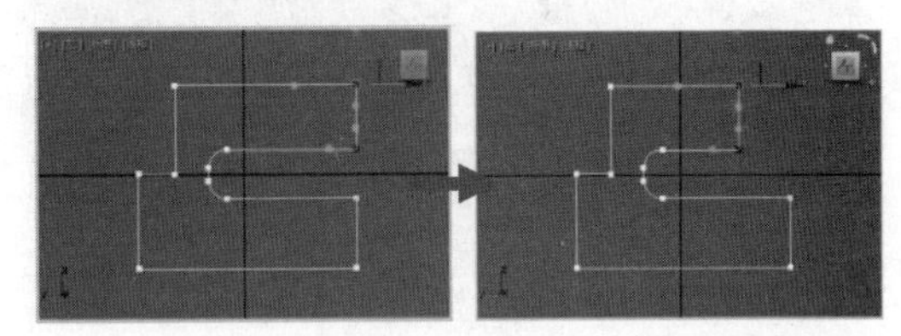

图 7-24　在左视图中将两个顶点向左调整

(10) 在【修改】面板中单击【修改器列表】下拉按钮，从弹出的下拉列表中选择【挤出】选项，添加【挤出】修改器，在【参数】卷展栏中将【数量】设置为 170mm，创建如图 7-25 所示的石凳腿部模型。

(11) 在视图中选中创建的模型，按住 Shift 键拖动石凳腿部模型对象，打开【克隆选项】对话框将对象复制一份。

(12) 在【创建】面板的【几何体】选项卡●中单击【长方体】按钮，在左视图中绘制一个长方体，并根据两个石凳腿部模型的长度、宽度和高度，调整长方体模型，如图 7-26 所示。

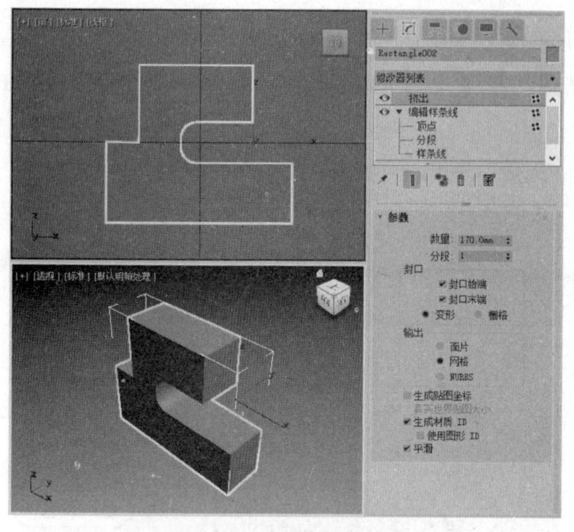

图 7-25　创建石凳腿部模型

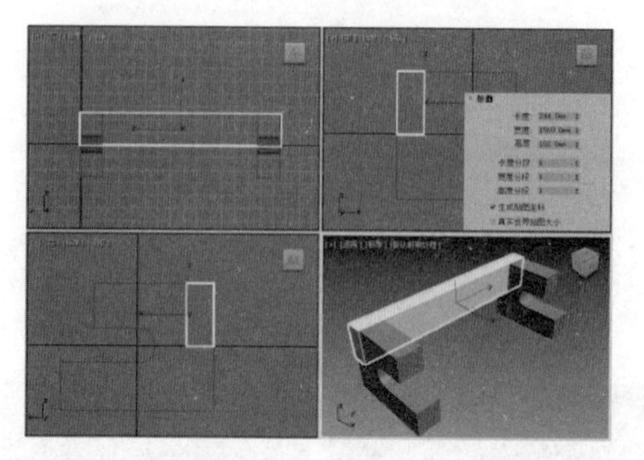

图 7-26　创建长方体

(13) 使用同样的方法绘制长方体，并按住 Shift 键拖动将其复制两份，如图 7-27 所示。

(14) 在【创建】面板的【图形】选项卡中单击【矩形】按钮，在前视图中创建【长度】为 180mm，【宽度】为 120mm 的矩形，如图 7-28 所示。

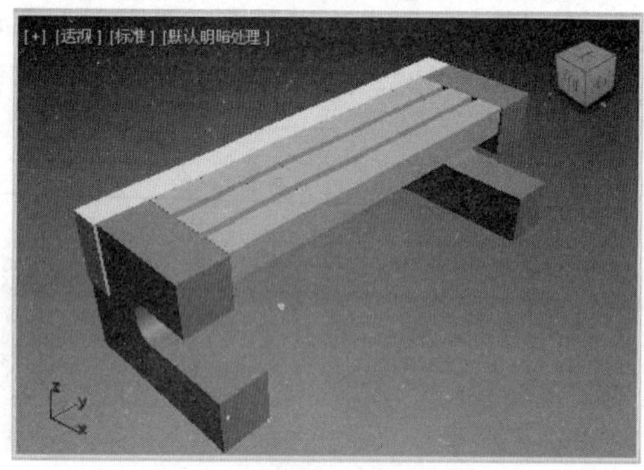

图 7-27　复制长方体

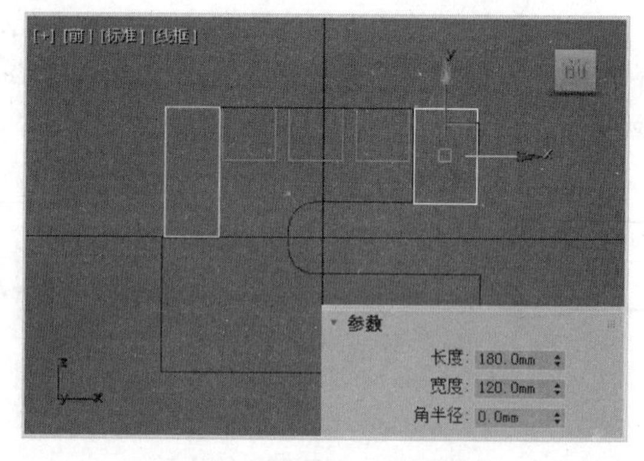

图 7-28　在前视图中创建矩形

(15) 选择【修改】面板，单击【修改器列表】下拉按钮，从弹出的下拉列表中选择【圆角/切角】修改器，将当前选择集定义为【顶点】，然后选择矩形上方的两个顶点，如图 7-29 所示。

(16) 在【编辑顶点】卷展栏中将【圆角】选项组中的【半径】参数设置为 15mm，单击【应用】按钮。

(17) 单击【修改】面板中的【修改器列表】下拉按钮，从弹出的下拉列表中选择【挤出】选项，添加【挤出】修改器，在【参数】卷展栏的【数量】微调框中输入 1550mm，完成模型的制作，效果如图 7-30 所示。

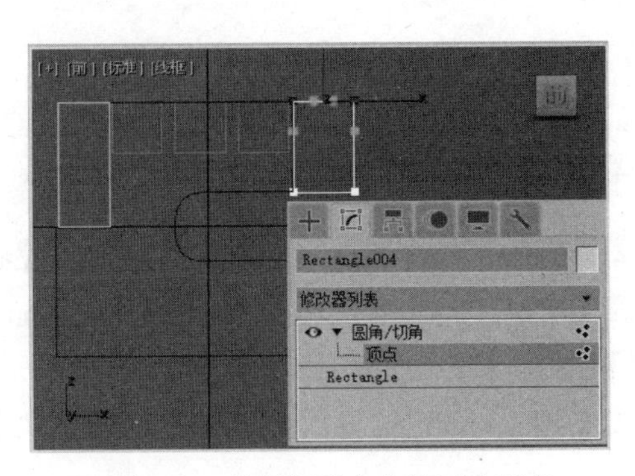

图 7-29　选择矩形上方的两个顶点

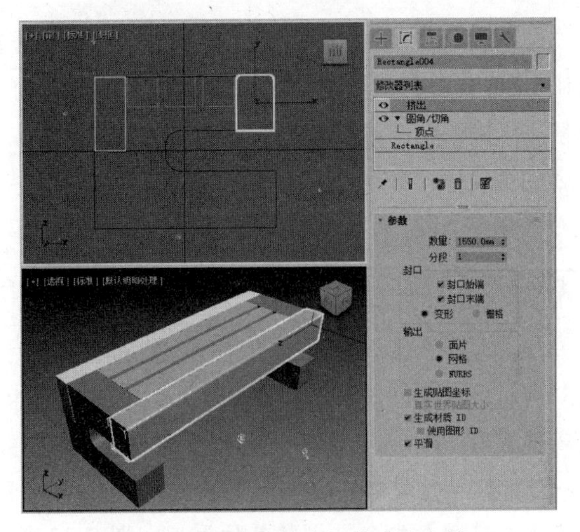

图 7-30　设置【挤出】修改器参数

【挤出】修改器【参数】卷展栏中主要的两个选项的功能说明如下。

- 【数量】微调框：设置挤出深度。
- 【分段】微调框：指定将要在挤出对象中创建线段的数量。

7.2.3　复合对象建模

复合对象建模是一种特殊的建模方法，该方法可以将两个或两个以上的物体通过特定的合成方式合并为一个物体，以创建出更复杂的模型。在合并过程中，不仅可以反复调节，还可以记录为动画，制作出特殊的动画效果。

在 3ds Max 工作界面右侧的【创建】面板中选择【几何体】选项卡●，在【标准基本体】下拉列表中选择【复合对象】选项，可以显示用于创建复合对象的命令面板(此时，在【对象类型】卷展栏中有些按钮是灰色的，这表示当前选定的对象不符合该复合对象的创建条件)，如图 7-31 所示。

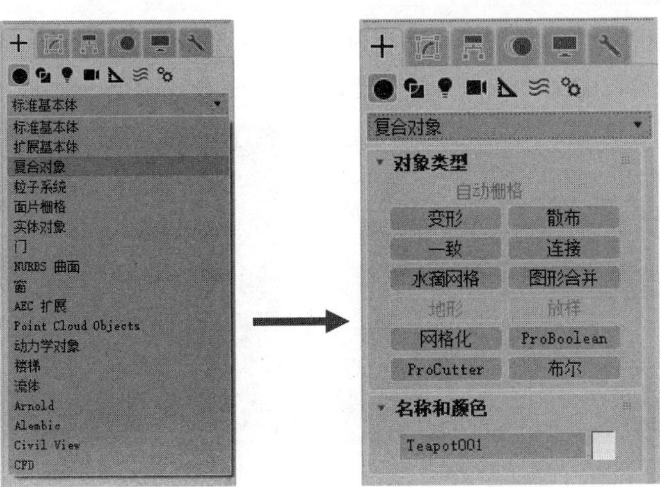

图 7-31　切换至【复合对象】创建面板

复合命令共有【变形】【散布】【一致】【连接】【水滴网格】【图形合并】【地形】【放样】【网格化】【ProBoolean】【ProCutter】【布尔】12 种。当在场景中没有选择对应的起始类型时命令灰色禁用。例如，在透视图创建一个立方体并选中，此时【地形】和【放样】选项为灰色禁用，其他选项都可用，如图 7-31 右图所示。

下面通过使用复合对象建模命令来制作模型。

【例 7-3】 使用【复合对象建模】制作笛子模型。 视频

(1) 单击【创建】面板【几何体】选项卡●中的【管状体】按钮，在左视图中绘制一个管状体，然后选择【修改】面板，在【参数】卷展栏中设置【半径 1】为 40mm，【半径 2】为 50mm，【高度】为 1300mm，【高度分段】为 20，【端面分段】为 1，【边数】为 18，如图 7-32 所示。

(2) 在顶视图中创建一个【半径】为 30mm，【高度】为 100mm 的圆柱体，按下 W 键，执行【选择并移动】命令，调整其位置，如图 7-33 所示。

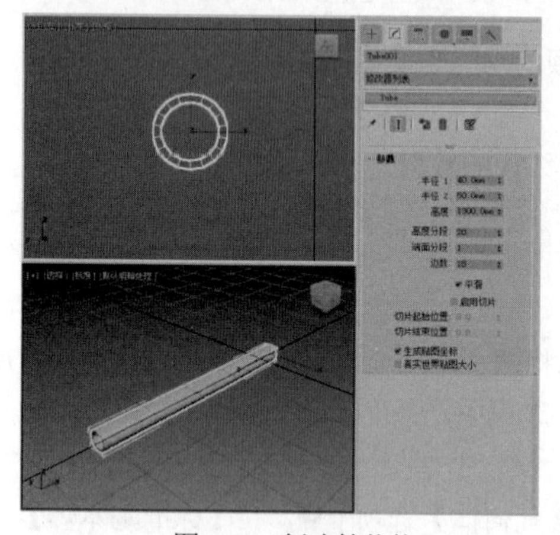

图 7-32 创建管状体

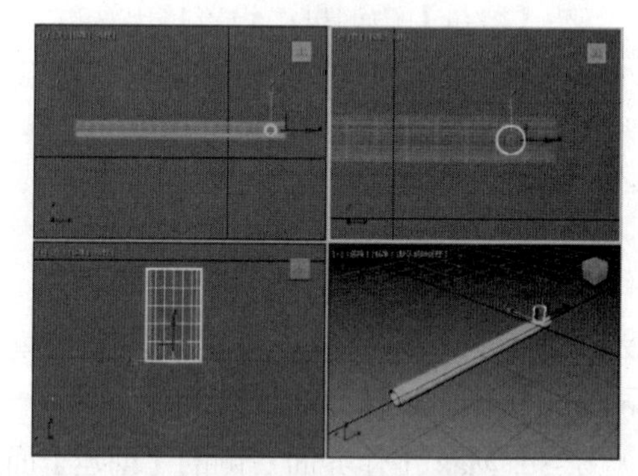

图 7-33 创建并调整圆柱体位置

(3) 选中上一步绘制的圆柱体，选择【工具】|【阵列】命令，打开【阵列】对话框，设置阵列参数如图 7-34 所示。

(4) 在【阵列】对话框中单击【确定】按钮后，按下 W 键，执行【选择并移动】命令，然后按住 Shift 键拖动步骤(2)创建的圆柱体将其复制两份，如图 7-35 所示。

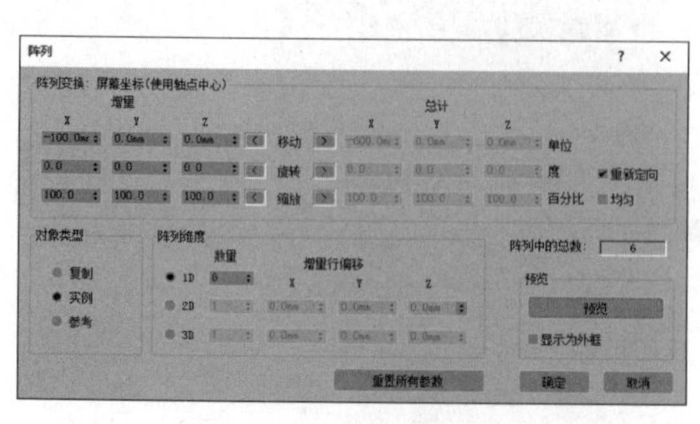

图 7-34 【阵列】对话框

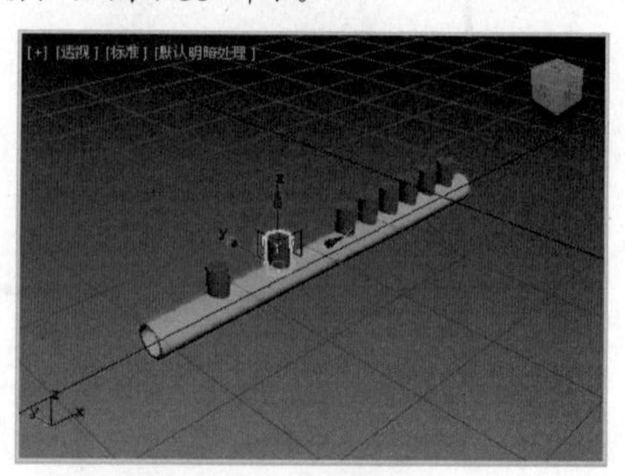

图 7-35 复制圆柱体

(5) 在场景中选中圆管体对象为当前对象，在【创建】面板中选择【几何体】选项卡●，单击【标准基本体】下拉按钮，在弹出的下拉列表中选择【复合对象】选项，显示【复合对象】面板，然后单击【布尔】按钮，在【运算对象参数】卷展栏中单击【差集】按钮，如图 7-36 所示。

(6) 单击【布尔参数】卷展栏中的【添加布尔对象】按钮，然后在场景中依次选中所有的圆柱体，进行布尔运算，得到如图 7-37 所示的模型。

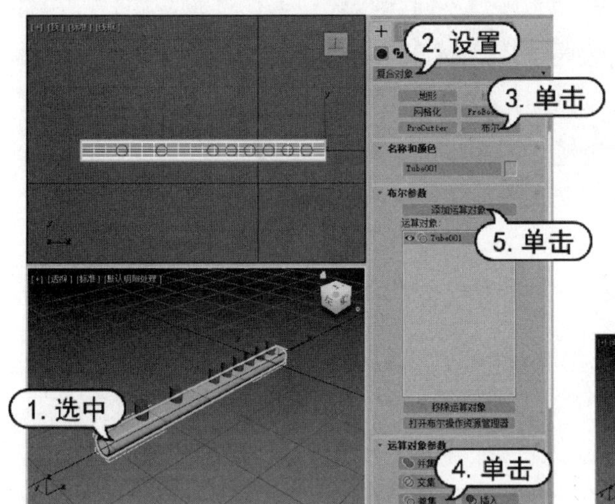

图 7-36　执行差集操作

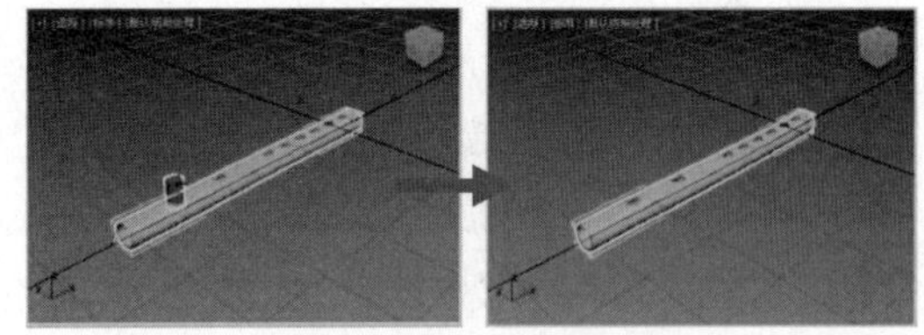

图 7-37　添加布尔对象

(7) 在【创建】面板中单击【复合对象】下拉按钮，从弹出的下拉列表中选择【标准基本体】选项，然后在显示的面板中单击【圆柱体】按钮，在场景中绘制如图 7-38 左图所示的圆柱体。

(8) 使用同样的方法绘制第二个圆柱体，如图 7-38 右图所示。

(9) 按下 W 键，执行【选择并移动】命令，调整场景中两个圆柱体的位置，如图 7-39 所示。

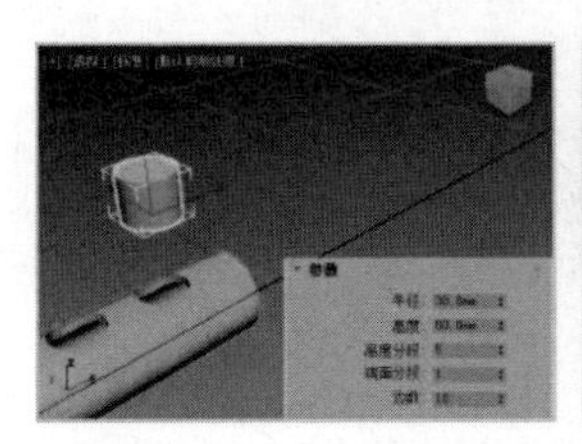

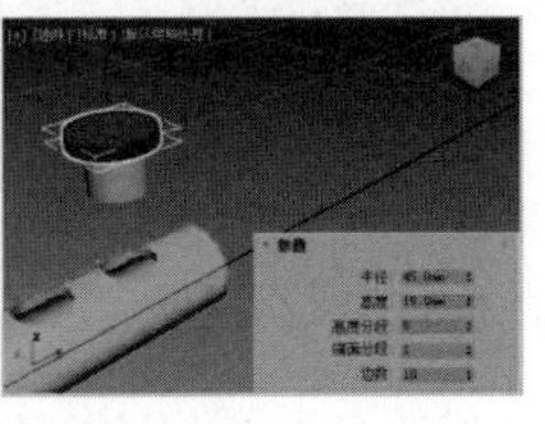

图 7-38　绘制圆柱体

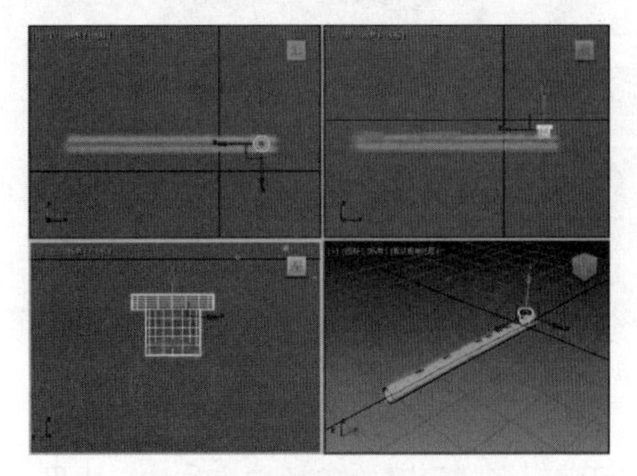

图 7-39　调整圆柱体位置

(10) 选择【工具】|【阵列】命令，打开【阵列】对话框并设置阵列，将场景中的两个圆柱体复制 6 个，如图 7-40 所示。

(11) 在【阵列】对话框中单击【确定】按钮后，场景中笛子模型的效果如图 7-41 所示。

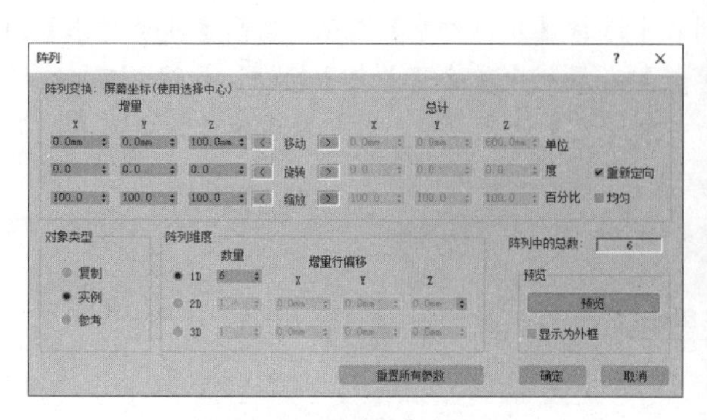

图 7-40 【阵列】对话框

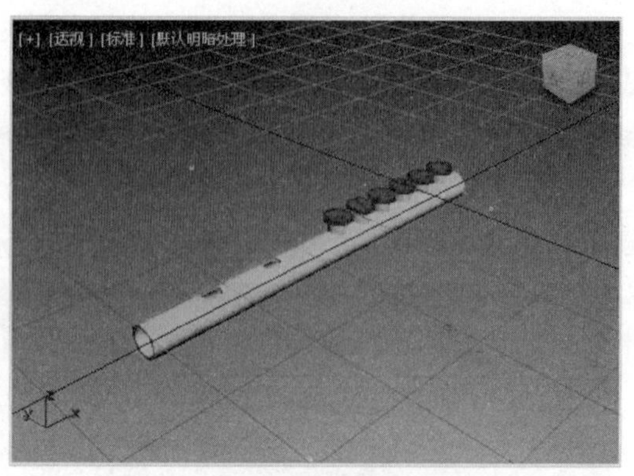

图 7-41 笛子模型效果

7.2.4 多边形建模

多边形建模是一种常用的建模方法，该方法可以进入子对象层级对模型进行编辑，从而实现更复杂的效果。通过多边形建模不仅可以创建家具、建筑等简单的模型，还可以创建交通工具、人物角色等带有复杂曲面的模型。

3ds Max 的多边形建模方式大致分为两种：一种是将模型转换为“可编辑网格”；另一种是将模型转换为“可编辑多边形”。这两种建模方式在功能及使用上几乎是一致的。不同的是，“可编辑网格”是由三角形面构成的框架结构，而“可编辑多边形”既可以是三角网格模型，也可以是四边，还可以是更多，如图 7-42 所示。

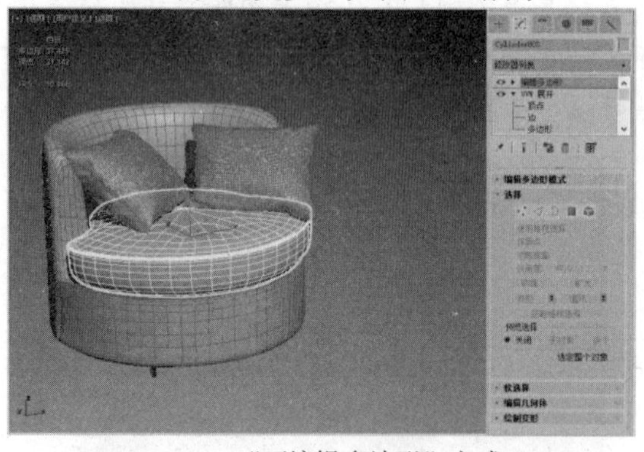

(a) “可编辑多边形”方式

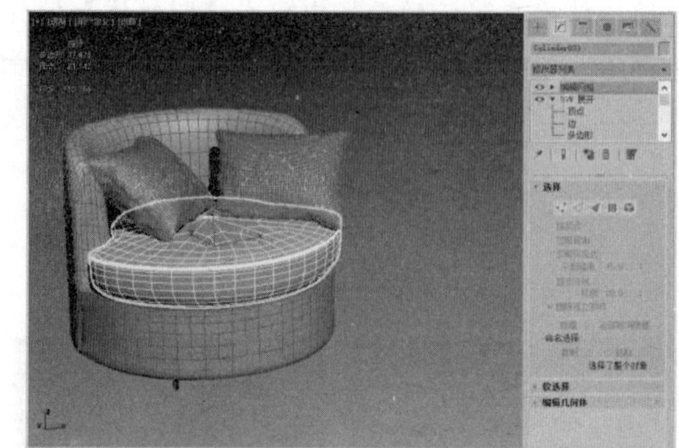

(b) “可编辑网格”方式

图 7-42 多边形建模方式

可编辑多边形对象包括顶点、边、边界、多边形和元素 5 个子对象层级，用户可以在任何一个子对象层级进行深层的编辑操作。

在 3ds Max 中有以下两种方法可以对物体进行多边形编辑。

- 将对象塌陷为可编辑的多边形。
- 为对象添加【编辑多边形】修改器：选择要进行多边形编辑的对象后，选择【修改】面板，单击【修改器列表】下拉按钮，从弹出的下拉列表中选择【编辑多边形】选项。

【例 7-4】 使用【多边形建模】命令制作柜子模型。 视频

(1) 在【创建】面板中使用【长方体】工具在顶视图中创建一个【长度】为 46mm,【宽度】为 49mm,【高度】为 48mm 的长方体，如图 7-43 所示。

(2) 在场景中右击创建的长方体模型，在弹出的快捷菜单中选择【转换】|【转换为可编辑多边形】命令，将模型转换为可编辑的多边形，然后在【修改】面板的【选择】卷展栏中单击【边】按钮，进入【边】层级，按住 Ctrl 键选择如图 7-44 所示的两条边。

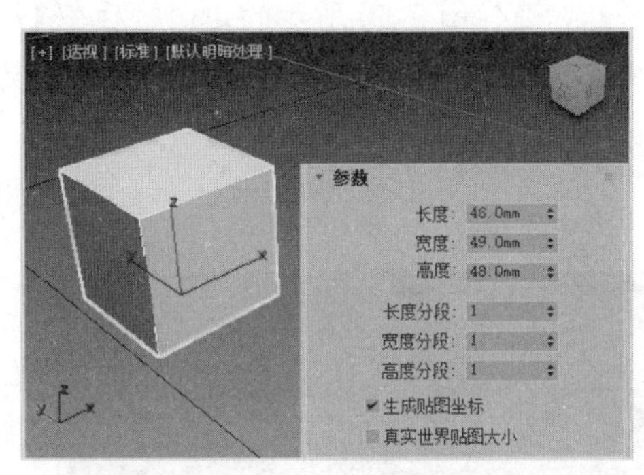

图 7-43　创建长方体

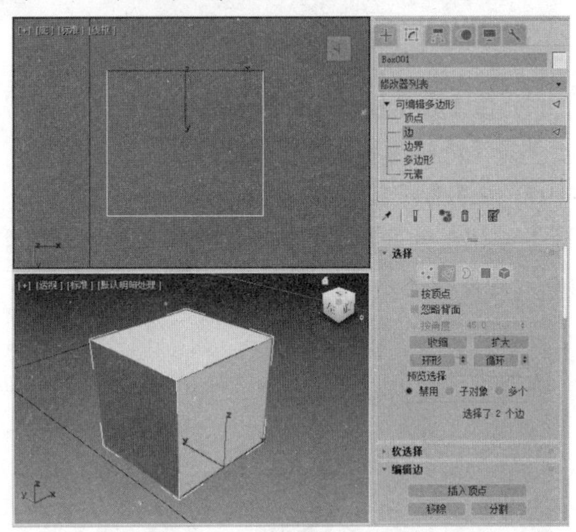

图 7-44　选择两条边

(3) 在【编辑边】卷展栏中单击【连接】按钮右侧的【设置】按钮，从弹出的面板中设置【分段】为 2,【收缩】为 92，然后单击按钮，如图 7-45 所示。

(4) 在【选择】卷展栏中单击【多边形】按钮，进入多边形层级，选择如图 7-46 所示的面。

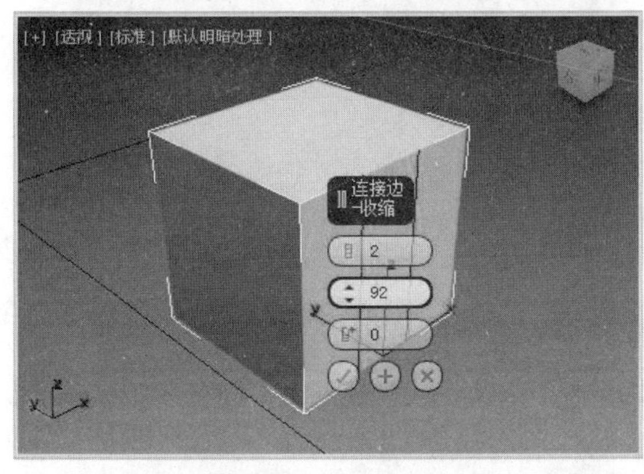

图 7-45　设置连接

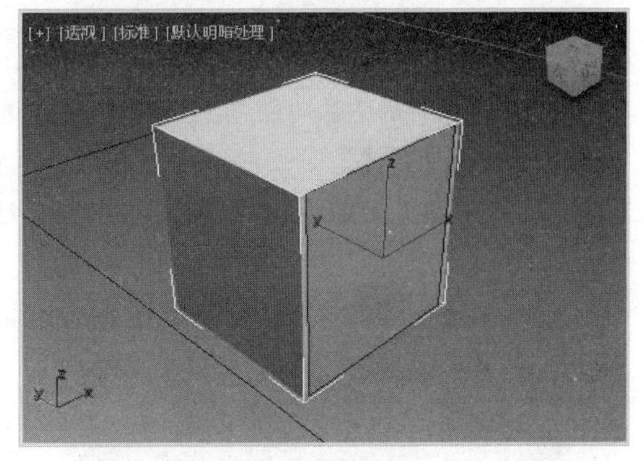

图 7-46　选中面

(5) 在【编辑多边形】卷展栏中单击【挤出】按钮右侧的【设置】按钮，在弹出的面板中设置【高度】为-0.5mm，然后单击按钮，如图 7-47 所示。

(6) 选中图 7-48 左图所示的两个面，按下 Delete 键将它们删除，结果如图 7-48 右图所示。

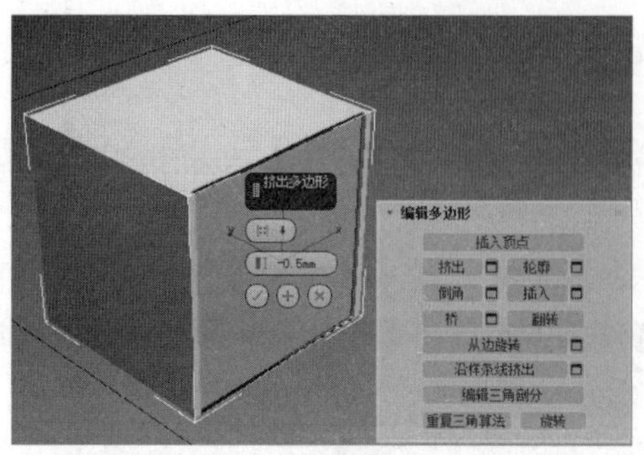

图 7-47　设置挤出

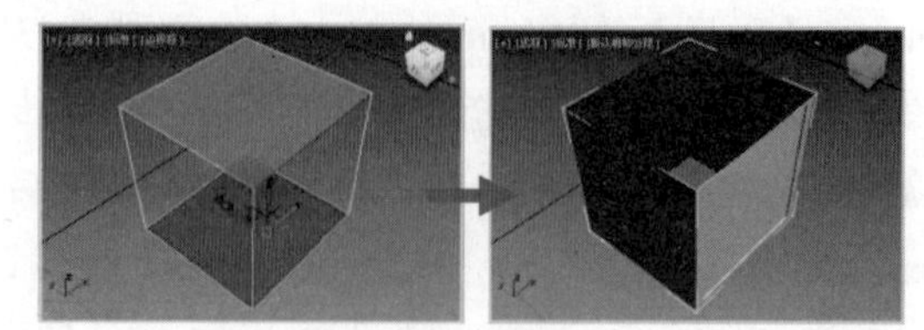

图 7-48　删除面

(7) 在【选择】卷展栏中单击【边界】按钮，进入边界层级，选择图 7-49 所示的两条边，然后单击【编辑边界】卷展栏中的【封口】按钮。

(8) 在【选择】卷展栏中单击【边】按钮，进入边层级，选择图 7-50 所示的边，然后在【编辑边】卷展栏中单击【切角】按钮右侧的【设置】按钮，在弹出的面板中设置【边切角量】为 0.3mm，【连接边分段】为 4，单击按钮。

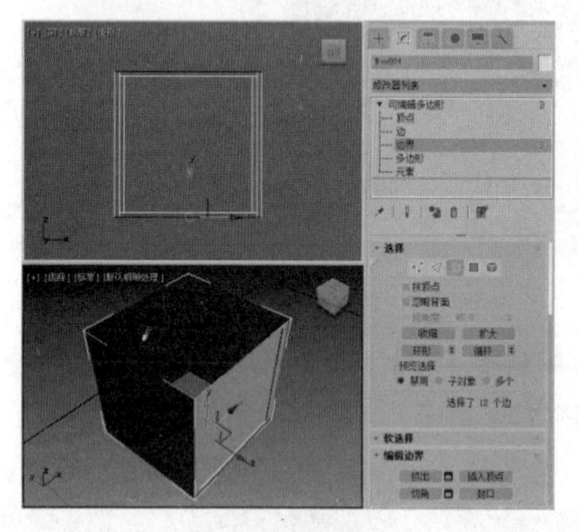

图 7-49　选择边

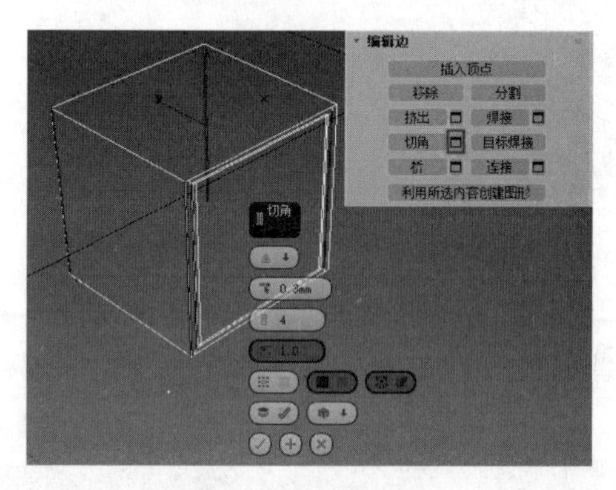

图 7-50　设置切角

(9) 使用同样的方法对图 7-51 所示的边也进行“切角”处理。

(10) 单击【创建】面板中的【切角长方体】按钮，创建一个切角长方体，设置其【长度】为 49mm，【宽度】为 50mm，【高度】为 2mm，【圆角】为 0.3mm，【圆角分段】为 4，如图 7-52 所示。

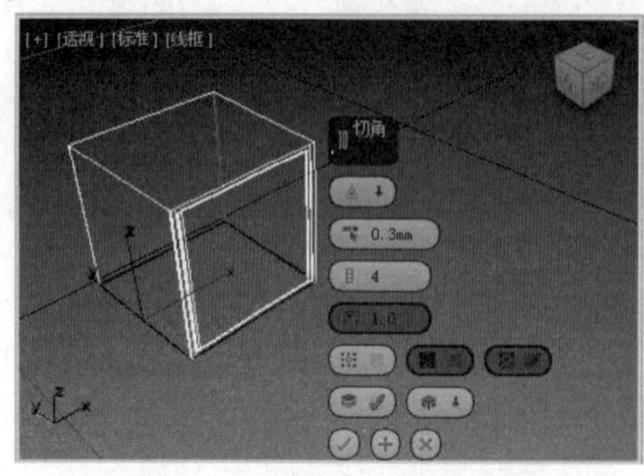

图 7-51　对边进行切角处理

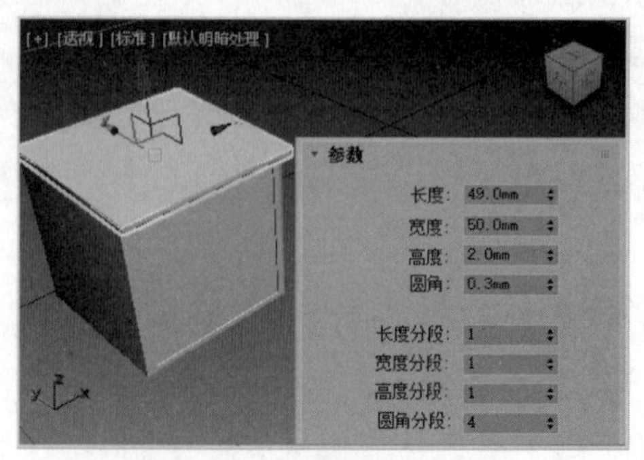

图 7-52　创建切角长方体

(11) 在视图中再创建一个切角长方体，设置其【长度】为18mm，【宽度】为48mm，【高度】为1.8mm，【圆角】为0.3mm，【圆角分段】为4，如图7-53所示。

(12) 按住Shift键拖动上一步创建的切角长方体，将其沿Z轴复制一个，如图7-54所示。

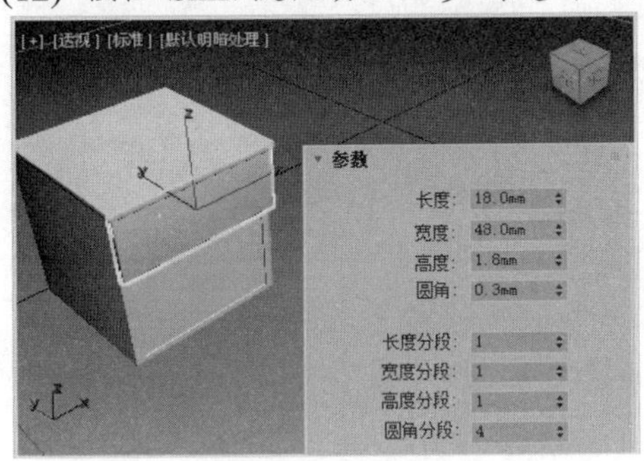

图7-53　创建第二个切角长方体

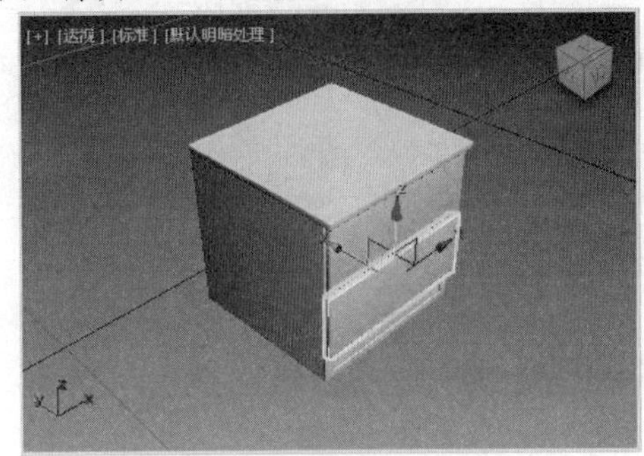

图7-54　复制切角长方体

(13) 在前视图中创建一个【长度】为2mm，【宽度】为15mm，【高度】为1mm的切角长方体，如图7-55所示。

(14) 右击上一步创建的切角长方体，在弹出的快捷菜单中选择【转换为】|【转换为可编辑多边形】命令，将其转换为可编辑多边形。

(15) 在【修改】面板的【选择】卷展栏中单击【顶点】按钮，进入顶点层级，然后在【编辑顶点】卷展栏中单击【目标焊接】按钮，在前视图中单击图7-56所示的顶点。

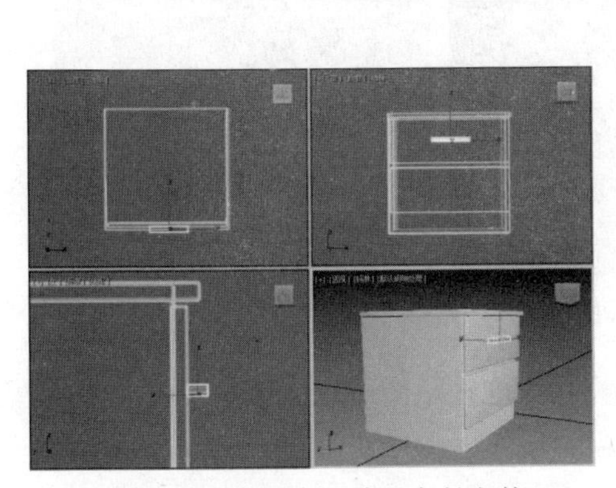

图7-55　创建第三个切角长方体

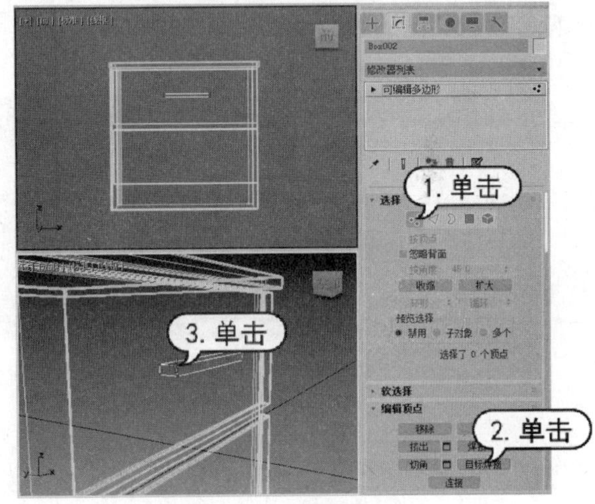

图7-56　编辑顶点

(16) 此时，从光标处将拉出一条虚线，单击与之相邻的顶点，即可完成顶点的焊接，如图7-57所示。

(17) 使用同样的方法，将切角长方体另一端的两个顶点也进行焊接，创建柜子把手。

(18) 按住Shift键拖动创建的柜子把手，将其沿Z轴复制一个。完成模型制作后的效果如图7-58所示。

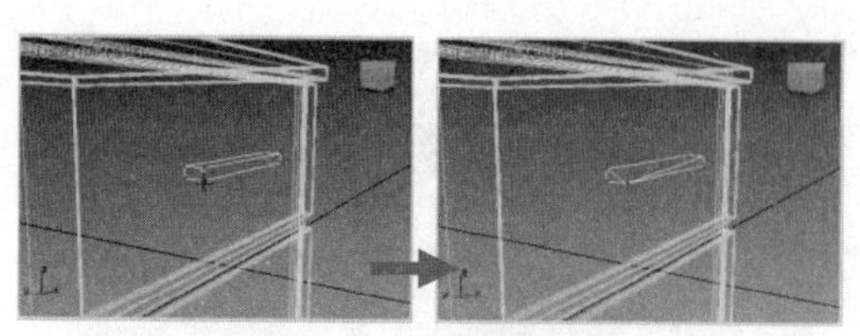

图 7-57　焊接顶点

图 7-58　柜子模型

7.3　渲染三维对象

若建模是三维动画的第一主体部分，那么渲染就是关键的第二大主体部分。渲染是个范围非常大的概念，包括材质、贴图、灯光、摄影机等都属于渲染的范畴。三维作品的艺术风格、画面清晰度、逼真度等，都与渲染息息相关。在专业领域，渲染也是一个单独的研究方向。

7.3.1　材质与贴图

在 3ds Max 中，材质主要用于表现物体的颜色、质地、纹理、透明度和光泽度等特性，用户依靠各种类型的材质可以制作出现实世界中任何物体的质感，让模型物体看起来更加真实。简单地说，使用材质就是为了让模型物体看上去更真实、可信，如图 7-59 所示。

图 7-59　材质

在 3ds Max 中制作效果图时经常需要使用多种贴图，这些贴图可以增强材质的质感，通过对贴图的设置可以制作出更加真实的材质效果，如地板、布匹、水波纹、花纹、木纹、壁纸、瓷砖、皮革等，如图 7-60 所示。

图 7-60　贴图

1. 材质编辑器

精简材质编辑器是 3ds Max 2011 以前的版本中唯一的材质编辑器，如图 7-61(a)所示。在 3ds Max 2011 版时增加了 Slate 材质编辑器，如图 7-61(b)所示。Slate 材质编辑器使用节点和关联以图形方式显示材质的结构，用户可以一目了然地观察材质，并能够方便、直观地编辑材质，更高效地完成材质设置。

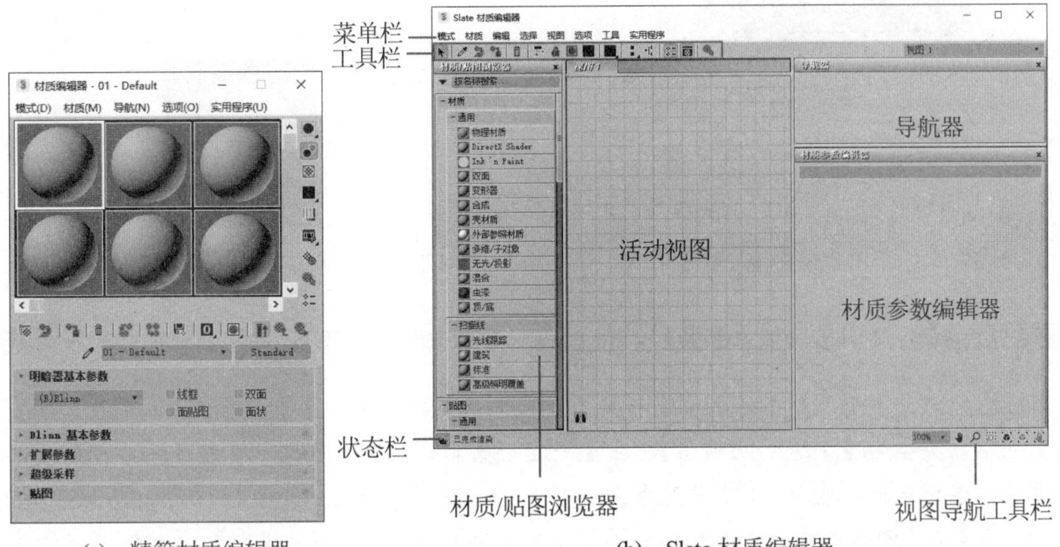

(a)　精简材质编辑器　　　(b)　Slate 材质编辑器

图 7-61　材质编辑器

在精简材质编辑器中，材质球示例窗用来显示材质效果，它可以很直观地显示材质的基本属性，如反光、纹理和凹凸等。材质球示例窗中一共有 24 个材质球，可以通过右击材质球，在弹出的快捷菜单中设置 3 种显示方式，如图 7-62 所示。

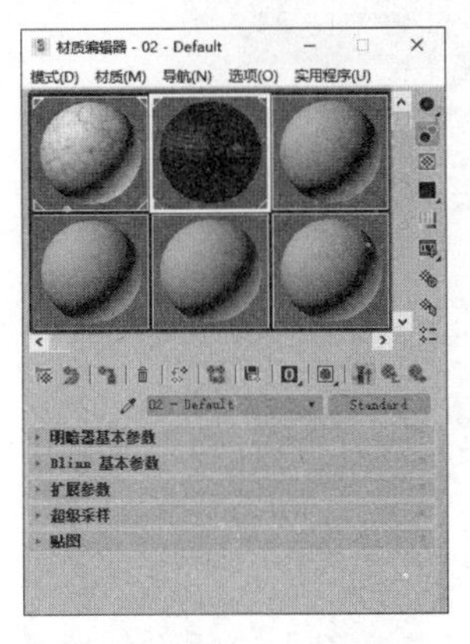
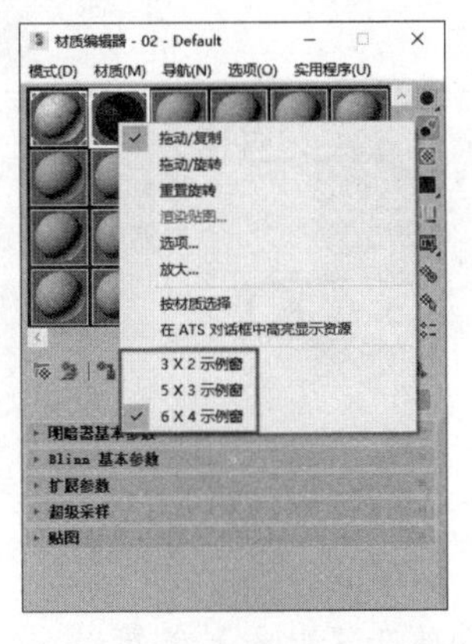
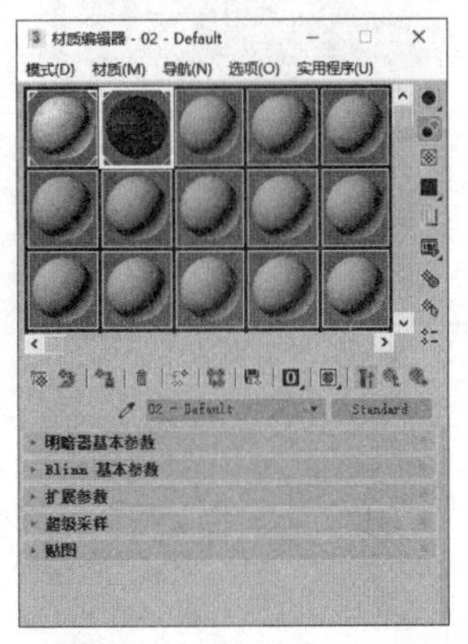

图 7-62　材质球的显式方式

双击材质球示例窗中的材质球，将打开一个独立的材质球显示窗口，如图 7-63 所示，在其中可以将该窗口进行放大或缩小来观察当前设置的材质。也可以在材质球上右击，在弹出的快捷菜单中选择【放大】命令。

选中材质球示例窗中的某个材质球后，按住鼠标左键拖动可以将材质球拖动到场景中的物体上。当材质赋予物体后，材质球会显示出4个缺角符号，如图7-64所示。

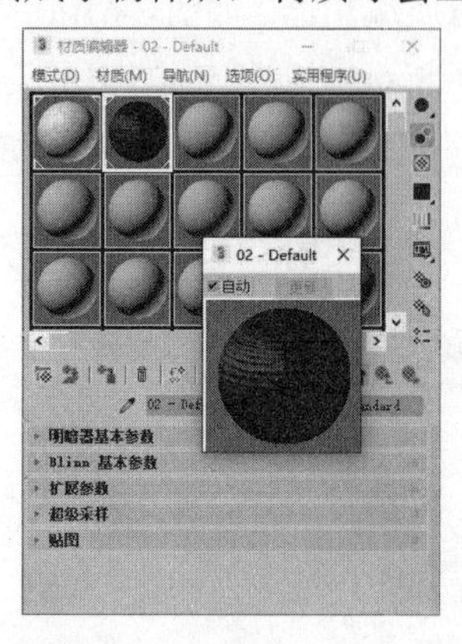

图7-63 打开材质球显示窗口

图7-64 材质球显式4个缺角符号

【例7-5】在【明暗器基本参数】卷展栏中使用【半透明明暗器】制作玉石材质效果。视频

(1) 按下M键打开【材质编辑器】对话框，选择一个材质球，在【明暗器基本参数】卷展栏中设置明暗器类型为【半透明明暗器】，在【半透明基本参数】卷展栏中单击【环境光】按钮，在打开的对话框中将颜色RGB值设置为20、130、0，然后单击【确定】按钮，如图7-65所示。

(2) 在【半透明基本参数】卷展栏中设置【自发光】为40，【高光级别】为110，【光泽度】为70，如图7-66所示。

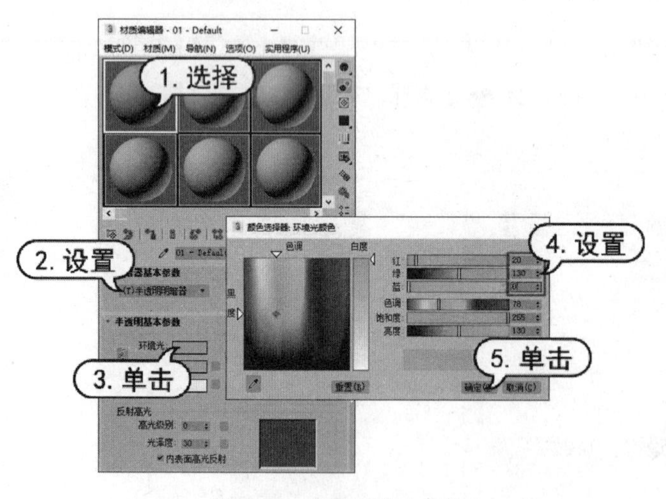

图7-65 设置环境光参数

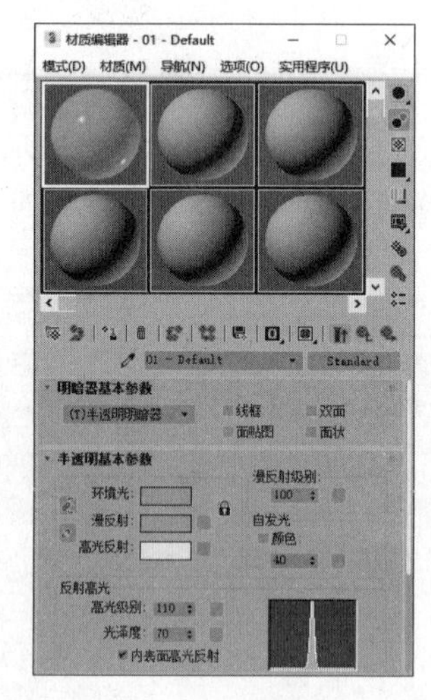

图7-66 【半透明基本参数】卷展栏

(3) 在【材质编辑器】对话框中展开【贴图】卷展栏，然后单击【反射】选项右侧的【无贴图】按钮，打开【材质/贴图浏览器】对话框，选中【衰减】选项，单击【确定】按钮，如图7-67所示。

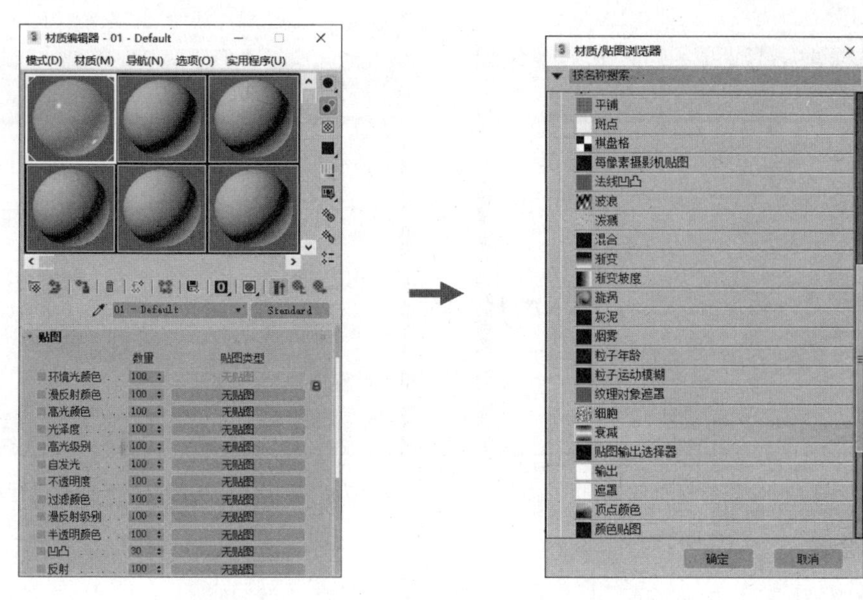

图 7-67　设置衰减

(4) 返回【材质编辑器】对话框，在【衰减参数】卷展栏中单击白色色块右侧的【无贴图】按钮，在打开的【材质/贴图浏览器】对话框中选中【光线跟踪】选项，然后单击【确定】按钮，如图 7-68 所示。

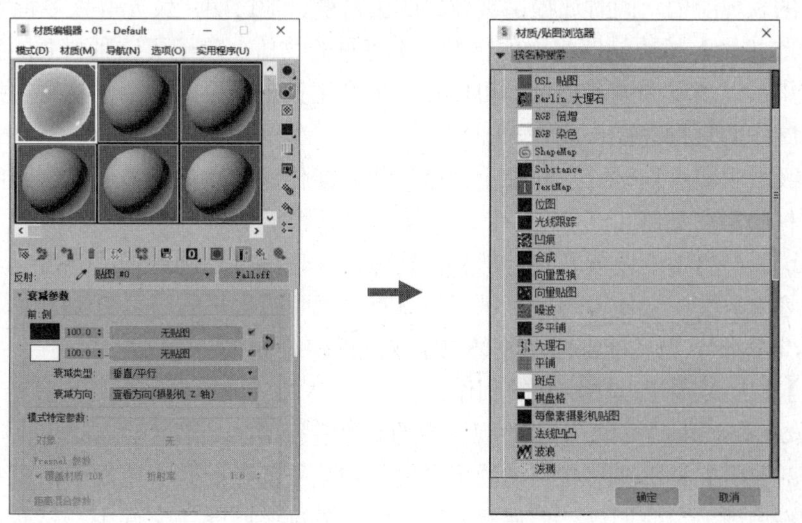

图 7-68　设置光线跟踪

(5) 在【材质编辑器】对话框的工具按钮栏中单击【转到父对象】按钮，返回到材质层级，设置【反射】贴图通道的【数量】为 70。

(6) 将创建的材质赋予场景中的对象，按下 F9 键渲染场景，最终效果如图 7-69 所示。

(7) 在【材质编辑器】对话框的【明暗器基本参数】卷展栏中选中【双面】复选框，再按下 F9 键渲染场景，效果如图 7-70 所示。

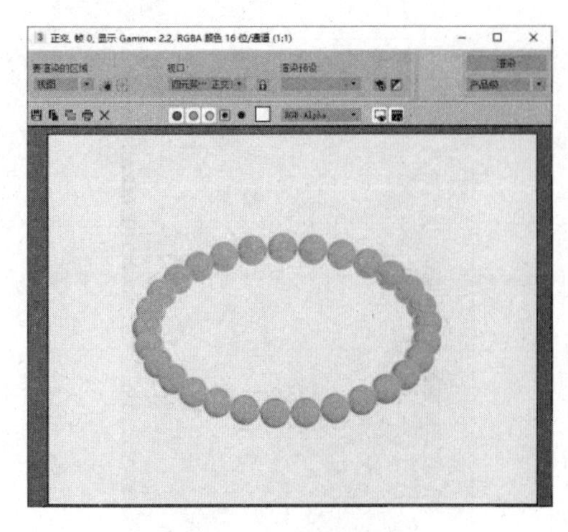

图 7-69　玉石材质效果

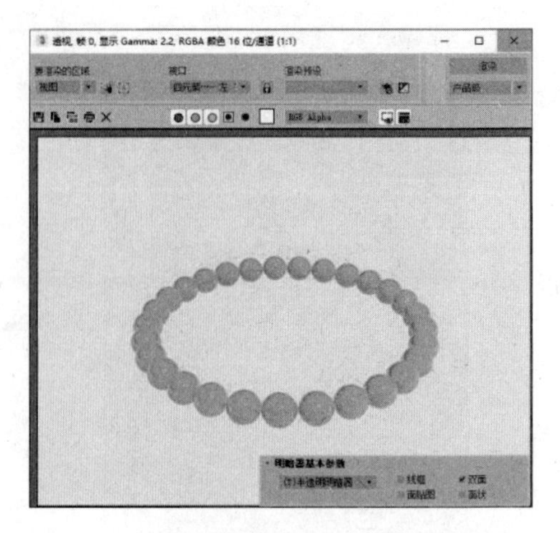

图 7-70　将物体法线相反的一面也进行渲染

2. 材质类型

在 3ds Max 中，不同的材质有不同的用途，具体介绍如下。

- 【标准】材质是默认的材质类型，该材质类型拥有大量的调节参数，适用于绝大部分模型材质的制作。
- 【光线跟踪】材质可以创建完整的光线跟踪反射和折射效果，主要是加强反射和折射材质的表现能力，同时还提供雾效、颜色密度、半透明、荧光等许多特效。
- 【无光/投影】材质能够将物体转换为不可见的物体，赋予了这种材质的物体本身不可被渲染，但场景中的其他物体可以在其上产生投影效果，常用于将真实拍摄的素材与三维制作的素材进行合成。
- 【高级照明覆盖】材质主要用于调整优化光能传递的效果，对于高级照明系统来说，这种材质不是必需的，但对于提高渲染效果却很重要。
- 【建筑】材质用于设置真实自然界中物体的物理属性，因此在“光度学灯光”和“光能传递”算法配合使用时，可以产生具有精确照明水平的逼真渲染效果。
- 【Ink’n Paint】材质能够赋予物体二维卡通的渲染效果。
- 【壳】材质专用于贴图烘焙的制作。
- 【DirectX Shader】材质用于对视图中的对象进行明暗处理。
- 【外部参照】材质能够在当前的场景文件中从外部参照某个应用于对象的材质。当在源文件中改变材质属性然后保存时，在包含外部参照的主文件中，材质的外观可能会发生变化。

此外，安装 VRay 渲染器后，打开【材质/贴图浏览器】对话框，还会提供多种类型的材质。

3. 贴图类型

贴图能够在不增加物体几何结构复杂程度的基础上增加物体的细节程度，其最大的用途是提高材质的真实程度。高超的贴图技术是制作仿真材质的关键，也是决定最后渲染效果的关键。

在 3ds Max 中展开【标准】材质的【贴图】卷展栏，在该卷展栏中有很多贴图通道，在这些贴图通道中用户可以加载贴图来表现物体的属性。任意单击一个通道，在打开的【材质/贴图浏览器】对话框中可以观察到有很多贴图类型，主要包括 2D 贴图、3D 贴图、【合成器】贴图、【反射和折射】贴图及【颜色修改器】贴图等，如图 7-71 所示。

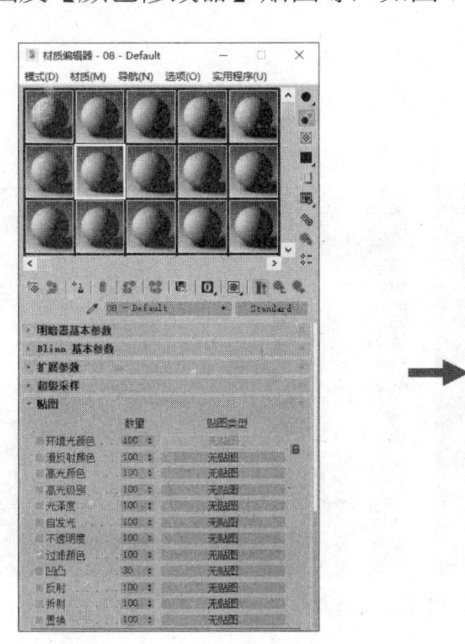

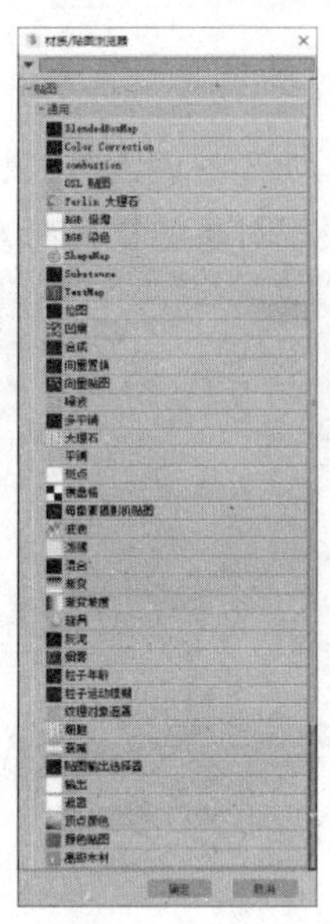

图 7-71　选择贴图类型

2D 贴图是赋予几何体表面或指定给环境贴图制作场景背景的二维图像。在【材质/贴图浏览器】对话框中，属于 2D 贴图类型的有【combustion】【Substance】【位图】【向量置换】【向量贴图】【平铺】【棋盘格】【每像素摄影机贴图】【渐变】【渐变坡度】【漩涡】和【贴图输出选择器】等。

3D 贴图是产生三维空间图案的贴图。例如，将指定了【大理石】贴图的几何体切开，它的内部同样显示着与外表面匹配的纹理。在 3ds Max 中，3D 贴图包括【细胞】【凹痕】【衰减】【大理石】【噪波】【粒子年龄】【粒子运动模糊】【Perlin 大理石】【烟雾】【斑点】【泼溅】【灰泥】【波浪】和【木材】等。

【合成器】贴图是指将不同颜色或贴图合成在一起的一类贴图。在进行图像处理时，【合成器】贴图能够将两个或多个图像按指定的方式结合在一起。在 3ds Max 中，【合成器】贴图包括【合成】【遮罩】【混合】和【RGB 倍增】等。

【反射和折射】贴图是用于创建反射和折射效果的一类贴图。在 3ds Max 中，【反射和折射】贴图包括【平面镜】【光线跟踪】【反射/折射】和【薄壁折射】等。

【颜色修改器】贴图可以改变材质表面像素的颜色，包括【输出】【RGB 染色】【顶点颜色】和【颜色贴图】等。

7.3.2　灯光和摄影机

一幅被渲染的图像其实就是一幅画面，在模型定位后，光源和材质决定了画面的色调，摄影机则决定了画面的构图。3ds Max 软件为三维设计师提供的灯光工具，可以轻松地为场景添加照明效果。此外，设计师使用目标摄影机可以设置观察指定方向内的场景内容，并应用于轨迹动画效果；使用自由摄影机的方向则能够使视野随着路径的变化而自由变化，实现无约束地移动和定向。

1. 灯光

灯光是在 3ds Max 中创建真实世界视觉感受的最有效手段之一。合适的灯光不仅可以增加场景气氛，还可以表现对象的立体感及材质的质感，如图 7-72 所示。

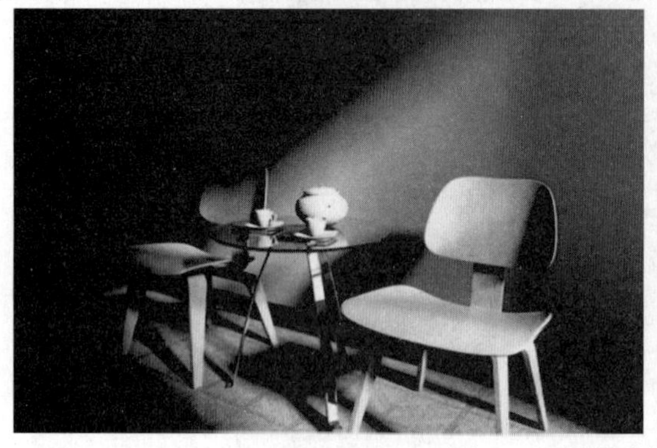

图 7-72　场景中的灯光效果

灯光主要分为“直接灯光”和“间接灯光”两种。

- “直接灯光”泛指那些直接式的光线，如太阳光等，光线直接散落在指定的位置上，并产生投射。此类灯光直接而简单。
- “间接灯光”在气氛营造上具备独特的功能，能营造出不同的意境。它的光线不会直射至地面，而是被置于灯罩、天花板背后，光线投射至墙上再反射至沙发和地面。此类灯光柔和而温柔。

只有将上述两种灯光合理地结合才能创造出完美的空间意境。

3ds Max 提供【光度学】灯光、【标准】灯光和【Arnold】灯光 3 种类型的灯光。在命令面板中选择【灯光】选项卡后，单击【光度学】下拉按钮，在弹出的下拉列表中可以选择灯光的类型，如图 7-73 所示。

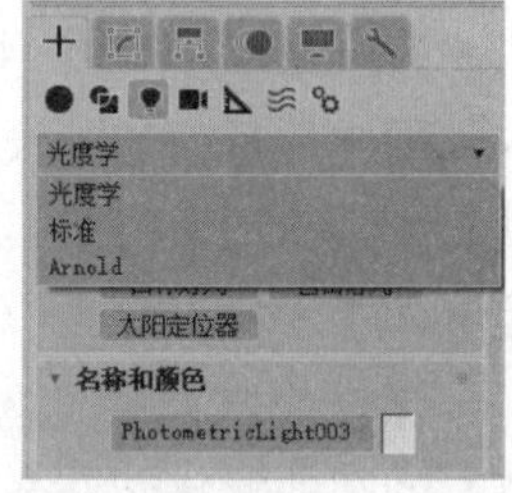

图 7-73　选择灯光类型

- 【光度学】灯光选项：其【对象类型】卷展栏中包括【目标灯光】【自由灯光】和【太阳定位器】等选项。
- 【标准】灯光选项：其【对象类型】卷展栏中包括【目标聚光灯】【自由聚光灯】【目标平行光】【自由平行光】【泛光】和【天光】等选项。
- 【Arnold】灯光：3ds Max 内置了 Arnold 渲染器，Arnold 是基于物理算法的电影级别的渲染引擎，具有运动模糊、节点拓扑化、支持即时渲染、节省内存损耗等优点。Arnold Light 是配合 Arnold 渲染器使用的灯光系统。

【例 7-6】 使用【目标聚光灯】和【泛光】创建灯光效果。 视频

(1) 打开素材文件后，单击【创建】面板【灯光】选项卡中的【目标聚光灯】按钮，在顶视图中创建一个目标聚光灯，如图 7-74 所示。

(2) 选择【修改】面板，在【常规参数】卷展栏中选中【启用】复选框，将阴影模式设置为【光线跟踪阴影】，如图 7-75 所示。

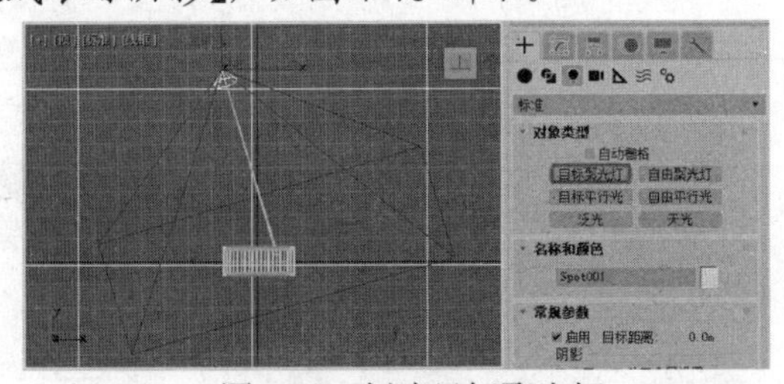

图 7-74　创建目标聚光灯

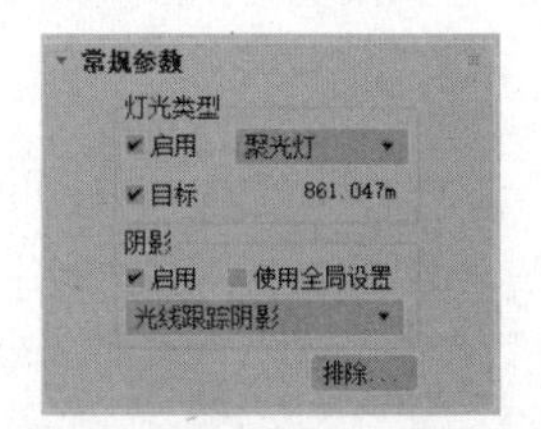

图 7-75　设置阴影模式

(3) 展开【聚光灯参数】卷展栏，将【聚光区/光束】和【衰减区/区域】分别设置为 0.5 和 80，如图 7-76 所示。

(4) 展开【阴影参数】卷展栏，将【对象阴影】选项组中的【密度】值设置为 0.8，如图 7-77 所示。

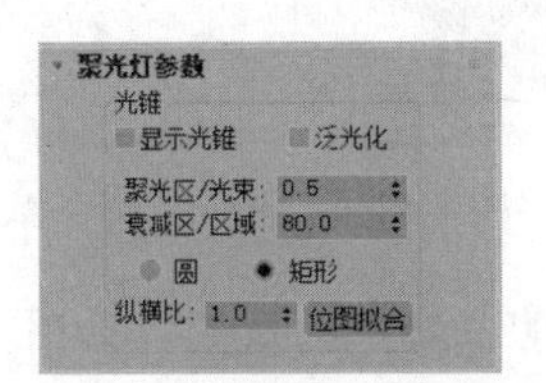

图 7-76　【聚光灯参数】卷展栏

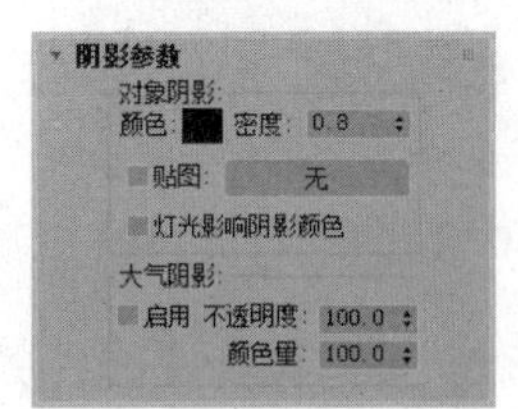

图 7-77　【阴影参数】卷展栏

(5) 展开【对象阴影】卷展栏，将【对象阴影】选项组中的【密度】值设置为 0.55，然后按下 W 键，执行【选择并移动】命令，调整场景中灯光的位置。

(6) 选择【创建】面板，单击【创建】面板【灯光】选项卡中的【泛光】按钮，在视图中创建一个泛光灯，如图 7-78 所示。

(7) 选择【修改】面板，展开【常规参数】卷展栏，取消选中【阴影】选项组中的【启用】复选框，如图 7-79 所示。

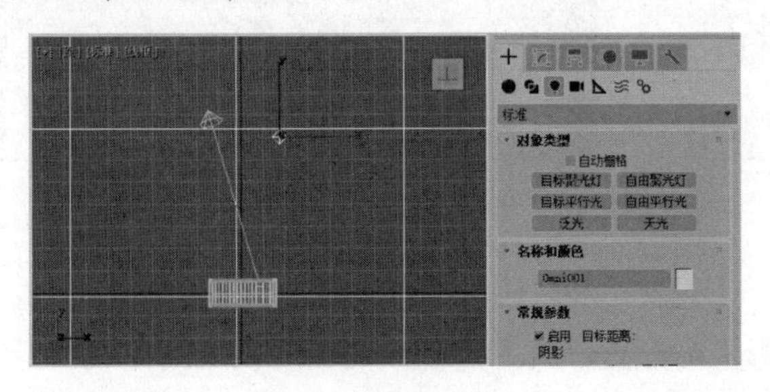

图 7-78　创建泛光灯

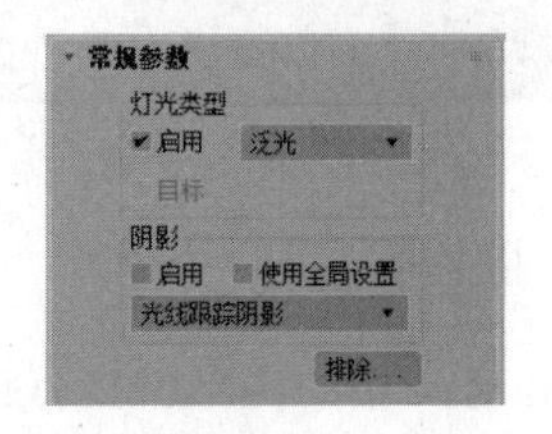

图 7-79　【常规参数】卷展栏

(8) 展开【强度/颜色/衰减】卷展栏，将【倍增】设置为 0.5，如图 7-80 所示。

(9) 按下 W 键，执行【选择并移动】命令，调整场景中灯光的位置。

(10) 选择【创建】面板，再次单击【泛光】按钮，在前视图中创建一个泛光灯，在【常规参数】卷展栏中取消【阴影】选项组中【启用】复选框的选中状态，在【强度/颜色/衰减】卷展栏中将【倍增】设置为 0.3，如图 7-81 所示。

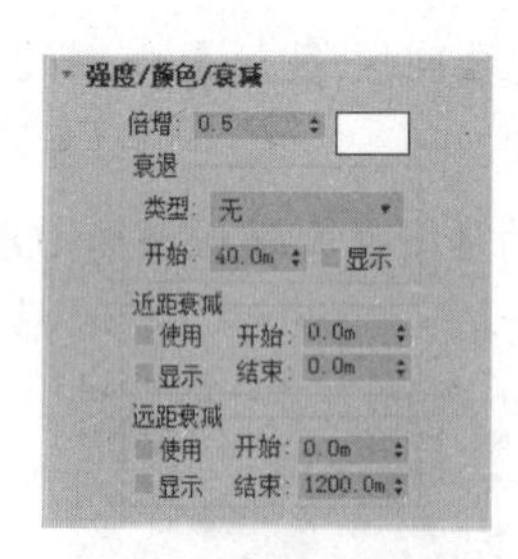

图 7-80 【强度/颜色/衰减】卷展栏

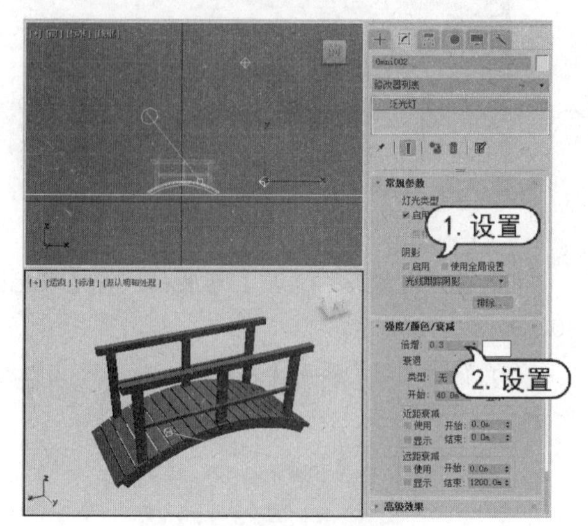

图 7-81 设置泛光灯参数

(11) 按下 W 键，执行【选择并移动】命令，调整场景中灯光的位置，如图 7-82 所示。

(12) 选中透视图，按下 F9 键渲染场景，效果如图 7-83 所示。

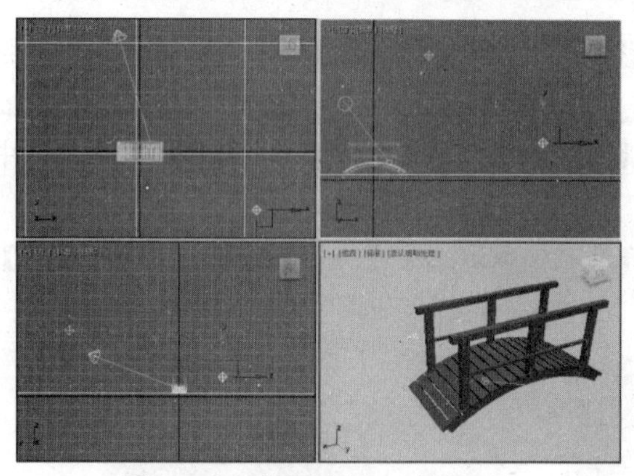

图 7-82 调整场景中灯光的位置

图 7-83 场景渲染效果

2. 摄影机

3ds Max 中的摄影机具有超过现实摄影机的能力，其更换镜头动作可以瞬间完成，无级变焦更是现实摄影机无法比拟的。对于景深设置，可以直观地用范围线表示，不通过光圈计算；对于摄影机的动画，除了位置变动外，还可以表现焦距、视角、景深等动画效果。“自由”摄影机可以很好地绑定到运动目标上，随目标在运动轨迹上一起运动，同时进行跟随和倾斜；也可以把目标摄影机的目标点连接到运动的对象上，表现目光跟随的动画效果。此外，对于室外建筑装潢的环境动画，摄影机是必不可少的。

在 3ds Max 的【创建】面板中选择【摄影机】选项卡，设置【摄影机类型】为【标准】，单击【目标】按钮，然后在场景中按住鼠标左键拖动可以创建一台目标摄影机，如图 7-84 所示。

从图 7-84 中可以观察到目标摄影机包含【目标点】和【摄影机】两部分。目标摄影机可以通过调节【目标点】和【摄影机】来控制角度，如图 7-85 所示。

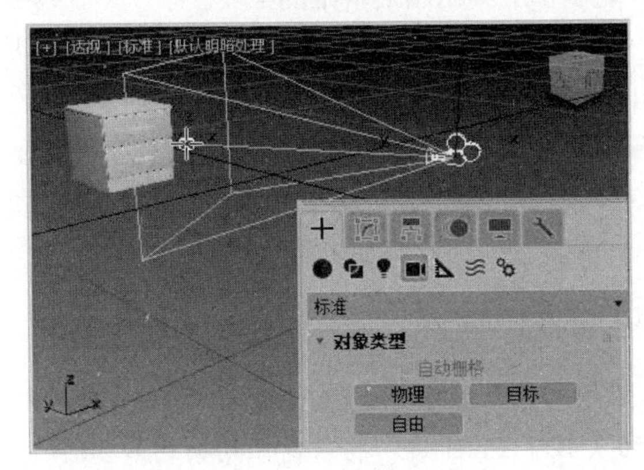

图 7-84 创建目标摄影机

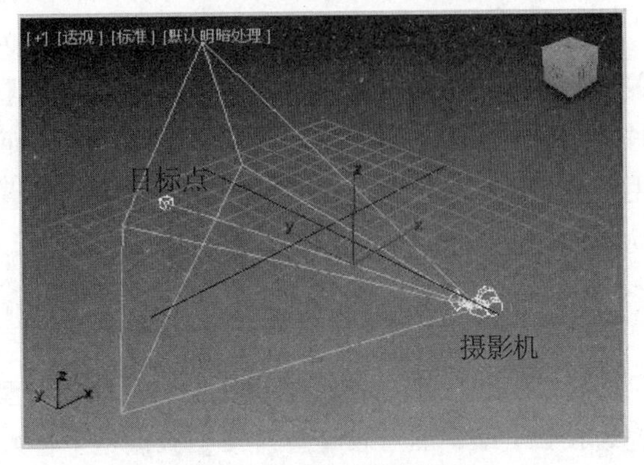

图 7-85 目标点和摄影机

物理摄影机是 3ds Max 提供的基于真实世界摄影机功能的摄影机。如果用户对真实世界摄影机的使用非常熟悉，在 3ds Max 中使用物理摄影机可以方便地创建所需要的效果。

自由摄影机在摄影机指向的方向查看区域，由单个图标标识，如图 7-86 所示。当摄影机位置沿着轨迹设置动画时可以使用自由摄影机，实现穿过建筑物或将摄影机连接到行驶中的汽车上时一样的效果。

因为自由摄影机没有目标点，所以只能通过执行【选择并移动】命令或【选择并旋转】命令，对摄影机本身进行调整，不如目标摄影机控制方便。

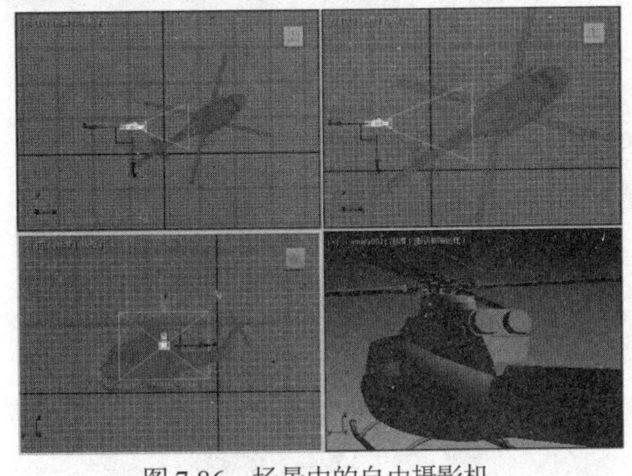

图 7-86 场景中的自由摄影机

7.4 制作三维动画

3ds Max 是一款三维模型制作软件，使用该软件不仅可以制作三维模型，也可以制作三维动画。在 3ds Max 中，设置动画的基本方式非常简单。用户可以设置任何对象变换参数的动画，以随着时间的不同改变其位置、角度和尺寸。动画作用于整个 3ds Max 系统中，用户可以为对象的位置、角度和尺寸，以及几乎所有能够影响对象形状与外表的参数设置动画。

7.4.1 创建和设置动画

在 3ds Max 2020 工作界面中，用于生成、观察、播放动画的工具位于视图的右下方。这个区域被称为“动画控制区”，该区域中包括一个大图标和两排小图标。动画控制区中的按钮主要用于对动画的关键帧及播放时间等数据进行控制，是制作三维动画最基础的工具。

3ds Max 中有两种记录动画的模式，分别为【自动关键点】和【设置关键点】模式：【自动关键点】模式是最常用的动画记录模式，通过【自动关键点】模式设置动画，系统会根据不同的时间调整对象的状态，自动创建出关键帧，从而产生动画效果。在【设置关键点】模式下，需要用户在轨迹栏中的每一个关键帧处通过手动设置(3ds Max 软件不会自动记录用户的操作)，完成动画的创建。

【例 7-7】 在 3ds Max 中使用【自动关键点】模式创建动画。 视频

(1) 打开素材文件后，选中视图中的飞艇模型，在动画设置区中单击【自动关键点】按钮，将该按钮激活，然后在【当前帧】微调框中输入 50 并按下 Enter 键，将当前帧切换到第 50 帧，如图 7-87 所示。

(2) 按下 W 键执行【选择并移动】命令，将场景中的飞艇对象沿 X 轴移动，如图 7-88 所示。

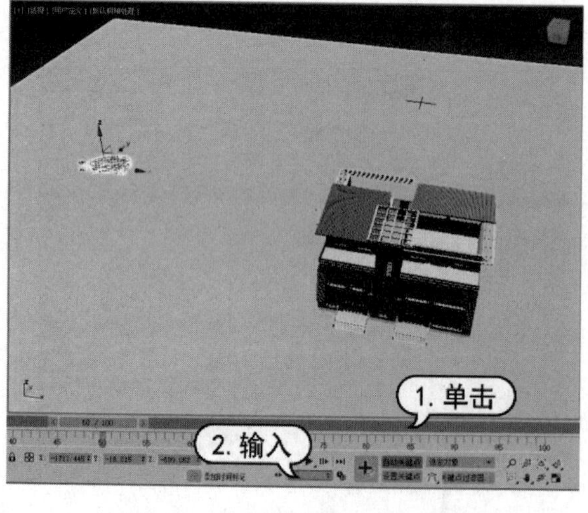

图 7-87 将当前帧切换到第 50 帧

图 7-88 移动“飞艇”对象

(3) 此时，在第 0 帧和第 50 帧的位置自动创建了两个关键帧。单击动画控制区中的【自动关键点】按钮，取消该按钮的激活状态。将时间滑块拖动到第 0 帧的位置，单击动画控制区中的【播放动画】按钮，如图 7-89 所示。

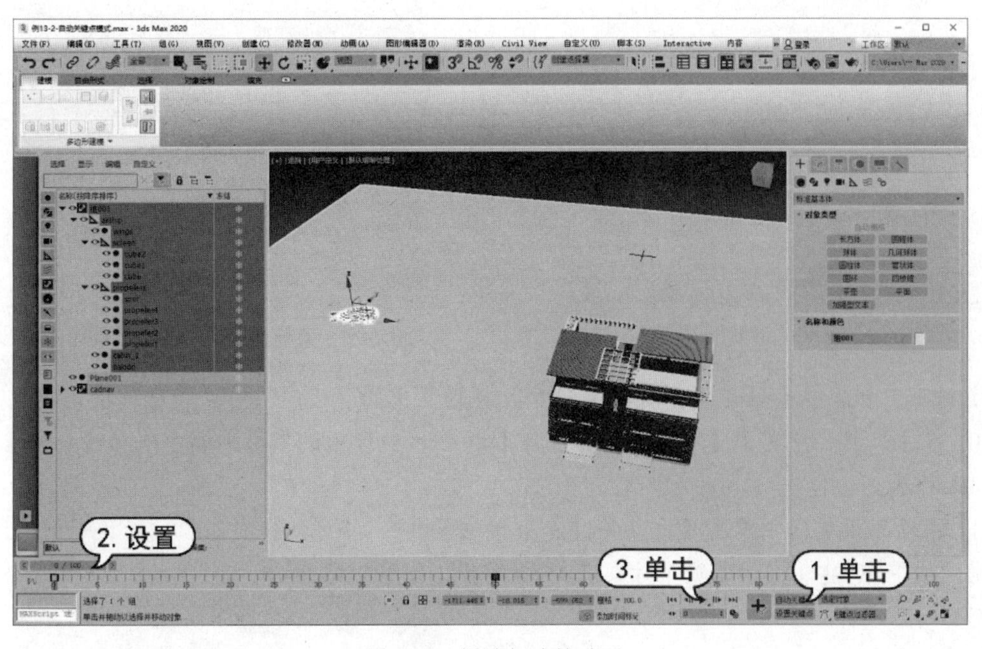

图 7-89　播放创建的动画

(4) 播放动画时，工作视图中的“飞艇”对象将沿直线运动，如图 7-90 所示。

(5) 在 3ds Max 工作界面的轨迹栏中，我们可以改变这段动画的播放起始时间，还可以延长或缩短动画的时间。选中场景中的“飞艇”对象，在轨迹栏中框选创建的两个关键帧(第 0 帧和第 50 帧)，如图 7-91 所示。

图 7-90　“飞艇”沿直线移动

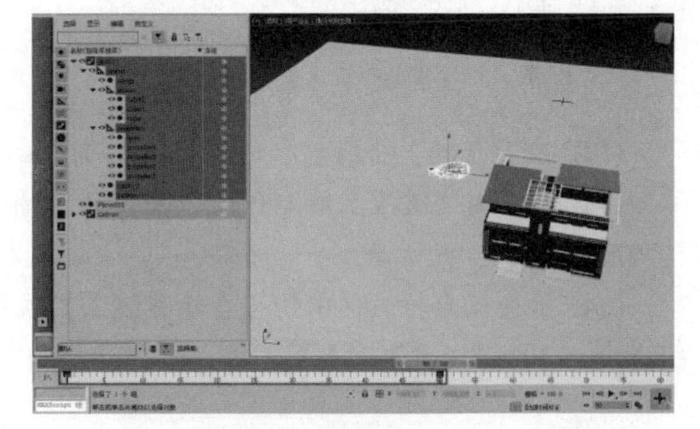

图 7-91　框选两个关键帧

(6) 将鼠标移动到任意一个关键帧上，当鼠标指针状态发生变化后，按住鼠标左键拖动可以将两个关键帧的位置移动，如图 7-92 所示。

(7) 在轨迹栏中分别选中“飞艇”对象上的两个关键帧后，右击鼠标，从弹出的快捷菜单中选择【删除选定关键点】命令，将关键帧删除。

(8) 将时间滑块拖动至第 0 帧，按下 W 键，执行【选择并移动】命令，调整场景中“飞艇”对象的位置，如图 7-93 所示。

图 7-92 移动关键帧位置

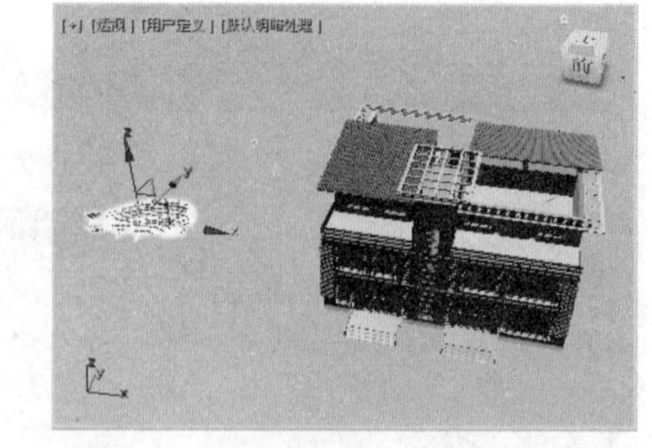

图 7-93 调整场景中“飞艇”的位置

(9) 按下 E 键，执行【选择并旋转】命令，将场景中的“飞艇”对象旋转一定角度。

(10) 在主工具栏中单击【参考坐标系】下拉按钮，从弹出的下拉列表中选择【局部】选项，如图 7-94 所示。

(11) 在动画设置区中单击【自动关键点】按钮，将该按钮激活，然后拖动时间滑块至第 50 帧，按下 W 键，将“飞艇”对象沿 Y 轴移动，如图 7-95 所示。

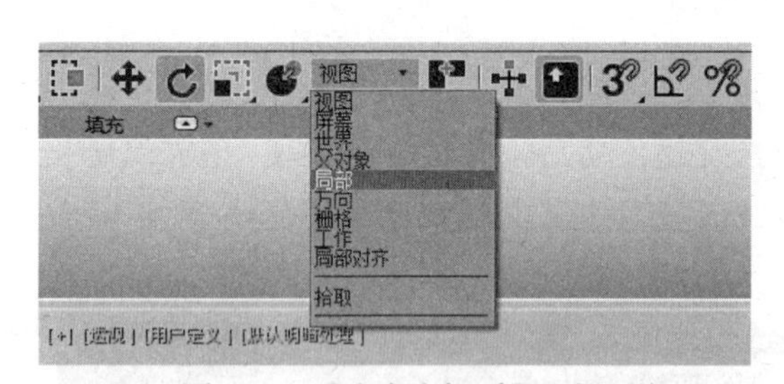

图 7-94 【参考坐标系】下拉列表

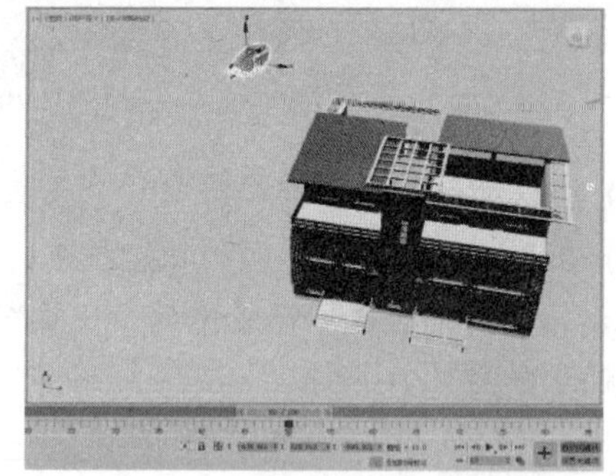

图 7-95 将“飞艇”沿 Y 轴移动

(12) 按下 E 键，将场景中的“飞艇”对象沿 Y 轴旋转。

(13) 拖动时间滑块至第 100 帧，按下 W 键和 E 键，调整“飞艇”对象在场景中的位置和旋转角度，如图 7-96 所示。

(14) 单击动画控制区中的【自动关键点】按钮，取消该按钮的激活状态。单击动画控制区中的【播放动画】按钮，可以看到“飞艇”对象绕着房屋模型移动，如图 7-97 所示。

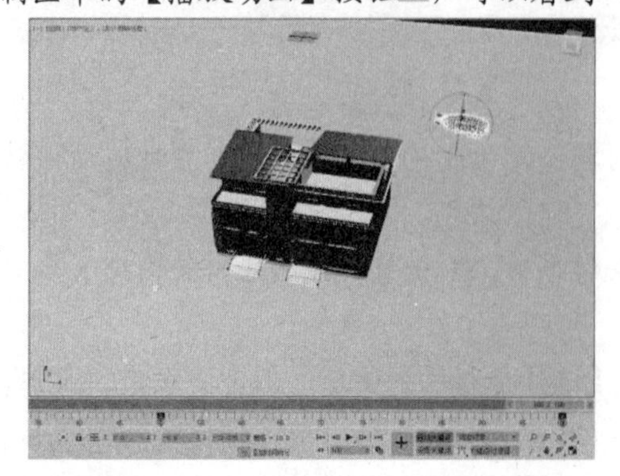

图 7-96 调整“飞艇”的位置和旋转角度

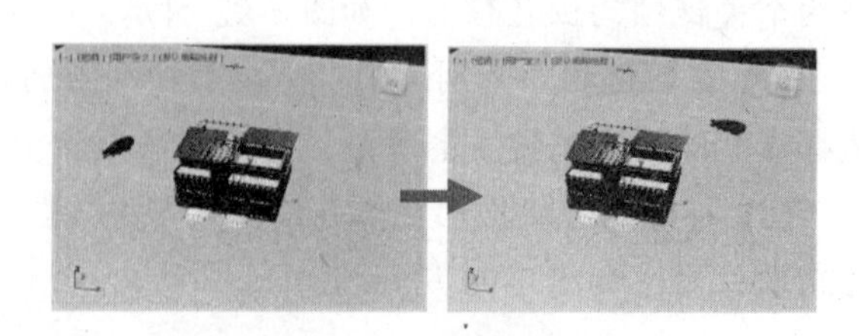

图 7-97 动画效果

7.4.2　使用曲线编辑器

在 3ds Max 中除了可以直接在轨迹栏中编辑关键帧以外，还可以打开动画的【轨迹视图-曲线编辑器】窗口，如图 7-98 所示，对关键帧进行更复杂的编辑，例如复制或粘贴运动轨迹、添加运动控制器、改变运动状态等。

显示【轨迹视图-曲线编辑器】窗口的方法有 3 种：一种是选择【图形编辑器】|【轨迹视图-曲线编辑器】命令；另一种是单击主工具栏中的【曲线编辑器】按钮；还有一种是在视图中右击鼠标，从弹出的快捷菜单中选择【曲线编辑器】命令。

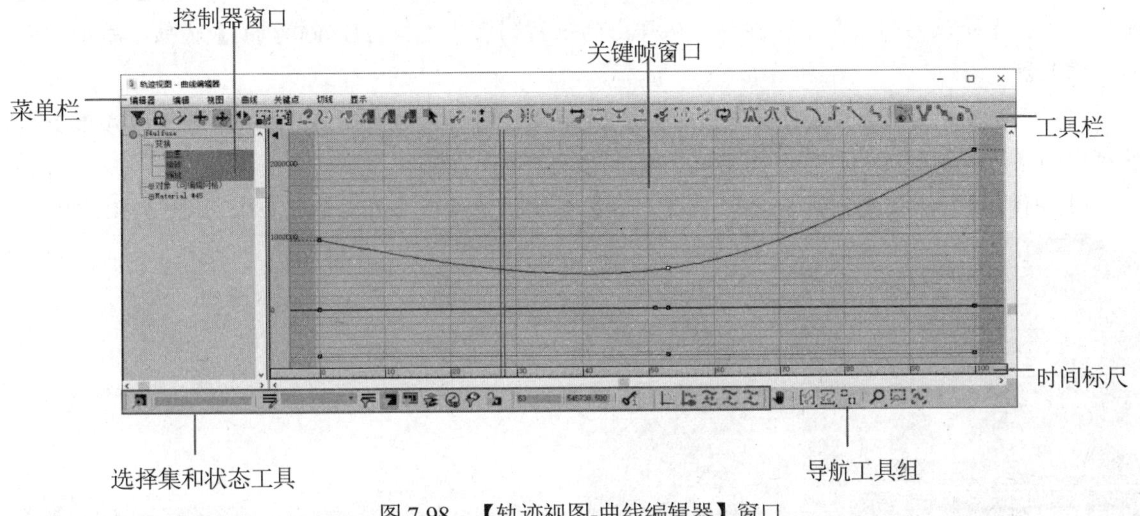

图 7-98　【轨迹视图-曲线编辑器】窗口

【轨迹视图】窗口有两种显示模式，即图 7-98 所示的【轨迹视图-曲线编辑器】模式和图 7-99 所示的【轨迹视图-摄影表】模式。其中【轨迹视图-曲线编辑器】模式可以将动画显示为动画运动的功能曲线；【轨迹视图-摄影表】模式可以将动画显示为关键点和范围的表格。

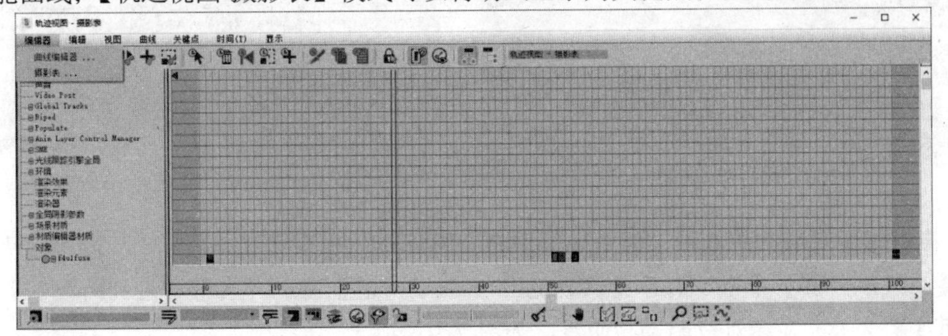

图 7-99　【轨迹视图-摄影表】窗口

在【轨迹视图-曲线编辑器】模式下，可以通过编辑对象的可见性轨迹来控制物体何时出现，何时消失。这对动画制作来说非常有意义，因为经常有这样的制作需要。为对象添加可视轨迹后，可以在轨迹上添加关键点。当关键点的值为1时，对象完全可见；当关键点的值为0时，对象完全不可见。通过编辑关键点的值，可以设置对象的渐显、渐隐动画。

7.5 实例演练

本章实例演练为制作循环翻跟头的三维动画，帮助用户巩固所学知识。

【例7-8】 制作循环翻跟头的圆柱体动画。 视频

(1) 单击【创建】面板中的【圆柱体】按钮，在前视图中绘制一个圆柱体，然后选择【修改】面板，单击【修改器列表】下拉按钮，从弹出的下拉列表中选择【Bend(弯曲)】选项，添加“弯曲”修改器。

(2) 在动画控制区单击【自动关键点】按钮自动关键点，将其激活。在第0帧位置设置【参数】卷展栏中的【角度】值为-180，如图7-100所示。

(3) 将时间滑块拖动到第10帧，在【参数】卷展栏中设置【角度】为180，如图7-101所示。

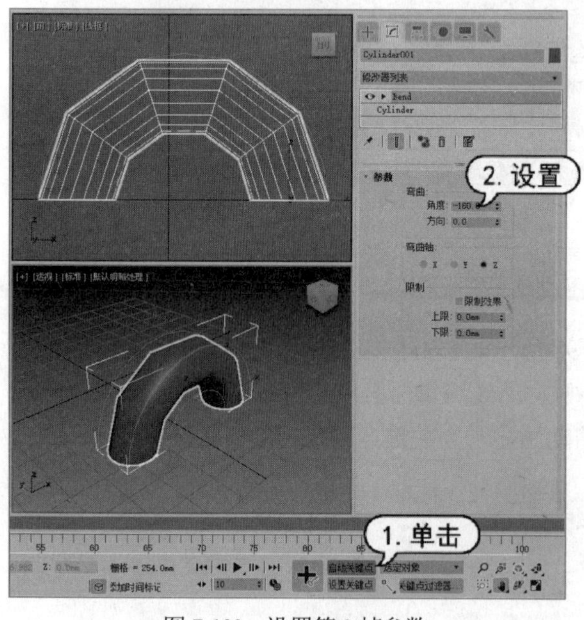

图7-100 设置第0帧参数

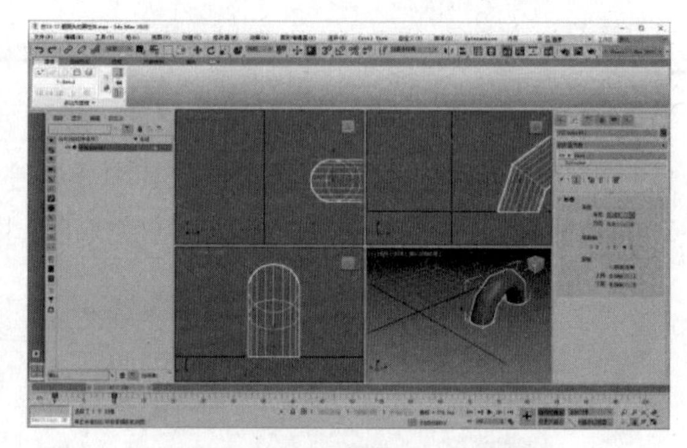

图7-101 设置第10帧参数

(4) 拖动时间滑块至第0帧，选中场景中的“圆柱体”对象，右击鼠标，从弹出的快捷菜单中选择【曲线编辑器】命令，打开【轨迹视图-曲线编辑器】窗口，在窗口左侧的控制器窗口中选择【角度】选项，显示对应的动画曲线，如图7-102所示。

(5) 在菜单栏中选择【编辑】|【控制器】|【超出范围类型】命令，打开【参数曲线超出范围类型】对话框，选中【往复】选项，然后单击【确定】按钮，如图7-103所示。

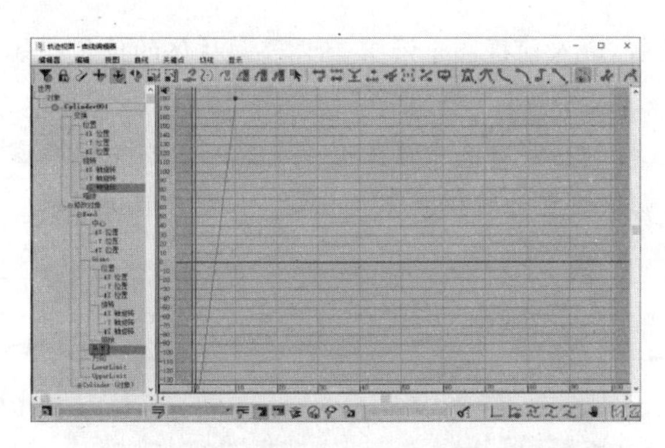

图 7-102　【轨迹视图-曲线编辑器】窗口

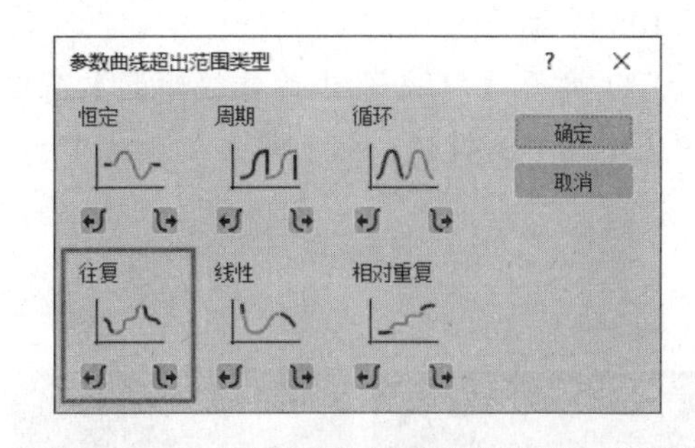

图 7-103　【参数曲线超出范围类型】对话框

(6) 将时间滑块拖动至第 10 帧，在【参数】卷展栏中设置【方向】参数为 180，如图 7-104 所示。

(7) 选中场景中的“圆柱体”对象，右击鼠标，从弹出的快捷菜单中选择【曲线编辑器】命令，再次打开【轨迹视图-曲线编辑器】窗口，在窗口左侧的控制器窗口中选择【方向】选项，然后选择动画曲线上的两个关键帧，单击工具栏中的【将切线设置为阶梯式】按钮，如图 7-105 所示。

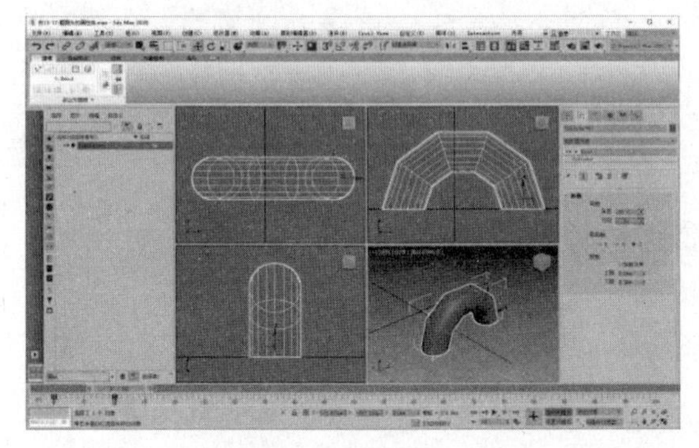

图 7-104　设置第 10 帧参数

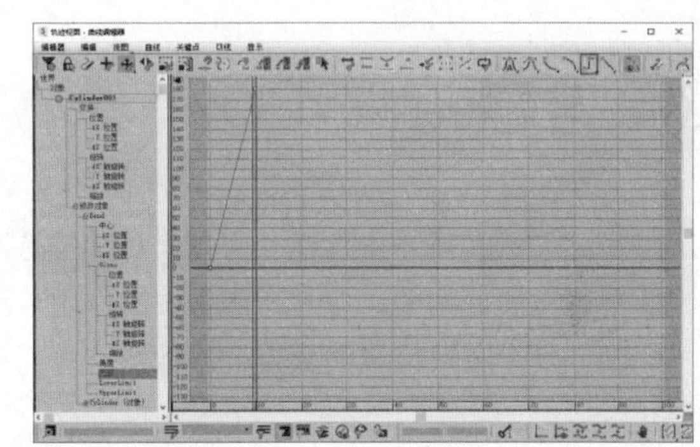

图 7-105　将切线设置为阶梯式

(8) 选择【编辑】|【控制器】|【超出范围类型】命令，打开【参数曲线超出范围类型】对话框，选择【相对重复】选项后单击【确定】按钮，如图 7-106 所示。

(9) 单击动画控制区中的【播放动画】按钮播放动画，场景中的圆柱体会在原地不停地翻跟头，如图 7-107 所示。

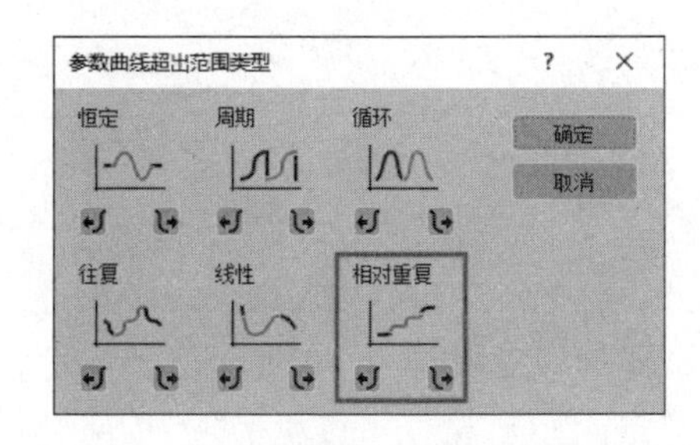

图 7-106　【参数曲线超出范围类型】对话框

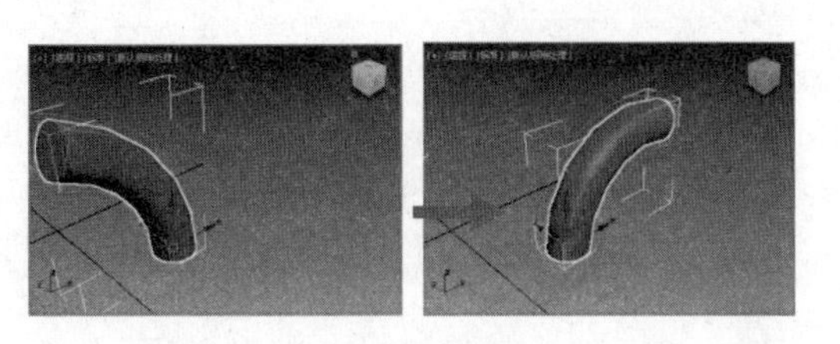

图 7-107　圆柱体在原地翻跟头动画

(10) 停止播放动画，拖动时间滑块至第 10 帧，进入前视图，沿 X 轴调整圆柱体的位置，如图 7-108 所示。

(11) 打开【轨迹视图-曲线编辑器】窗口，在控制器窗口选中【X 位置】选项，在关键帧窗口中选中两个关键帧，然后单击工具栏中的【将切线设置为阶梯式】按钮，如图 7-109 所示。

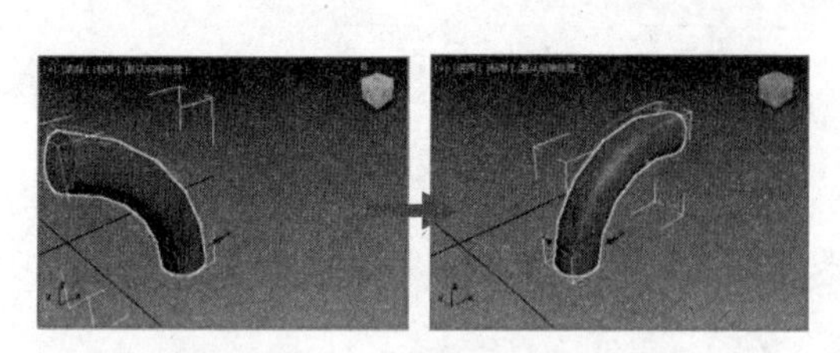

图 7-108 沿 X 轴调整圆柱体位置

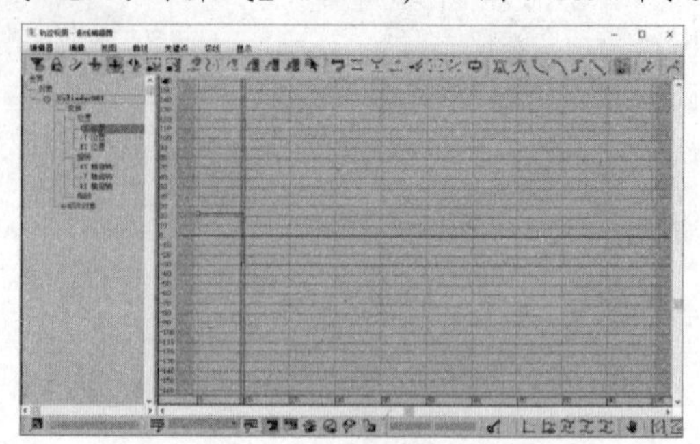

图 7-109 将切线设置为阶梯式

(12) 选择【编辑】|【控制器】|【超出范围类型】命令，打开【参数曲线超出范围类型】对话框，选中【相对重复】选项，然后单击【确定】按钮。

(13) 播放动画，此时场景中的圆柱体会沿着 X 轴一直不停地翻跟头。

7.6 习题

1. 简述如何在场景中创建长方体、球体等标准基本体模型。
2. 简述材质、贴图、灯光在渲染中的作用。
3. 制作一个塑料材质的魔方。

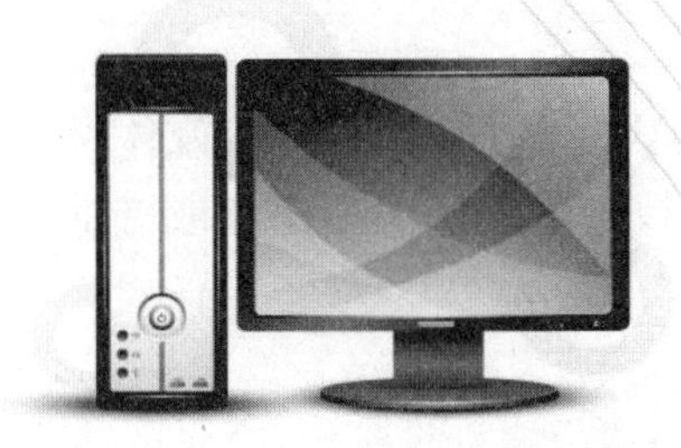

第 8 章

制作多媒体演示文稿

PowerPoint 是制作演示文稿的常用工具，它可以将文字、图形、图像和声音等多媒体元素融合在一起，赋予演示对象强大的感染力。演示文稿是多媒体技术应用的重要内容之一，可用于授课、会议、产品介绍、广告策划等各个领域。本章主要介绍使用 PowerPoint 制作多媒体演示文稿的方法。

本章重点

- 创建演示文稿
- 添加修饰元素
- 添加动画效果
- 放映幻灯片课件

二维码教学视频

【例 8-1】 输入幻灯片文本
【例 8-2】 插入图片
【例 8-3】 插入艺术字
【例 8-4】 插入表格
【例 8-5】 添加切换动画
【例 8-6】 设置动作路径动画
【例 8-7】 创建自定义放映
【例 8-8】 制作员工培训 PPT

8.1 多媒体演示课件基础知识

多媒体演示在多媒体计算机辅助教学中普遍使用，是信息化教学的重要组成部分。多媒体的演示型课件直接应用于课堂教学及商务培训中，可以生动形象地传授所学内容、增强教学或培训效果、提高教学或培训质量。

8.1.1 多媒体课件的概念

课件是指呈现教学内容，接受学习者的要求，以及回答、指导和控制教学活动的软件和有关的教学文档资料。简言之，课件就是具有一定教学功能的软件及配套的教学文档。教学特性和软件特性是课件的两大基本特性。

多媒体课件是指应用了多种媒体(包括文字、音频、图形、图像、视频和动画)技术的新型课件，它是以计算机为核心，交互地综合处理多种媒体信息的一种教学软件。教学特性、软件特性和多媒体特性是其基本特性。

与传统课件相比，多媒体课件突破了线性限制，以随机性、灵活性、立体化的方式把信息知识自然逼真地、形象生动地呈现给学习者，弥补了传统教学在直观感、立体感和动态感等方面的不足，其图文并茂的显示界面极大地改进和提高了人机交互能力。通过多媒体课件的帮助，教学者传授的知识更容易被学习者所接受，可以将一些平时难以表述清楚的教学内容，如实验演示、情景创设、交互练习等生动形象地演示给学习者。而学习者的反馈信息也能及时被教学人员获取，学习者通过视觉、听觉等多方面参与，更好地理解和掌握教学内容，同时也扩大了学习者信息获取的渠道。

8.1.2 多媒体课件的分类

为适用不同的使用对象，传递不同的教学信息，达到不同的教学目标，实现不同的教学功能，多媒体课件大致可划分为以下 7 种类型。

- 教学演示型。此类课件利用文字、图片、图像、声音、视频和动画等形式，将所涉及的事物、现象和过程再现于课堂教学之中，或将教学过程按照教学要求逐步呈现给学习者。
- 个别引导型。此类课件按照具体的教学目标将知识分为许多相关知识点或多种教学路径，设计分支式的教学流程，根据学习者具体的反馈信息检查其掌握情况，从而决定学习者进入哪条路径学习新内容，或者是返回复习旧内容。该类多媒体课件根据学习者的具体进程对其进行引导，从而达到个别化教学的目的。
- 练习测试型。此类课件通过大量的练习与测试来达到学习者巩固已学知识和掌握基本技能的目的。它以问题的形式来训练强化学习者某方面的知识和能力，加深其对重点和难点知识的理解，提高学习者完成任务的速度和准确度。完整的练习测试型课件应有试题库、自动组卷、自动改卷和成绩分析等功能。

- 教学模拟型。此类课件利用计算机运算速度快、存储量大、外部设备丰富，以及信息处理的多样性等特点模拟真实过程，来表现某些系统的结构和动态行为，使学习者获得感性的印象。常用的教学模拟课件有实验模拟、情景模拟和模拟训练等形式，如模拟种子发芽和模拟汽车驾驶等。
- 协作学习型。此类课件依托计算机网络与通信技术，实现不同地域之间教授者与学习者的实时交流，或者是在学习者之间进行小组讨论、小组练习、小组课题等各种协作性学习，达到共同学习的目的。
- 资料工具型。此类课件包括各种电子工具书、电子字典及各类图形库、音频库、动画库、视频库等，不提供具体的教学过程，重点是其检索机制可供学习者在课外进行资料查阅，也可根据教学需要事先选定有关内容，配合教学人员讲解，在课堂上进行辅助教学。
- 教学游戏型。此类课件以游戏的形式呈现教学内容，为学习者构建一个富有趣味性和竞争性的学习环境，激发学习兴趣，通过让学习者参与一个有目的的活动，熟练使用游戏规则以达到某一特定的目标；把知识性、教育性和趣味性融为一体，并将知识的传授和技能的培养融于各种愉快的情境中。

8.1.3　多媒体课件的开发过程

多媒体课件是一种多媒体教学应用软件，它具有软件的特性，因此多媒体课件制作应按照软件工程规范进行，这里简要介绍多媒体课件的开发过程。

1. 计划与分析

多媒体课件设计的第一个环节就是选择教学内容和教学范围，明确所要实现的目的和要达到的教学目标，确定所制作的课件适合哪类学习者使用；对教学内容、教学范围、教学目标、教学策略和教学对象结合进行分析；对课件的大体结构、主要模块和主要模块之间的相互联系进行初步设计，形成目标规划书。

2. 脚本设计

脚本是按照教学的思路和要求对课件的教学内容进行描述的一种形式，是目标规划书中教学过程的进一步细化，也是软件制作者开发课件的直接依据。

脚本设计的主要方法是把教学内容进行层次化处理，建立知识点之间的逻辑关系及其链接关系，具体地规定每个知识点上计算机向学习者传达的信息，从学习者那里得到信息后的判断和反馈，最后在脚本的基础上根据计算机媒体的特征与计算机的特点编排出课件程序。

3. 环境与工具

根据目标规划书和脚本设计确定多媒体课件运行的计算机软件、硬件环境和最佳多媒体课件开发工具，选用多媒体课件设计工具一般应从开发效率和运行效率两方面综合考虑。开发工具包括多媒体课件集成工具和各种多媒体素材的设计工具，如文本处理软件、图形图像处理软件、音频采集与处理软件、动画设计软件和视频编辑软件等。

4. 素材准备

根据脚本设计要求进行各种多媒体素材的收集整理和设计开发。素材的准备工作主要包括文本的录入、图形图像的制作与后期处理、音频动画的编制和视频的截取等。

5. 课件集成

利用选定的多媒体课件集成工具对各种素材进行编辑，按照已经确定的课件结构和脚本设计的内容将各种素材有机地结合起来。一个好的多媒体课件从整体布局到局部都要和谐自然，不可机械拼凑和粗制滥造。各种不同类型的素材应该变换使用，引导学习者积极地探索学习、接受训练，同时要注意素材主次分明，不可喧宾夺主。在课件集成开发过程中，要充分体现多媒体计算机的特点，做到界面美观舒适、操作方便灵活，以增强多媒体课件的交互性，提升多媒体课件的视听效果。

6. 测试与评估

从素材准备到课件集成开发的整个过程中，应随程序开发过程进行软件测试，以保证运行的正确性。在集成初步完成以后还要进行综合性测试，检查课件的教学单元设计、教学设计、教学目标等是否都已达到要求，对课件信息的呈现方式、交互性、教学过程控制、素材管理和在线帮助等进行评估。建议多人进行独立测试，如果是开发商业性课件还可预先发布测试版，以获得用户对课件的客观评价，经过测试和试用对课件存在的问题进行修改，待完善以后方可正式发布。

8.2 制作演示文稿

PowerPoint 是一种专门用于制作多媒体演示文稿的工具，它是以幻灯片的形式来制作演示文稿的。利用 PowerPoint 制作的演示文稿，不但可以使内容丰富翔实，还可以使阐述过程简明清晰，从而能更有效地与他人沟通。

8.2.1 创建演示文稿

在 PowerPoint 2019 中，用户可以创建各种多媒体演示文稿。演示文稿中的每一页称为幻灯片，每张幻灯片都是演示文稿中既相互独立又相互独立的内容。

1. 创建空白演示文稿

空白演示文稿是一种形式最简单的演示文稿，没有应用模板设计、配色方案以及动画方案，可以自由设计。创建空白演示文稿的方法主要有以下两种。

- 在 PowerPoint 启动界面中创建空白演示文稿：启动 PowerPoint 2019 后，在打开的界面中单击【空白演示文稿】按钮，如图 8-1 所示。
- 在【新建】界面中创建空白演示文稿：选择【文件】选项卡，在打开的界面中选中【新建】选项，打开【新建】界面。在【新建】界面中单击【空白演示文稿】按钮，如图 8-2 所示。

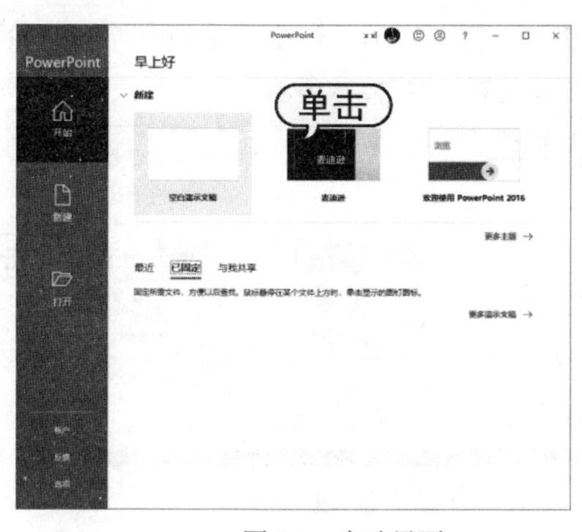

图 8-1　启动界面

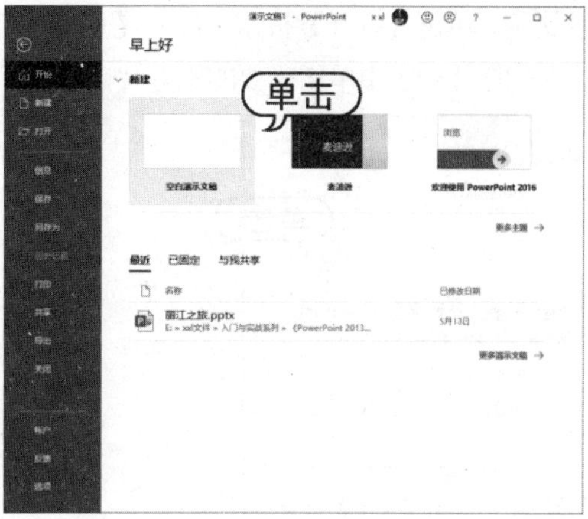

图 8-2　【新建】界面

2. 使用模板创建演示文稿

PowerPoint 除了可以创建最简单的空白演示文稿外，还可以根据自定义模板、现有内容和内置模板创建演示文稿。PowerPoint 提供了许多美观的设计模板，这些设计模板将演示文稿的样式、风格均已预先定义，包括幻灯片的背景、装饰图案、文字布局及颜色、大小等。用户在设计演示文稿时可以先选择演示文稿的整体风格，然后进行进一步的编辑和修改。

例如启动 PowerPoint 2019 后，选择【文件】|【新建】命令，然后在打开的界面中选择【花团锦簇】模板选项，如图 8-3 所示。打开对话框，提示联网下载模板，单击【创建】按钮即可下载模板，稍后将打开该模板创建的演示文稿，如图 8-4 所示。

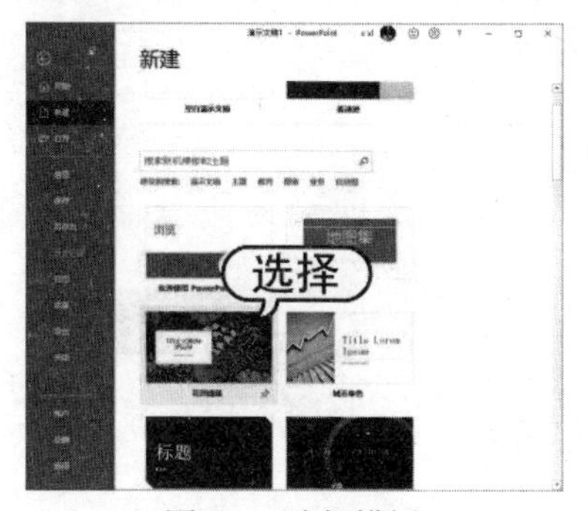

图 8-3　选择模板

图 8-4　单击【创建】按钮

3. 根据现有内容创建演示文稿

如果用户想使用现有演示文稿中的一些内容或风格来设计其他的演示文稿，就可以使用 PowerPoint 的“现有内容”创建一个和现有演示文稿具有相同内容和风格的新演示文稿，用户只需在原有的基础上进行适当修改即可。

首先打开一个空白演示文稿，将光标定位至幻灯片的最后位置，在【插入】选项卡的【幻灯片】组中单击【新建幻灯片】按钮下方的下拉箭头，在弹出的菜单中选择【重用幻灯片】命令。打开【重用幻灯片】任务窗格，单击【浏览】按钮，如图 8-5 所示。打开【浏览】对话框，选择需要使用的现有演示文稿，单击【打开】按钮。此时【重用幻灯片】任务窗格中显示现有演示文稿中所有可用的幻灯片，在幻灯片列表中单击需要的幻灯片，将其插入指定位置，如图 8-6 所示

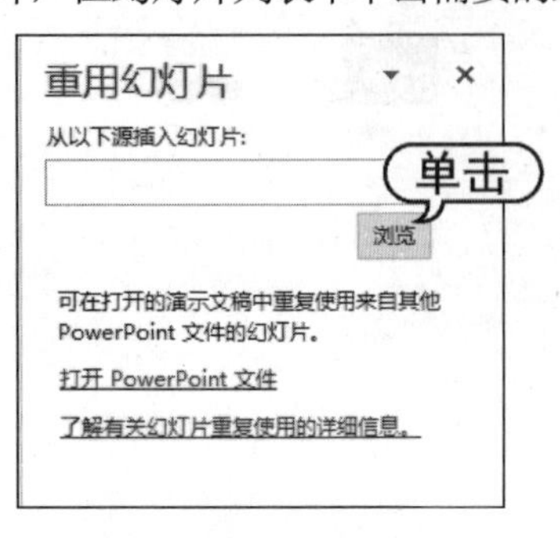

图 8-5 单击【浏览】按钮

图 8-6 插入幻灯片

8.2.2 添加文字

幻灯片中的文字是演示文稿中至关重要的部分，文本对文稿中的主题、问题的说明与阐述具有不可替代的作用。在 PowerPoint 2019 中，不能直接在幻灯片中输入文字，只能通过占位符或文本框来添加文本。

【例 8-1】 创建“教案”演示文稿，输入幻灯片文本。 视频

(1) 启动 PowerPoint 2019，打开一个空白演示文稿，单击【文件】按钮，在打开的界面中选择【新建】选项，选择【丝状】模板选项，如图 8-7 所示。

(2) 在打开的对话框中单击【创建】按钮，如图 8-8 所示。

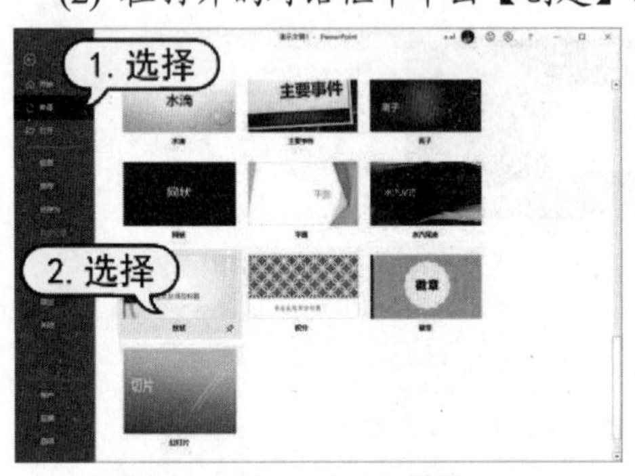

图 8-7 选择【丝状】模板

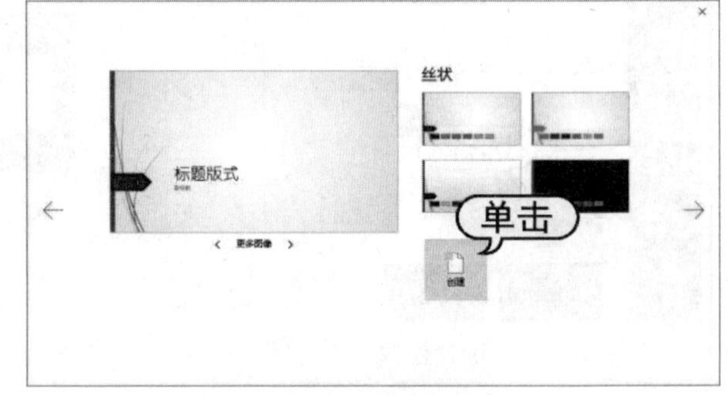

图 8-8 单击【创建】按钮

(3) 此时将新建一个基于模板的演示文稿，并以“教案”为名进行保存，默认选中第 1 张幻灯片缩略图，如图 8-9 所示。

(4) 在幻灯片编辑窗口中单击【单击此处添加标题】占位符，输入标题文本；单击【单击此处添加副标题】占位符，输入副标题文本，如图 8-10 所示。

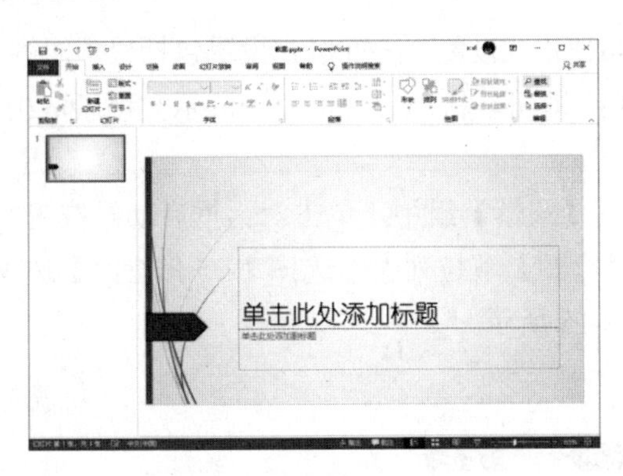

图 8-9　创建演示文稿

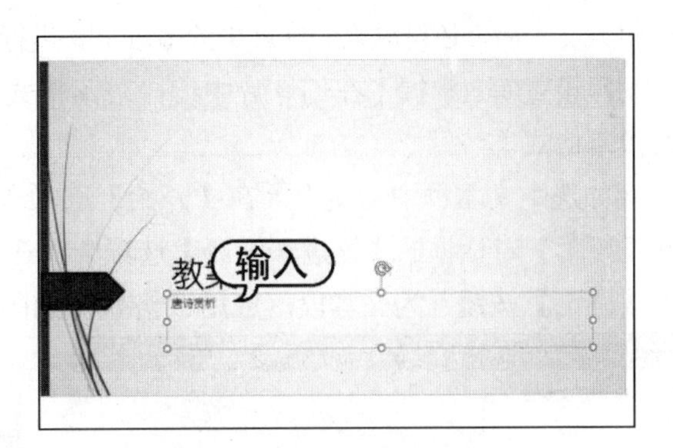

图 8-10　输入副标题文本

(5) 在【开始】选项卡中单击【新建幻灯片】下拉按钮，选择【标题和内容】选项，如图 8-11 所示。

(6) 此时新建一张幻灯片，保留标题占位符，将内容占位符选中并删除，如图 8-12 所示。

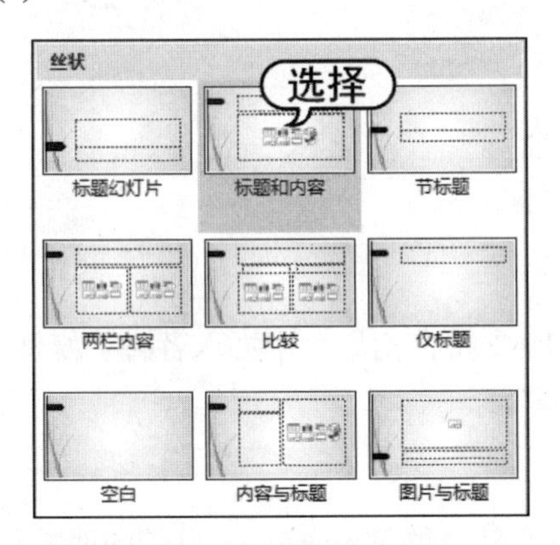

图 8-11　选择【标题和内容】选项

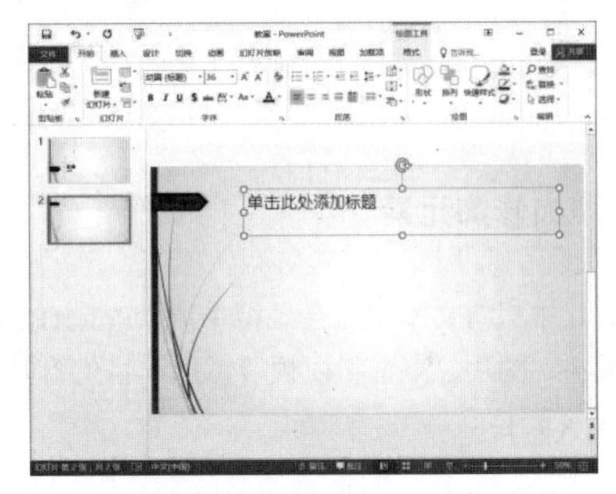

图 8-12　删除内容占位符

(7) 打开【插入】选项卡，在【文本】组中单击【文本框】下拉按钮，在弹出的下拉菜单中选择【横排文本框】命令，使用鼠标拖动绘制文本框，并输入文本。然后在标题占位符中输入标题文本，如图 8-13 所示。

(8) 使用上述方法，创建第 3 张幻灯片，并输入文本，如图 8-14 所示。

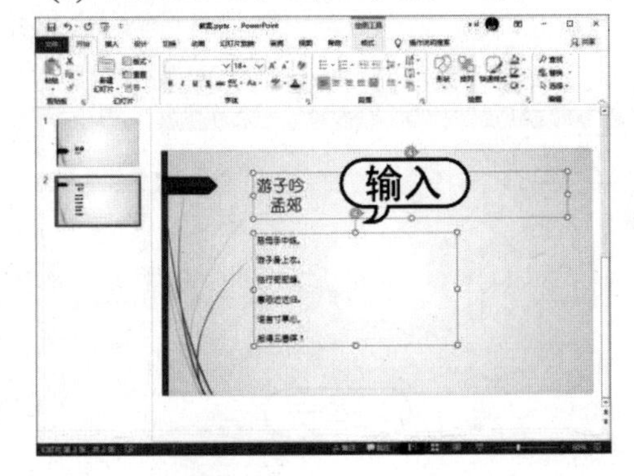

图 8-13　在第 2 张幻灯片中输入标题文本

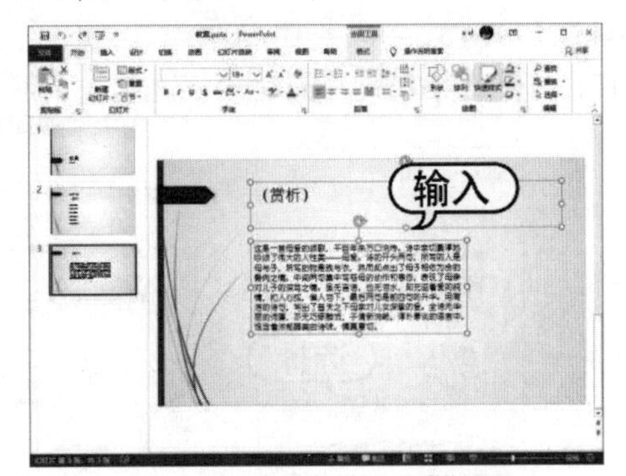

图 8-14　在第 3 张幻灯片中输入文本

输入文本后，还可以为幻灯片中的多段文本进行段落格式设置。段落格式设置包括段落对齐及段落间距设置等。掌握了在幻灯片中编排段落格式后，即可轻松地设置与整个演示文稿风格相适应的段落格式。

例如选中文本框中的文本，在【开始】选项卡的【段落】组中，单击对话框启动器按钮，打开【段落】对话框的【缩进和间距】选项卡。在【行距】下拉列表中选择【1.5 倍行距】选项，单击【确定】按钮，为文本段落应用该格式，如图 8-15 所示。

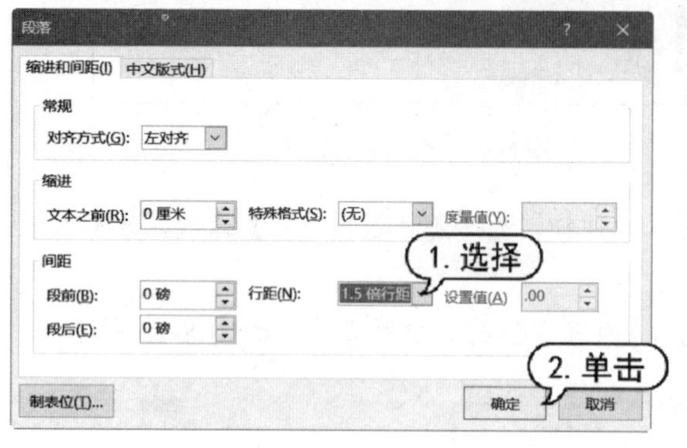

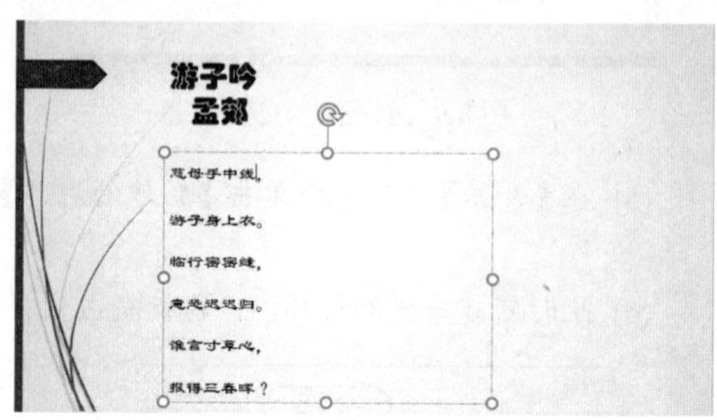

图 8-15　设置段落格式

8.2.3　添加修饰元素

幻灯片中只有文本难免会显得单调，PowerPoint 2019 支持在幻灯片中插入各种多媒体元素，包括艺术字、图片、声音和视频等，以丰富幻灯片的内容。

1. 插入图片

在 PowerPoint 中，可以方便地插入各种来源的图片文件，如 PowerPoint 自带的剪贴画、利用其他软件制作的图片、从互联网上下载的或通过扫描仪及数码相机输入的图片等。

【例 8-2】 在“教案”演示文稿中，插入图片并进行编辑。 视频

(1) 启动 PowerPoint 2019，打开“教案”演示文稿。

(2) 选择第 2 张幻灯片，在【插入】选项卡的【图像】组中，单击【图片】下拉按钮，选择【此设备】命令，如图 8-16 所示。

(3) 打开【插入图片】对话框，选中要插入的图片，单击【插入】按钮，如图 8-17 所示。

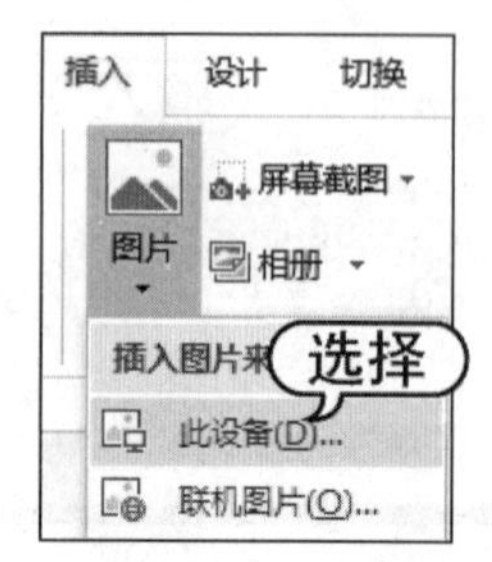

图 8-16　选择【此设备】命令

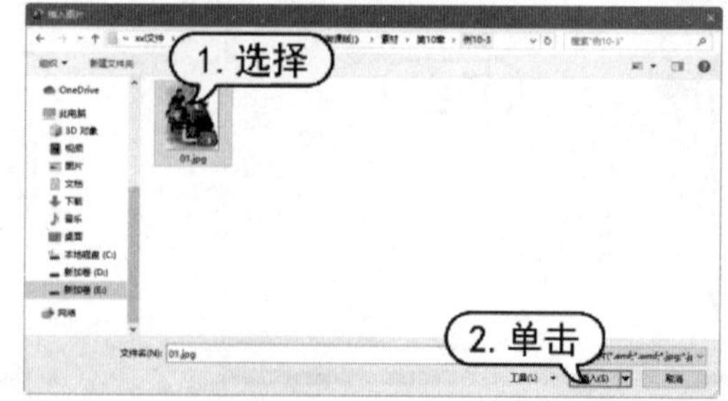

图 8-17　【插入图片】对话框

(4) 拖动鼠标调整图片的大小和位置，效果如图 8-18 所示。

(5) 选中图片，打开【图片工具】的【格式】选项卡，在【图片样式】组中单击【其他】按钮▽，从弹出的列表框中选择一种样式，图片将快速应用该样式，如图 8-19 所示。

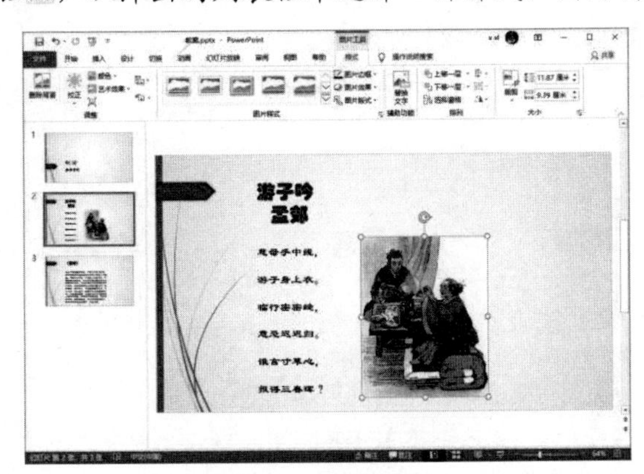

图 8-18　调整图片

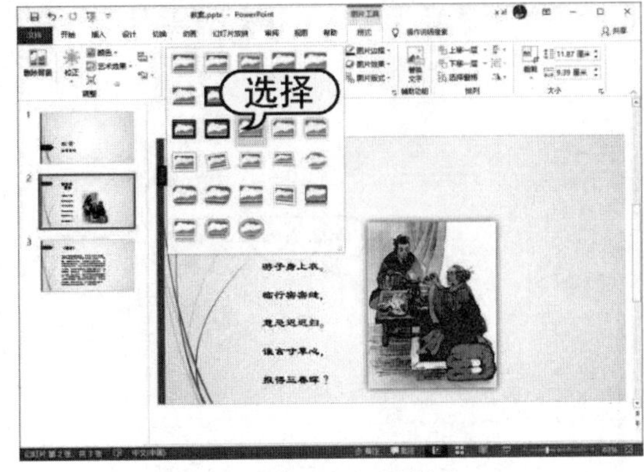

图 8-19　选择图片样式

2. 插入艺术字

艺术字是一种特殊的图形文字，常被用来表现幻灯片的标题文字。用户既可以像对普通文字一样设置其字号、加粗、倾斜等效果，也可以像图形对象那样设置它的边框、填充等属性。

在 PowerPoint 2019 中，打开【插入】选项卡，在【文本】组中单击【艺术字】按钮，在弹出的下拉列表中选择需要的样式，可以在幻灯片中插入艺术字。

【例 8-3】 在“教案”演示文稿中，插入艺术字并进行编辑。 视频

(1) 启动 PowerPoint 2019，打开“教案”演示文稿。

(2) 新建第 4 张幻灯片，按 Ctrl+A 快捷键，选中所有的占位符，按 Delete 键，删除占位符，如图 8-20 所示。

(3) 打开【插入】选项卡，在【文本】组中单击【艺术字】按钮，从弹出的列表框中选择一种样式，如图 8-21 所示，即可在第 4 张幻灯片中插入艺术字。

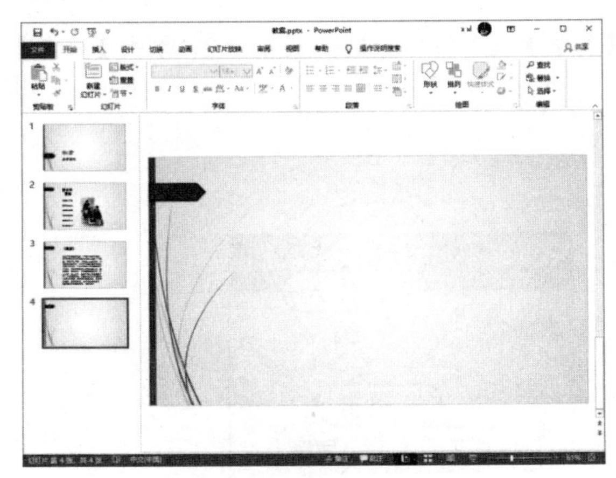

图 8-20　删除占位符

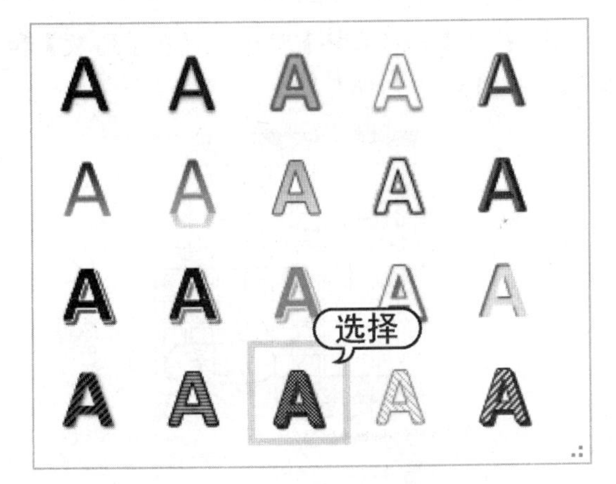

图 8-21　选择艺术字样式

(4) 在【请在此放置您的文字】占位符中输入文字，拖动鼠标调整艺术字的位置，如图 8-22 所示。

(5) 打开【绘图工具】的【格式】选项卡，在【形状样式】组中单击【形状效果】按钮，从弹出的菜单中选择【三维旋转】|【离轴 2：左】效果，如图 8-23 所示。

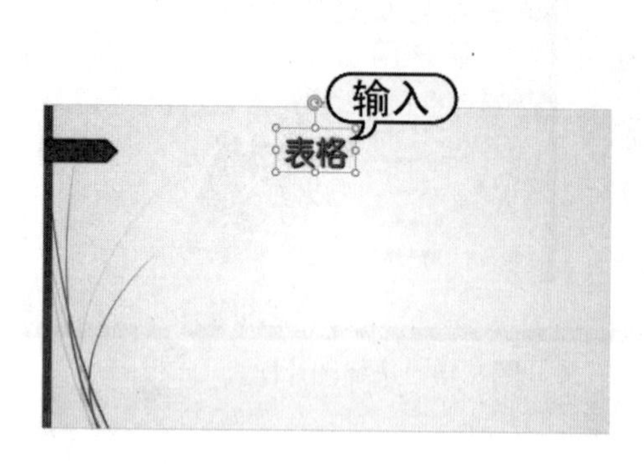

图 8-22　输入艺术字

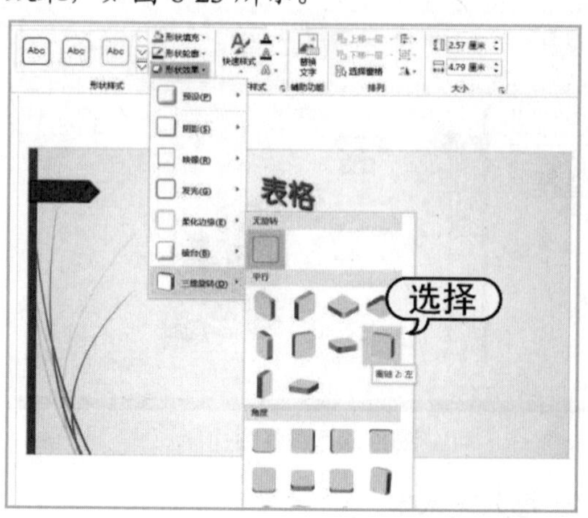

图 8-23　选择形状效果

3. 插入表格

使用 PowerPoint 制作一些专业型演示文稿时，通常需要使用表格，如销售统计表、财务报表等。表格采用行列化的形式，它与幻灯片页面文字相比，更能体现出数据的对应性及内在的联系。

【例 8-4】 在“教案”演示文稿中插入表格。 视频

(1) 启动 PowerPoint 2019，打开“教案”演示文稿。在幻灯片预览窗口中选择第 4 张幻灯片缩略图，将其显示在幻灯片编辑窗口中。

(2) 打开【插入】选项卡，在【表格】组中单击【表格】下拉按钮，从弹出的菜单中选择【插入表格】命令，如图 8-24 所示。

(3) 打开【插入表格】对话框，在【列数】和【行数】文本框中分别输入 4 和 2，单击【确定】按钮，如图 8-25 所示。

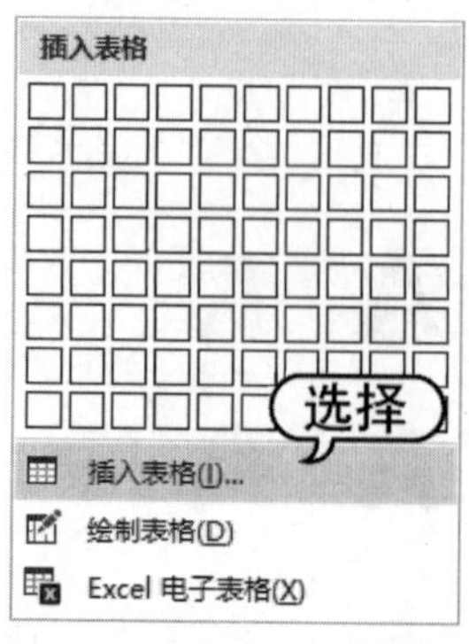

图 8-24　选择【插入表格】命令

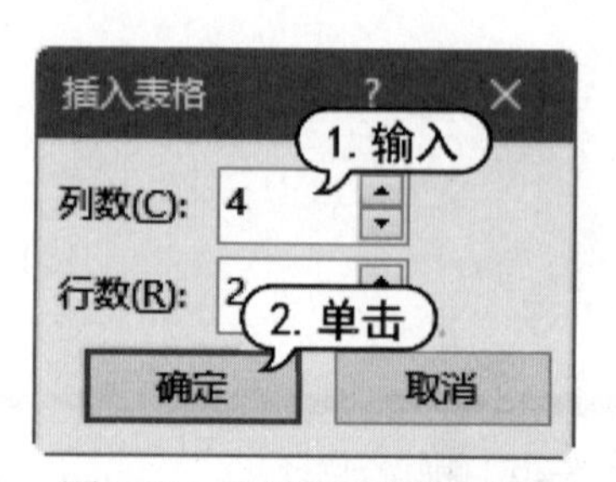

图 8-25　【插入表格】对话框

(4) 幻灯片中插入一个 4 列 2 行的空白表格，可以调整其大小，如图 8-26 所示。

(5) 在表格中单击鼠标，显示插入点后，输入文字。选中表格文字，在【开始】选项卡的【字体】组中设置文字字体为【华文隶书】，字号为 32，字形为【加粗】，单击【居中】按钮，如图 8-27 所示。

图 8-26　插入表格

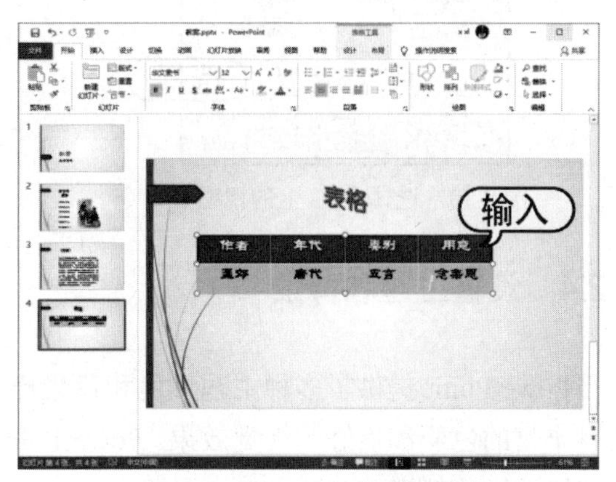

图 8-27　输入文字并设置格式

4. 插入音频和视频

在 PowerPoint 2019 中可以方便地插入音频和视频等多媒体对象，使用户的演示文稿从画面到声音多方位地向观众传递信息。

用户可以在文件中插入声音，打开【插入】选项卡，在【媒体】组中单击【音频】下拉按钮，在弹出的下拉菜单中选择【PC 上的音频】命令，打开【插入音频】对话框，从该对话框中选择需要插入的声音文件，如图 8-28 所示。此时将出现声音图标，使用鼠标将其拖动到幻灯片上。单击【播放】按钮▶，即可试听声音，如图 8-29 所示。

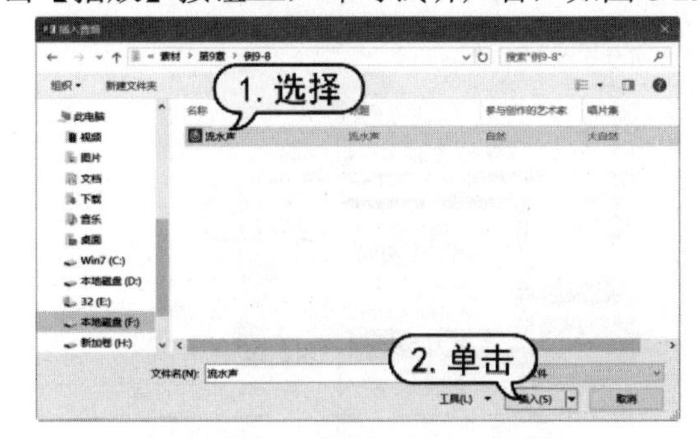

图 8-28　【插入音频】对话框

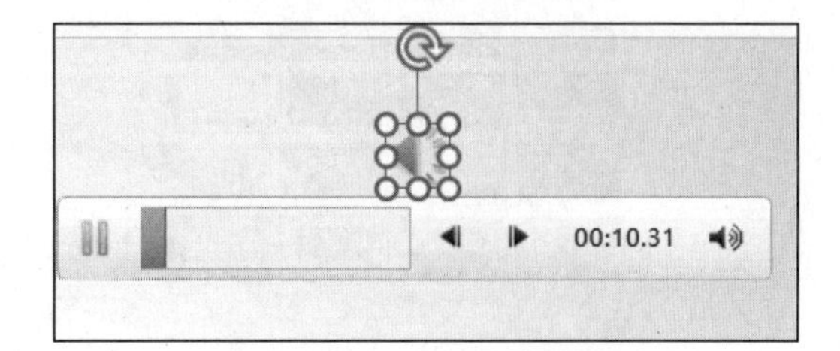

图 8-29　单击【播放】按钮

用户还可以插入文件中的视频，在【媒体】组单击【视频】下拉按钮，从弹出的下拉菜单中选择【PC 上的视频】命令，如图 8-30 所示。打开【插入视频文件】对话框，打开文件的保存路径，选择视频文件，单击【插入】按钮，如图 8-31 所示。

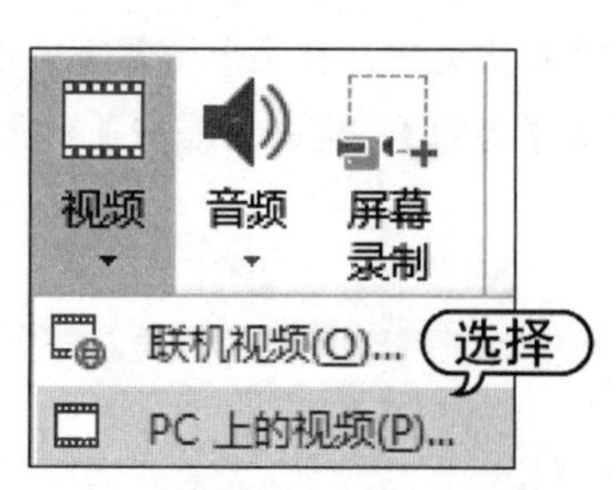

图 8-30　选择【PC 上的视频】命令

图 8-31　【插入视频文件】对话框

8.2.4　设置主题和背景

PowerPoint 提供了多种主题颜色和背景样式，使用这些主题颜色和背景样式，可以使幻灯片具有丰富的色彩和良好的视觉效果。PowerPoint 2019 提供了几十种内置的主题，此外还可以自定义主题的颜色等选项。

1. 使用内置主题

PowerPoint 2019 提供了多种内置的主题，使用这些内置主题，可以快速统一演示文稿的外观。

在同一个演示文稿中应用多种主题与应用单个主题的方法相同，打开【设计】选项卡，在【主题】组单击【其他】按钮，从弹出的下拉列表框中选择一种主题，即可将其应用于单个演示文稿中，如图 8-32 所示。然后选择要应用另一主题的幻灯片，在【设计】选项卡的【主题】组单击【其他】按钮，在弹出的下拉列表框中右击所需的主题，从弹出的快捷菜单中选择【应用于选定幻灯片】命令，即可将其应用于所选中的幻灯片中，如图 8-33 所示。

图 8-32　选择主题

图 8-33　选择【应用于选定幻灯片】命令

2. 设置主题颜色

PowerPoint 为每种设计模板提供了几十种内置的主题颜色，用户可以根据需要选择不同的颜色来设计演示文稿。应用设计模板后，打开【设计】选项卡，单击【变体】组中的【颜色】按钮，将打开主题颜色菜单，用户可以选择内置主题颜色，或者自定义设置主题颜色。

例如打开一个演示文稿，选择【设计】选项卡，在【变体】组中单击【颜色】下拉按钮，然后在弹出的主题颜色菜单中选择【橙色】选项，自动为幻灯片应用该主题颜色，如图 8-34 所示。

在【变体】组中单击【颜色】下拉按钮，在弹出的主题颜色菜单中选择【自定义颜色】选项。打开【新建主题颜色】对话框，设置主题的颜色参数，在【名称】文本框中输入“自定义主题颜色”，然后单击【保存】按钮，设置的主题颜色将自动应用于当前幻灯片中，如图 8-35 所示。

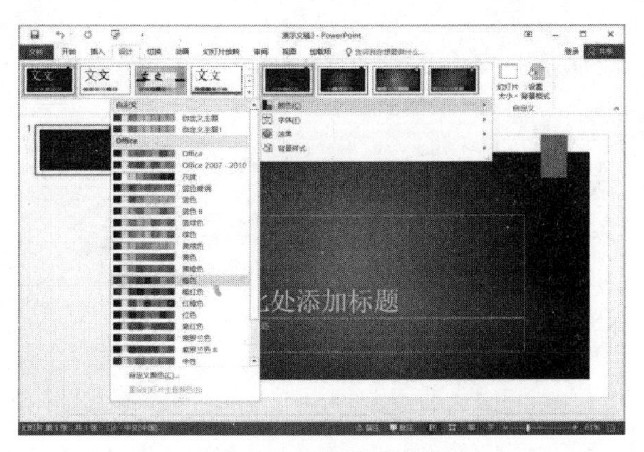

图 8-34　选择主题颜色

图 8-35　【新建主题颜色】对话框

3. 设置背景

用户除了在应用模板或改变主题颜色时更改幻灯片的背景外，还可以根据需要任意更改幻灯片的背景颜色和背景设计，如添加底纹、图案、纹理或图片等。

首先打开【设计】选项卡，在【自定义】组中单击【设置背景格式】按钮，打开【设置背景格式】窗格，如图 8-36 所示。

在【设置背景格式】窗格中的【填充】选项区域中选中【图案填充】单选按钮，然后在【图案】选项区域中选中一种图案，并单击【前景】按钮，在弹出的颜色选择器中选择【蓝色】选项即可设置前景为蓝色，如图 8-37 所示。

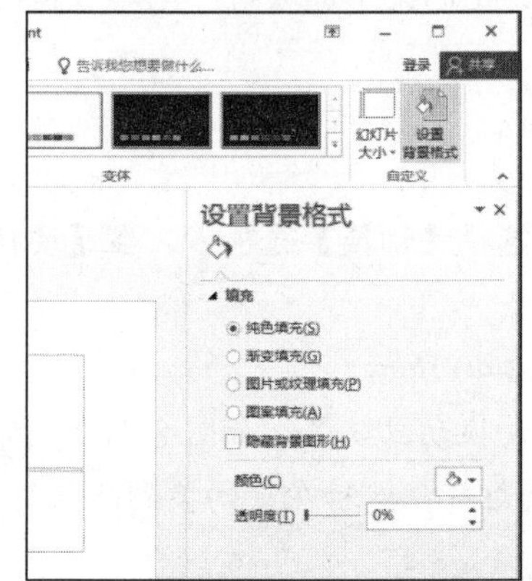

图 8-36　打开【设置背景格式】窗格

图 8-37　设置图案填充

要以图片作为背景，可以在【设置背景格式】窗格中选中【图片或纹理填充】单选按钮，并在显示的选项区域中单击【文件】按钮，打开【插入图片】对话框，如图8-38所示，选择一张图片，单击【插入】按钮，将图片插入选中的幻灯片并作为背景。

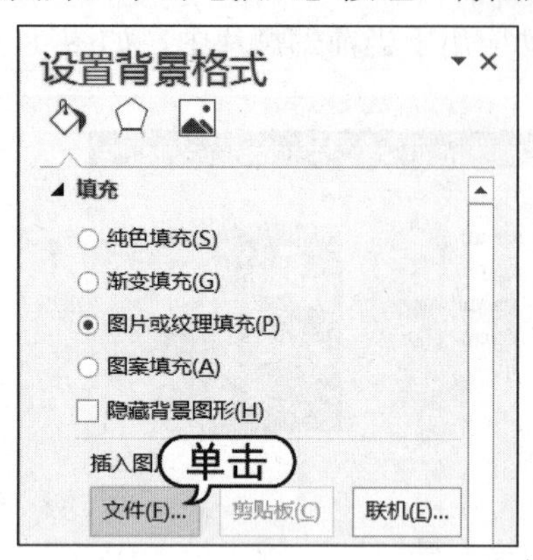

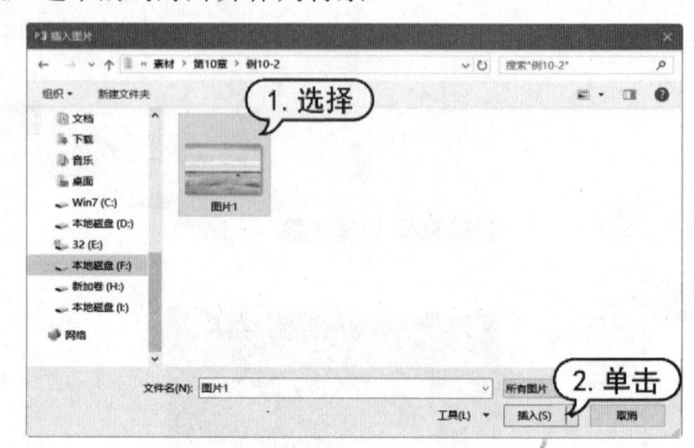

图 8-38 打开【插入图片】对话框

8.3 添加动画效果

为了丰富幻灯片的演示效果，可以为幻灯片添加切换动画效果，并且将演示文稿中的文本、图片、形状、表格、SmartArt图形、音频和视频等对象制作成动画，赋予它们进入、退出、大小或颜色变化甚至移动等视觉效果，也可以设置各元素动画效果的先后顺序，以及为每个对象设置多个播放效果。

8.3.1 添加幻灯片切换动画

要为幻灯片添加切换动画，可以打开【切换】选项卡，在【切换到此幻灯片】组中进行设置。在该组中单击按钮，将打开幻灯片动画效果列表，当鼠标指针指向某个选项时，幻灯片将应用该效果，供用户预览，单击该选项即可使用该动画效果。

【例8-5】 为幻灯片添加切换动画。 视频

(1) 启动PowerPoint 2019，打开“我的相册”演示文稿，选择【切换】选项卡，在【切换到此幻灯片】组中单击【其他】按钮，如图8-39所示。

(2) 在弹出的切换效果列表框中选择【帘式】选项，如图8-40所示。

(3) 此时，动画效果将应用到第1张幻灯片中，并可预览切换动画效果，如图8-41所示。

(4) 在窗口左侧的幻灯片预览窗格中选中第2至第11张幻灯片，然后在【切换到此幻灯片】组中为这些幻灯片添加“跌落”效果，如图8-42所示。

图 8-39　单击【其他】按钮

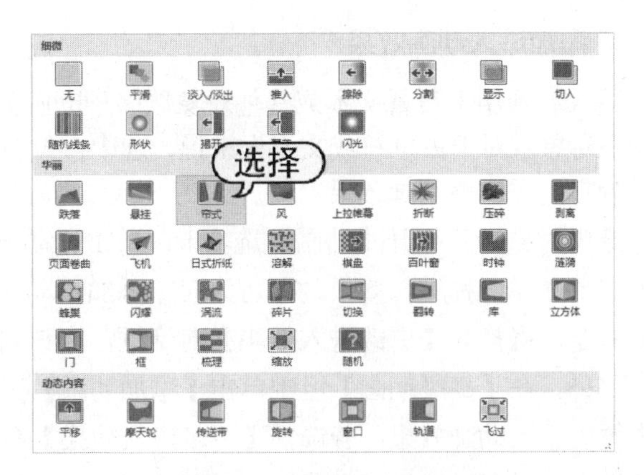

图 8-40　选择【帘式】选项

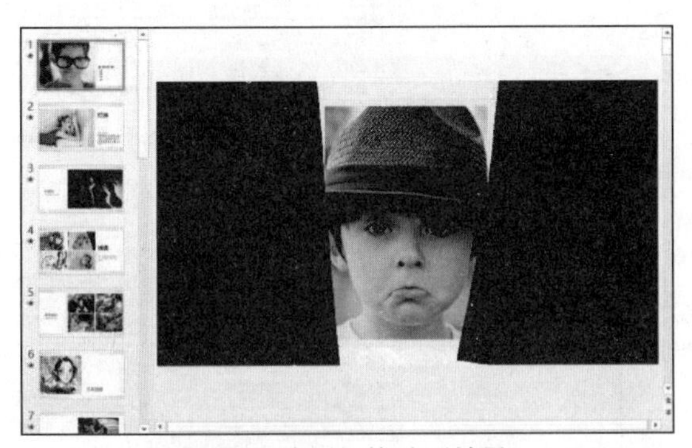

图 8-41　应用切换动画效果

图 8-42　添加“跌落”效果

(5) 在【切换到此幻灯片】组中单击【效果选项】下拉按钮，在弹出的下拉列表中选择【向右】选项，如图 8-43 所示。

(6) 此时，第 2 至第 11 张幻灯片将添加“向右”动画效果，如图 8-44 所示。

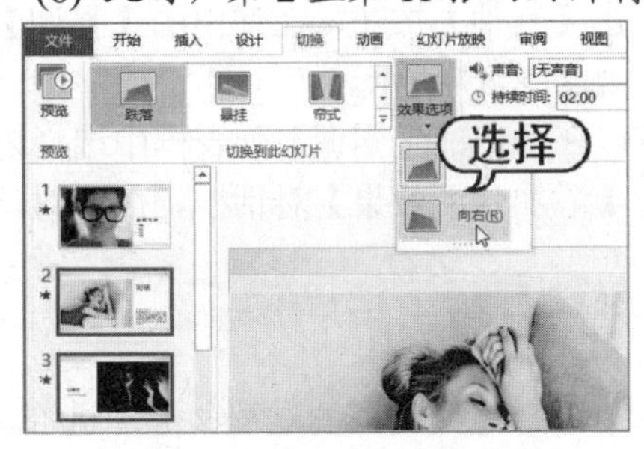

图 8-43　选择【向右】选项

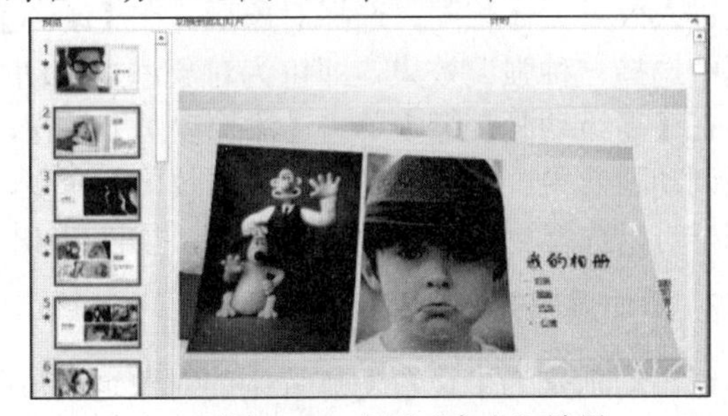

图 8-44　应用“向右”效果

添加切换动画后，还可以对切换动画进行设置，如设置切换动画时出现的声音效果、持续时间和换片方式等，从而使幻灯片的切换效果更为逼真。

8.3.2　添加对象动画效果

所谓对象动画，是指为幻灯片内部某个对象设置的动画效果。用户可以对幻灯片中的文字、图形、表格等对象添加不同的动画效果，如进入动画、强调动画、退出动画和动作路径动画。

1. 添加进入动画效果

进入动画用于设置文本或其他对象以多种动画效果进入放映屏幕。在添加该动画效果之前需要选中对象。对于占位符或文本框来说，选中占位符、文本框，以及进入其文本编辑状态时，都可以为它们添加该动画效果。

选中对象后，打开【动画】选项卡，单击【动画】组中的【其他】按钮，在弹出的【进入】列表框中选择一种进入效果，即可为对象添加该动画效果，如图 8-45 所示。选择【更多进入效果】命令，将打开【更改进入效果】对话框，在该对话框中可以选择更多的进入动画效果。

另外，在【高级动画】组中单击【添加动画】按钮，同样可以在弹出的【进入】列表框中选择内置的进入动画效果；若选择【更多进入效果】命令，则打开【添加进入效果】对话框，在该对话框中同样可以选择更多的进入动画效果。

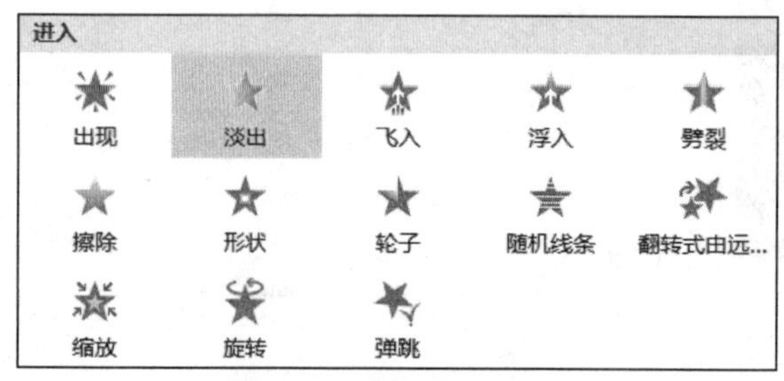

图 8-45　选择进入动画

图 8-46　【添加进入效果】对话框

2. 添加强调动画效果

强调动画是为了突出幻灯片中的某部分内容而设置的特殊动画效果。添加强调动画的过程和添加进入效果大体相同，选择对象后，在【动画】组中单击【其他】按钮，在弹出的【强调】列表框中选择一种强调效果，即可为对象添加该动画效果，如图 8-47 所示。

在【高级动画】组中单击【添加动画】按钮，同样可以在弹出的【强调】列表框中选择内置的强调动画效果；若选择【更多强调效果】命令，则打开【添加强调效果】对话框，在该对话框中同样可以选择更多的强调动画效果，如图 8-48 所示。

3. 添加退出动画效果

退出动画是为了设置幻灯片中的对象退出屏幕的效果。添加退出动画的过程和添加进入、强调动画效果基本相同。

选择对象后，在【动画】组中单击【其他】按钮，在弹出的【退出】列表框中选择一种退出效果，即可为对象添加该动画效果，如图 8-49 所示。

在【高级动画】组中单击【添加动画】按钮，同样可以在弹出的【退出】列表框中选择内置的退出动画效果；若选择【更多退出效果】命令，则打开【添加退出效果】对话框，在该对话框中同样可以选择更多的退出动画效果，如图 8-50 所示。

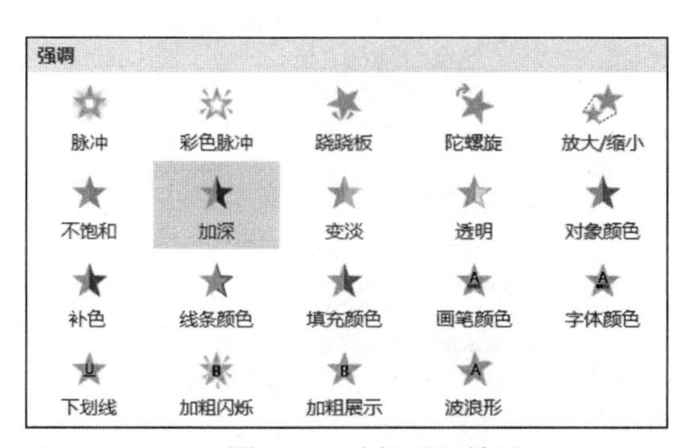

图 8-47　选择强调效果

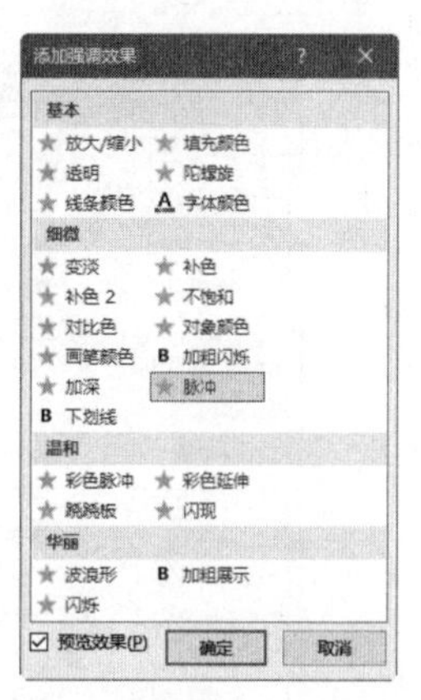

图 8-48　【添加强调效果】对话框

图 8-49　选择退出效果

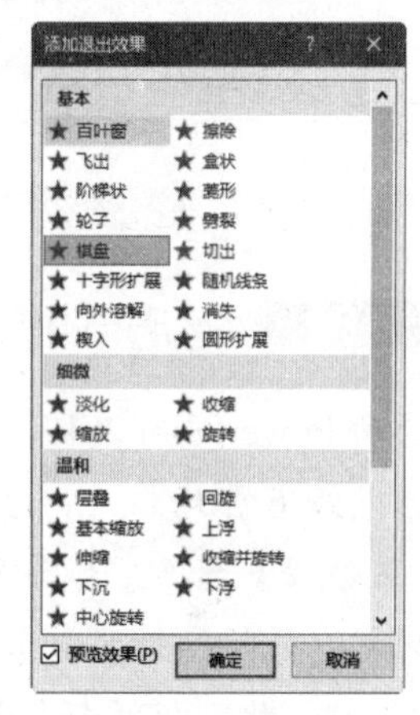

图 8-50　【添加退出效果】对话框

4．添加动作路径动画效果

动作路径动画可以指定文本等对象沿着预定的路径运动。PowerPoint 2019 中的动作路径不仅提供了大量预设路径效果，还可以由用户自定义路径动画。

添加动作路径效果的步骤与添加进入动画的步骤基本相同，在【动画】组中单击【其他】按钮，在弹出的【动作路径】列表框中选择一种动作路径效果，即可为对象添加该动画效果。若选择【其他动作路径】命令，打开【更改动作路径】对话框，可以选择其他的动作路径效果，如图 8-51 所示。

在【高级动画】组中单击【添加动画】按钮，在弹出的【动作路径】列表框中同样可以选择一种动作路径效果；选择【其他动作路径】命令，打开【添加动作路径】对话框，同样可以选择更多的动作路径，如图 8-52 所示。

当 PowerPoint 2019 提供的动作路径不能满足用户需求时，用户可以自己绘制动作路径。在【动作路径】菜单中单击【自定义路径】按钮，即可在幻灯片中拖动鼠标绘制出需要的图形，当结束绘制时双击鼠标，动作路径即可出现在幻灯片中。

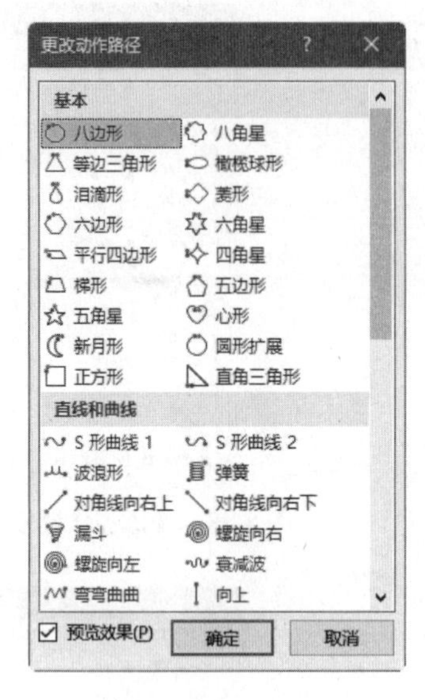

图 8-51 【更改动作路径】对话框

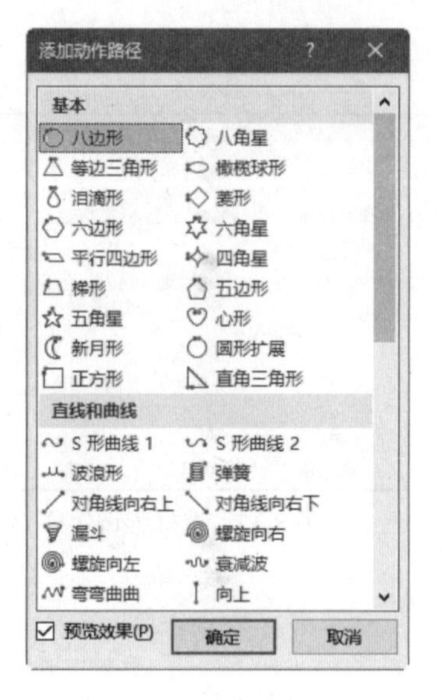

图 8-52 【添加动作路径】对话框

【例 8-6】 为幻灯片中的对象设置动作路径动画。 视频

(1) 启动 PowerPoint 2019，打开“我的相册”演示文稿。

(2) 选中第 6 张幻灯片，选中图片，在【动画】组中单击【其他】按钮，在弹出的菜单中选择【自定义路径】选项，如图 8-53 所示。

(3) 此时，鼠标指针变成十字形状，将鼠标指针移动到图片上，拖动鼠标绘制曲线。双击完成曲线的绘制，此时即可查看图片的动作路径，如图 8-54 所示。

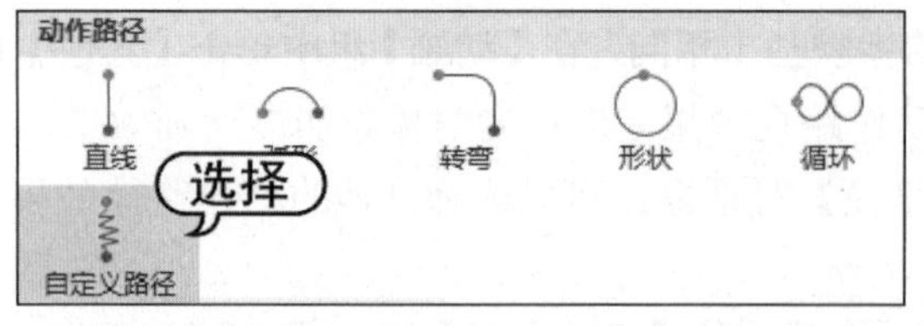

图 8-53 选择【自定义路径】选项

图 8-54 绘制动作路径

(4) 选中右侧的文本，在【高级动画】组中单击【添加动画】按钮，在弹出的菜单中选择【其他动作路径】命令，打开【添加动作路径】对话框，选择【螺旋向右】选项，单击【确定】按钮，如图 8-55 所示。

(5) 此时即可查看文字的动作路径及动画编号，如图 8-56 所示。

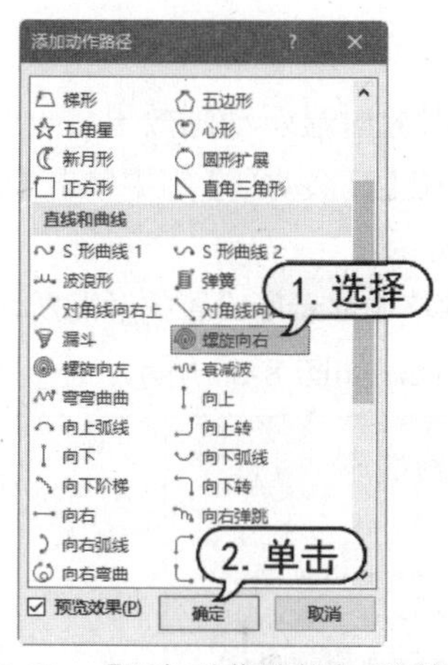

图 8-55 【添加动作路径】对话框

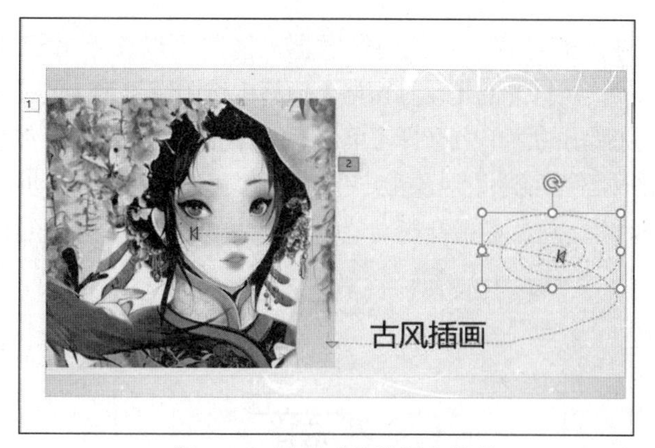

图 8-56 显示动作路径和编号

8.3.3 设置高级选项

PowerPoint 2019 具备动画效果高级设置功能，如设置动画计时选项、设置动画触发器、重新排序动画等。这些功能的使用，可以使整个演示文稿更为美观。

1. 设置动画计时选项

默认设置的动画效果在幻灯片放映屏幕中持续播放的时间只有几秒钟，同时需要单击鼠标时才会开始播放下一个动画。如果默认的动画效果不能满足用户实际需求，则可以通过【动画设置】对话框的【计时】选项卡进行动画计时选项的设置。

例如打开【动画】选项卡，在【高级动画】组中单击【动画窗格】按钮，打开【动画窗格】窗格，选中第 2 个动画，在【计时】组中单击【开始】下拉按钮，从下拉列表中选择【上一动画之后】选项，如图 8-57 所示。此时，第 2 个动画将在第 1 个动画播放完后自动开始播放，无须单击鼠标。在【持续时间】和【延迟】文本框中输入“01.00”，设置动画效果的持续和延迟时间，如图 8-58 所示。

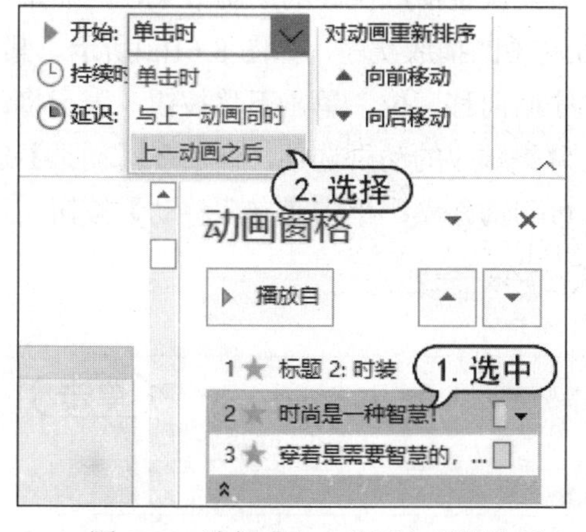

图 8-57 选择【上一动画之后】选项

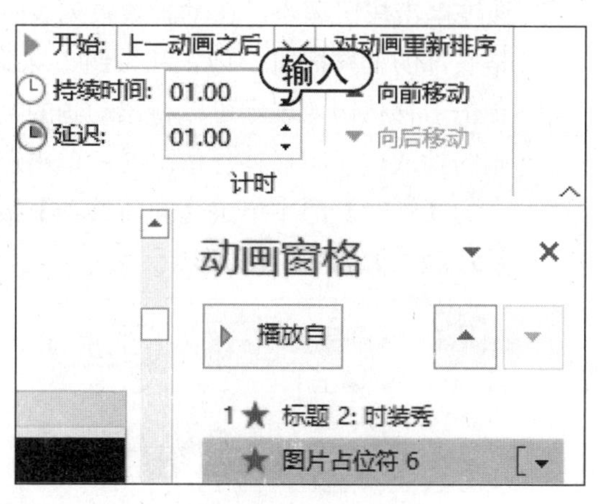

图 8-58 设置时间

2. 设置动画触发器

在放映幻灯片时，使用触发器功能，可以在单击幻灯片中的对象时显示动画效果。

例如，在打开的【动画窗格】窗格中选中编号为1的动画效果，在【高级动画】组中单击【触发】按钮，从弹出的菜单中选择【单击】|【下箭头1】选项，如图8-59所示。

此时，“下箭头”对象上产生动画的触发器，并在【动画窗格】窗格中显示所设置的触发器。当播放幻灯片时，将鼠标指针指向该触发器并单击，将显示既定的动画效果，如图8-60所示。

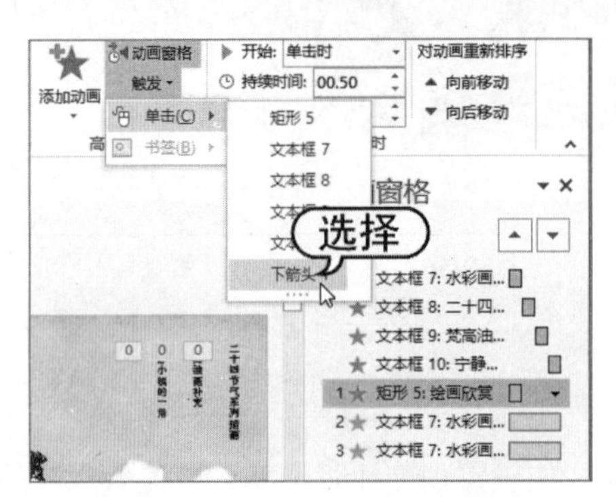

图8-59 选择【下箭头1】选项

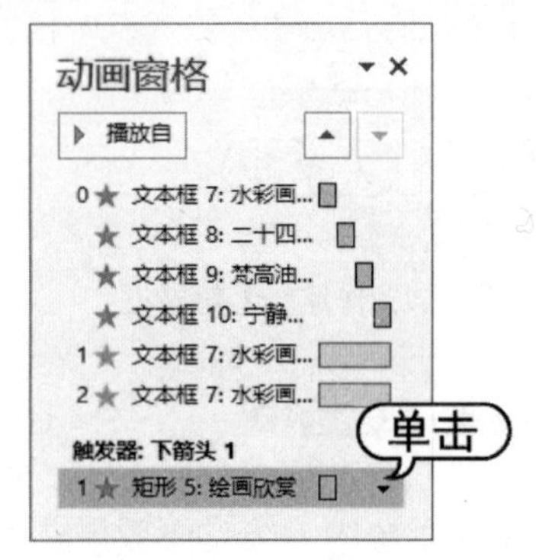

图8-60 单击触发器

3. 改变动画播放顺序

在给幻灯片中的多个对象添加动画效果时，添加效果的顺序就是幻灯片放映时的播放次序。当幻灯片中的对象较多时，难免在添加效果时使动画播放次序产生错误，这时可以在动画效果添加完成后对其播放次序进行重新调整。

【动画窗格】中的动画效果列表是按照设置的先后顺序从上到下排列的，放映也是按照此顺序进行，用户若不满意动画播放顺序，可通过调整动画效果列表中各动画选项的位置来更改动画播放顺序，方法介绍如下。

- 通过拖动鼠标调整：在动画效果列表中选择要调整的动画选项，按下鼠标左键不放进行拖动，此时有一条红色的横线随之移动，当横线移动到需要的目标位置时释放鼠标即可。
- 通过单击按钮调整：在动画效果列表中选择需要调整播放次序的动画效果，然后单击窗格底部的上移按钮▲或下移按钮▼来调整该动画的播放次序，如图8-61(a)所示。其中，单击上移按钮，表示可以将该动画的播放次序向前移一位，单击下移按钮，表示将该动画的播放次序向后移一位。或者单击选中要调整顺序的动画选项，然后在【动画】选项卡的【计时】组中单击【向前移动】按钮，可向前移动；单击【向后移动】按钮，可向后移动，如图8-61(b)所示。

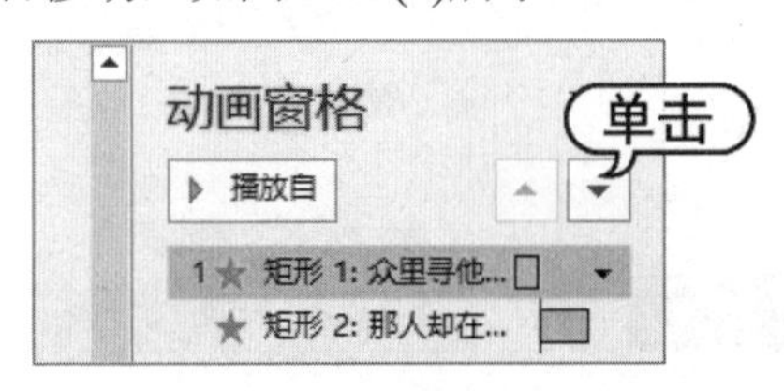

(a)

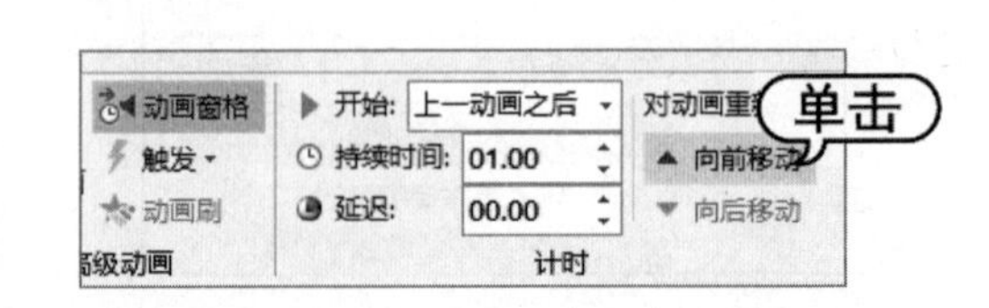

(b)

图8-61 单击按钮改变播放顺序

8.4　添加超链接

超链接是指向特定位置或文件的一种连接方式，可以利用它指定程序的跳转位置。超链接只有在幻灯片放映时才有效。在 PowerPoint 中，超链接可以跳转到当前演示文稿中的特定幻灯片、其他演示文稿中特定的幻灯片、自定义放映、电子邮件地址、文件或 Web 页上。

只有幻灯片中的对象才能添加超链接，备注、讲义等内容不能添加超链接。幻灯片中可以显示的对象几乎都可以作为超链接的载体。添加或修改超链接的操作一般在普通视图中的幻灯片编辑窗口中进行。添加超链接的步骤如下。

(1) 选中幻灯片中的艺术字，右击鼠标，在弹出的快捷菜单中选择【超链接】命令，如图 8-62 所示。

(2) 打开【插入超链接】对话框，在【链接到】列表框中选择【本文档中的位置】选项，在【请选择文档中的位置】列表框中选择【目录】选项，即链接到第 2 张幻灯片，然后单击【确定】按钮，如图 8-63 所示。

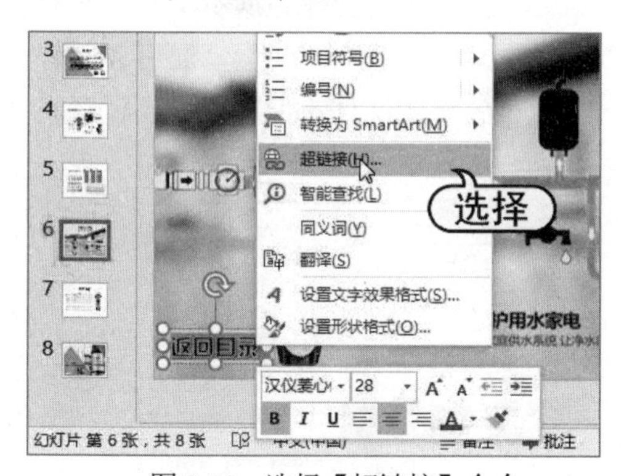

图 8-62　选择【超链接】命令

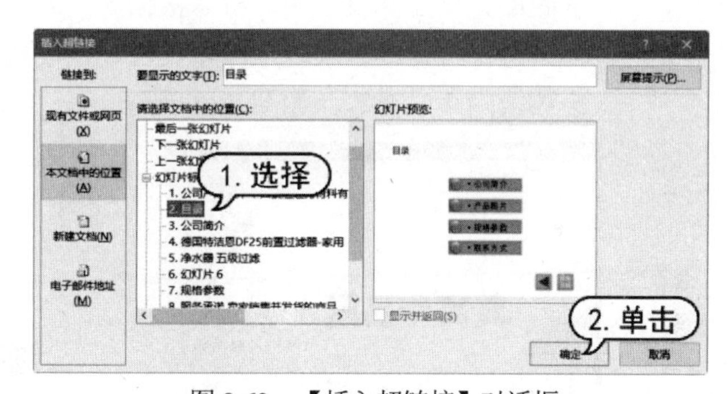

图 8-63　【插入超链接】对话框

(3) 为艺术字设置超链接后返回幻灯片中，文本将显示超链接格式，在放映时单击【返回目录】艺术字，将返回第 2 张幻灯片，如图 8-64 所示。

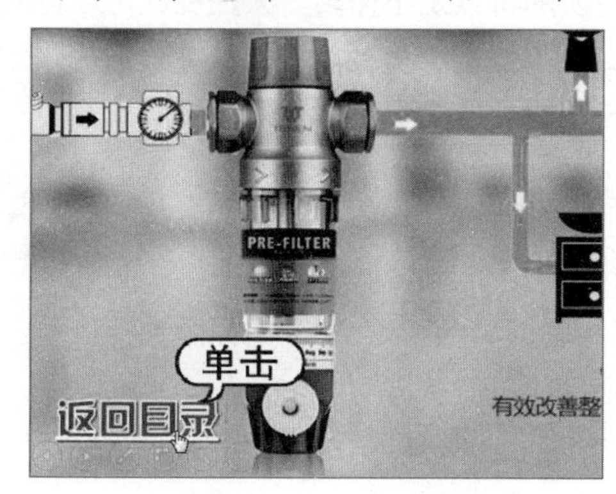

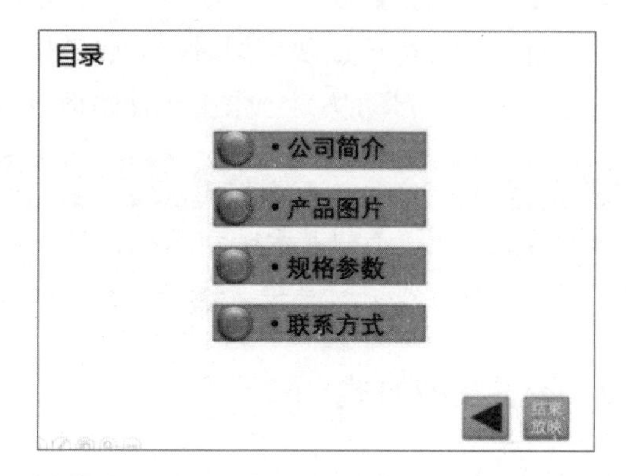

图 8-64　单击【返回目录】艺术字

8.5　放映幻灯片课件

在 PowerPoint 中，用户可以选择最为理想的放映速度与放映方式，让幻灯片放映过程更加清晰明确。用户还可以将制作完成的演示文稿以其他格式导出发布。

8.5.1　设置放映类型

打开【幻灯片放映】选项卡，在【设置】组中单击【设置幻灯片放映】按钮，打开【设置放映方式】对话框，其中的【放映类型】选项区域可以设置幻灯片的放映模式，有以下 3 种模式。

- 【观众自行浏览】模式：观众自行浏览是在标准 Windows 窗口中显示的放映形式，放映时的 PowerPoint 窗口具有菜单栏、Web 工具栏，类似于浏览网页的效果，便于观众自行浏览，如图 8-65 所示。
- 【演讲者放映】模式：该模式是系统默认的放映类型，也是最常见的全屏放映方式。在这种放映方式下，将以全屏幕的状态放映演示文稿，演讲者现场控制演示节奏，具有放映的完全控制权。用户可以根据观众的反应随时调整放映速度或节奏，还可以暂停下来进行讨论或记录观众即席反应。该模式一般用于召开会议时的大屏幕放映、联机会议或网络广播等，如图 8-66 所示。

图 8-65　【观众自行浏览】模式

图 8-66　【演讲者放映】模式

- 【展台浏览】模式：采用该放映类型，最主要的特点是不需要专人控制就可以自动运行，在使用该放映类型时，如超链接等的控制方法都会失效。当播放完最后一张幻灯片后，会自动从第一张重新开始播放，直至用户按下 Esc 键才会停止播放。

提示

使用【展台浏览】模式放映演示文稿时，用户不能对其放映过程进行干预，必须设置每张幻灯片的放映时间，或者预先设定演示文稿排练计时，否则可能会长时间停留在某张幻灯片上。

8.5.2　设置放映方式

PowerPoint 2019 提供了多种演示文稿的放映方式，最常用的是幻灯片页面的演示控制，主要有幻灯片的定时放映、连续放映及循环放映等。

1. 定时放映

用户在设置幻灯片切换效果时，可以设置每张幻灯片在放映时停留的时间，当等待到设定的时间后，幻灯片将自动向下放映。

打开【切换】选项卡，若在【计时】组中选中【单击鼠标时】复选框，则用户单击鼠标或按下 Enter 键和空格键时，放映的演示文稿将切换到下一张幻灯片，如图 8-67 所示。

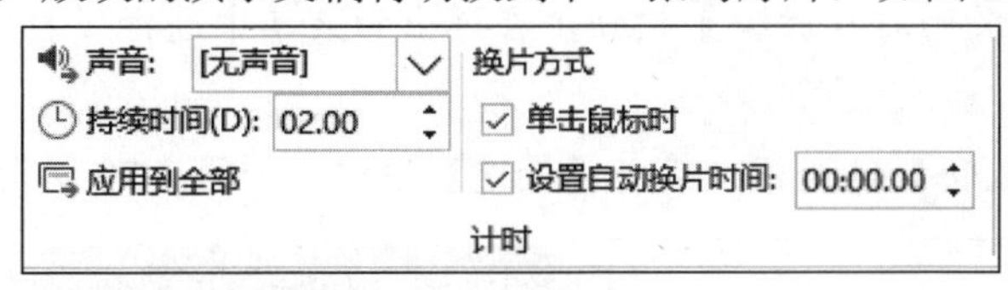

图 8-67　【计时】组

2. 连续放映

在【切换】选项卡的【计时】组中选中【设置自动换片时间】复选框，并为当前选定的幻灯片设置自动切换时间，再单击【应用到全部】按钮，为演示文稿中的每张幻灯片设定相同的切换时间，即可实现幻灯片的连续自动放映。

3. 循环放映

用户将制作好的演示文稿设置为循环放映，可以应用于如展览会场的展台等场合，让演示文稿自动运行并循环播放。

打开【幻灯片放映】选项卡，在【设置】组中单击【设置幻灯片放映】按钮，打开【设置放映方式】对话框。在【放映选项】选项区域中选中【循环放映，按 ESC 键终止】复选框，则在播放完最后一张幻灯片后，会自动跳转到第 1 张幻灯片，而不是结束放映，直到用户按 Esc 键退出放映状态，如图 8-68 所示。

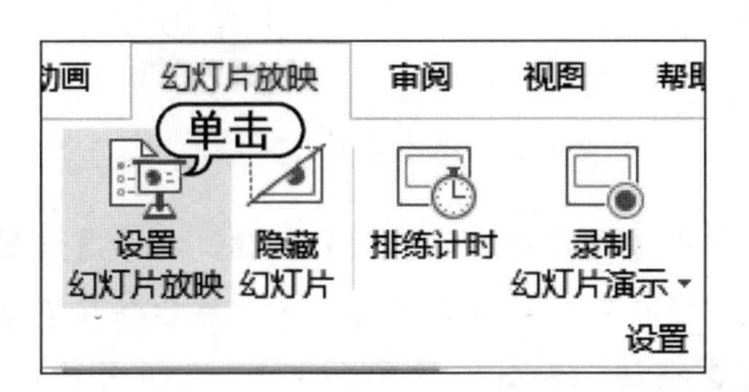

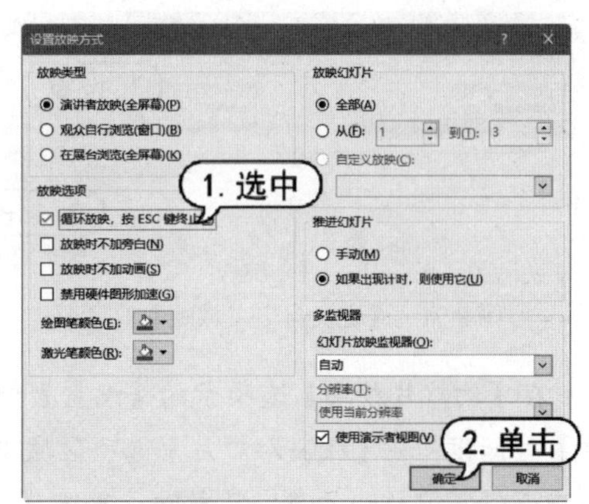

图 8-68　打开【设置放映方式】对话框

4. 自定义放映

自定义放映是指用户可以自定义演示文稿放映的张数，使一个演示文稿适用于多种观众，即可以将一个演示文稿中的多张幻灯片进行分组，以便对特定的观众放映演示文稿中的特定部分。

用户可以用超链接分别指向演示文稿中的各个自定义放映，也可以在放映整个演示文稿时只放映其中的某个自定义放映。

【例 8-7】 创建自定义放映。 视频

(1) 启动 PowerPoint 2019，打开一个演示文稿，选中【幻灯片放映】选项卡，单击【开始放映幻灯片】组的【自定义幻灯片放映】按钮，在弹出的菜单中选择【自定义放映】命令，如图 8-69 所示。

(2) 打开【自定义放映】对话框，单击【新建】按钮，如图 8-70 所示。

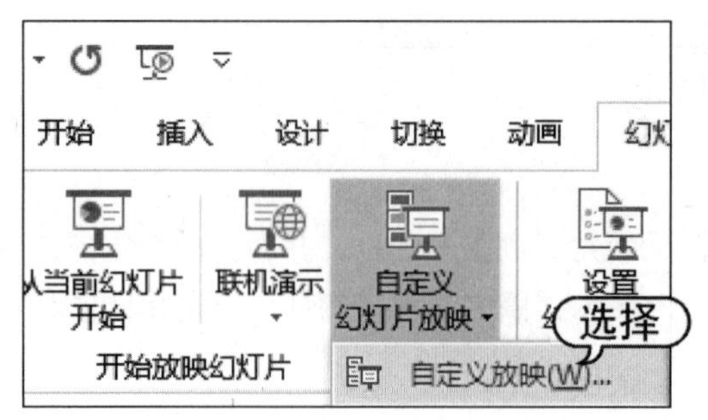

图 8-69　选择【自定义放映】命令

图 8-70　单击【新建】按钮

(3) 打开【定义自定义放映】对话框，在【幻灯片放映名称】文本框中输入文字“梵高作品展”，在【在演示文稿中的幻灯片】列表中选择第 2 张和第 3 张幻灯片，然后单击【添加】按钮，将两张幻灯片添加到【在自定义放映中的幻灯片】列表中，单击【确定】按钮，如图 8-71 所示。

(4) 返回至【自定义放映】对话框，在【自定义放映】列表中显示创建的放映，单击【关闭】按钮，如图 8-72 所示。

图 8-71　【定义自定义放映】对话框

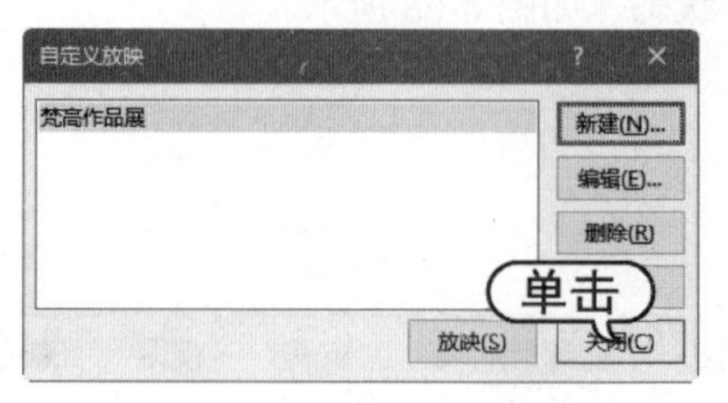

图 8-72　单击【关闭】按钮

(5) 在【幻灯片放映】选项卡的【设置】组中单击【设置幻灯片放映】按钮，打开【设置放映方式】对话框，在【放映幻灯片】选项区域中选中【自定义放映】单选按钮，然后在其下方的列表框中选择需要放映的自定义放映，单击【确定】按钮，如图 8-73 所示。

(6) 此时按下 F5 键时，将自动播放自定义的幻灯片，如图 8-74 所示。

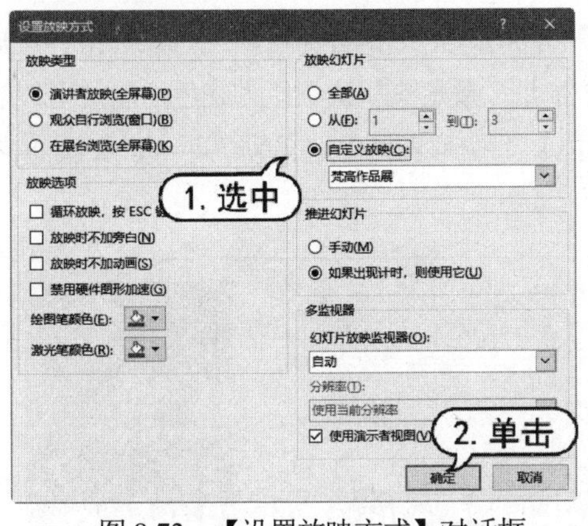

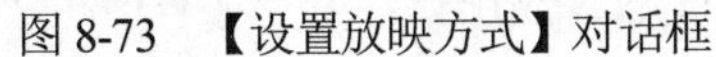
图 8-73　【设置放映方式】对话框

图 8-74　播放幻灯片

8.5.3　放映过程

放映过程中可设置其放映方法，使用激光笔、笔、荧光笔等工具突出内容。

1. 放映方法

完成幻灯片前的准备工作后，就可以开始放映已设计完成的演示文稿。常用的放映方法很多，除了自定义放映外，还有从头开始放映、从当前幻灯片开始放映等。

- 从头开始放映。从头开始放映是指从演示文稿的第一张幻灯片开始播放演示文稿。在 PowerPoint 2019 中，打开【幻灯片放映】选项卡，在【开始放映幻灯片】组中单击【从头开始】按钮，或者直接按 F5 键，开始放映演示文稿，此时进入全屏模式的幻灯片放映视图。
- 从当前幻灯片开始放映。当用户需要从指定的某张幻灯片开始放映，则可以使用【从当前幻灯片开始】功能。选择指定的幻灯片，打开【幻灯片放映】选项卡，在【开始放映幻灯片】组中单击【从当前幻灯片开始】按钮，显示从当前幻灯片开始放映的效果。此时进入幻灯片放映视图，幻灯片以全屏幕方式从当前幻灯片开始放映，如图 8-75 所示。

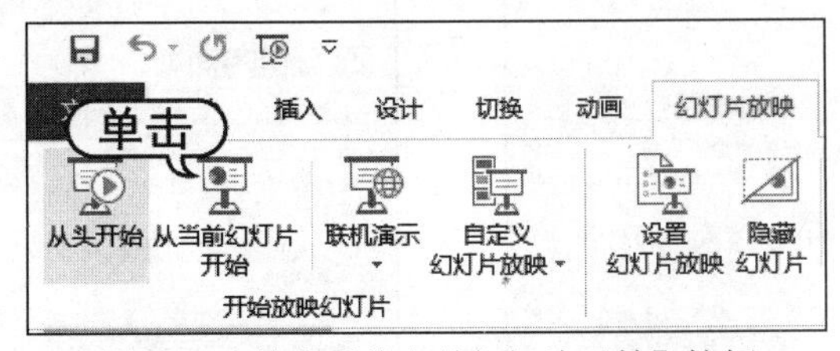

图 8-75　单击【从当前幻灯片开始】按钮

2.使用激光笔

在幻灯片放映视图中，可以将鼠标指针变为激光笔样式，以将观看者的注意力吸引到幻灯片上的某个重点内容或特别要强调的内容位置。

将演示文稿切换至幻灯片放映视图状态下，按 Ctrl 键的同时，单击鼠标左键，此时鼠标指针变成激光笔样式，移动鼠标指针，将其指向观众需要注意的内容上。激光笔默认颜色为红色，用户可以更改其颜色，打开【设置放映方式】对话框，在【激光笔颜色】下拉列表框中选择颜色即可，如图 8-76 所示。

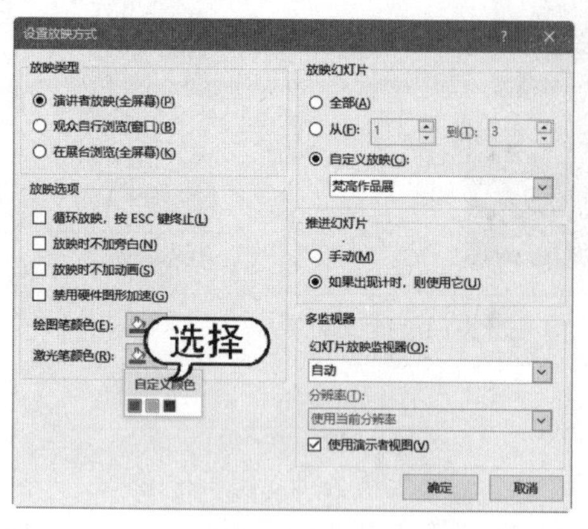

图 8-76　选择激光笔颜色

3. 黑屏和白屏

在幻灯片放映的过程中，有时为了隐藏幻灯片内容，可以将幻灯片进行黑屏或白屏显示。具体方法如下：全屏放映下，在右键菜单中选择【屏幕】|【黑屏】命令或【屏幕】|【白屏】命令即可。

4. 使用笔或荧光笔

若想在放映幻灯片时为重要位置添加标记以突出强调重要内容，那么此时就可以利用 PowerPoint 2019 提供的笔或荧光笔来实现。其中笔主要用来圈点幻灯片中的重点内容，有时还可以进行简单的写字操作；而荧光笔主要用来突出显示重点内容，并且呈透明状。

使用笔之前首先应该启用它，其方法如下：在放映幻灯片上单击鼠标右键，然后在弹出的快捷菜单中选择【指针选项】|【笔】命令，此时在幻灯片中将显示一个小红点，按住鼠标左键不放并拖动鼠标即可为幻灯中的重点内容添加标记，如图 8-77 所示。

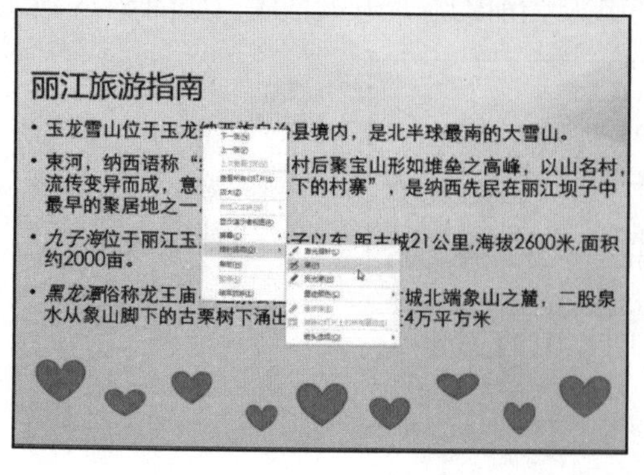

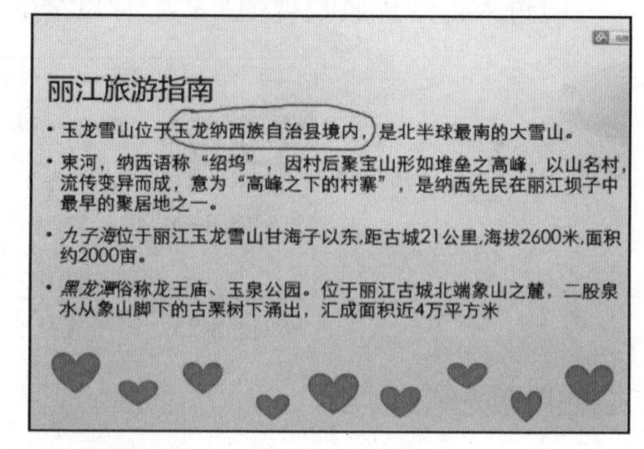

图 8-77　选择【笔】命令绘制标记

荧光笔的使用方法与笔相似，也是在放映幻灯片上单击鼠标右键，在弹出的快捷菜单中选择【指针选项】|【荧光笔】命令，此时幻灯片中将显示一个黄色的小方块，按住鼠标左键不放并拖动鼠标即可为幻灯片中的重点内容添加标记，如图 8-78 所示。

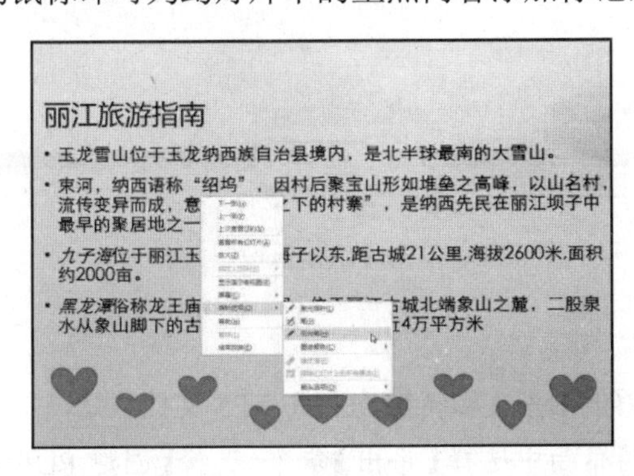

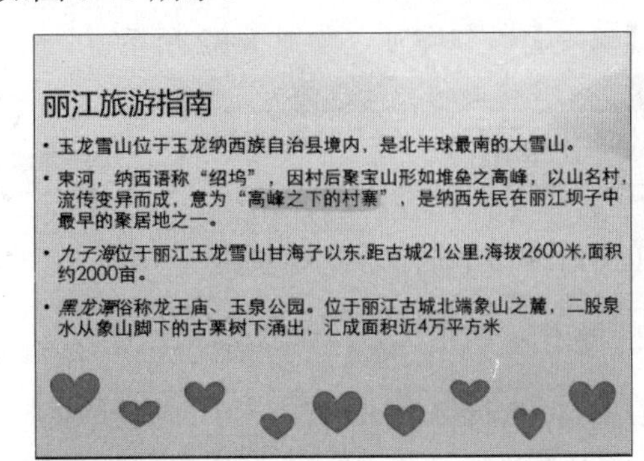

图 8-78　选择【荧光笔】命令绘制标记

8.5.4　导出演示文稿

演示文稿制作完成后，还可以将它们转换为其他格式的文件，如图片文件、视频文件、PDF 文档等，可以满足用户多用途的需要。

1. 导出为图形文件

PowerPoint 支持将演示文稿中的幻灯片输出为 GIF、JPG、PNG、TIFF、BMP、WMF 及 EMF 等格式的图形文件。这有利于用户在更大范围内交换或共享演示文稿中的内容。

在 PowerPoint 2019 中，不仅可以将整个演示文稿中的幻灯片输出为图形文件，还可以将当前幻灯片输出为图片文件。

(1) 打开演示文稿，单击【文件】按钮，从弹出的界面中选择【导出】命令，在中间窗格的【导出】选项区域中选择【更改文件类型】选项，在右侧【更改文件类型】窗格的【图片文件类型】选项区域中选择【PNG 可移植网络图形格式】选项，单击【另存为】按钮，如图 8-79 所示。

(2) 打开【另存为】对话框，设置存放路径，单击【保存】按钮，如图 8-80 所示。

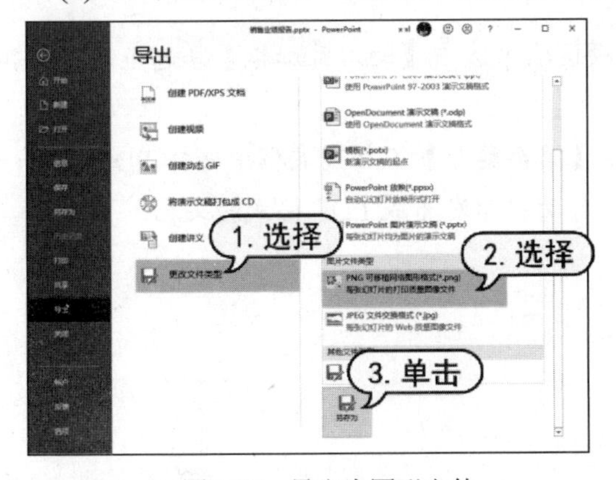

图 8-79　导出为图形文件

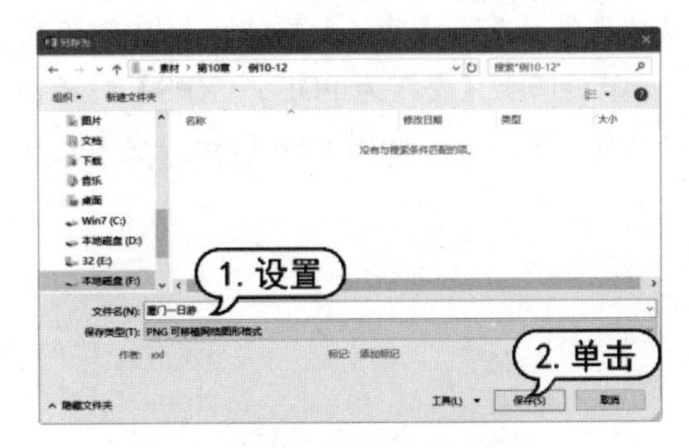

图 8-80　【另存为】对话框

(3) 此时系统会弹出提示对话框，供用户选择输出为图片文件的幻灯片范围，单击【所有幻灯片】按钮，如图 8-81 所示，开始输出图片。

(4) 完成输出后，自动弹出提示框，提示用户每张幻灯片都以独立的方式保存到文件夹中，单击【确定】按钮即可，如图 8-82 所示。

图 8-81　单击【所有幻灯片】按钮

图 8-82　单击【确定】按钮

2. 导出为 PDF 文档

在 PowerPoint 2019 中，用户可以方便地将制作好的演示文稿转换为 PDF/XPS 文档。

(1) 打开演示文稿，单击【文件】按钮，从弹出的界面中选择【导出】命令，选择【创建 PDF/XPS 文档】选项，单击【创建 PDF/XPS】按钮，如图 8-83 所示。

(2) 打开【发布为 PDF 或 XPS】对话框，设置保存文档的路径，单击【选项】按钮，如图 8-84 所示。

图 8-83　导出为 PDF 文档

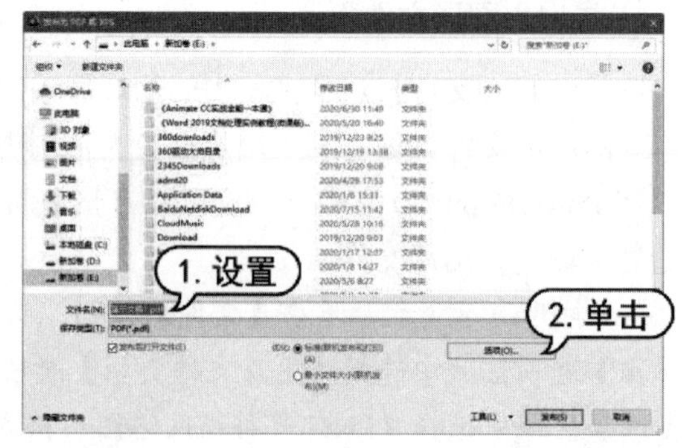

图 8-84　【发布为 PDF 或 XPS】对话框

(3) 打开【选项】对话框，在【发布选项】选项区域中选中【幻灯片加框】复选框，保持其他默认设置，单击【确定】按钮，如图 8-85 所示。

(4) 返回至【发布为 PDF 或 XPS】对话框，在【保存类型】下拉列表框中选择 PDF 选项，单击【发布】按钮，如图 8-86 所示。发布完成后，自动打开发布成 PDF 格式的文档。

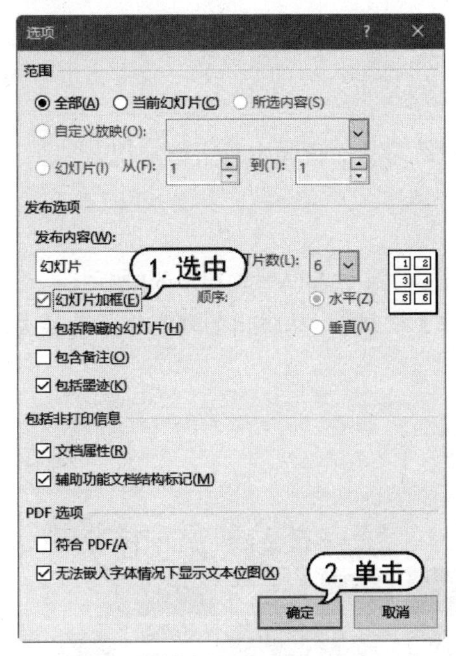

图 8-85　【选项】对话框

图 8-86　设置保存类型

3. 导出为视频文件

PowerPoint 2019 可以将演示文稿转换为视频内容，以供用户通过视频播放器播放该视频文件，实现与其他用户共享该视频。

(1) 打开演示文稿，单击【文件】按钮，在弹出的界面中选择【导出】命令，选择【创建视频】选项，并在右侧窗格的【创建视频】选项区域中设置显示选项和放映时间，单击【创建视频】按钮，如图 8-87 所示。

(2) 打开【另存为】对话框，设置视频文件的名称和保存路径，单击【保存】按钮，如图 8-88 所示。

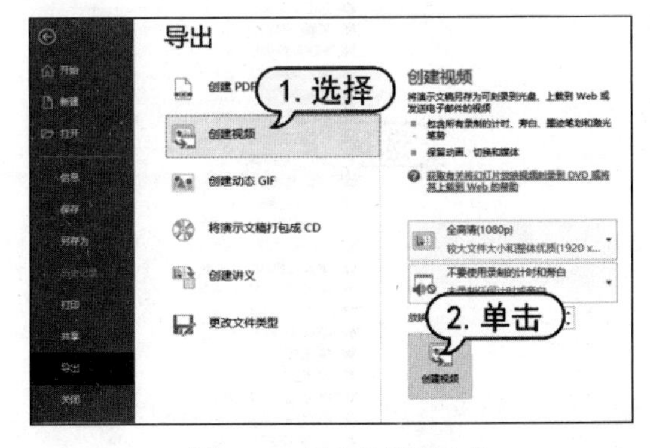

图 8-87　导出为视频文件

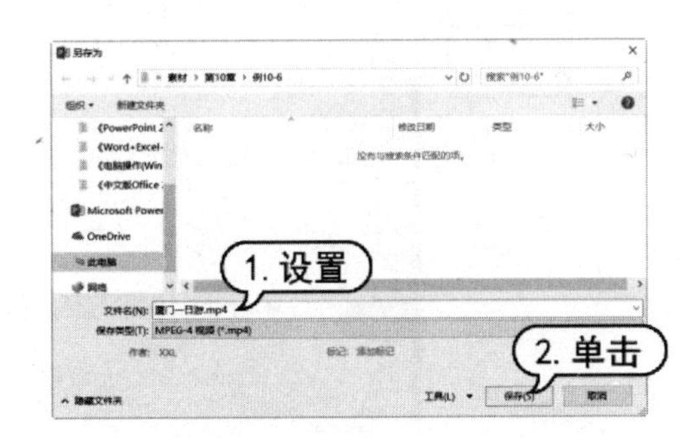

图 8-88　【另存为】对话框

8.6 实例演练

本章的实例演练为制作员工培训演示文稿，用户通过练习从而巩固本章所学知识。

【例 8-8】 制作员工培训 PPT。 视频

(1) 启动 PowerPoint 2019，新建一个名为“员工培训”的演示文稿，如图 8-89 所示。

(2) 打开【设计】选项卡，在【主题】组中单击【其他】按钮，从弹出的列表框中选择【丝状】样式，如图 8-90 所示。

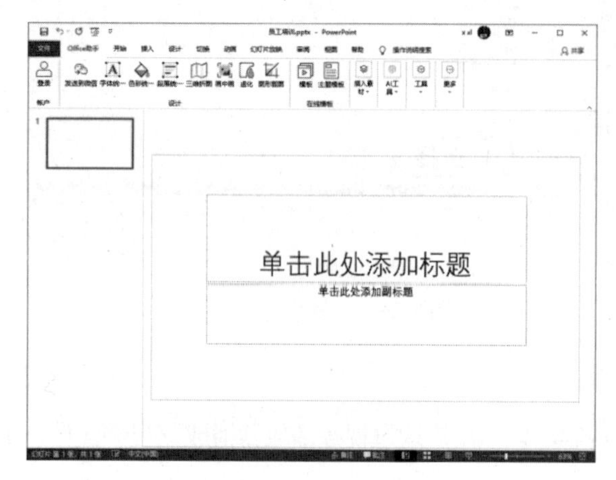

图 8-89 新建演示文稿

图 8-90 选择【丝状】样式

(3) 此时第 1 张幻灯片应用该样式，如图 8-91 所示。

(4) 单击【变体】组中的【其他】按钮，选择【颜色】|【黄绿色】选项，应用该颜色样式，如图 8-92 所示。

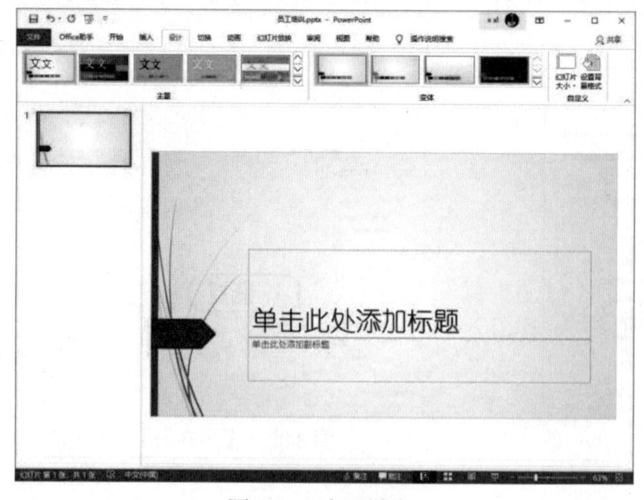

图 8-91 应用样式

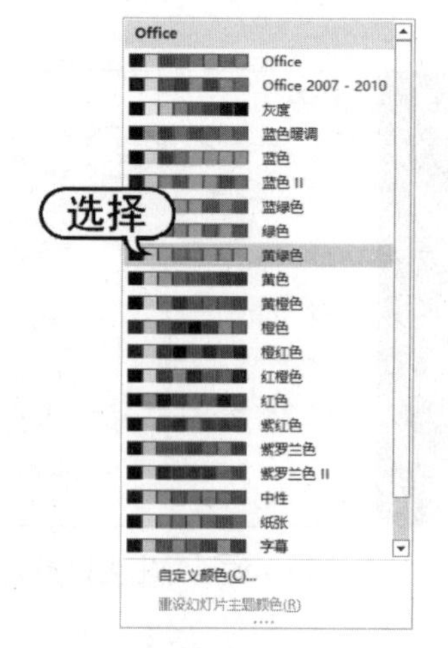

图 8-92 选择【黄绿色】选项

(5) 在幻灯片的两个文本占位符中输入文字，设置标题文字字体为【华文新魏】，字号为 80，

字体颜色为【蓝色】，副标题字体为【华文楷体】，字号为 40，字体颜色为【蓝色】，如图 8-93 所示。

(6) 在【开始】选项卡的【幻灯片】组中单击【新建幻灯片】按钮，添加一张新空白幻灯片，如图 8-94 所示。

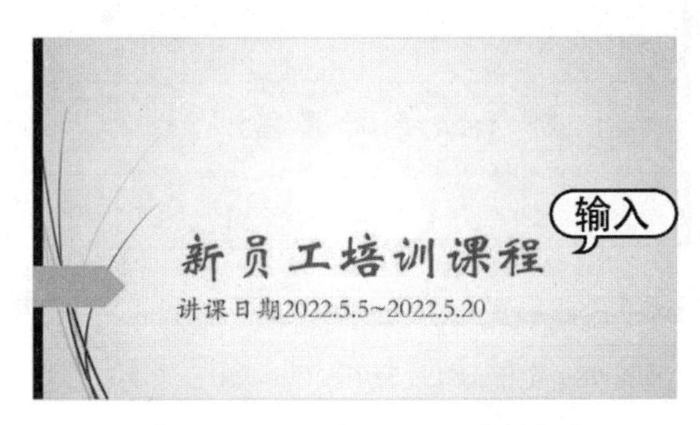

图 8-93　输入文字并设置字体格式

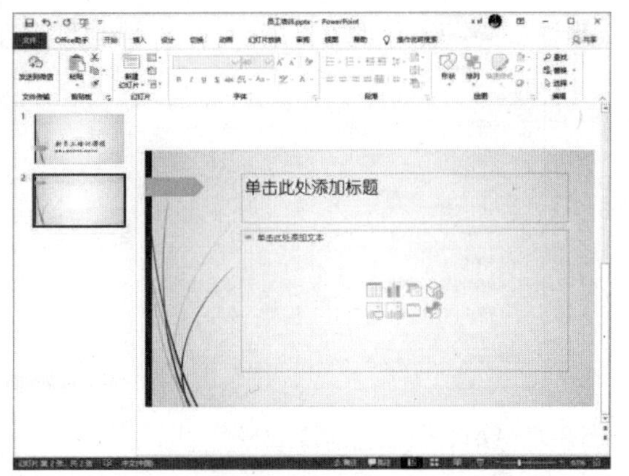

图 8-94　添加幻灯片

(7) 打开【视图】选项卡，在【母版版式】组中单击【幻灯片母版】按钮，显示幻灯片母版视图，如图 8-95 所示。

(8) 选中第 2 张幻灯片母版，在左侧选中菱形图片并调大图片。然后在【关闭】组中单击【关闭母版视图】按钮，返回到普通视图模式，如图 8-96 所示。

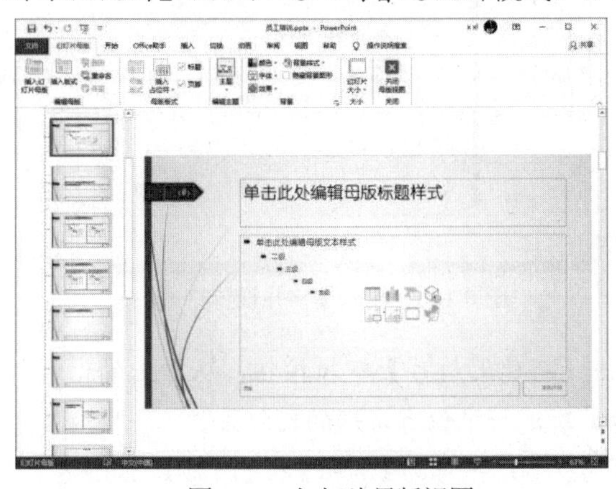

图 8-95　幻灯片母版视图

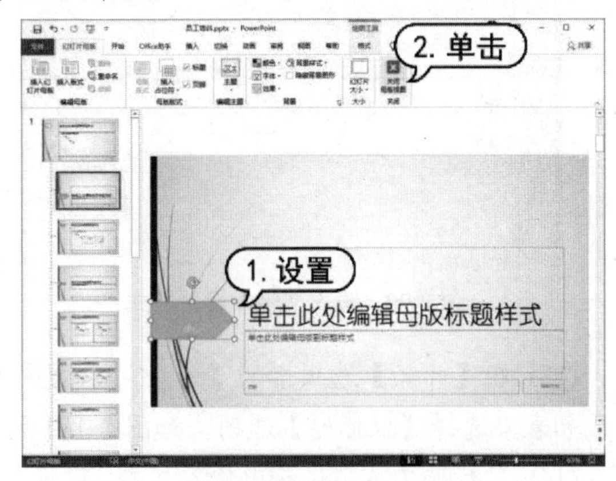

图 8-96　设置菱形图片

(9) 打开【设计】选项卡，单击【自定义】组中的【设置背景格式】按钮，打开【设置背景格式】窗格，在【颜色】栏中设置背景颜色，然后单击【应用到全部】按钮，如图 8-97 所示。

(10) 此时所有的幻灯片都应用该背景颜色，如图 8-98 所示。

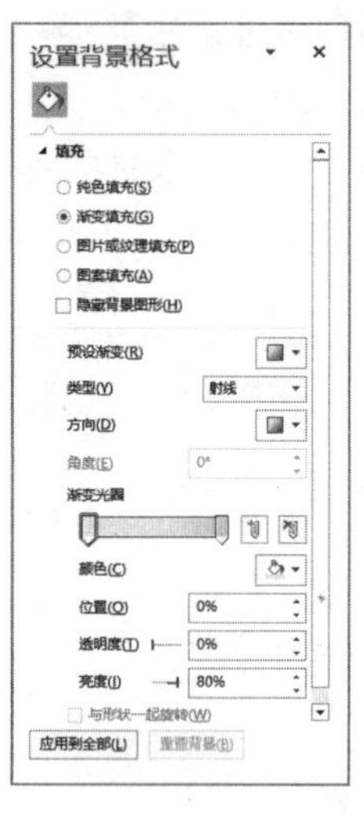

图 8-97　【设置背景格式】窗格

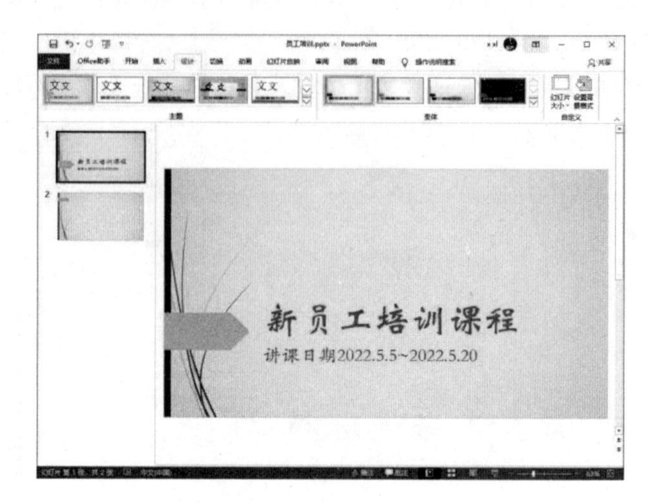

图 8-98　全部幻灯片应用颜色

(11) 在第 2 张幻灯片的文本占位符中输入文字，设置标题文字字号为 60，字形为【加粗】和【阴影】；设置文本字号为 32，如图 8-99 所示。

(12) 使用同样的方法，添加一张空白幻灯片，在文本占位符中输入文字，设置标题文字字号为 60，字形为【加粗】和【阴影】；设置文本字号为 32，如图 8-100 所示。

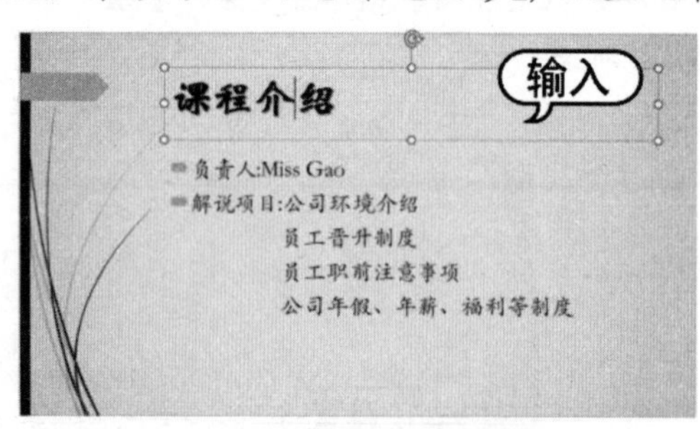

图 8-99　输入文字并设置格式

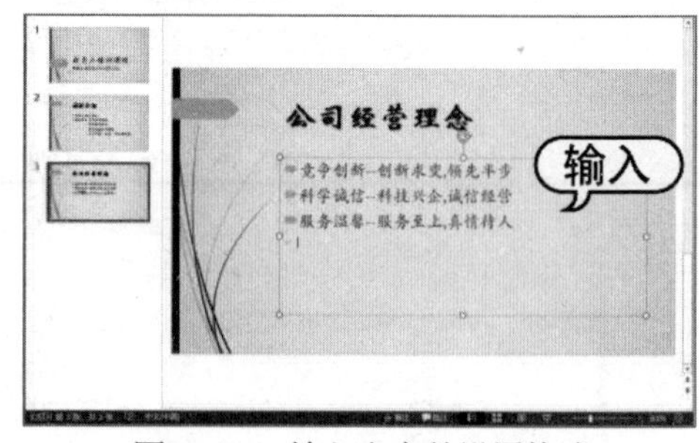

图 8-100　输入文字并设置格式

(13) 在【开始】选项卡的【幻灯片】组中单击【新建幻灯片】下拉按钮，从弹出的幻灯片样式列表中选择【仅标题】选项，如图 8-101 所示，新建一张仅有标题的幻灯片。

(14) 在标题文本占位符中输入文本，设置其字号为60，字形为【加粗】和【阴影】，如图 8-102 所示。

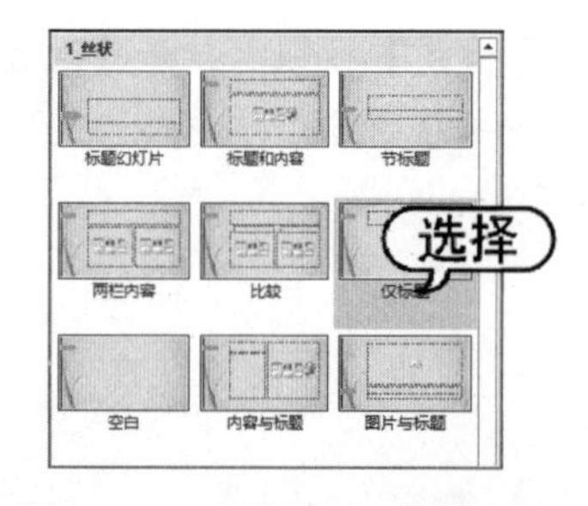

图 8-101　选择【仅标题】选项

图 8-102　输入文字并设置格式

(15) 打开【插入】选项卡，在【插图】组中单击【SmartArt】按钮，打开【选择 SmartArt 图形】对话框。选择其中的【流程】选项卡，选择【交错流程】样式，单击【确定】按钮，如图 8-103 所示。

(16) 将 SmartArt 图形插入幻灯片中并调整其大小和位置，如图 8-104 所示。

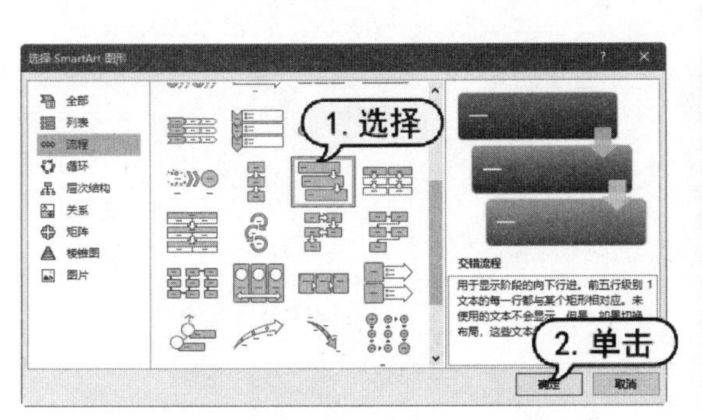

图 8-103　【选择 SmartArt 图形】对话框

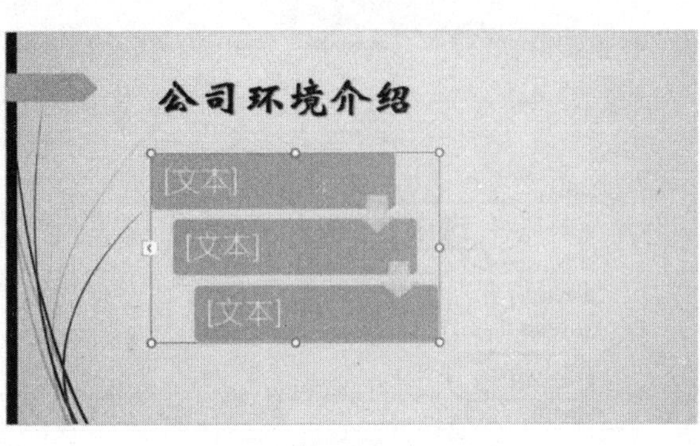

图 8-104　插入 SmartArt 图形

(17) 单击 SmartArt 图形中的形状，在其中输入文本，设置其文本格式为【华文楷体】，字号为 40，如图 8-105 所示。

(18) 在【开始】选项卡的【幻灯片】组中单击【新建幻灯片】下拉按钮，从弹出的幻灯片样式列表中选择【空白】选项，如图 8-106 所示，新建一张空白幻灯片。

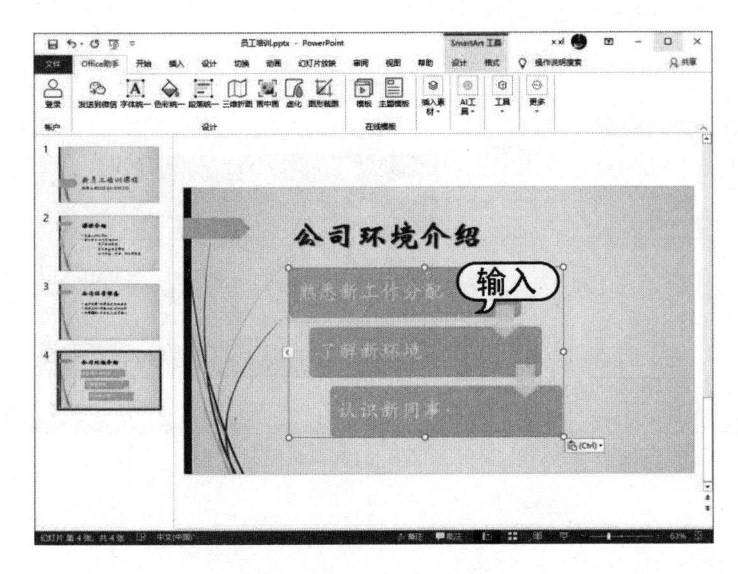

图 8-105　输入文本并设置格式

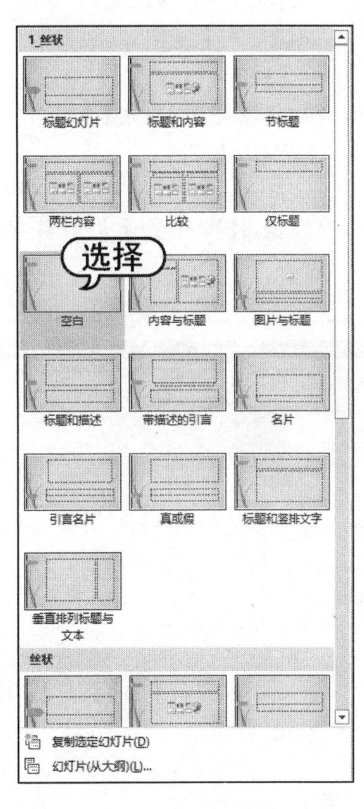

图 8-106　选择【空白】选项

(19) 打开【设计】选项卡，在【自定义】组中单击【设置背景格式】按钮，打开【设置背景格式】窗格，选择【填充】|【图片或纹理填充】单选按钮，然后单击【插入】按钮，如图 8-107 所示。

(20) 打开【插入图片】窗口，选择【来自文件】选项，如图 8-108 所示。

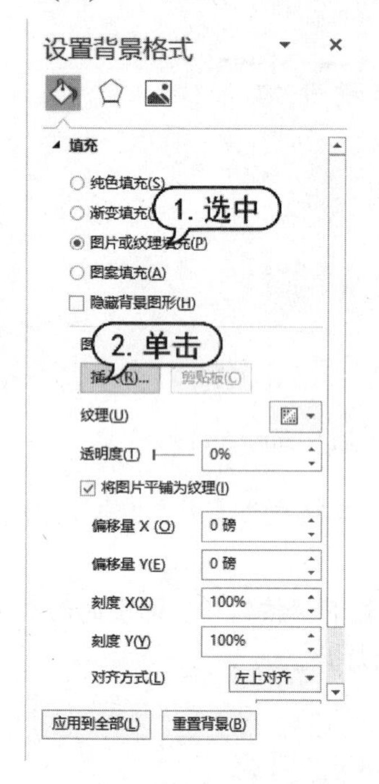

图 8-107　【设置背景格式】窗格

图 8-108　选择【来自文件】选项

(21) 打开【插入图片】对话框，选择一张背景图片，单击【插入】按钮，如图 8-109 所示。

(22) 此时即可显示幻灯片背景图片，效果如图 8-110 所示。

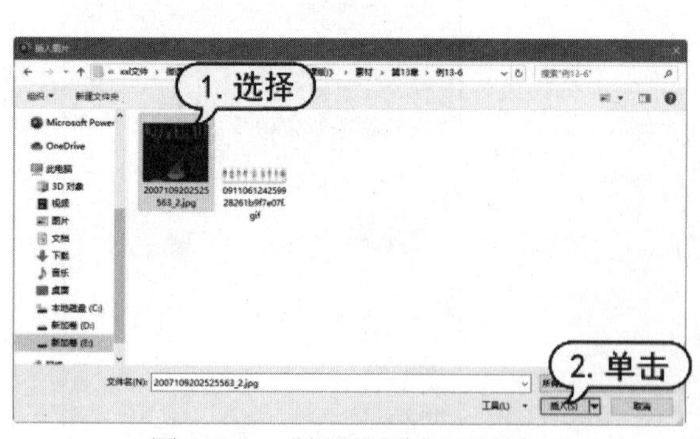

图 8-109　【插入图片】对话框

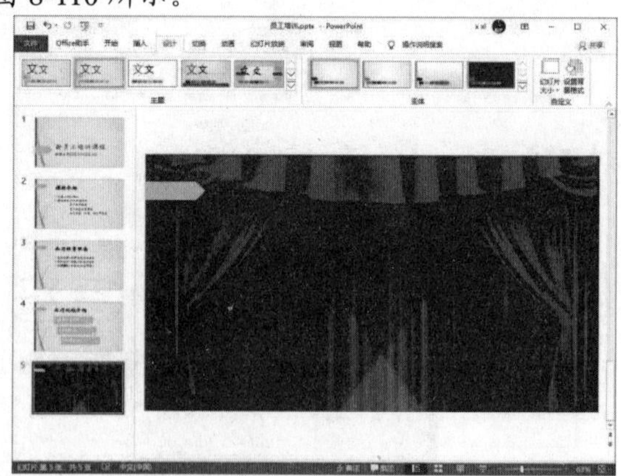

图 8-110　显示背景图片

(23) 在【设置背景格式】窗格中，选择【艺术效果】选项，单击下拉按钮，选择【塑封】选项，如图 8-111 所示。

(24) 此时即可显示设置艺术效果后的幻灯片背景图片，效果如图 8-112 所示。

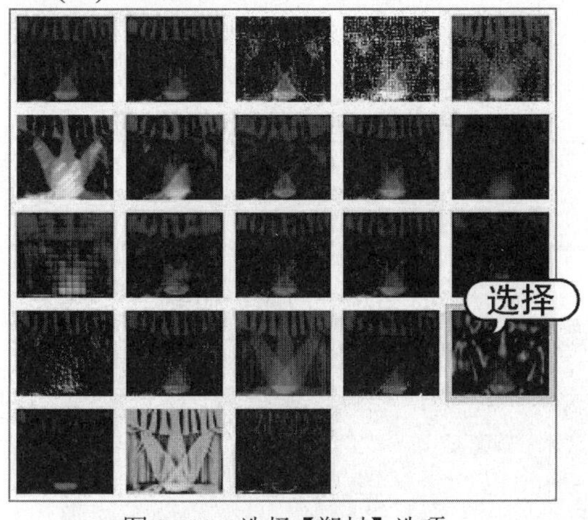

图 8-111　选择【塑封】选项

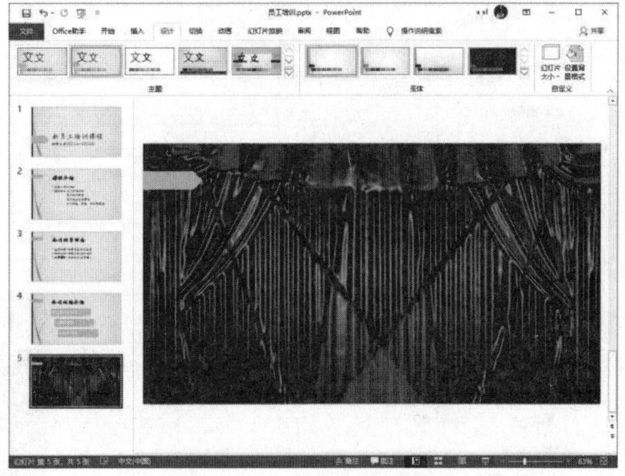

图 8-112　设置艺术效果

(25) 打开【插入】选项卡，在【文本】组中单击【艺术字】按钮，从弹出的艺术字列表框中选择一种样式，如图 8-113 所示。

(26) 将艺术字文本框插入幻灯片中，输入文本内容，并将艺术字拖动到合适的位置，如图 8-114 所示。

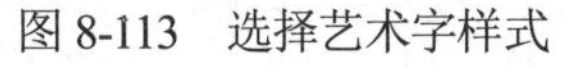

图 8-113　选择艺术字样式

图 8-114　输入文本

(27) 右击艺术字，在弹出的快捷菜单中选择【设置形状格式】命令，打开【设置形状格式】窗格，选择【文本选项】选项，在【文本填充】选项区域中选择【渐变填充】单选按钮，在【渐变光圈】中单击不同滑块，然后在【颜色】下拉列表中设置光圈颜色，如图 8-115 所示。

(28) 此时艺术字经设置后，效果如图 8-116 所示。

(29) 在幻灯片预览窗口中选择第 3 张幻灯片缩略图，将其显示在幻灯片编辑窗口中，如图 8-117 所示。

(30) 打开【插入】选项卡，在【图像】组中单击【图片】按钮，选择【此设备】选项，如图 8-118 所示。

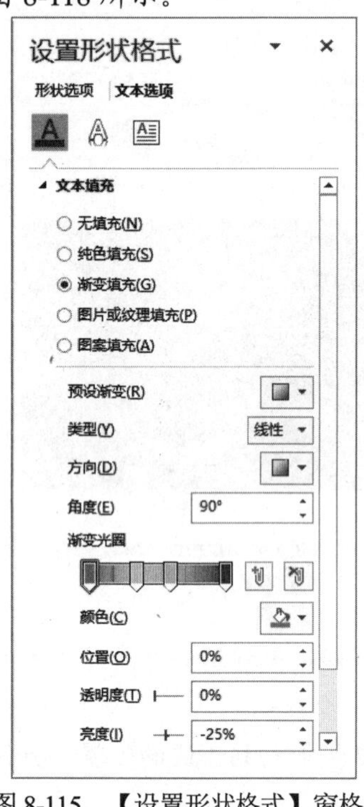

图 8-115 【设置形状格式】窗格

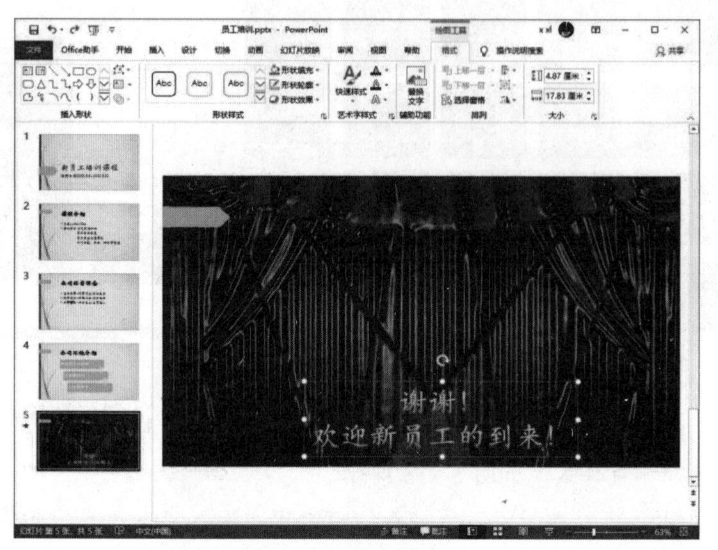

图 8-116 文本效果

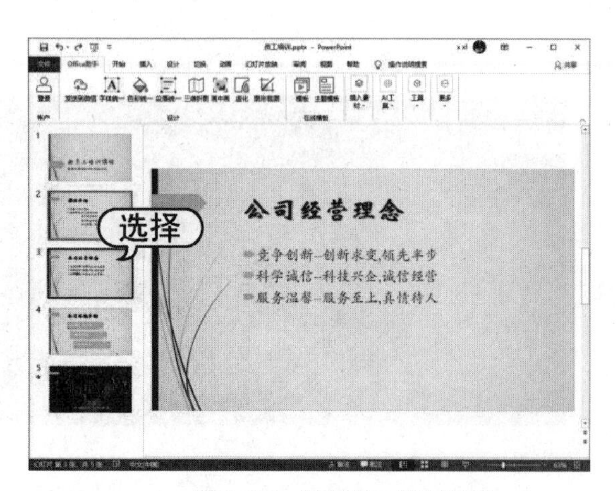

图 8-117 选择第 3 张幻灯片

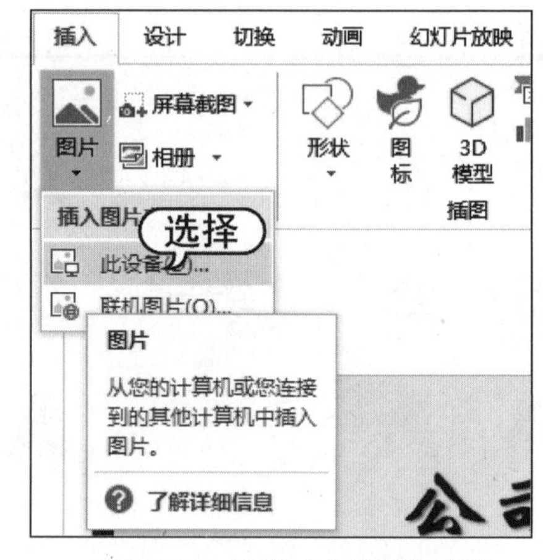

图 8-118 选择【此设备】选项

(31) 打开【插入图片】对话框，选择一张 GIF 图片，单击【确定】按钮，如图 8-119 所示。

(32) 将该图片插入幻灯片中并设置其大小和位置，效果如图 8-120 所示。

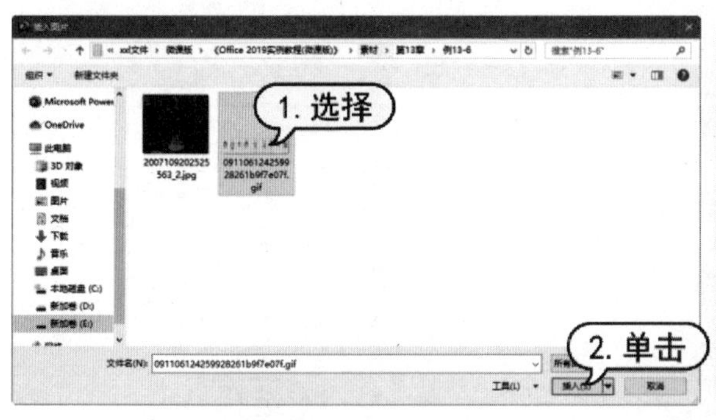

图 8-119　选择 GIF 图片并插入

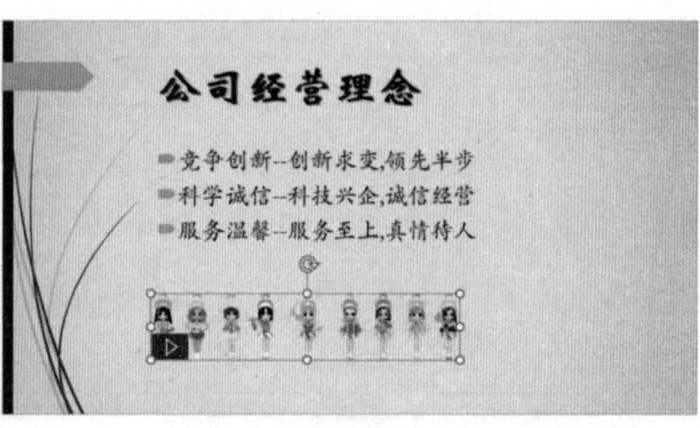

图 8-120　设置图片大小和位置

(33) 打开【切换】选项卡，在【切换到此幻灯片】组中单击【其他】按钮，从弹出的切换效果列表框中选择【揭开】选项，如图 8-121 所示。

(34) 在【计时】组中单击【声音】下拉按钮，从弹出的下拉菜单中选择【风声】选项，如图 8-122 所示。

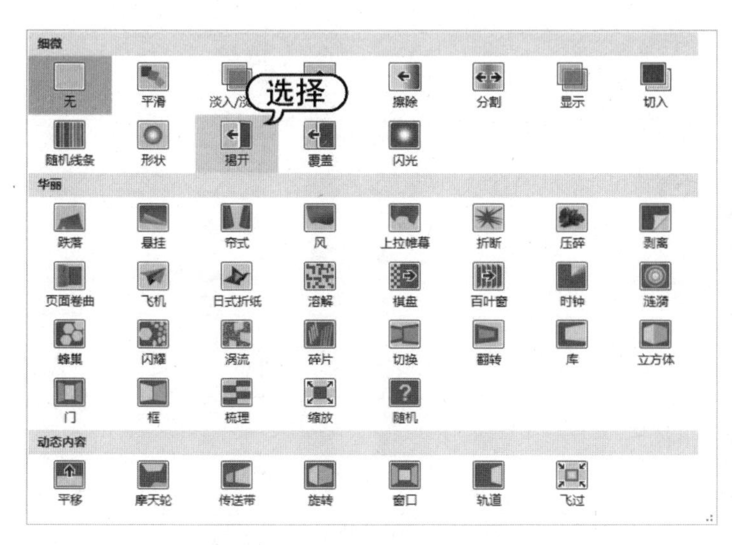

图 8-121　选择【揭开】选项

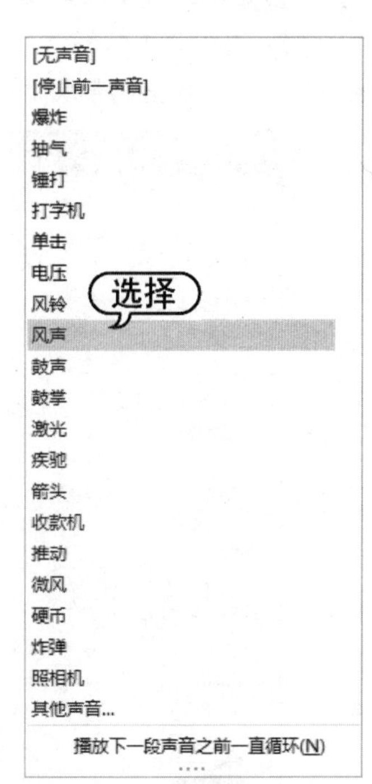

图 8-122　选择【风声】选项

(35) 在【计时】组的【换片方式】选项区域中选中两个复选框，并设置幻灯片时间为 2 分钟，单击【应用到全部】按钮，将设置的切换效果和换片方式应用于整个演示文稿，如图 8-123 所示。

(36) 选择第 5 张幻灯片，选中艺术字，打开【动画】选项卡，在【高级动画】组中单击【添加动画】按钮，从弹出的菜单中选择【更多进入效果】选项，如图 8-124 所示。

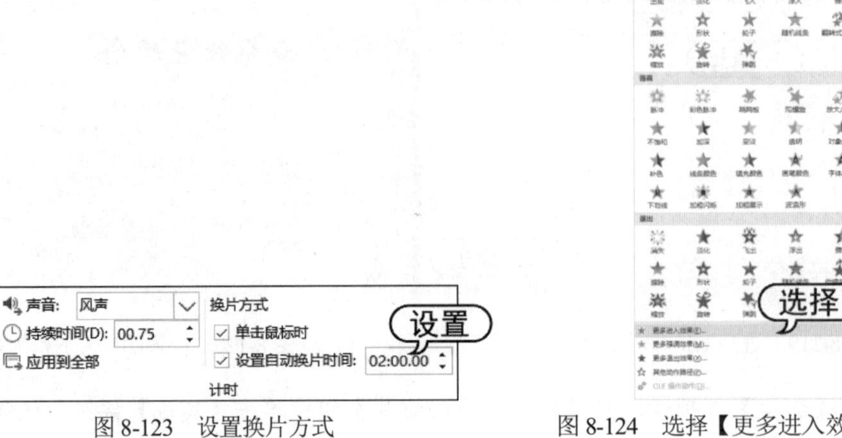

图 8-123　设置换片方式

图 8-124　选择【更多进入效果】选项

(37) 打开【添加进入效果】对话框，在【华丽】选项区域选中【飞旋】选项，单击【确定】按钮，为艺术字对象设置飞旋动画效果，如图 8-125 所示。

(38) 选择第 1 张幻灯片，选中标题文本框，打开【动画】选项卡，在【动画】组中单击【其他】按钮，从弹出的菜单中选择【轮子】进入动画效果选项，如图 8-126 所示。

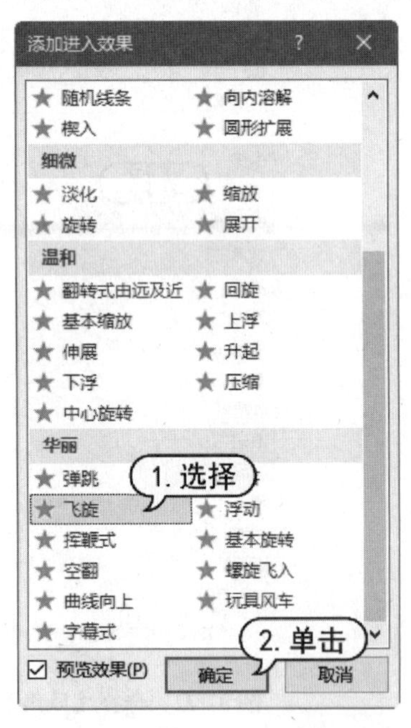

图 8-125　【添加进入效果】对话框

图 8-126　选择【轮子】选项

(39) 选择第 1 张幻灯片，选中副标题文本框，打开【动画】选项卡，在【动画】组中单击【其他】按钮，从弹出的菜单中选择【补色】强调动画效果选项，如图 8-127 所示。

(40) 此时幻灯片中显示动画标号，表示包含两个动画，如图 8-128 所示。

图 8-127　选择【补色】选项

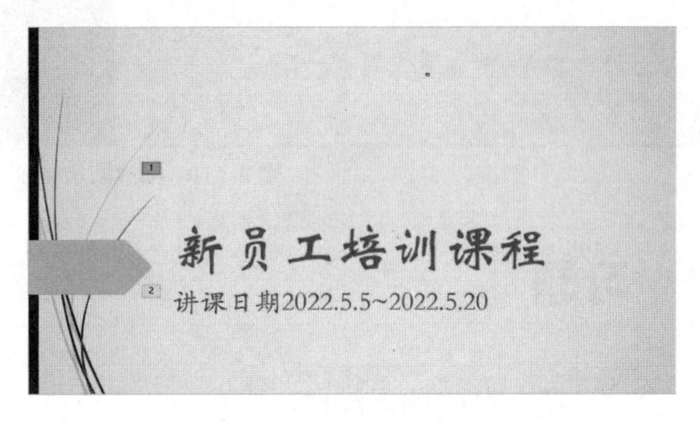

图 8-128　显示动画编号

(41) 选择第 2 张幻灯片，选中标题文本框，打开【动画】选项卡，在【动画】组中单击【其他】按钮，从弹出的菜单中选择【彩色脉冲】强调动画效果选项，如图 8-129 所示。

(42) 选中副标题文本框，打开【动画】选项卡，在【动画】组中单击【其他】按钮，从弹出的菜单中选择【随机线条】进入动画效果选项，如图 8-130 所示。

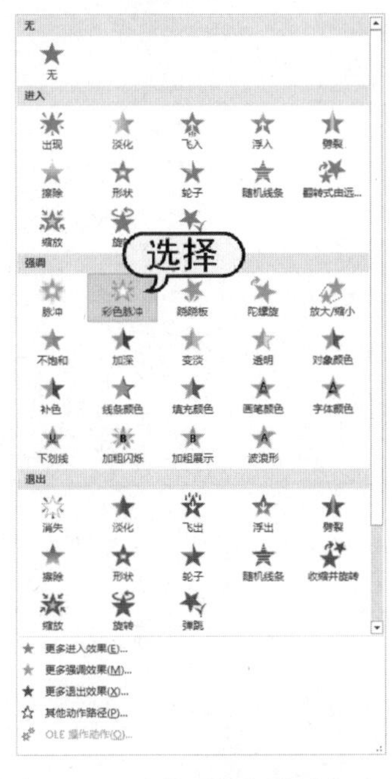

图 8-129　选择【彩色脉冲】选项

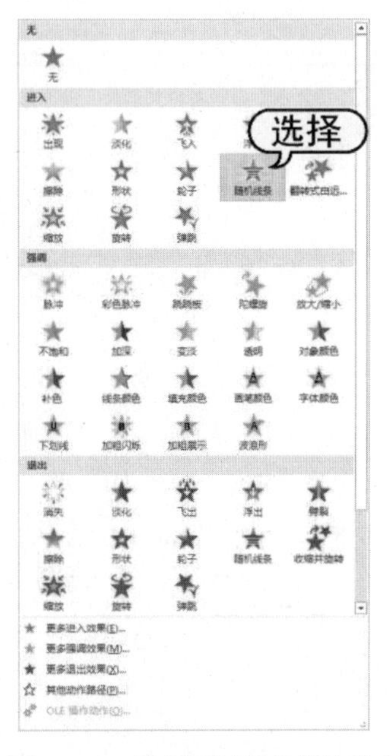

图 8-130　选择【随机线条】选项

(43) 按 F5 键开始播放该演示文稿，每放映一张幻灯片可以单击鼠标切换幻灯片，也可以等 2 分钟后自动换片，如图 8-131 所示。

图 8-131　播放演示文稿

8.7　习题

1. 简述多媒体课件的开发过程。
2. 如何在幻灯片中添加超链接？
3. 使用 PowerPoint 制作添加文字、图片、音频的演示文稿，并导出为 PDF 格式文档。

第 9 章

制作教学短视频

短视频是指通过数码相机等设备摄录并上传互联网进行播放共享的视频短片，如今随着互联网以及手机 5G 网络的普及，短视频因其入门技术低、全民皆可录等特点，已成为新一代多媒体媒介主流。本章将综合前面章节所讲解的内容，通过对教学短视频制作流程分析、素材准备与拍摄、视频剪辑与后期合成发布等环节的介绍，实现教学类短视频的制作与编辑。

本章重点

- 微课、MOOC 教学视频
- 拍摄素材
- 编辑教学视频
- 包装和发布教学视频

二维码教学视频

【例 9-1】 音频降噪
【例 9-2】 将二维动画转为视频
【例 9-3】 抠出绿色背景
【例 9-4】 编辑视频
【例 9-5】 添加片头和片尾
【例 9-6】 合成和发布视频
【例 9-7】 制作整合视频

9.1 教学短视频简介

短视频作为一种教学资源，能在较短的时间内呈现出丰富的内容，具有一定的视觉冲击力，并且能够生动形象地呈现教字内容，极大地提高学习者的注意力。因此，更多的教学资源选择短视频这种呈现方式。本节主要介绍微课、MOOC 教学视频的特点、技术指标和开发过程。

9.1.1 微课、MOOC 教学视频的特点

设计和制作优质的微课或 MOOC 教学视频，要求课程开发者具有较高的视频设计和组织制作能力，紧紧抓住教学视频的特点和热点，以探索知识能力为首要目标，促使学习者主动学习。

1. 微课的特点

微课是以视频为主要载体，记录教师讲授某个知识点的全过程，一般时间为 5~ 10 分钟。近年来，微课概念及实践迅速升温，微课已经成为传统课堂学习的一种重要补充和拓展资源。

授课设计是微课制作的核心，包括内容和教法的匹配、主题的导入、教学工具和教学软件的合理搭配、教法和教学语言的实施等。与现实的课堂教学相比，微课在授课设计上要求结构更紧密、层次更清晰、内容更丝丝入扣等。

微课主要包括如下特点。

- 教学时间较短：教学视频是微课的核心组成内容。根据学生的认知特点和学习规律，微课的长一般为 5～10 分钟。
- 教学内容较少：相对于较宽泛的传统课堂，微课的问题聚集，主题突出，更适合教师的需要。
- 资源容量较小：微课视频及配套辅助资源的总容量一般为几十兆字节，视频格式是支持网络在线播放的流媒体格式(例如 MP4、WMV、FLV 等)，师生可流畅地在线观摩课例、查看教案和课件等辅助资源；也可以灵活方便地将其下载保存到终端设备(如笔记本电脑、手机和 iPad 等)上实现移动学习，非常适合教师观摩、评课、反思和研究。
- 资源组成结构构成“情景化”：微课选取的教学内容一般要求主题突出、指向明确、相对完整。它以教学视频片段为主线整理教学设计，课堂教学时使用到的多媒体素材和课件、教师课后的教学反思、学生的反馈意见及学科专家的文字点评等相关教学资源，构成了一个主题鲜明、类型多样和结构紧凑的微教学资源环境。
- 主题突出、内容具体：一个课程是一个主题，研究的问题来源于教育教学具体实践中的具体问题，包括生活思考、教学反思、难点突破、重点强调、学习策略或方法和教育教学观点等。
- 入门容易、趣味创作：正因为课程内容的微小，所以人人都可以成为课程的研发者。因为课程的使用对象是教师和学生，课程研发的目的是将教学内容、教学目标和教学手段紧密地联系起来，而不是去验证理论、推演理论。所以决定了研发内容一定是教师自己

熟悉的、感兴趣的和有能力解决的问题。

- 成果简化、多样传播：因为内容具体、主题突出，所以研究内容容易表达、研究成果容易转化。课程容量微小、用时简短，因此传播形式多样，如网上视频、手机传播和微博讨论等。
- 反馈及时、针对性强：因为在较短的时间内集中开展“无生上课”活动，所以参加者能及时听到他人对自己教学行为的评价，获得反馈信息。

2. MOOC 教学视频的特点

近年来，“大规模在线开放课程”(Massive Open Online Courses，MOOC)在全球迅速兴起，互联网、人工智能、多媒体信息处理、云计算等信息技术的快速发展给在线教育的发展提供了坚实的支撑，特别是基于社交网络的师生间、学生间的互动技术和基于大数据分析的学习效果测评技术的应用，使在线教育让全球各国不同人群共享优质教育资源成为可能，也使得大规模并且个性化的学习成为可能。

在线开放课程凭借其不受时间和地点的约束，何时何地都可以学习，以及受众范围广、传播速度快的特点，已经受到了广泛的应用。

MOOC 教学视频的呈现模式分为有讲师模式、无讲师模式和混合模式 3 种。有讲师模式又有演播室模式和实体课堂模式两种：演播室模式的视频里一般是教师中景图像，通过在演播室录制后，后期将绿幕抠出，然后通过编辑软件进行剪辑，并添加场景、特效等，进行知识讲解；实体课堂模式里的视频一般为教室实景拍摄，学习者仿佛置身在真实的课堂中。无讲师模式有屏幕录制模式和电子黑板模式两种。屏幕录制模式简单地说就是可以记录计算机上所有的操作过程，包括光标的移动、打字和其他在屏幕上看得见的所有内容；电子黑板模式即老师讲课时使用一块触控面板，一边讲课一边在面板上书写，计算机相应的软件可以记录老师在触控面板上书写的内容和语音讲解的内容，进而生成课程视频。混合模式就是将有讲师模式、无讲师模式通过后期编辑混合到一起。

MOOC 视频资源与以往的精品课程、微课程、网络公开课等网络视频资源不同，开放、自主、交互等特点决定了其视频资源在长度的把握、内容的选择等方面都需要更加合理的设计。

9.1.2　微课、MOOC 教学视频的技术指标

依据教育部制定的《精品视频公开课拍摄制作技术标准(修订版)》，通常规范的教学视频技术指标要求如下。

1. 视频信号源

- 稳定性：全片图像同步性能稳定，无失步现象，CTL 同步控制信号必须连续；图像无抖动跳跃，色彩无突变，编辑点处图像稳定。
- 信噪比：图像信噪比不低于 55dB，无明显杂波。
- 色调：白平衡正确，无明显偏色，多机拍摄的镜头衔接处无明显色差。
- 视频电平：视频全信号幅度为 1Vp-p，最大不超过 1.1Vp-p。其中，消隐电平为 0V 时，

白电平幅度 0.7Vp-p，同步型号-0.3V，色同步信号幅度 0.3Vp-p(以消隐线上下对称)，全片一致。

2. 音频信号源

- 声道：中文内容音频信号记录于第 1 声道，音乐、音效、同期声记录于第 2 声道，若有其他文字解说记录于第 3 声道(如录音设备无第 3 声道，则录于第 2 声道)。
- 电平指标：-2～-8 dB 声音应无明显失真，放音过冲、过弱。
- 音频信噪比不低于 48 dB。
- 声音和画面要求同步，无交流声或其他杂音等缺陷。
- 伴音清晰、饱满、圆润，无失真、噪声杂音干扰、音量忽大忽小现象。解说声与现场声无明显比例失调，解说声与背景音乐无明显比例失调。

3. 视频压缩格式及技术参数

视频压缩采用 H.264 或 AVC (MPEG-4 Part10) 编码，使用二次编码，不包含字幕的 MP4 格式。

视频码流率：动态码流的最高码率不高于 2500 kb/s，最低码率不得低于 1024 kb/s。

视频分辨率的要求如下。

- 前期采用标清 4∶3 拍摄时，应设定为 720×576。
- 前期采用高清 16∶9 拍摄时，应设定为 1024×576。

视频帧率为 25 帧/秒，扫描方式采用逐行扫描。

4. 音频压缩格式及技术参数

- 音频压缩采用 AAC (MPEG4 Part3)格式。
- 采样率 48kHz。
- 音频码流率为 128 kb/s(恒定)。
- 必须是双声道，必须做混音处理。

5. 封装

采用 MP4 格式封装。

9.1.3 微课、MOOC 教学视频的开发过程

在视频课程的开发过程中，知识的编排要符合逻辑，可采用由浅入深、由易到难的循序渐进式展开课程内容，引起学生对知识学习的渴望。其流程一般包括选题教案编写、录制准备、视频录制、后期制作、导出发布等步骤。

- 选题教案编写：选题教案编写需要教学设计，首先要进行教学定位，明确观看微课的主要对象，对于不同学科的学生，教学的形式和语言的组织上应该有所差异。此外，还要根据观看对象的知识体系的不同，设计教学中的重点和难点。
- 录制准备：在录制视频前需要准备选择讲解的知识点和重点内容，并准备好录制软件、

摄像头和麦克风等装备。

- 视频录制：录制教学过程是微课制作中最关键的环节，信息技术类的教学主要以软件操作为主，可以直接采用录屏软件录制。
- 后期制作：使用 Premier Pro 或 After Effects 等软件对录制视频和音频进行剪辑操作，也可以添加各类标注、字幕、画中画、专场效果等后期效果。
- 导出发布：当编辑完视频并对预览效果满意后，就可以导出视频，选择自定义设置进行个性化设置，导出需要的格式文件进行发布。

9.2　拍摄素材

前期视频素材的拍摄是影响视频效果的重要因素。在不同的教学条件下，应精心选择适当的拍摄场地和拍摄设备，以保障获得高质量的视频素材。

9.2.1　拍摄设备和场景布光

在课程开始拍摄之前要充分做好拍摄的准备工作，这样才能确保开始拍摄后能够流畅和顺利地完成。首先是准备好拍摄所需要的辅助设备及拍摄场景布置，需要了解辅助设备的功能，并能够熟练地使用，还需要对拍摄场景进行合理的灯光布控。

1. 拍摄设备

在前期拍摄时首先应确保所需要的设备齐全。除了摄像机，在拍摄时需要用到很多辅助的设备，如三脚架、提词器、无线麦克风等。

- 摄像机：如今一般的数码相机都可以拍摄比较高清的音像视频，甚至智能手机的拍摄能力也符合视频需求。
- 三脚架：三脚架是摄影摄像最基础也是最常用的辅助装备，它起到的作用就是将相机固定起来，保障摄像师拍出稳定的画面(画面的稳定是摄像最基本的要求)，所以三脚架是必须使用的器材之一。在拍摄讲课过程时，因为讲师的位置通常是相对固定的，只需要将相机主机位固定到正前方即可，不需要拍摄移动的动态镜头。将三脚架放置到合适的位置并将其展开，这时要将三脚架固定好，以防摔坏相机。三脚架固定完成后，依据实际情况调节高度。
- 提词器：如图 9-1 所示，提词器通过用一台高清的显示器显示讲稿的内容，并将显示器内容反射到摄像机镜头前一块呈 45°的专用镀膜玻璃上，把讲稿反射出来，使得演讲者在看演讲词的同时，也能面对摄像机。这样可使讲师、提词器、单反镜头在同一轴线上，从而产生讲师始终面向屏幕的真实感。由于课程内容较多，使用提词器可方便讲师看到讲稿，在录制时不容易出错，提高录制的效率和质量。
- 无线麦克风：如图 9-2 所示，无线麦克风的作用是近距离地将讲师发出的声音录制。在录制的时候相机是与讲师有一段距离的，如果用相机自带的无线麦克风，会导致音量太小，而且容易有杂音和电流音，这些都是后期很难弥补的，所以用专业的无线麦克风可以大大提升声音的清晰度和音量。将接收器端连接到数码相机的热靴上，发射端固定到讲师身上，就可以进行录音了。

图 9-1　提词器

图 9-2　数码相机和无线麦克风

2. 场景布光

拍摄在线开放课程，虽然镜头都是对现实教学的真实反映，但光线的强弱会直接影响教学效果的呈现。不同情况下的光线各不相同，在实际拍摄时要根据实际的条件去布控灯光。

在演播厅中录制虽然不会受到自然光源的干扰，但为了得到更好的画面效果，仍然需要布控灯光。主灯光光源是正对着讲师的光源，放置在讲师的前上方，用来控制整个场景的明暗程度；侧灯光光源是在讲师的左前和右前方，对讲师的面部进行补光；轮廓光光源是在讲师身后，有较高高度照射讲师全身，使讲师与绿幕背景分离开来；背景光源，即对身后蓝绿幕布在拍摄时进行补光，主要作用是让幕布与讲师分离，方便后期抠图。

9.2.2 拍摄过程及要点

在线开放课程制作包括前期拍摄和后期剪辑包装两部分。在前期拍摄部分，首先要熟练地使用摄录设备，其次要注意布光，因为在后期制作时需要绿幕抠图，如果布光不好，会使拍摄主体有大面积阴影，直接导致人物边缘的绿幕抠不干净；或者讲师身体有阴影，严重影响视觉效果。

在拍摄的技巧方面，拍摄时要注意合适的构图和正确的曝光，构图和曝光在后期处理时能进行补救，但是补救的基础在于构图和曝光有小范围的误差，而且补救的效果质量低，所以在拍摄时要正确地构图和曝光。

教师拍摄微课时，应将目光尽量锁定摄像机镜头，眼神不要游离。不要穿绿色系的衣服，最好不要戴框架眼镜(可佩戴隐形眼镜)，以免影响后期抠图效果。在讲课过程中，如果出现口误、忘词等情况，无须中断视频的拍摄，可从当前页开始处重新开讲。教师可以使用手势指引，需保持在同一方向，切勿有过多的小动作和走动。正式拍摄前相互做好沟通，以便视频拍摄以及后期制作的顺利进行。

正式拍摄时，需要使用场记板记录拍摄当次拍摄信息，拍摄场地需保持绝对的安静，摄像师需确认设备的运行情况，及时更换电池、储存卡，注意观察讲师的问题并及时反馈解决，录制完成第一个视频时，及时用播放器观看录制情况，查看视频参数是否正常。

在录制时，有可能有噪声或者电流声，这些噪声都会影响到课程的讲解声音，所以在降噪时，要尽量将噪声处理干净。在实景录制和屏幕录像连接处，因为录音设备的不同，所以声音的音调和音量都会有较大差距，在剪接时要将音量进行处理。

在进行后期处理时，使用 Photoshop 在制作背景时要注意长宽的比例，预留讲师放置的位置。After Effects 可用于片头和特效的制作，Premiere Pro 用于抠出绿幕时细节的处理，并对视频进行排版剪辑。

9.3　编辑教学视频

前期视频拍摄完成，或者使用计算机录屏教学过程形成视频后，就可以开始对音频、视频进行编辑和处理。

9.3.1　计算机录屏

对计算机屏幕截屏录制适合于制作软件操作类微课，以及将 PowerPoint 演示文稿制作成微课。教师使用计算机录屏软件进行计算机截屏操作的录制。

用户可以使用 oCam 屏幕录像利器，它是一款免费屏幕录像捕捉软件，编码功能强大，支持游戏录像，可录制任何区域，可选全屏模式或自定义区域截图，还可以捕捉到正在播放的声音，非常简单易用，图 9-3 所示为该软件的界面。

图 9-3　录屏软件界面

计算机录屏应做好以下准备工作。

- 准备工具与软件，如计算机、耳麦、视频录像软件。
- 针对所选定的教学主题，搜集教学材料和媒体素材，并掌握软件的使用方法。
- 在计算机屏幕上同时打开视频录像软件和教学软件，执教者戴好耳麦，调整好话筒的位置和音量，并调整好教学软件界面和录屏界面的位置后，单击【录制】按钮，开始录制，执教者一边演示一边详解，可以配合标记工具和其他多媒体软件或素材，尽量使教学过程生动有趣，录制完毕后单击【停止】按钮即可(可设置快捷键)，最后形成MP4格式的录屏文件。

- 此外还可以使用录屏软件将音频和视频分开录制，这样能更加方便后期的剪辑处理。

对于录屏演示型的微课，尽量避免鼠标光标的随音移动，以免对学生造成学习干扰。录制过程中，鼠标的单击速度不能过快，要有适当停顿，在关键环节适当增加提示，便于学生跟上讲解的进度。

9.3.2 音频处理

声音的降噪能够使讲师讲解的内容更清晰，较好地消除电子设备的交流声和环境声音。在Adobe Audition 2020软件中可以完成音频降噪处理。

【例 9-1】 使用 Adobe Audition 2020 对录制的音频文件降噪。 视频

(1) 启动 Adobe Audition 2020，双击【文件】窗口中空白处，打开【打开文件】对话框，选择几个音频文件，单击【打开】按钮，如图 9-4 所示。

(2) 双击【文件】窗口中的【15s.mp3】文件，在【编辑器】窗口中显示其波纹，如图 9-5 所示。

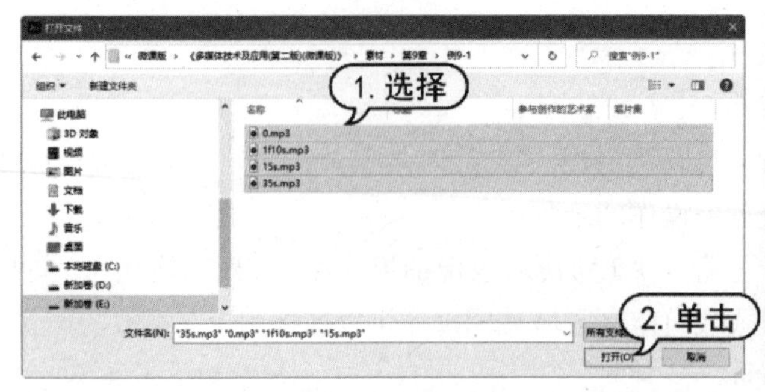

图 9-4 【打开文件】对话框

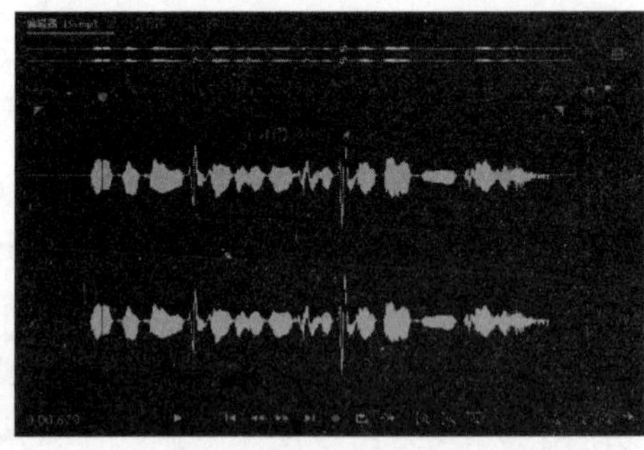

图 9-5 显示音频波纹

(3) 选取其中一段波纹后右击，在弹出的快捷菜单中选择【捕捉噪声样本】命令，如图 9-6 所示。

(4) 捕捉噪声完成后，执行【效果】|【降噪/恢复】|【降噪(处理)】命令，打开【效果-降噪】对话框，在该对话框中单击【选择完整文件】按钮，然后单击【播放】按钮试听所选噪声样本，如图 9-7 所示。

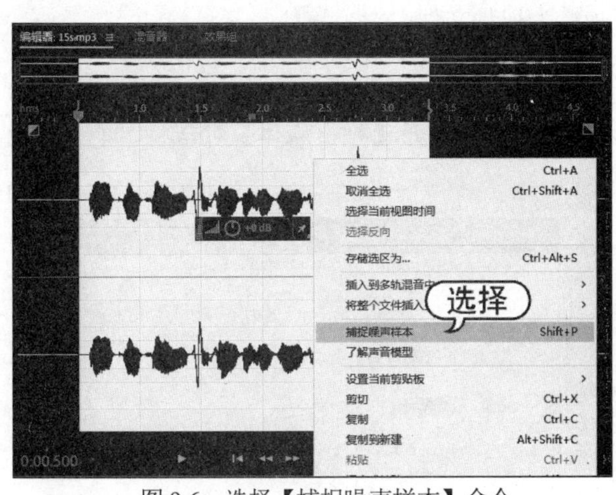

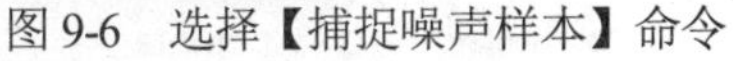
图 9-6　选择【捕捉噪声样本】命令

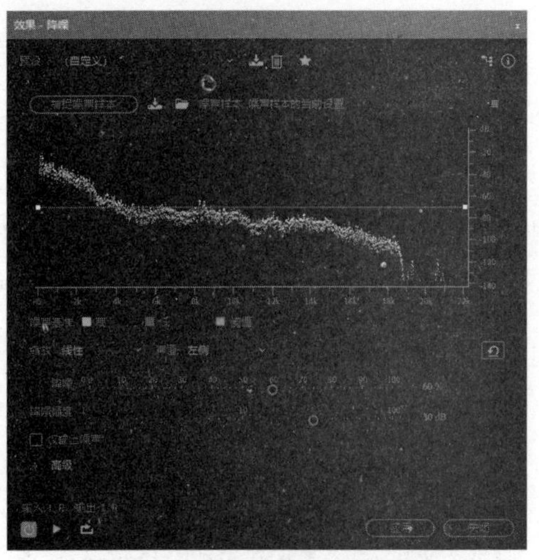

图 9-7　【效果-降噪】对话框

(5) 进行试听以查看降噪的效果是否明显，如果发现还是有较大的噪声，那么需要增大降噪的强度和幅度。如果增大降噪的强度和幅度后，噪声还是无法去除，那么重复降噪操作即可。特别需要注意的是，由于降噪会改变声音的音调，因此在降噪时，要保证讲师的声音没有发生变声，在不会变声的前提下去最大限度地降噪，降噪完成后的波纹如图 9-8 所示。

(6) 降噪工作完成之后，需要将降噪完成的音频导出。执行【文件】|【导出】|【文件】命令，打开【导出文件】对话框，然后选择导出的位置，导出完成的音频文件，完成降噪操作，如图 9-9 所示。

图 9-8　降噪后的波纹

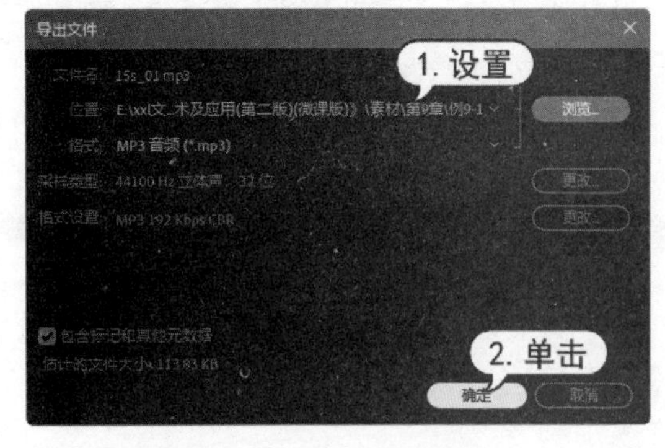

图 9-9　【导出文件】对话框

9.3.3　视频编辑

使用 Animate 2020 制作讲解员人物的二维动画，将其导出为视频文件，然后将教学视频、动画视频和音频文件等导入 Premier Pro 2020 中进行融合编辑。

1. 将二维动画转视频

首先打开 Animate 动画文档，将其导出为视频文件。

【例 9-2】 使用 Animate 2020 将二维动画转为视频文件。 视频

(1) 启动 Animate 2020，打开素材文档，如图 9-10 所示。

(2) 选择【文件】|【导出】|【导出视频/媒体】命令，打开【导出媒体】对话框，单击【输出】右侧的按钮，如图 9-11 所示。

图 9-10 打开素材文档

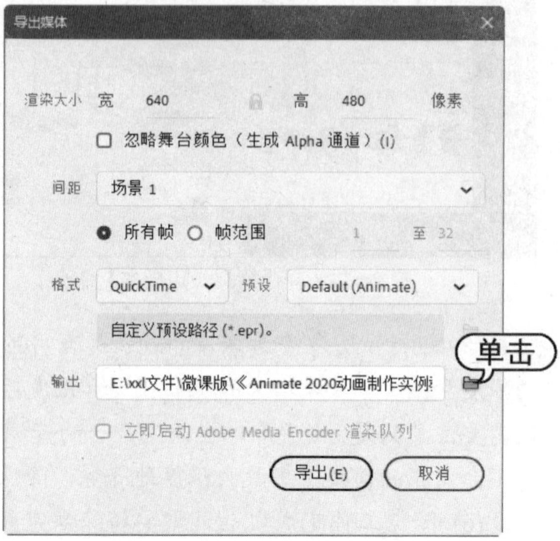

图 9-11 【导出媒体】对话框

(3) 打开【选择导出目标】对话框，设置导出路径和文件名称，单击【保存】按钮，如图 9-12 所示。

(4) 返回【导出媒体】对话框，单击【导出】按钮，即可开始导出视频，完成后弹出提示框，如图 9-13 所示。

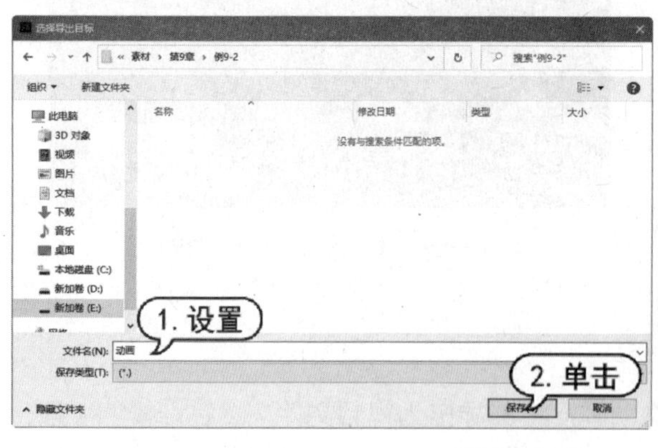

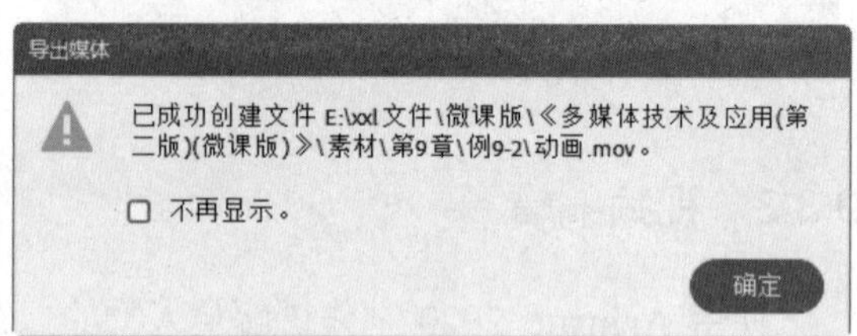

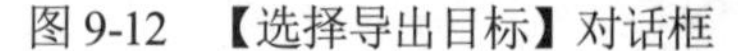

图 9-12 【选择导出目标】对话框

图 9-13 完成导出视频

2. 抠出绿色背景

使用 Premier Pro 2020 中的【超级键】功能，可以将视频中的某一颜色改变为透明通道，在视频制作中，需要经常使用该功能替换背景。

【例 9-3】 使用 Premier Pro 2020 抠出绿色背景。 视频

(1) 启动 Premier Pro 2020，新建项目后，导入【例 9-2】制作的【动画】视频文件，并拖入【时间轴】面板中，如图 9-14 所示。

(2) 在【效果】面板中选择【键控】|【超级键】选项，如图 9-15 所示，将其拖入【时间轴】窗口的动画素材上。

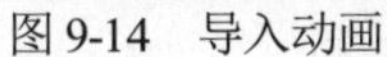
图 9-14 导入动画

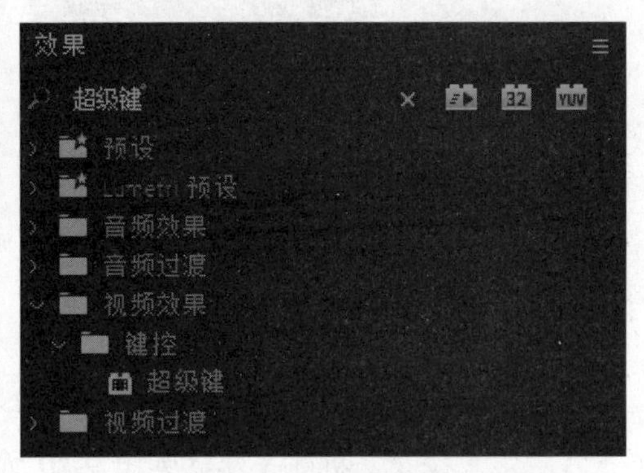

图 9-15 选择【超级键】

(3) 在【源】窗口中选择【效果控件】面板，单击【主要颜色】选项后的吸管按钮，如图 9-16 所示。

(4) 单击【节目】窗口中显示的素材中的绿色背景，此时绿色背景会变化为黑色，背景变为透明通道，如图 9-17 所示。

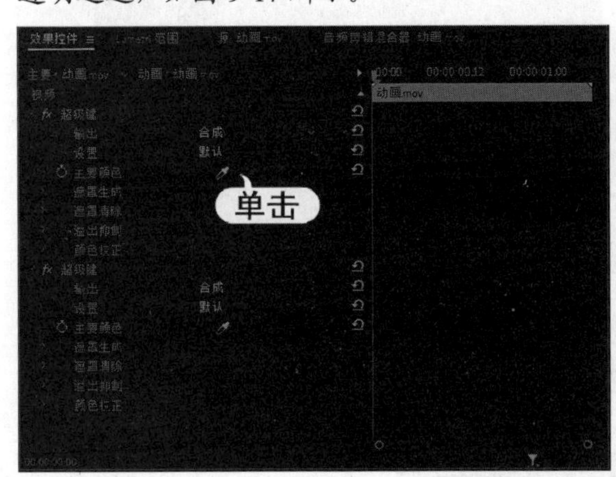

图 9-16 单击吸管按钮

图 9-17 改变背景

3. 编辑视频

将教学视频导入 Premier Pro 2020 中，和动画视频融合，并加入音频和字幕文件，构成一个完整的微课视频。可以首先用格式工厂等格式转换软件将动画视频 MOV 格式文件转换为 MP4 格式文件，并调整为相同分辨率(不同分辨率视频融合后截取画面将有差别)，再进行融合。

【例 9-4】 使用 Premier Pro 2020 添加教学视频并进行编辑。 视频

(1) 启动 Premier Pro 2020，新建项目后，导入【动画】视频文件、【插入图片】教学视频文件，以及 4 个音频文件，显示在【项目】窗口中，如图 9-18 所示。

(2) 将各个文件拖入【时间轴】窗口中，删除教学视频源音频，将音频和动画分别拖入教学视频的上下两个轨道中，并调整动画视频的长度和音频长度相符，如图 9-19 所示。

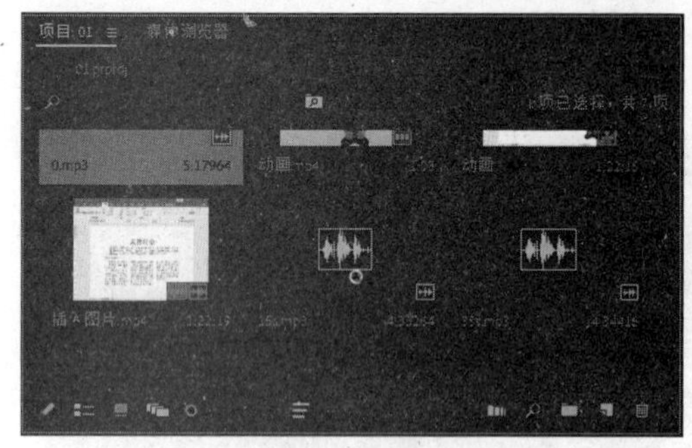

图 9-18　导入视频和音频

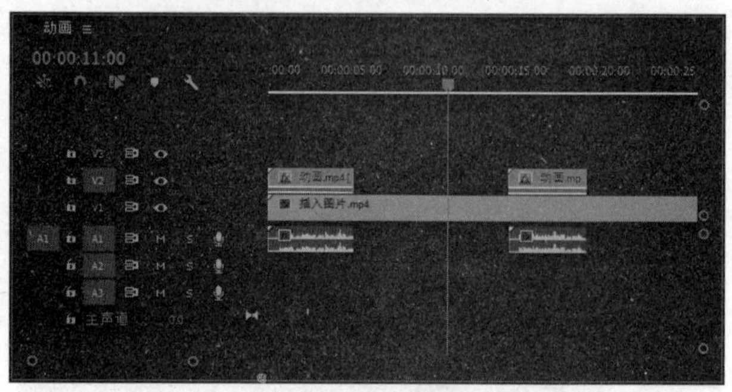

图 9-19　将文件拖入时间轴

(3) 选择【文件】|【新建】|【字幕】命令，打开【新建字幕】对话框，设置为【开放式字幕】，单击【确定】按钮，新建字幕，如图 9-20 所示。

(4) 打开【字幕】面板，根据音频时间设置字幕的大小、字体、背景和字体颜色、出入点时间等属性，然后在文本框内输入字幕，如图 9-21 所示。

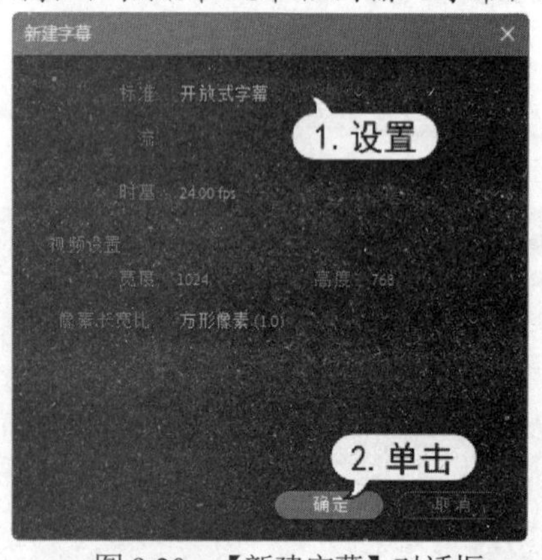

图 9-20　【新建字幕】对话框

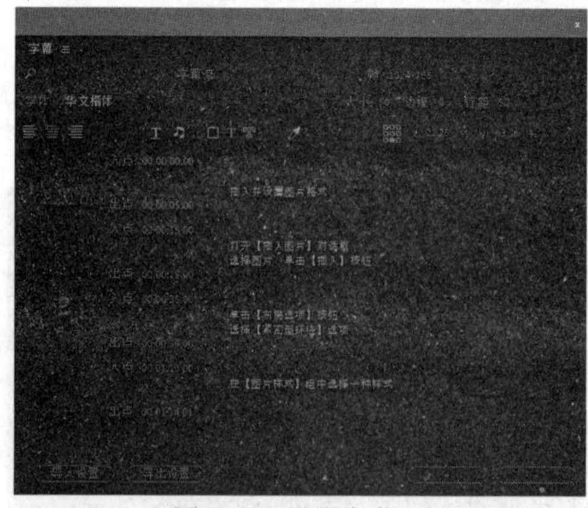

图 9-21　设置字幕

(5) 将【源】窗口的字幕拖入【时间轴】窗口中，保持在最上面的轨道，并调整长度和教学视频相同，如图 9-22 所示。

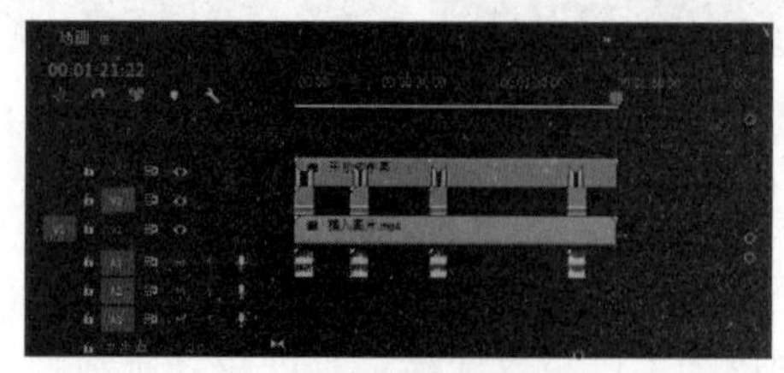

图 9-22　拖入字幕

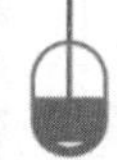

(6) 在【节目】窗口中单击【播放】按钮，查看视频过程并根据需要调整视频，如图 9-23 所示。

(7) 选择【文件】|【导出】|【媒体】命令，打开【导出设置】对话框，设置导出格式和路径，单击【导出】按钮即可导出该编辑视频，如图 9-24 所示。

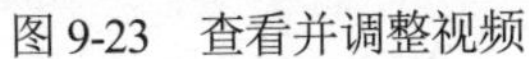
图 9-23　查看并调整视频

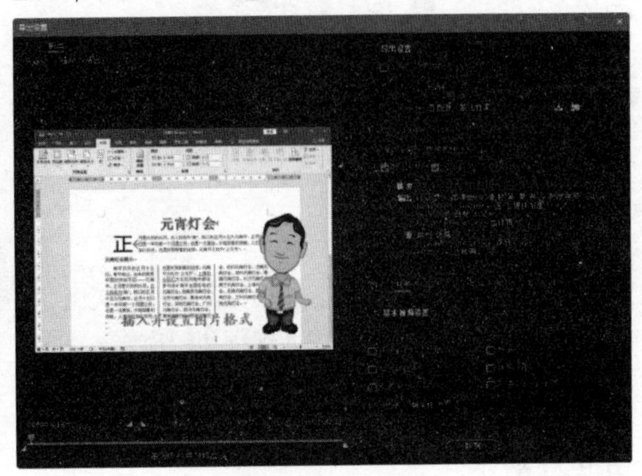

图 9-24　导出视频

9.4　包装和发布教学视频

教学视频的主题内容编辑完成后，还可以为其添加片头和片尾，目的是为视频添加视觉效果。本节将介绍教学视频中片头、片尾的设计制作，以及视频最终合成发布的过程。

9.4.1　制作片头和片尾

在进行在线开放课程的学习时，学习者首先看到的就是片头。一个优秀的片头，既可以瞬间吸引学习者的注意力，还可以大幅度地提高视频的观赏性，有了可观赏性，学习者才有继续学习的欲望。片尾的作用是让整个视频更完整，同时片尾还可以显示视频的相关信息。

【例 9-5】 使用 Premier Pro 2020 添加片头视频和片尾图片。 视频

(1) 启动 Premier Pro 2020，新建项目后，导入【教学视频】文件、【片头素材】文件、【片尾图片】文件，如图 9-25 所示。

(2) 选择【文件】|【新建】|【字幕】命令，打开【新建字幕】对话框，设置为【开放式字幕】，打开【字幕】面板，根据片头素材视频的时间，设置字幕的大小、字体、背景和字体颜色、出入点时间等属性，然后在文本框内输入字幕，如图 9-26 所示。

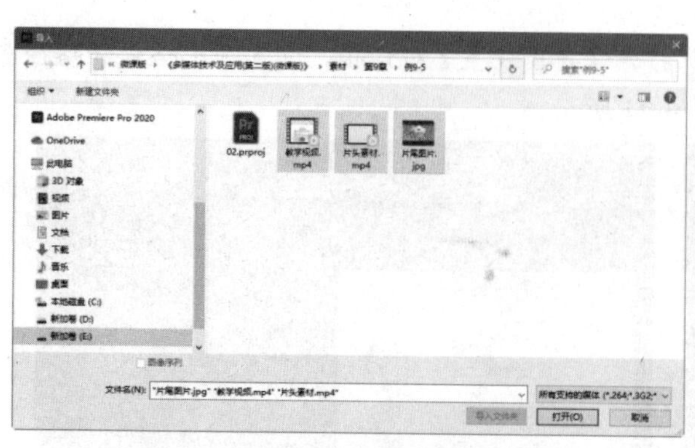

图 9-25　导入视频和图片

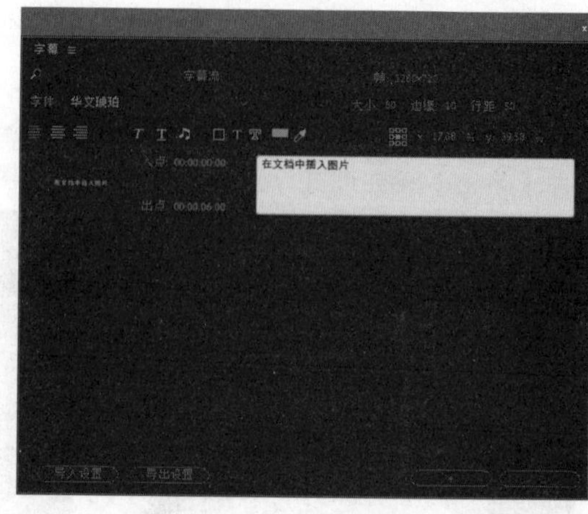

图 9-26　添加字幕

(3) 将字幕拖入【时间轴】窗口中，保持在最上面的轨道，并调整长度和片头素材视频相同，如图 9-27 所示。

(4) 将教学视频拖入时间轴中，置于片头素材后面，如图 9-28 所示。

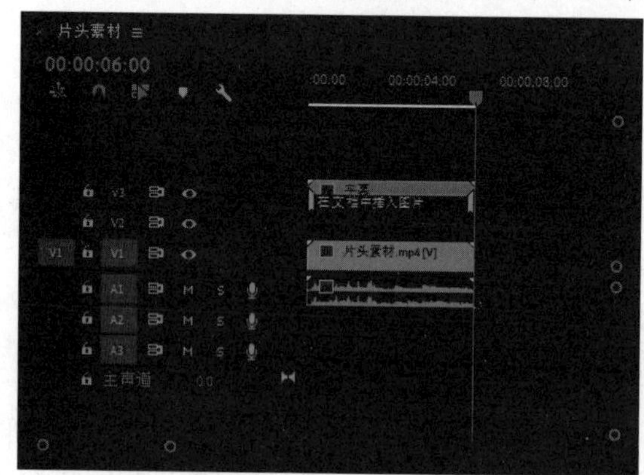

图 9-27　调整字幕轨道

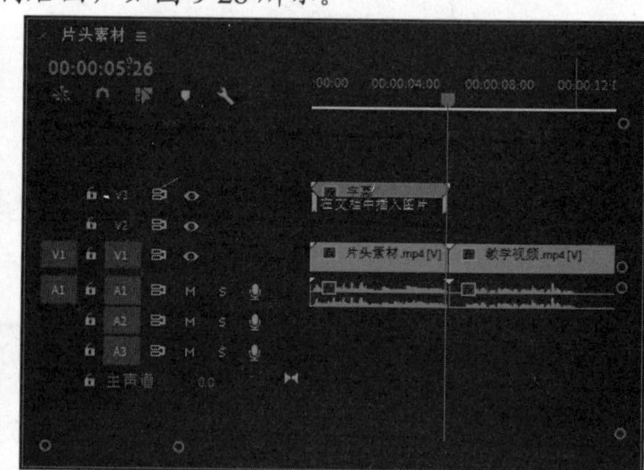

图 9-28　拖入教学视频

(5) 将片尾图片拖入时间轴中，置于教学视频后面，如图 9-29 所示。

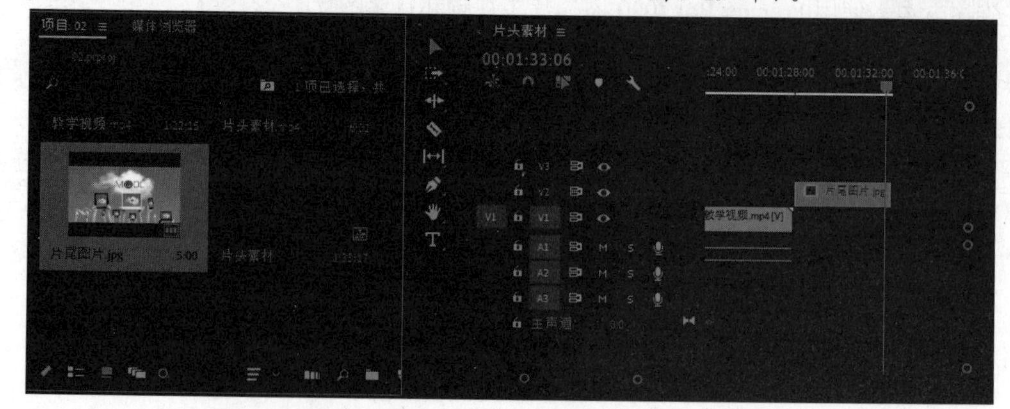

图 9-29　拖入片尾图片

9.4.2　合成和发布教学视频

教学的片头、片尾和课程视频全部完成后，需要将其进行整合和过渡，最后发布导出为一个整体视频。

【例 9-6】 整合视频后将其发布。 视频

(1) 延续【例 9-5】的操作，全部选中教学视频，按住 Alt 键，再按→键(向右的方向键)，即可将教学视频时间轴整体向后移 5 帧，如图 9-30 所示。

(2) 在片头素材和教学视频之间添加黑场过渡。需在教学视频开始位置添加渐变为黑色的效果，在【效果】面板中搜索【黑场过渡】，将该效果添加到教学视频开头的轨道上，这样片头与课程的过渡就完成了，如图 9-31 所示。

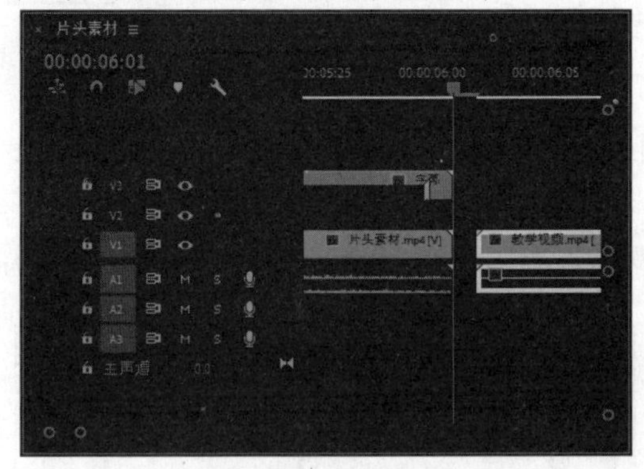

图 9-30　移动教学视频

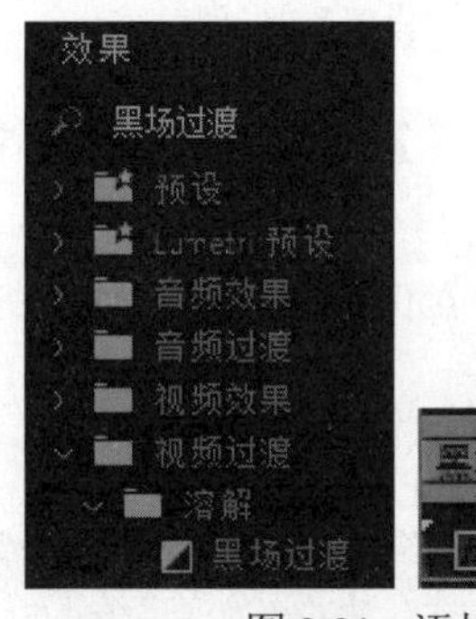

图 9-31　添加过渡效果

(3) 在片尾图片和教学视频之间添加过渡效果。在【效果】面板中搜索【双侧平推门】，将该效果添加到教学视频结尾的轨道上，在【效果】面板中搜索【圆划像】选项，将该效果添加到片尾图片开头的轨道上，如图 9-32 所示。

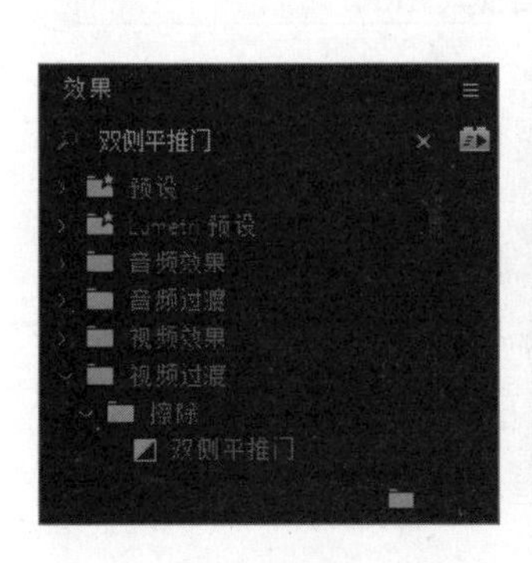

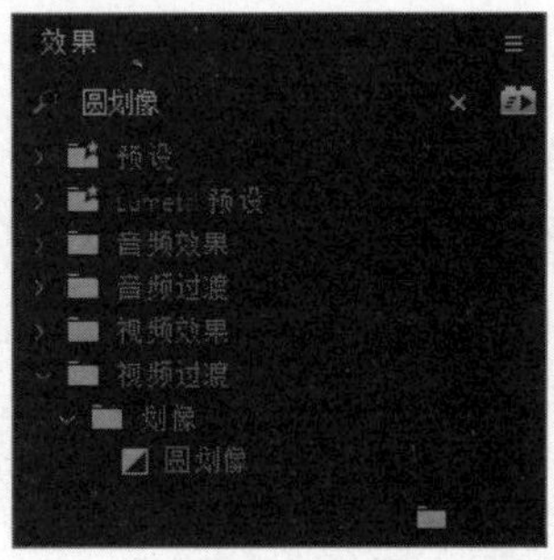

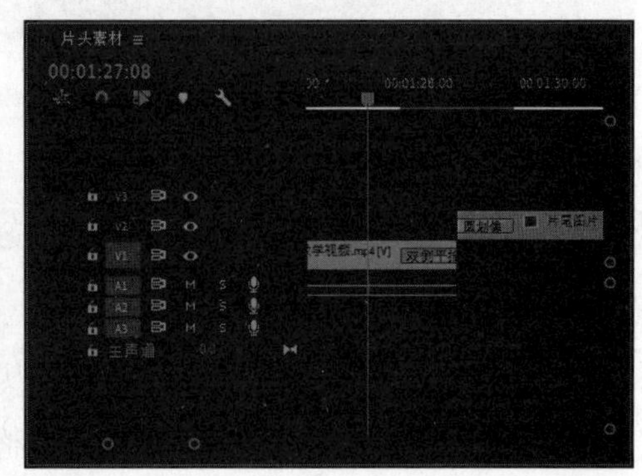

图 9-32　添加过渡效果

(4) 在【节目】窗口中单击【播放】按钮，查看视频过程并根据需要调整视频。

(5) 选择【文件】|【导出】|【媒体】命令，打开【导出设置】对话框，设置导出为 H.264 格式视频，单击【输出名称】链接，如图 9-33 所示。

(6) 打开【另存为】对话框，设置视频的保存路径和名称，然后单击【保存】按钮，如图 9-34 所示。

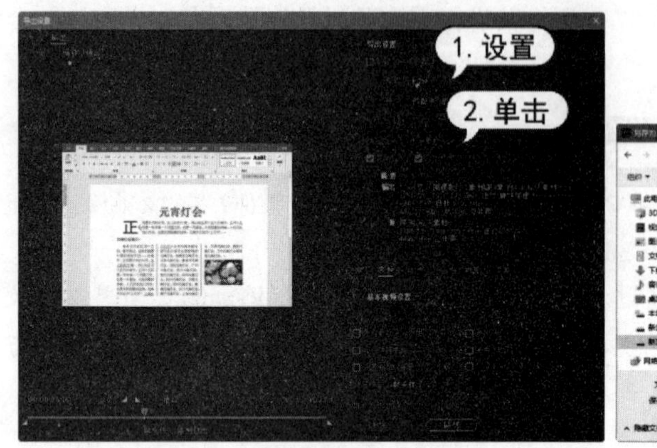

图 9-33 【导出设置】对话框

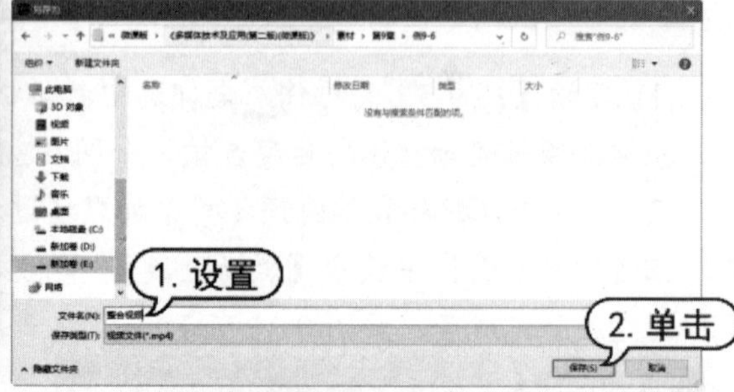

图 9-34 【另存为】对话框

(7) 返回【导出设置】对话框，单击【导出】按钮，弹出提示框显示渲染导出视频的进度，如图 9-35 所示。

(8) 导出视频后，在保存路径中可以打开视频观看，如图 9-36 所示。

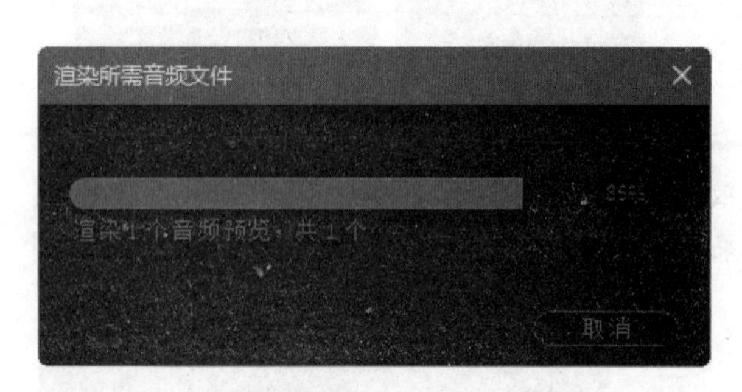

图 9-35 显示进度

图 9-36 导出的视频

9.5 实例演练

本章的实例演练为制作一个整合视频，用户通过练习从而巩固本章所学知识。

【例 9-7】 使用多种软件制作一个整合视频。视频

(1) 启动 Animate 2020，打开“黑板”文档，选择【文件】|【导出】|【导出图像(旧版)】命令，如图 9-37 所示。

(2) 打开【导出图像(旧版)】对话框，设置导出路径和文件名称，以 JPEG 格式图像文件导出，如图 9-38 所示。

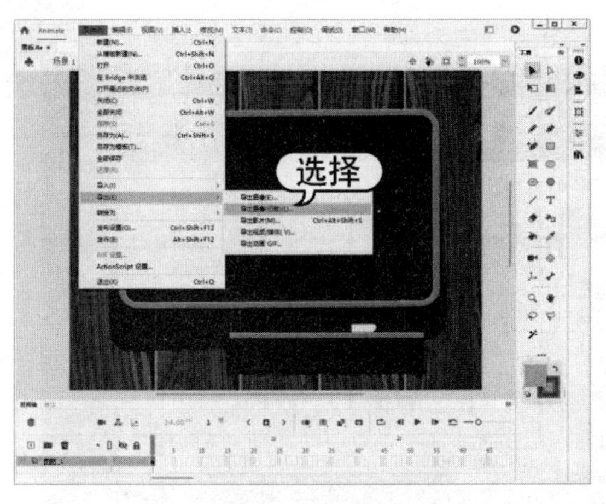

图 9-37　选择命令

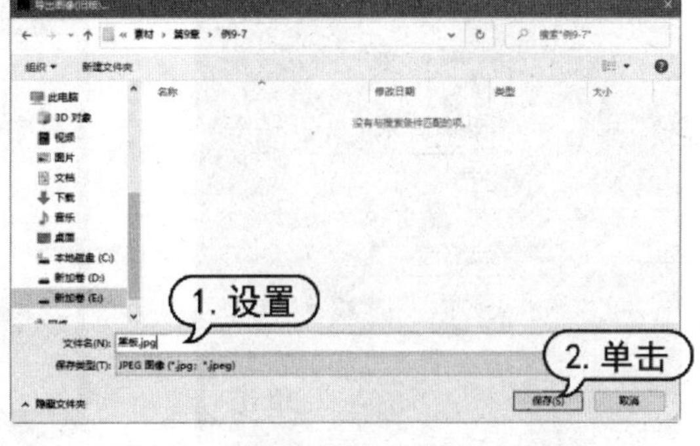

图 9-38　【导出图像(旧版)】对话框

(3) 打开【导出 JPEG】对话框，可以设置宽度、高度和分辨率等选项，单击【确定】按钮，如图 9-39 所示。

(4) 启动 Adobe Audition 2020，双击【文件】窗口的空白处，打开【打开文件】对话框，选择【配音】音频文件，单击【打开】按钮，如图 9-40 所示。

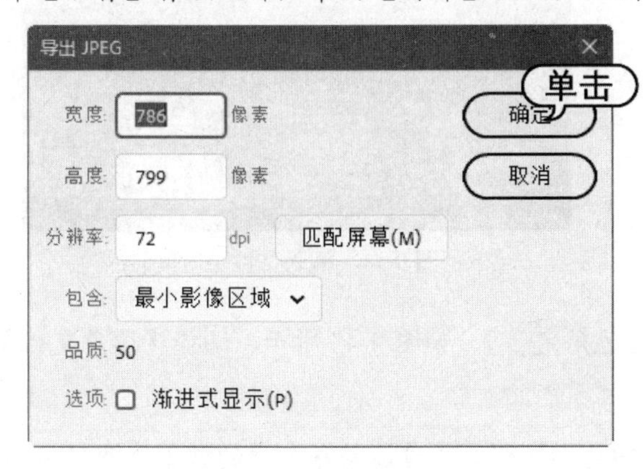

图 9-39　【导出 JPEG】对话框

图 9-40　【打开文件】对话框

(5) 选择【效果】|【振幅与压限】|【消除齿音】命令，打开【效果-消除齿音】对话框，在【预设】下拉列表框中选择【男声齿音消除】选项，然后单击【应用】按钮，如图 9-41 所示。

(6) 单击【编辑器】面板中的【播放】按钮，聆听添加效果后的音频，可以随时调整，如图 9-42 所示。导出保存调整过的音频为【配音 2】文件。

(7) 启动 Premiere Pro 2020，新建项目后，导入【操作视频】文件、【配音 2】文件，以及【黑板】图片文件，如图 9-43 所示。

(8) 将各个文件拖入【时间轴】窗口中，将操作视频放置在黑板图片之上，将音频放置在最下面的轨道，如图 9-44 所示。

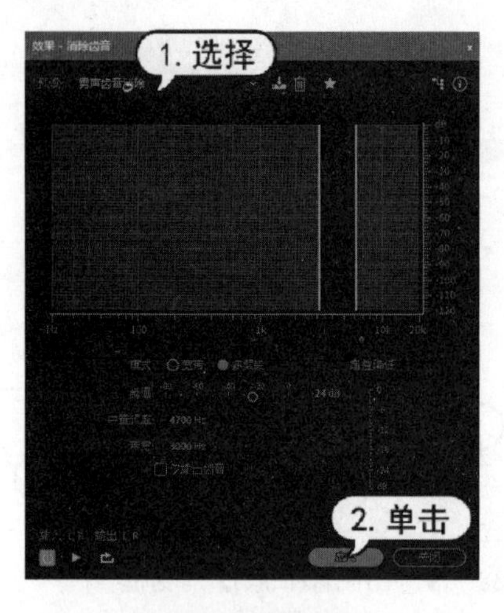

图 9-41　消除齿音

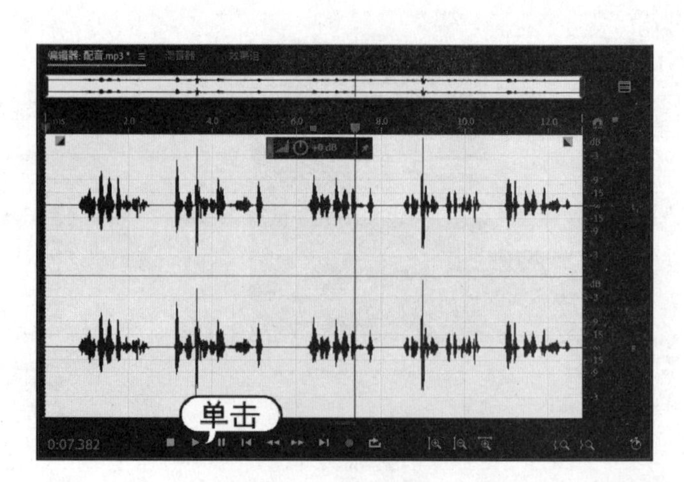

图 9-42　播放音频

图 9-43　导入文件

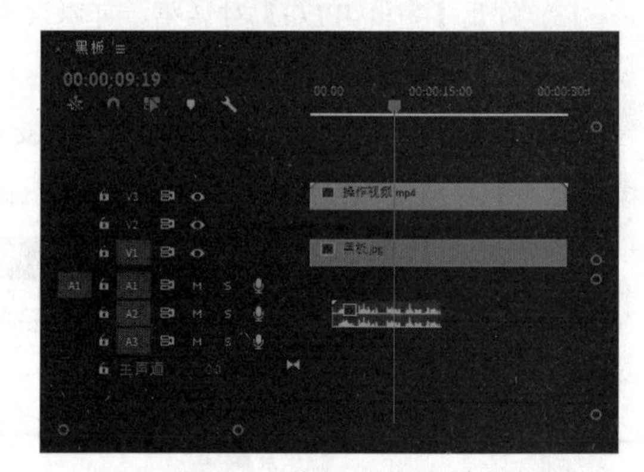

图 9-44　拖入文件至时间轴

(9) 选中视频素材，在【效果】面板中搜索【边角定位】，如图 9-45 所示，选择【边角定位】选项并将该效果拖动到视频素材上。

(10) 此时【节目】窗口中的视频出现外框和四角十字形，通过调整每个角的位置，调整视频大小，将视频恰好放置到黑板图形中，如图 9-46 所示。

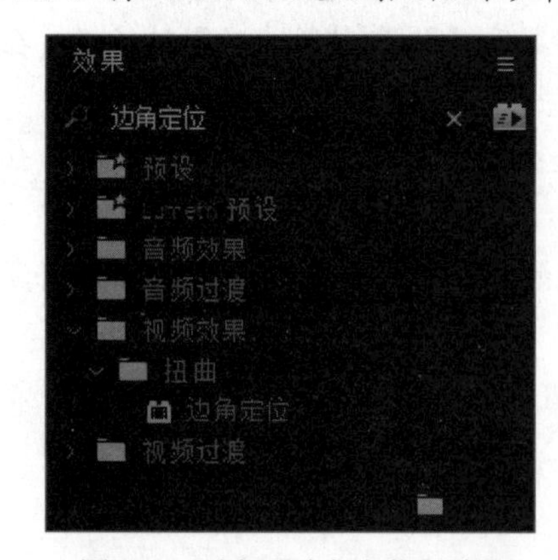

图 9-45　选择【边角定位】效果

图 9-46　调整视频大小和位置

(11) 选择【文件】|【新建】|【字幕】命令，打开【新建字幕】对话框，设置为【开放式字幕】，打开【字幕】面板，根据片头素材视频的时间，设置字幕的大小、字体、背景和字体颜色、出入点时间等属性，然后在文本框内输入字幕，如图 9-47 所示。

(12) 将字幕拖入【时间轴】窗口中，调整字幕长度，以及各个轨道上的长度，可以一边播放一边查看修改，如图 9-48 所示。

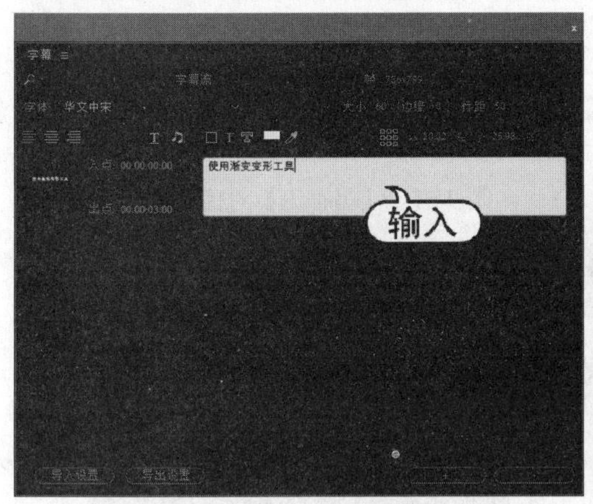

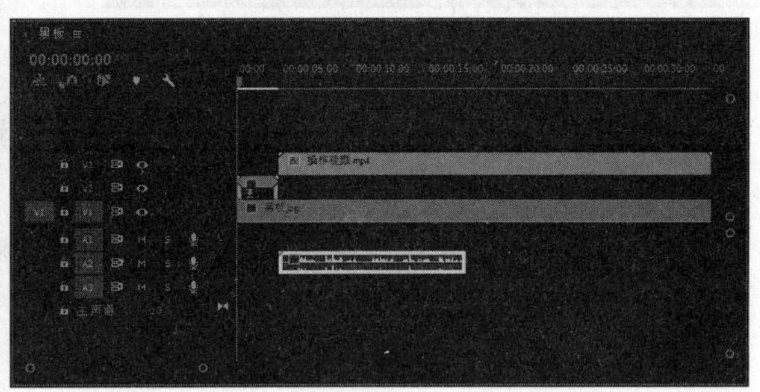

图 9-47　输入字幕　　　　图 9-48　调整长度

(13) 在字幕和视频之间添加过渡效果。在【效果】面板中搜索【带状擦除】，将该效果添加到字幕结尾的轨道上，在【效果】面板中搜索【内滑】选项，将该效果添加到视频开头的轨道上，然后将视频往后拖动几秒，保持两个过渡效果之间有个缓冲，如图 9-49 所示。

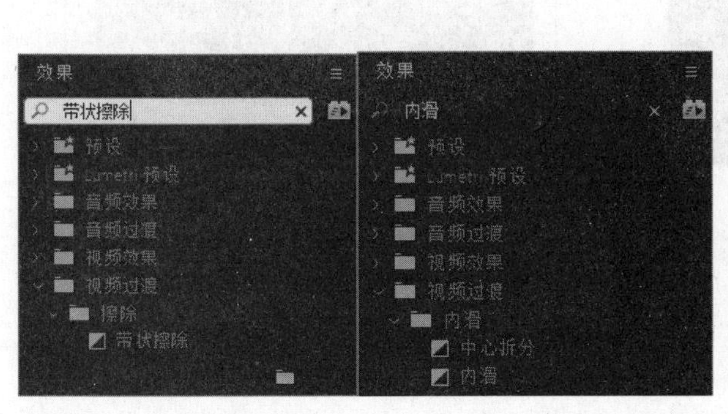

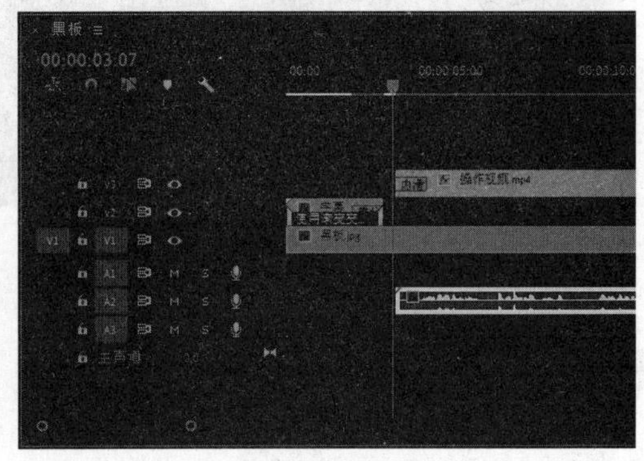

图 9-49　添加过渡效果

(14) 在【节目】窗口中单击【播放】按钮，查看视频过程并根据需要调整视频。

(15) 选择【文件】|【导出】|【媒体】命令，打开【导出设置】对话框，设置导出为 H.264 格式视频，单击【输出名称】链接，如图 9-50 所示。

(16) 打开【另存为】对话框，设置视频的保存路径和名称，然后单击【保存】按钮，如图 9-51 所示。

图 9-50 【导出设置】对话框

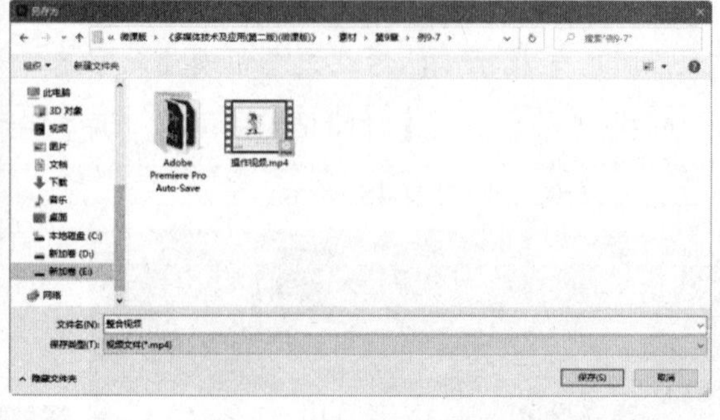

图 9-51 【另存为】对话框

(17) 返回【导出设置】对话框，单击【导出】按钮，弹出提示框显示渲染导出视频的进度，如图 9-52 所示。

(18) 导出视频后，在保存路径中可以打开视频观看，如图 9-53 所示。

图 9-52 显示进度

图 9-53 导出的视频

9.6 习题

1. 简述微课、MOOC 教学视频的特点。
2. 简述编辑教学课程的基本流程。
3. 使用本书介绍的软件完成一个教学短视频的策划和制作。

丛书书目

本套教材涵盖了计算机各个应用领域，包括计算机硬件知识、操作系统、数据库、编程语言、文字录入和排版、办公软件、计算机网络、图形图像、三维动画、网页制作以及多媒体制作等。众多的图书品种可以满足各类院校相关课程设置的需要。已出版的图书书目如下表所示。

图书书名	图书书名
《中文版 Photoshop CC 2018 图像处理实用教程》	《中文版 Office 2016 实用教程》
《中文版 Animate CC 2018 动画制作实用教程》	《中文版 Word 2016 文档处理实用教程》
《中文版 Dreamweaver CC 2018 网页制作实用教程》	《中文版 Excel 2016 电子表格实用教程》
《中文版 Illustrator CC 2018 平面设计实用教程》	《中文版 PowerPoint 2016 幻灯片制作实用教程》
《中文版 InDesign CC 2018 实用教程》	《中文版 Access 2016 数据库应用实用教程》
《中文版 CorelDRAW X8 平面设计实用教程》	《中文版 Project 2016 项目管理实用教程》
《中文版 AutoCAD 2019 实用教程》	《中文版 AutoCAD 2018 实用教程》
《中文版 AutoCAD 2017 实用教程》	《中文版 AutoCAD 2016 实用教程》
《电脑入门实用教程(第三版)》	《电脑办公自动化实用教程(第三版)》
《计算机基础实用教程(第三版)》	《计算机组装与维护实用教程(第三版)》
《新编计算机基础教程(Windows 7+Office 2010 版)》	《中文版 After Effects CC 2017 影视特效实用教程》
《Excel 财务会计实战应用(第五版)》	《Excel 财务会计实战应用(第四版)》
《Photoshop CC 2018 基础教程》	《Access 2016 数据库应用基础教程》
《AutoCAD 2018 中文版基础教程》	《AutoCAD 2017 中文版基础教程》
《AutoCAD 2016 中文版基础教程》	《Excel 财务会计实战应用(第三版)》
《Photoshop CC 2015 基础教程》	《Office 2010 办公软件实用教程》
《Word+Excel+PowerPoint 2010 实用教程》	《AutoCAD 2015 中文版基础教程》
《Access 2013 数据库应用基础教程》	《Office 2013 办公软件实用教程》
《中文版 Photoshop CC 2015 图像处理实用教程》	《中文版 Office 2013 实用教程》
《中文版 Flash CC 2015 动画制作实用教程》	《中文版 Word 2013 文档处理实用教程》
《中文版 Dreamweaver CC 2015 网页制作实用教程》	《中文版 Excel 2013 电子表格实用教程》
《中文版 Illustrator CC 2015 平面设计实用教程》	《中文版 PowerPoint 2013 幻灯片制作实用教程》
《中文版 InDesign CC 2015 实用教程》	《中文版 Access 2013 数据库应用实用教程》
《中文版 CorelDRAW X7 平面设计实用教程》	《中文版 Project 2013 实用教程》
《电脑入门实用教程(第二版)》	《电脑办公自动化实用教程(第二版)》
《计算机基础实用教程(第二版)》	《计算机组装与维护实用教程(第二版)》
《中文版 Photoshop CC 图像处理实用教程》	《中文版 Office 2010 实用教程》
《中文版 Flash CC 动画制作实用教程》	《中文版 Word 2010 文档处理实用教程》
《中文版 Dreamweaver CC 网页制作实用教程》	《中文版 Excel 2010 电子表格实用教程》
《中文版 Illustrator CC 平面设计实用教程》	《中文版 PowerPoint 2010 幻灯片制作实用教程》
《中文版 InDesign CC 实用教程》	《中文版 Access 2010 数据库应用实用教程》

(续表)

图书书名	图书书名
《中文版 CorelDRAW X6 平面设计实用教程》	《中文版 Project 2010 实用教程》
《中文版 AutoCAD 2015 实用教程》	《中文版 AutoCAD 2014 实用教程》
《中文版 Premiere Pro CC 视频编辑实例教程》	《电脑入门实用教程(Windows 7+Office 2010)》
《Oracle Database 12*c* 实用教程》	《ASP.NET 4.5 动态网站开发实用教程》
《AutoCAD 2014 中文版基础教程》	《Windows 8 实用教程》
《Mastercam X6 实用教程》	《C#程序设计实用教程》
《中文版 Photoshop CS6 图像处理实用教程》	《中文版 Office 2007 实用教程》
《中文版 Flash CS6 动画制作实用教程》	《中文版 Word 2007 文档处理实用教程》
《中文版 Dreamweaver CS6 网页制作实用教程》	《中文版 Excel 2007 电子表格实用教程》
《中文版 Illustrator CS6 平面设计实用教程》	《中文版 PowerPoint 2007 幻灯片制作实用教程》
《中文版 InDesign CS6 实用教程》	《中文版 Access 2007 数据库应用实用教程》
《中文版 Premiere Pro CS6 多媒体制作实用教程》	《中文版 Project 2007 实用教程》
《网页设计与制作(Dreamweaver+Flash+Photoshop)》	《AutoCAD 机械制图实用教程(2018 版)》
《Access 2010 数据库应用基础教程》	《计算机基础实用教程(Windows 7+Office 2010 版)》
《ASP.NET 4.0 动态网站开发实用教程》	《中文版 3ds Max 2012 三维动画创作实用教程》
《AutoCAD 机械制图实用教程(2012 版)》	《Windows 7 实用教程》
《多媒体技术及应用》	《Visual C# 2010 程序设计实用教程》
《AutoCAD 机械制图实用教程(2011 版)》	《AutoCAD 机械制图实用教程(2010 版)》